U0161897

HZ BOOKS

华 章 图 书

一本打开的书，一扇开启的门，
通向科学殿堂的阶梯，托起一流人才的基石。

华章程序员书库

Spring Data JPA

入门、实战与进阶

张振华 著

机械工业出版社

China Machine Press

图书在版编目（CIP）数据

Spring Data JPA：入门、实战与进阶 / 张振华著 . -- 北京：机械工业出版社，2021.10
（华章程序员书库）
ISBN 978-7-111-69220-1

I. ① S…　Ⅱ. ①张…　Ⅲ. ① JAVA 语言 - 程序设计　Ⅳ. ① TP312.8

中国版本图书馆 CIP 数据核字（2021）第 199008 号

Spring Data JPA：入门、实战与进阶

出版发行：机械工业出版社（北京市西城区百万庄大街 22 号　邮政编码：100037）

责任编辑：陈　洁　　　　　　　　　　　　　责任校对：马荣敏

印　　刷：中国电影出版社印刷厂　　　　　　版　　次：2021 年 10 月第 1 版第 1 次印刷

开　　本：186mm×240mm　1/16　　　　　　印　　张：33

书　　号：ISBN 978-7-111-69220-1　　　　　定　　价：129.00 元

客服电话：（010）88361066　88379833　68326294　　投稿热线：（010）88379604

华章网站：www.hzbook.com　　　　　　　　　读者信箱：hzjsj@hzbook.com

勇敢地走出舒适区，突破自己的技术瓶颈

你好，我是张振华，在 Java 领域从业已有十几年，也算是一个"Java 老兵"了，我曾先后在驴妈妈、携程等互联网公司担任 Java 架构师、开发主管等职务。在工作期间，我既负责过后端服务的平台架构，也实现过微服务的升级，同时还写过公司的很多核心框架，遇到过很多人都会遇到的常见问题，积累并总结了一些可以复用和迁移的宝贵经验。

我是如何学习 Spring Data JPA 的

大概四五年前，公司入职了一批架构师，他们引入了 Spring Data JPA 框架。起初接触这个框架时我的确很排斥，心想，这么复杂的框架真不如 MyBatis 简单——随便写个简单的 SQL 就好了，为什么要学习 JPA 呢？而且还要学习一大堆相关联的东西（比如要了解 Session 原理），这么复杂，它有什么好处呢？加上那时候我对 JPA 框架的理解不是很深入，也没有研究其背后的原理，写的代码常常会有各种 Bug……

但冷静下来之后，我才意识到其实是自己一直待在所谓的舒适区的缘故，既然公司的资深架构师们引入了这门技术，那它肯定是有好处的，不如就先用着，只有掌握了这门技术才能知道它到底好不好。既然是做技术的，总要有点追求，有点极客精神，否则很容易跟不上技术发展的速度和时代发展的潮流。

于是，我决定潜心研究一番。而那时候，资深架构师只负责引入 Spring Data JPA 技术，不负责讲解其使用原理，自己摸索起来比较吃力，我确实也走了不少弯路。一开始只掌握 Spring Data JPA 的基本用法时我就遇到了一些问题（比如一个最常见的动态 SQL 问题），由于研究得不太多，用起来别别扭扭的，虽然功能实现了，但总感觉不是最佳实践，反而降低了

开发效率。

后来我通过参考官方文档，以及网上搜索的零星资料，逐渐掌握了一些高级用法。但在遇到一些复杂的场景，如在多线程、高并发情况下出现问题时，依然弄不明白是怎么回事。这时我发现 JPA 协议的最佳实现者是 Hibernate，于是我又读了 Hibernate 的文档，发现Hibernate 已经发展好几代了，远不像我们之前想的那么复杂，这才了解了一些基本原理。懂得了原理之后，就基本可以解决很多异常问题了。

随着自己对 JPA 的使用越来越熟练，Bug 没有那么多了，开发效率确实提升了，而且我明显感觉自己的技术能力也提升了很多，如对 Session、事务、连接池的理解更深入了。同时我发现 Spring Data JPA 框架里面有很多优秀的思想，比如乐观锁的处理、分页和排序的统一处理、语义化的方法名、动态代理、策略模式等，这些都可以作为我们自己写框架时的知识储备，值得我们学习和借鉴。

为了让自己更加熟悉这门技术，也为了避免在工作中给别人讲解时误导他人，后来我抽时间看了官方的 Java Persistence API 约定和规范，又找了一些业内的专家进行沟通与讨论，知道了 Hibernate 的哪些设计比较好、哪些设计不好，以及我们在实际开发中最好避免使用的技术点。

再后来我为了一探究竟，自己就抽空写文章、写书，然后利用简单的案例来调试 Spring Data JPA 的源码，思考为什么会有这种语法、具体是怎么写的。通过这一系列的操作，我又收获了运行原理和用法的最佳实践。

这些经验都让我在技术层面得到了提升，随后通过在公司内部的分享，也让身边的同事眼前一亮，并顺利实现了公司框架的升级，个人也顺利地实现升职和加薪。因为我在其中真正受益了，所以就想把自己的这种经历和经验系统整理后分享给你，希望可以帮助你少走一些弯路。

Spring Data JPA 的优势

至今，我所在公司的大部分项目都在用 Spring Data JPA，究其原因，我认为主要是它具有以下四点优势。

第一，大势所趋，大公司必备技能。近两年由于 Spring Cloud、Spring Boot 逐渐统一 Java框架江湖，而与 Spring Boot 天然集成的 Spring Data JPA 也逐渐走进了 Java 开发者的视野，大量"尝鲜者"享受到了这门技术带来的便利。JPA 可以使团队在框架约定下进行开发，很少出现有性能瓶颈的 SQL。因此不难发现很多大公司，如阿里、腾讯、抖音等，近几年在招聘的时候都会写明要熟悉 JPA，这些大公司以及业内很多开源的新项目也都在使用 JPA。

　　第二，提升开发效率。现在很多人都知道 Spring Data JPA 是什么，但是觉得 JPA 很难用，使用中发现 Bug 后不知道原因。本来用 JPA 是为了提升开发效率，不会使用反倒容易踩很多坑，所以我们需要系统地学习它。当你遇到复杂问题时，比如，平时你可能需要花几个小时想方法名、SQL 逻辑，如果可以熟练地使用 JPA，那么半小时甚至几分钟就可以写好查询方法了，再配合测试用例，你的开发质量也会明显提高。总之，系统地学习可以让你少走很多弯路。

　　第三，提高技术水平。Spring Data 对数据操作进行了大统一，即统一了抽象关系型数据库和非关系型数据的接口、公共部分。当掌握了 Spring Data JPA 框架后，你几乎可以达到轻易实现 Redis、MongoDB 等 NoSQL 操作的水平，因为它们都有统一的 Spring Data Commons。如下图所示，从中你可以看到 Spring Data 和 JPA 的全景位置关系，这样一来，就可以清楚地知道 JPA 的重要作用和脉络了。

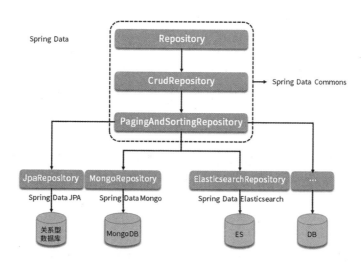

　　第四，求职加分项。如果简历中突出 Spring Data JPA 框架的使用，会让面试官眼前一亮。因为掌握了 JPA，就意味着掌握了很多原理，如 Session 原理、事务原理、PersistenceContext 原理等，而掌握了底层原理对于技术人员来说可以在开发中解决很多问题。因此，公司可以由此更好地过滤和筛选人才，也能从侧面看出求职者是否对技术足够感兴趣。我认为未来 3 ～ 5 年，使用 Spring Data JPA 的人会越来越多，你可以在拉勾招聘网站上看到，很多招聘信息都会要求熟练掌握 Spring Data JPA。

为什么要写这本书

　　因为我自己经历了上述曲折的实践，还因为看到不少朋友在学习 Spring Data JPA 的过程中存在不同的困惑和难点，所以我有了分享自身经验、给人帮助的想法。

当我们刚开始学习 Spring Data JPA 的时候，往往都会直接去看它的官方文档，但是很快就会发现其中的描述太过简单，经常会让人"知其然而不知其所以然"。有时候照着官方例子操作，发现有问题却又不知道错在哪里，这都是因为不了解其精髓和背后的原理，所以不容易上手。

而 Spring Data JPA 是对 Hibernate 的封装和增强，但由于之前国内用 Hibernate 的人不是很多，导致中文资料特别少，而且大部分资料都是直接翻译过来的，内容松散、不成体系，无法让人纵览全局，导致我们对原理的掌握不是特别深刻。

当我们遇到如 Session、事务、LAZY 异常等各种问题时，发现官网并没有详细的介绍，只能自己调试、硬啃源码才能解决问题。这时就需要花费大量的时间来研究源码，但又找不到可以参考的资料，而且不是每个公司都有"大神"愿意教你，此时是多么希望有一本书可以作为参考呀！

于是本书"带"着多年的实战经验来了，在这里我想告诉你，其实 Spring Data JPA 不难，只要你静下心来花时间研究，跟着本书的节奏，按顺序学完，就会觉得这门技术原来如此简单，在解决实际问题的时候也会游刃有余，你还会觉得 JPA 真的是被行业低估了！

如何阅读本书

本书是我多年来的实践经验总结，以"语法 + 源码 + 原理 + 实战经验"的形式全面地介绍了 Spring Data JPA，可以帮助你节省至少 3 年自己研究的时间，让你真正掌握和发掘 Spring Data JPA 的实践价值 ⊖。

本书主要分为四个部分，共 33 章。

第一部分：基础知识。 从基本语法的视角，详细介绍 Spring Data JPA 的语法糖有哪些，包括相关的源码剖析、实际工作中的经验分享等。涵盖你在工作中会用到的 Repository、Defining Query Methods（定义查询方法）、@Query 的语法，以及实体（Entity）的注解等内容，帮助你全面掌握 JPA 的基本用法。

第二部分：高阶用法与实例。 从实际工作中的复杂应用场景开始，为你讲解 Repository 自定义场景、MVC 参数的扩展，以及数据源、事务、连接之间的关系等，帮助你解决实践中可能遇到的问题。

第三部分：原理在实战中的应用。 掌握了基础知识和复杂应用场景后，再来了解其背后的原理，如 Entity 如何判断 Dirty、Entity 在什么时机提交到数据库、LAZY 异常发生的原因、

⊖ 本书源码获取地址：https://github.com/zhangzhenhuajack/spring-boot-guide/tree/master/spring-data/spring-data-jpa。

"N+1" SQL 如何优化等。针对实际工作中踩过的坑，为你讲解解决思路和方法。

  第四部分：思路扩展。本书最后从 Spring Data Rest、测试用例、Spring Data ES、分库分表的角度带领大家扩展思路，了解发展方向，因为这些内容深挖了生态关系，可以为你打开思路，更好地帮助你掌握前面所学，做到举一反三，同时也会大大提高你的开发效率，使你开发出的代码质量更有保障。当你真正掌握了之后，就不会天天忙着"救火"，而是想着如何排除失火的隐患了。

作者寄语

  希望你能认真阅读本书，因为本书不仅可以告诉你这是什么、怎么用，还能教会你学习步骤、学习方法，希望你能成长为技术极客。

  相信把本书认认真真看完，你的技术和思考方式一定会得到质的飞越。也欢迎你给作者反馈学习感悟以及遇到的困难和挑战，我们一起讨论学习、共同进步。

  最后希望你在学习本书的时候，保持空杯心态（不仅指这本书，在看其他技术书籍、博客、文章时也一样），因为只有保持空杯心态，我们才能装下更多的东西。接下来，让我们开启读书"旅程"吧！

目 录 *Contents*

基础知识

千里之行，积于跬步。

初识 Spring Data JPA

本章通过一个例子来讲解如何通过 Spring Boot 结合 Spring Data JPA 快速启动一个项目、如何使用 UserRepository 完成对 User 表的操作、如何写测试用例等几个知识点，同时带你体验 Spring Data JPA 的优势，让大家快速地对 Spring Data JPA 有一个整体的认识。

> 提示 在本书中，如果没有特殊说明，JPA 就是指 Spring Data JPA。

1.1 Spring Boot 和 JPA 演示

我们利用 Spring Boot + JPA 做一个简单的 RESTful API 接口，以便读者了解 Spring Data JPA 是干什么用的，具体步骤如下。

第一步：利用 IDEA 和 Spring Boot 2.3.3 快速创建一个案例项目。点击菜单栏中的 New Project 命令，选择 Spring Initializr 选项，如图 1-1 所示。

这里我们利用 Spring 官方的默认网址来创建一个项目，接下来选择 Spring Boot 的依赖。

❑ Lombok：帮助我们创建一个简单的实体的 POJO，可省去创建 get 和 set 方法。

❑ Spring Web：MVC 必备组件。

❑ Spring Data JPA：重头戏，这是本书的重点内容。

❑ H2 Database：内存数据库。

❑ Spring Boot Actuator：监控项目的运行状态。

可通过如图 1-2 所示的操作界面选择上面提到的这些依赖。

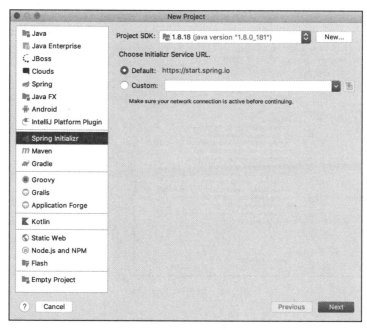

图 1-1　New Project

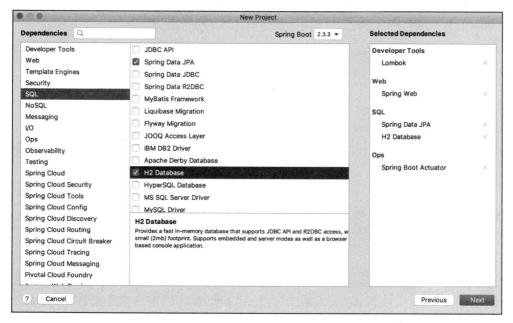

图 1-2　利用 IDEA 选择项目的依赖

第二步：通过 IDEA 的图形化界面，一路单击 Next 按钮，然后单击 Finish 按钮，得到一个项目。完成后结构如图 1-3 所示。

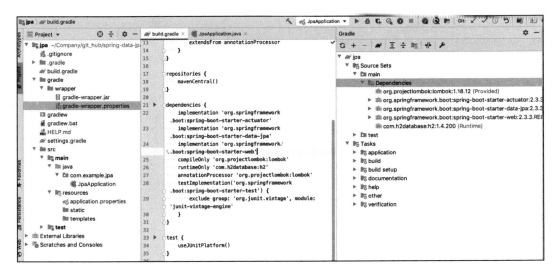

图 1-3　项目的最终结构

现在我们已经创建了一个 Spring Boot + JPA 项目，接下来我们看看怎么对 User 表进行增、删、改、查操作。

第三步：新增 3 个类来完成对 User 表的 CRUD 操作。

第一个类：新增 User.java，它是一个实体类，用来做 User 表的映射，如下所示。

```java
package com.example.jpa.example1;
import lombok.Data;
import javax.persistence.Entity;
import javax.persistence.GeneratedValue;
import javax.persistence.GenerationType;
import javax.persistence.Id;
@Entity
@Data
public class User {
    @Id
    @GeneratedValue(strategy= GenerationType.AUTO)
    private Long id;
    private String name;
    private String email;
}
```

> 💡 **提示** 贯穿本书的实体在 IDEA 工具中依赖了 Lombok 的插件，需要在 IDEA 里面设置 enable annotation processing（开启注解编译）才可以使用。

第二个类：新增 UserRepository，它是我们的 DAO 层，用来对实体 User 进行增、删、改、查操作，如下所示。

```
package com.example.jpa.example1;
import org.springframework.data.jpa.repository.JpaRepository;
public interface UserRepository extends JpaRepository<User,Long> {
}
```

第三个类：新增 UserController，用来创建 RESTful API 的接口，如下所示。

```
package com.example.jpa.example1;
import org.springframework.beans.factory.annotation.Autowired;
import org.springframework.data.domain.Page;
import org.springframework.data.domain.Pageable;
import org.springframework.http.MediaType;
import org.springframework.web.bind.annotation.*;
@RestController
@RequestMapping(path = "/api/v1")
public class UserController {
    @Autowired
    private UserRepository userRepository;
    /**
     * 保存用户
     * @param user
     * @return
     */
    @PostMapping(path = "user",consumes = {MediaType.APPLICATION_JSON_VALUE})
    public User addNewUser(@RequestBody User user) {
        return userRepository.save(user);
    }
    /**
     * 根据分页信息查询用户
     * @param request
     * @return
     */
    @GetMapping(path = "users")
    @ResponseBody
    public Page<User> getAllUsers(Pageable request) {
        return userRepository.findAll(request);
    }
}
```

最终，我们的项目结构如图 1-4 所示。

在图 1-4 中，application.properties 里面的内容是空的，到现在通过上述三步，其他什么都不需要配置，直接点击 JpaApplication 这个类，就可以启动我们的项目了。

第四步：调用项目里面与 User 相关的 API 接口测试一下。

我们再新增一个 JpaApplication.http 文件，如图 1-4 所示文件所处的位置，文件内容如下。

图 1-4 带代码的项目结构图

```
POST /api/v1/user HTTP/1.1
Host: 127.0.0.1:8080
Content-Type: application/json
Cache-Control: no-cache

{"name":"jack","email":"123@126.com"}

#######

GET http://127.0.0.1:8080/api/v1/users?size=3&page=0
```

点击"运行"按钮，运行方式如图 1-5 所示。
运行结果如下。

```
POST http://127.0.0.1:8080/api/v1/user

HTTP/1.1 200
Content-Type: application/json
Transfer-Encoding: chunked
Date: Sat, 22 Aug 2020 02:48:43 GMT
Keep-Alive: timeout=60
Connection: keep-alive
```

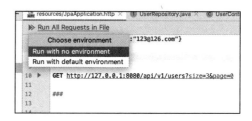

图 1-5 http 文件的运行方式

```
{
    "id": 4,
    "name": "jack",
    "email": "123@126.com"
}

Response code: 200; Time: 30ms; Content length: 44 bytes
GET http://127.0.0.1:8080/api/v1/users?size=3&page=0

HTTP/1.1 200
Content-Type: application/json
```

```
Transfer-Encoding: chunked
Date: Sat, 22 Aug 2020 02:50:20 GMT
Keep-Alive: timeout=60
Connection: keep-alive

{
    "content": [
        {
            "id": 1,
            "name": "jack",
            "email": "123@126.com"
        },
        {
            "id": 2,
            "name": "jack",
            "email": "123@126.com"
        },
        {
            "id": 3,
            "name": "jack",
            "email": "123@126.com"
        }
    ],
    "pageable": {
        "sort": {
            "sorted": false,
            "unsorted": true,
            "empty": true
        },
        "offset": 0,
        "pageNumber": 0,
        "pageSize": 3,
        "unpaged": false,
        "paged": true
    },
    "totalPages": 2,
    "last": false,
    "totalElements": 4,
    "size": 3,
    "number": 0,
    "numberOfElements": 3,
    "sort": {
        "sorted": false,
        "unsorted": true,
        "empty": true
    },
    "first": true,
    "empty": false
}

Response code: 200; Time: 59ms; Content length: 449
```

基于 IDEA 运行 Gradle 项目的小技巧：在实际工作中，我们启动运行或者运行测试用例的时候，经常以 Gradle 的方式运行，或者用 Application 的方式运行，这两种方式可以随意切换，需要设置的地方如图 1-6 所示。

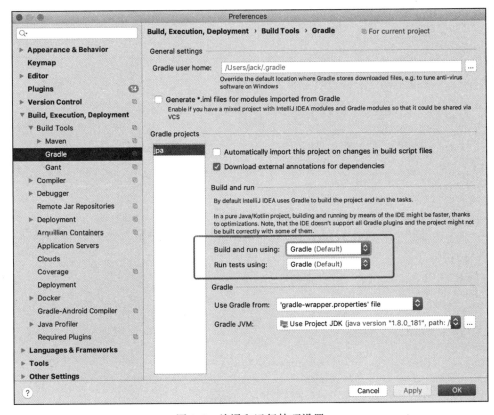

图 1-6 编译和运行技巧设置

通过以上案例，我们知道了 Spring Data JPA 可以帮助我们实现数据的 CRUD 操作，掌握了通过"Spring Boot + JPA"启动和集成 JPA，以及对使用内存数据库也有了一定的了解。那么接下来，我们将学习如何切换默认数据源，如切换成 MySQL。

1.2 JPA 如何整合 MySQL 数据库

关于 JPA 与 MySQL 的集成，我们分为两部分来展开，即如何切换 MySQL 数据源、如何写测试用例进行测试。

1.2.1 切换 MySQL 数据源

在上面的例子中，我们采用的是默认 H2 数据源的方式，这个时候你肯定会问："H2 重启，数据丢失了怎么办？"那么我们调整一下上面的代码，以 MySQL 作为数据源，看看需要改动哪些内容。

第一处改动：修改 application.properties 的内容如下。

```
spring.datasource.url=jdbc:mysql://localhost:3306/test
spring.datasource.username=root
spring.datasource.password=root
spring.jpa.generate-ddl=true
```

第二处改动：删除 H2 数据源，新增 MySQL 数据库驱动，build.gradle 文件的变动如图 1-7 所示。

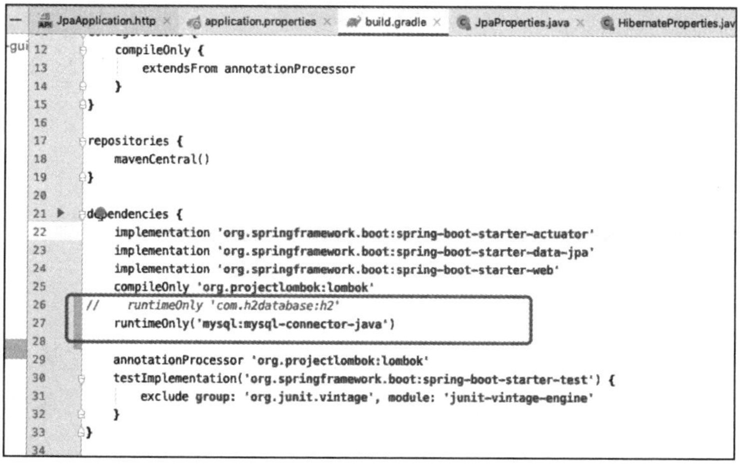

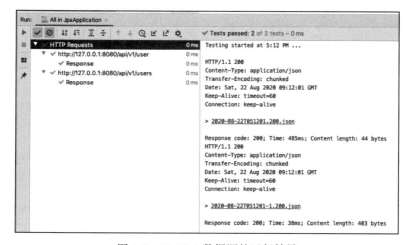

图 1-7　Gradle 中添加 MySQL 的驱动依赖

调整完毕，重启这个项目，以同样的方式测试上面的两个接口，运行效果如图 1-8 所示。

图 1-8　MySQL 数据源的运行结果

其实这个时候可以发现，我们并不需要手动创建任何表，JPA 会自动创建数据库的 DDL，并新增 User 表，所以当我们使用 JPA 之后，创建表的工作就没有那么复杂了，我们只需要把实体写好就可以了。

以上是切换 MySQL 数据源需要进行的操作，接下来看看测试用例怎么写。这样在修改代码的时候就不需要频繁重启项目了，当我们掌握了 JUnit 之后，可以大大提升开发效率。

1.2.2 Spring Data JPA 测试用例的写法

我们这里只关注 Repository 测试用例的写法，对于 Controller 和 Service 层等更复杂的测试，我们在测试部分再详细介绍，这里我们先快速体验一下。

第一步：在 Test 目录里增加 UserRepositoryTest 类。

```
package com.example.jpa.example1;

import org.junit.Assert;
import org.junit.jupiter.api.Test;
import org.springframework.beans.factory.annotation.Autowired;
import org.springframework.boot.test.autoconfigure.orm.jpa.DataJpaTest;

import java.util.List;

@DataJpaTest
public class UserRepositoryTest {
   @Autowired
   private UserRepository userRepository;

   @Test
   public void testSaveUser() {
      User user = userRepository.save(User.builder().name("jackxx").
         email("123456@126.com").build());
      Assert.assertNotNull(user);
      List<User> users= userRepository.findAll();
      System.out.println(users);
      Assert.assertNotNull(users);
   }
}
```

第二步：我们可直接运行测试用例，进行真实的 DB 操作。下面通过控制台来看看我们的测试用例是否能够正常运行，如图 1-9 所示。

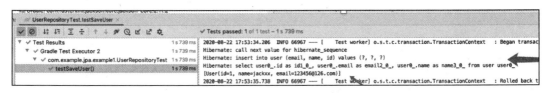

图 1-9　测试用例的运行结果

通过图 1-9 可以看到测试时执行的 SQL 都有哪些，那么我们到底是连接了 MySQL 做的测试用例，还是连接了 H2 做的测试用例呢？第 31 章会为大家一一揭晓，到时你会发现原来测试用例写起来也能如此简单。

1.3　整体认识 JPA

通过上面的两个例子，我们已经获得快速入门，知道了 Spring Boot 结合 Spring Data JPA 怎么配置和启动一个项目。当我们熟悉了 JPA 之后，还会发现 Spring Boot JPA 要比配置 MyBatis 简单很多。下面我们整体认识一下 Java Persistence API 究竟是什么。

在介绍 JPA 协议之前，我们先来对比和了解市面上的 ORM 框架都有哪些，以及它们的优缺点等等。

1.3.1　市场上 ORM 框架的对比

表 1-1 是市场上比较流行的 ORM 框架，这里分别罗列了 MyBatis、Hibernate、Spring Data JPA 等，并对比了它们的优缺点。

表 1-1　市场上比较流行的 ORM 框架及其优缺点

ORM 框架	优　点	缺　点
MyBatis	MyBatis 原本是 Apache 的一个开源项目 iBatis，2010 年由 Apache Software Foundation 迁移到了 Google Code，改名为 MyBatis。它着力于 POJO 与 SQL 之间的映射关系，可以进行更为细致的 SQL 编写操作，使用起来十分灵活，上手简单、容易掌握，所以深受开发者的喜爱。目前市场占有率最高，比较适合互联网应用公司的 API 场景	工作量比较大，需要各种配置文件和 SQL 语句
Hibernate	Hibernate 是一个开放源代码的对象关系映射框架，它对 JDBC 进行了非常轻量级的对象封装，使 Java 程序员可以随心所欲地使用对象编程思维来操纵数据库。对象有自己的生命周期，着力点为对象与对象之间的关系。有自己的 HQL 查询语言，所以数据库移植性很好。Hibernate 是完备的 ORM 框架，是符合 JPA 规范的，有自己的缓存机制	上手比较难，比较适合企业级的应用系统开发
Spring Data JPA	可以理解为 JPA 规范的再次封装抽象，底层还是使用了 Hibernate 的 JPA 技术实现，引用 JPQL（Java Persistence Query Language），属于 Spring 整个生态体系的一部分。由于 Spring Boot 和 Spring Cloud 在市场上比较流行，Spring Data JPA 也逐渐进入了我们的视野，它们是有机的整体，使用起来比较方便，也能够加快开发的效率，使开发者不需要关心和配置更多的东西，就可以完全沉浸在 Spring 完整生态标准的实现中。上手简单、开发效率高，对对象的支持比较好，有很大的灵活性，市场的认可度越来越高	入门简单，上手比较快，但想要精通，就需要了解很多的知识

（续）

ORM 框架	优 点	缺 点
OpenJPA	这是 Apache 组织提供的开源项目，它实现了 EJB 3.0 中的 JPA 标准，为开发者提供了功能强大、使用简单的持久化数据管理框架	功能、性能、普及件等方面都需要加大力度，使用的人不是特别多
QueryDSL	QueryDSL 是一个对 ORM 框架进行扩展的组件，提供了一种通用的工具类，通过流式操作，构建 JpaRespository 所需要的查询参数；目前 QueryDSL 支持的框架包括 JPA、JDO、SQL、Java Collections、RDF、Lucene、Hibernate 等	通过编译器改变实体类，自动生成一些查询所需要的工具类，开发人员可能感觉比较别扭

经过对比，大家可以看到我们正在学习的 Spring Data JPA 还是比较受欢迎的，它不但继承了 Hibernate 的很多优点，而且上手比较简单。所以，强烈建议大家好好学习一下。

1.3.2　JPA 简介和开源实现

JPA（Java Persistence API）是 JDK 5.0 新增的协议，通过相关持久层注解（@Entity 中的各种注解）来描述对象和关系型数据中的表映射关系，并将 Java 项目运行期的实体对象通过一种 Session 持久化到数据库中。

想象一下，一旦有了协议，大家都遵守此协议进行开发，那么周边开源产品就会大量出现，比如我们在第 30 章就介绍了如何基于这套标准，对 Entity 的操作进行再封装，从而得到更加全面的 Rest 协议的 API 接口。

再比如，JSON API（https://jsonapi.org/）协议就是雅虎的技术专家基于 JPA 协议封装制定的一套 RESTful 风格、JSON 格式的 API 协议，那么一旦 JSON API 协议成了标准，就会有很多周边开源产品出现。很多 JSON API 的客户端，如现在比较流行的 Ember 前端框架，就是基于 Entity 这套 JPA 服务端的协议在前端解析 API 协议，从而对普通 JSON 和 JSON API 的操作进行再封装。

所以规范是一件很有意义的事情，突然之间世界大变样，很多东西都有了统一的标准之后，我们的思路就需要转变了。

1. JPA 的内容分类

❑ 定义了一套标准的 API 接口，在 javax.persistence 包下面，用来操作实体对象，执行 CRUD 操作，而实现的框架（Hibernate）会替代我们完成所有的事情，让开发者从烦琐的 JDBC 和 SQL 代码中解脱出来，更加聚焦自己的业务代码，并且使架构师的架构代码更加可控。

❑ 定义了一套基于对象的 SQL：Java Persistence Query Language（JPQL）。像 Hibernate 一样，我们通过写面向对象（JPQL）而非面向数据库的查询语言（SQL）查询数据，避免了程序与数据库 SQL 语句耦合严重，比较适合跨数据源的场景（一会儿 MySQL、一会儿 Oracle 等）。

❑ ORM（Object Relational Mapping）对象注解映射关系，JPA 直接通过注解的方式来表示 Java 的实体对象及元数据对象和数据表之间的映射关系，框架将实体对象与 Session 进行关联，通过操作 Session 中不同实体的状态，从而实现数据库的操作，并实现持久化到数据库表中的操作，与 DB 实现同步。

关于详细的协议内容，大家感兴趣的话也可以看一看官方的文档。

2. JPA 的开源实现

JPA 的宗旨是为 POJO 提供持久化标准规范，可以集成在 Spring 的全家桶中使用，也可以直接写独立的应用程序，任何用到 DB 操作的场景都可以使用，极大地方便了开发和测试，所以 JPA 的理念已经深入人心。Spring Data JPA、Hibernate 3.2+、TopLink 10.1.3 以及 OpenJPA、QueryDSL 都是实现了 JPA 协议的框架，它们之间的关系结构如图 1-10 所示。

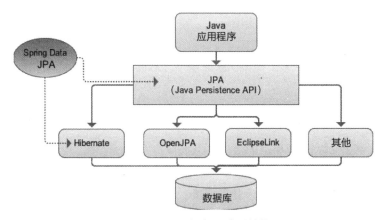

图 1-10　JPA 的实现关系结构

到这里，相信大家已经对 JPA 有了一定的认识，接下来我们来了解一下 Spring Data，看看它都有哪些子项目。

1.4　认识 Spring Data

1.4.1　Spring Data 简介

Spring Data 项目是从 2010 年发展起来的，Spring Data 是利用一个大家熟悉的、一致的、基于"注解"的数据访问编程模型，做一些公共操作的封装。它可以让开发者轻松地使用数据库访问技术，包括关系型数据库、非关系型数据库（NoSQL）等。同时它又有不同数据框架的实现，保留了每个底层数据存储结构的特性。

Spring Data Commons 是 Spring Data 所有模块的公共部分，该项目提供了基于 Spring 的共享基础设施，也提供了基于 Repository 接口以 DB 操作的一些封装，以及一个坚持在

Java 实体类上标注元数据的模型。

Spring Data 不仅对传统的数据库访问技术如 JDBC、Hibernate、JDO、TopLick、JPA、MyBatis 做了很好的支持和扩展、抽象，以及提供了方便的操作方法，还对 MongoDB、KeyValue、Redis、LDAP、Cassandra 等 NoSQL 做了不同的实现版本，方便我们开发者触类旁通。

其实这种接口型的编程模式可以让我们很好地学习 Java 的封装思想，实现对操作的进一步抽象，我们也可以把这种思想运用在自己公司写的框架上面。

下面来看一看 Spring Data 的子项目都有哪些。

1.4.2 Spring Data 的子项目

如图 1-11 所示为目前 Spring Data 的框架分类结构图，里面都有哪些模块一目了然，从中也可以知道哪些是我们需要关心的项目。

主要项目：

❑ Commons：相当于定义了一套抽象的接口，后面我们会具体介绍。

❑ Gemfire。

❑ JPA：我们关注的重点，对 Spring Data Commons 的接口的 JPA 协议的实现。

❑ KeyValue。

❑ LDAP：针对 LDAP 数据源的操作库。

❑ MongoDB。

❑ Redis。

❑ Cassandra。

❑ Solr。

社区支持的项目：

❑ Aerospike。

❑ Couchbase。

❑ DynamoDB。

❑ Elasticsearch。

❑ Hazelcast。

❑ Neo4j。

其他项目：

❑ JDBC Extensions。

❑ Apache Hadoop。

❑ Spring Content。

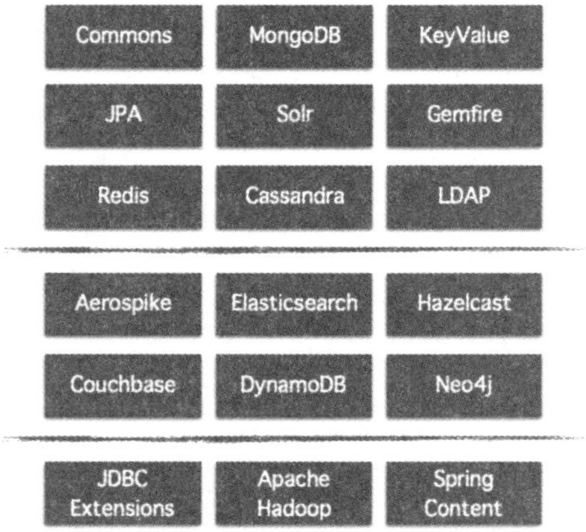

图 1-11　Spring Data 模块全貌

关于 Spring Data 的子项目，除了上面这些，还有很多开源社区版本，如 Spring Data MyBatis 等，这里就不一一介绍了，感兴趣的读者可以到 Spring 社区或者 GitHub 上查阅。

1.5　本章小结

　　本章的主要目的是带领大家快速入门。从 H2 数据源和 MySQL 数据源两个方面介绍了 Spring Data JPA 数据操作的概念，了解了 Repository 的写法，带大家快速体验了 Spring Data JPA 的便捷之处。

　　希望大家通过本章的学习可以对"Spring Data JPA + Spring Boot"有一个整体的认识，为以后的技术进阶打下良好的基础。在掌握了基本知识以后，你会发现 Spring Data JPA 是 ORM 的效率利器，后面我将一一揭开 Spring Data JPA 的"神秘面纱"，助大家掌握其实现原理和实战经验。在下一章，我们将整体认识一下 Spring Data Commons 里面的接口都有哪些。

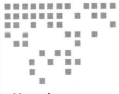

全面掌握 Spring Data Commons 之 Repository

通过上一章的学习，我们知道了 Spring Data 对整个数据操作做了很好的封装，其中 Spring Data Commons 定义了很多公用的接口和一些相应数据操作的公共实现，如：

1）提供了通用的 Auditing 机制（自动更新 CreatedBy、CreatedDate、LastModifiedBy、LastModifiedDate）。

2）实现了 Defining Query Method（根据方法名定义查询的机制）。

3）约定了持久化实体的格式、结果的映射机制。

4）提供了一套抽象的 Repository 接口，提供了最常见的增删改查方法、分页排序等。

5）支持对 Repository 接口实现方法的自定义。

而 Spring Data JPA 就是 Spring Data Commons 关系型数据库的查询实现。

所以在本章我们来了解一下 Spring Data Commons 的核心内容——Repository。我将从 Repository 的所有子类着手，带领大家逐步掌握 CrudRepository、PagingAndSortingRepository、JpaRepository 的使用。

在讲解 Repository 之前，我们先来看看 Spring Data JPA 所依赖的 jar 包的关系，看看 Spring Data Commons 的 jar 包依赖关系。

2.1 Spring Data Commons 的依赖关系

我们通过 Gradle 看一下项目依赖，了解一下 Spring Data Commons 的依赖关系，如图 2-1 所示。

通过图 2-1 的项目依赖关系不难发现，数据库连接用的是 JDBC，连接池用的是 HikariCP，强依赖 Hibernate；Spring Boot Starter Data JPA 依赖 Spring Data JPA；而 Spring Data JPA 依赖 Spring Data Commons。

在这些 jar 包依赖关系中，Spring Data Commons 是我们要重点介绍的，因为 Spring Data Commons 是终极依赖。下面我们学习数据库操作的入口——Repository，并一一介绍 Repository 的子类。

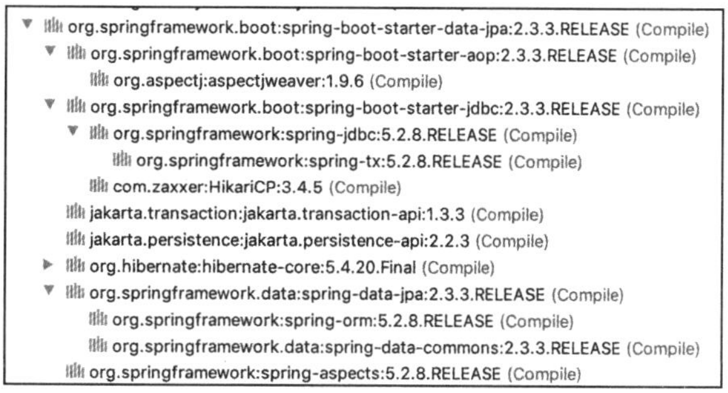

图 2-1　Spring Data 的 jar 包依赖关系

2.2　Repository 接口

Repository 是 Spring Data Commons 的顶级父类接口，操作数据库的入口类。下面首先介绍 Repository 接口的源码、类层次关系和使用实例。

2.2.1　查看 Repository 源码

我们查看 Commons 里面的 Repository 源码，了解一下里面实现了什么。如下所示。

```
package org.springframework.data.repository;
import org.springframework.stereotype.Indexed;
@Indexed
public interface Repository<T, ID> {
}
```

Repository 是 Spring Data 进行数据库操作最顶级的抽象接口，里面什么方法都没有，但是只要任何接口继承它，就能得到一个 Repository，还可以实现 JPA 的一些默认实现方法。

Spring 利用 Repository 作为 DAO 操作的类型，以及利用 Java 动态代理机制就可以实现很多功能，比如：为什么接口就能实现 DB 的相关操作？这就是 Spring 框架的高明之处。

Spring 在做动态代理的时候，只要是它的子类或者实现类，再利用 T 类以及 T 类的主键 ID 类型作为泛型的类型参数，就可以标记并捕获到要使用的实体类型，帮助使用者进行数据库操作。

2.2.2　Repository 类层次关系

下面我们根据这个基类 Repository 接口，顺藤摸瓜，看看 Spring Data JPA 里面都有什么。

首先，我们用工具 Intellij IDEA，打开类 Repository.class，然后依次导航到 Hierarchy 类型，得到如图 2-2 所示结果。

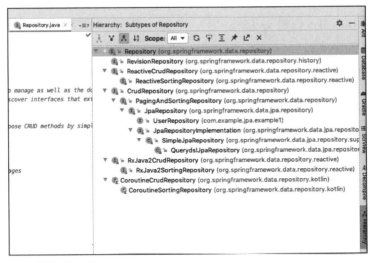

图 2-2　Repository Hierarchy

通过该层次结构视图，大家便不难明白基类 Repository 的用意，由此可知，存储库分为以下 4 个大类。

❑ ReactiveCrudRepository：这条线是响应式编程，主要支持当前 NoSQL 方面的操作，因为这方面大部分操作都是分布式的，由此我们可以看出 Spring Data 想统一数据操作的"野心"，即想提供所有关于数据方面的操作。目前主要有 Cassandra、MongoDB、Redis 的实现。

❑ RxJava2CrudRepository：这条线是为了支持 RxJava 2 做的标准响应式编程的接口。

❑ CoroutineCrudRepository：这条继承关系链是为了支持 Kotlin 语法而实现的。

❑ CrudRepository：这条继承关系链正是本章要详细介绍的 JPA 相关的操作接口，当然，也可以把这种方法应用到另外 3 种继承关系链里面学习。

然后，通过 Intellij IDEA，我们也可以打开类 UserRepository.java（第 1 章里面的案例），在此类中，鼠标右键点击 Show Diagram 以显示层次结构图，用图表的方式查看类的关系层次，打开后如图 2-3（Repository 继承关系图）所示。

在这里简单介绍一下，我们需要掌握和使用到的类如下所示。

七大 Repository 接口：

❑ Repository(org.springframework.data.repository)：没有暴露任何方法。

❑ CrudRepository(org.springframework.data.repository)：简单的 CRUD 方法。

❑ PagingAndSortingRepository(org.springframework.data.repository)：带分页和排序的方法。

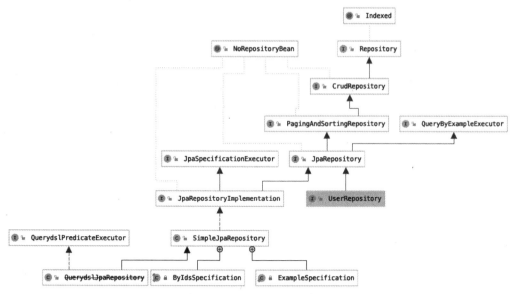

图 2-3　Repository 继承关系图

❑ QueryByExampleExecutor(org.springframework.data.repository.query)：简单的 Example 查询。

❑ JpaRepository(org.springframework.data.jpa.repository)：JPA 的扩展方法。

❑ JpaSpecificationExecutor(org.springframework.data.jpa.repository)：JpaSpecification 扩展查询。

❑ QuerydslPredicateExecutor(org.springframework.data.querydsl)：Querydsl 的封装。

两大 Repository 实现类：

❑ SimpleJpaRepository(org.springframework.data.jpa.repository.support)：JPA 所有接口的默认实现类。

❑ QuerydslJpaRepository(org.springframework.data.jpa.repository.support)：Querydsl 的实现类。

关于其他类，后面也会通过不同方式来讲解，让大家一一认识。下面我们再来看一个 Repository 实例。

2.2.3　Repository 接口的实际案例

我们通过一个例子，利用 UserRepository 继承 Repository 来实现针对 User 的两个查询方法，如下。

```
import org.springframework.data.repository.Repository;
import java.util.List;
public interface UserRepository extends Repository<User,Integer> {
    // 根据名称查询用户列表
```

```
List<User> findByName(String name);
// 根据用户的邮箱和名称查询
List<User> findByEmailAndName(String email, String name);
}
```

由于 Repository 接口里面没有任何方法，所以此 UserRepository 对外只有两个可用方法，如上面的代码一样。Service 层只能调用到 findByName 和 findByEmailAndName 两个方法，我们通过 IDEA 的 Structure 也可以看到对外只有两个方法可用，如图 2-4 所示。

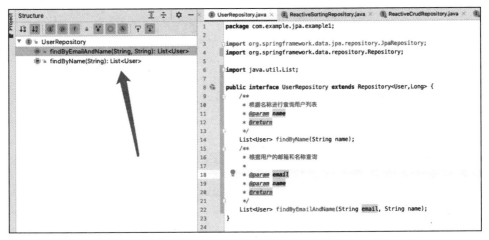

图 2-4　UserRepository 的可用方法

这时，在第 1 章的例子里提到的 Controller 中引用 userRepository 的 save 和 findAll 方法就会报错，如图 2-5 的 IDEA 提示。

```
9   @RestController
10  @RequestMapping(path = "/api/v1")
11  public class UserController {
12      @Autowired
13      private UserRepository userRepository;
14
15      /**
16       * 保存用户
17       * @param user
18       * @return
19       */
20      @PostMapping(path = "user",consumes = {MediaType.APPLICATION_JSON_VALUE})
21      public User addNewUser(@RequestBody User user) {
22          return userRepository.save(user);
23      }
24
25      /**
26       * 根据分页信息查询用户
27       * @param request
28       * @return
29       */
30      @GetMapping(path = "users")
31      @ResponseBody
32      public Page<User> getAllUsers(Pageable request) {
33          return userRepository.findAll(request);
34      }
35  }
36
```

图 2-5　方法报错

上面这个实例通过继承 Repository，使 Spring 容器知道 UserRepository 是 DB 操作的类，是我们可以对 User 对象进行的 CRUD 操作。这时我们就对 Repository 有了一定的了解，接下来再看看它的直接子类 CrudRepository 接口都为我们提供了哪些方法。

2.3　CrudRepository 接口

下面通过 IDEA 工具，看看 CrudRepository 为我们提供的方法有哪些，如图 2-6 所示。

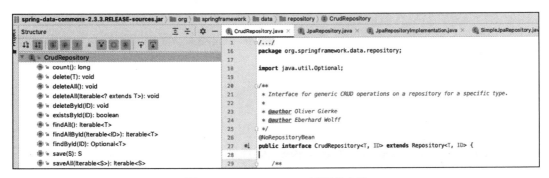

图 2-6　CrudRepository 里面的方法

通过图 2-6，可以看到其中展示的一些方法，在这里一一进行说明。

❑ long count()：查询总数返回 long 类型。

❑ void delete(T)：根据 entity 进行删除。

❑ void deleteAll(Iterable<? extends T>)：批量删除。

❑ void deleteAll()：删除所有。原理可以通过刚才的类关系查看，CrudRepository 的实现方法如下。

```
// SimpleJpaRepository 里面的 deleteALL 方法
public void deleteAll() {
    for (T element : findAll()) {
        delete(element);
    }
}
```

通过源码我们可以看出，SimpleJpaRepository 里面的 deleteAll 是利用 for 循环调用 delete 方法进行删除操作的。

❑ void deleteById(ID)：根据主键删除，查看源码会发现，它是先查询出来再进行删除。

❑ boolean existsById(ID)：根据主键判断实体是否存在。

❑ Iterable<T> findAllById(Iterable<ID>)：根据主键列表查询实体列表。

❑ Iterable<T> findAll()：查询实体的所有列表。

❑ Optional<T> findById(ID)：根据主键查询实体，返回 JDK 1.8 的 Optional，这可以避

免 null exception。

❑ save(S)：保存实体方法，参数和返回结果可以是实体的子类。

❑ saveAll(Iterable<S>)：批量保存，原理与 save 方法相同，我们看实现的话，就是 for 循环调用上面的 save 方法。

上面这些方法是 CrudRepository 对外暴露的常见的 CRUD 接口，我们在对数据库进行 CRUD 操作的时候就会运用到，如我们打算对 User 实体进行 CRUD 操作，如下所示。

```
public interface UserRepository extends CrudRepository<User,Long> {
}
```

我们通过 UserRepository 继承 CrudRepository，这个时候 UserRepository 就会有 Crud-Repository 的所有方法，如图 2-7 所示。

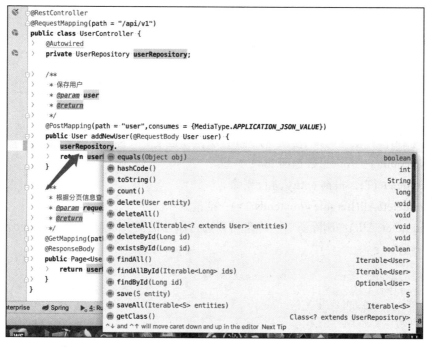

图 2-7　UserRepository 能调用的方法提示

这里我们需要注意一下 save 和 deleteById 的实现逻辑，分别看看这两种方法是怎么实现的。

```
// 新增或者保存
public <S extends T> S save(S entity) {
    if (entityInformation.isNew(entity)) {
        em.persist(entity);
        return entity;
    } else {
```

```
          return em.merge(entity);
       }
   }
   // 删除
   public void deleteById(ID id) {
       Assert.notNull(id, ID_MUST_NOT_BE_NULL);
       delete(findById(id).orElseThrow(() -> new EmptyResultDataAccessException(
           String.format("No %s entity with id %s exists!", entityInformation.
               getJavaType(), id), 1)));
   }
```

我们看上面的源码，发现在执行 Update、Delete、Insert 等操作之前，会通过 findById 先查询一下实体对象的 ID，然后再对查询出来的实体对象进行保存操作。而如果在执行 Delete 的时候，查询对象不存在，则直接抛出异常。

在这里特别强调了一下 Delete 和 Save 方法，是因为在实际工作中看到有的同事画蛇添足——执行 Save 的时候先查询，其实是没有必要的，JPA 底层都考虑到了。这里其实是想告诉大家，当我们用任何第三方方法的时候，最好先查一下源码和逻辑或者 API，然后才能写出优雅的代码。

关于 entityInformation.isNew（entity），在这里简单说明一下，如果当传递的参数里面没有 ID 时，则直接执行 Insert；若当传递的参数里面有 ID 时，则会触发 Select 查询。此方法会看一下数据库里面是否存在此记录，若存在，则执行 Update，否则执行 Insert。后面讲乐观锁实现机制的时候会有详细介绍。

2.4　PagingAndSortingRepository 接口

上面我们介绍完了 CRUD 基本操作，发现没有分页和排序方法，那么接下来讲讲 PagingAndSortingRepository 接口，该接口也是 Repository 接口的子类，主要用于分页查询和排序查询。我们先看看 PagingAndSortingRepository 的源码，了解一下都有哪些方法。

2.4.1　PagingAndSortingRepository 的源码

PagingAndSortingRepository 源码中有两个方法，分别是在分页和排序的时候使用，如下所示。

```
package org.springframework.data.repository;
import org.springframework.data.domain.Page;
import org.springframework.data.domain.Pageable;
import org.springframework.data.domain.Sort;
@NoRepositoryBean
public interface PagingAndSortingRepository<T, ID> extends CrudRepository<T, ID> {
   Iterable<T> findAll(Sort sort); (1)
   Page<T> findAll(Pageable pageable); (2)
}
```

其中，第一个 findAll 的参数是 Sort，即根据排序参数实现不同的排序规则，从而获取所有的对象的集合；第二个 findAll 的参数是 Pageable，是根据分页和排序进行查询，并用 Page 对返回结果进行封装。而 Pageable 对象包含 Page 和 Sort 对象。

通过开篇讲到的 Repository 继承关系图和上面介绍的源码可以看到，PagingAndSorting-Repository 继承了 CrudRepository，进而拥有了父类的方法，并且增加了分页和排序等对查询结果进行限制的通用方法。

PagingAndSortingRepository 和 CrudRepository 都是 Spring Data Commons 的标准接口，那么实现类是什么呢？如果我们采用 JPA，那对应的实现类就是 Spring Data JPA 的 jar 包里面的 SimpleJpaRepository。如果是其他 NoSQL 的实现，如 MongoDB，那么实现类就是 Spring Data MongoDB 的 jar 包里面的 MongoRepositoryImpl。

关于 PagingAndSortingRepository 源码的介绍就到这里，下面我们看看怎么使用这两个方法。

2.4.2　PagingAndSortingRepository 的使用案例

第一步：我们定一个 UserRepository 类来继承 PagingAndSortingRepository 接口，实现对 User 的分页和排序操作，实现源码如下。

```
package com.example.jpa.example1;
import org.springframework.data.repository.PagingAndSortingRepository;
public interface UserRepository extends PagingAndSortingRepository<User,Long> {
}
```

第二步：我们利用 UserRepository 直接继承 PagingAndSortingRepository 即可，而 Controller 层就可以有如下用法了。

```
/**
 * 验证排序和分页查询方法，Pageable 的默认实现类：PageRequest
 * @return
 */
@GetMapping(path = "/page")
@ResponseBody
public Page<User> getAllUserByPage() {
    return userRepository.findAll(
        PageRequest.of(1, 20,Sort.by(new Sort.Order(Sort.Direction.ASC,"name"))));
}
/**
 * 排序查询方法，使用 Sort 对 User 的 name 字段正序排序
 * @return
 */
@GetMapping(path = "/sort")
@ResponseBody
public Iterable<User> getAllUsersWithSort() {
    return userRepository.findAll(Sort.by(new Sort.Order(Sort.Direction.
```

```
          ASC,"name")));
    }
```

到这里，我们就实现了对实体 User 的 DB 操作，通过以上内容我们学习了 CRUD 和分页排序基本操作，下面看看 JpaRepository 接口为我们提供了哪些方法。

2.5　JpaRepository 接口

到这里就可以进入分水岭了，以上都是 Spring Data 为了兼容 NoSQL 而进行的一些抽象封装，而从 JpaRepository 开始是对关系型数据库进行的抽象封装。从类图可以看出来，它继承了 PagingAndSortingRepository 类，也就继承了其所有方法，并且其实现类也是 SimpleJpaRepository。从类图中还可以看出 JpaRepository 继承和拥有了 QueryByExample-Executor 的相关方法，我们先来看一看 JpaRepository 有哪些方法。一样的道理，我们直接看它的源码，如图 2-8 所示。

涉及 QueryByExample 的部分我们在第 12 章再详细介绍，而 JpaRepository 里面重点新增了批量删除，优化了批量删除的性能，类似于之前 SQL 的 batch 操作，并不是像上面的 deleteAll 用 for 循环删除。其中 flush() 和 saveAndFlush() 提供了手动刷新 Session、把对象的值立即更新到数据库里面的机制。

我们都知道 JPA 是由 Hibernate 实现的，所以有 Session 一级缓存的机制，当调用 save() 方法的时候，数据库是不

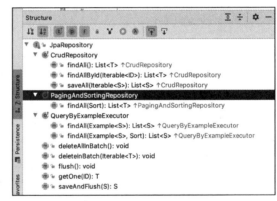

图 2-8　JpaRepository Structure 视图

会立即发生变化的，其原理我将在第 22 章再详细讲解。JpaRepository 的使用方式也一样，UserRepository 直接继承 JpaRepository 即可。

我们看一个 Demo，用 UserRepository 直接继承 JpaRepository，以实现 JPA 的相关方法，如下所示。

```
public interface UserRepository extends JpaRepository<User,Long> {
}
```

这样 Controller 层就可以直接调用 JpaRepository 及其父接口里面的所有方法了。

那么，以上就是我们对 Repository 及其他子接口的使用案例，在应用时需要注意不同的接口有不同的方法，根据业务场景继承不同的接口即可。下面我们接着学习 Repository 的实现类 SimpleJpaRepository。

2.6 Repository 的实现类 SimpleJpaRepository

关系型数据库所有 Repository 接口的实现类就是 SimpleJpaRepository，如果有些业务场景需要进行扩展，可以继续继承此类，如 Querydsl 的扩展（虽然不推荐使用，但我们可以参考它的做法，自定义自己的 SimpleJpaRepository），如果能将此类里面的实现方法看透了，那么基本上就能掌握 JPA 中的大部分内容了。

我们可以通过 Debug 视图看一下动态代理过程，如图 2-9 所示。

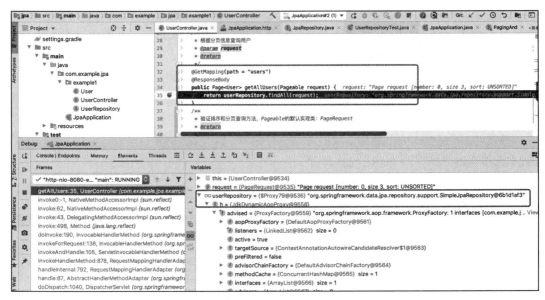

图 2-9 UserRepository 的实现类

你会发现 UserRepository 的实现类是在 Spring 启动的时候，利用 Java 动态代理机制帮我们生成的，而真正的实现类就是 SimpleJpaRepository。

通过上面类的继承关系图也可以知道 SimpleJpaRepository 是 Repository 接口、CrudRepository 接口、PagingAndSortingRepository 接口、JpaRepository 接口的实现。其中，SimpleJpaRepository 的部分源码如下。

```
@Repository
@Transactional(readOnly = true)
public class SimpleJpaRepository<T, ID> implements JpaRepository<T, ID>,
    JpaSpecificationExecutor<T> {
    private static final String ID_MUST_NOT_BE_NULL = "The given id must not be
        null!";
    private final JpaEntityInformation<T, ?> entityInformation;
    private final EntityManager em;
    private final PersistenceProvider provider;
    private @Nullable CrudMethodMetadata metadata;
```

```
...
@Transactional
public void deleteAllInBatch() {
    em.createQuery(getDeleteAllQueryString()).executeUpdate();
}
...
}
```

通过此类的源码，我们可以清晰地看出 SimpleJpaRepository 的实现机制是通过 Entity-Manager 进行实体的操作，而 JpaEntityInformation 里面存在实体的相关信息和 CRUD 方法的元数据等。

上面我们讲到 Java 动态代理机制帮助我们生成实现类，那么想了解动态代理的实现，我们可以在 RepositoryFactorySupport 处设置一个断点，启动的时候，在断点处就会发现 UserRepository 的接口会被动态代理成 SimpleJapRepository 的实现，如图 2-10 所示。

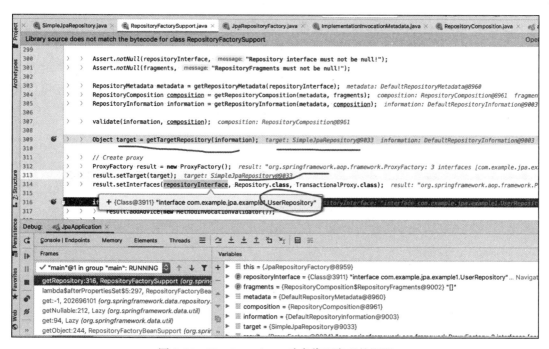

图 2-10　UserRepository 动态代理实现的源码

这里需要注意的是，每一个 Repository 的子类都会通过这里的动态代理生成实现类，在实际工作中通过 Debug 视图看源码的时候，希望上面介绍的内容可以帮助到大家。

2.7　Repository 接口的启发

在接触了 Repository 的源码之后，我在工作中遇到过一些类似需要抽象接口和写动态代理的情况，受到了如下一些启发。

第一，对于上面的七大 Repository 接口，我们在使用的时候可以根据实际场景继承不同的接口，从而选择暴露不同的 Spring Data Commons 给我们提供的已有接口。这其实利用了 Java 语言的接口特性，在这里可以好好地理解一下接口的妙用，通过不同的接口，我们可以对外暴露不同的方法，而实现类也可以实现更多的功能。

第二，UserRepository 相当于我们的 DAO 层，但是不需要写任何实现类就可以满足简单的增删改查，我们利用源码也可以很好地理解 Spring 中动态代理的作用，可以利用这种思想在改善 MyBatis 的时候使用。

2.8 本章小结

在本章我们讲解了 Repository 接口、CrudRepository 接口、PagingAndSortingRepository 接口、JpaRepository 接口的用法，通过源码我们知道了接口里面的方法及其实现，也知道了 Spring 的动态代理机制是怎么运用到 UserRepository 接口的。

通过学习，相信大家对 Repository 的基本用法，以及接口暴露的方法和使用方法都有了一定的了解，下一章会讲解除了 Repository 接口里面定义的方法之外，还可以在 UserRepository 里面实现哪些方法，以及有哪些动态实现机制等。

定义查询方法的命名语法与参数

Spring Data JPA 的最大特色是利用定义查询方法（Defining Query Method，DQM）来实现 CRUD 操作，本章将围绕此内容进行详细讲解。

在工作中，你是否经常为方法名的语义、命名规范而发愁？是否要为不同的查询条件写各种 SQL 语句？是否为同一个实体的查询，写一个超级通用的查询方法或者 SQL？如果其他开发同事不查看你写的 SQL 语句，而直接看方法名的话，是否也会为不知道你想查什么而感到郁闷？

Spring Data JPA 的定义查询方法通过方法名和参数，可以很好地解决上面的问题，也能让方法名的语义更加清晰，开发效率也会大大提升。DQM 语法共有两种，具体如下。

❏ 一种是直接通过方法名实现，这也是本章会详细介绍的重点内容。

❏ 另一种是通过 @Query 手动在方法上定义，这将在第 5 章中详细介绍。

下面将从 6 个方面来详细讲解定义查询方法。首先分析一下定义查询方法的配置和使用方法，这个是必须要掌握的。

3.1　定义查询方法的配置和使用方法

若想要实现 CRUD 操作，常规做法是写一大堆 SQL 语句。但在 JPA 中只需要继承 Spring Data Commons 的任意 Repository 接口或者子接口，然后直接通过方法名就可以实现，是不是很神奇？看看下面具体的使用步骤。

3.1.1 直接通过方法名实现 CRUD 步骤

第一步：User 实体的 UserRepository 继承 Spring Data Commons 的 CrudRepository 接口。

```
interface UserRepository extends CrudRepository<User, Long> {
   User findByEmailAddress(String emailAddress);
}
```

第二步：Service 层就可以直接使用 UserRepository 接口。

```
@Service
public class UserServiceImpl{
   @Autowired
   UserRepository userRepository;
   public void testJpa() {
      userRepository.deleteAll();
      userRepository.findAll();
      userRepository.findByEmailAddress("zjk@126.com");
   }
}
```

这个时候就可以直接调用 CrudRepository 中暴露的所有接口方法，以及 UserRepository 定义的方法，而不需要写任何 SQL 语句，也不需要写任何实现方法。通过上面两步我们就能完成 DQM 的基本使用。下面来看另外一种情况：选择性暴露 CRUD 方法。

3.1.2 选择性暴露 CRUD 方法

然而，如果不想暴露 CrudRepository 的所有方法，那么可以直接继承我们认为需要暴露的那些方法的接口。假如 UserRepository 只想暴露 findOne 和 save，除了这两个方法之外不允许任何的 User 操作，其做法如下。

我们选择性地暴露 CRUD 方法，直接继承 Repository（因为这里面没有任何方法），把 CrudRepository 的 save 和 findOne 方法复制到我们自己的 MyBaseRepository 接口即可，代码如下。

```
@NoRepositoryBean
interface MyBaseRepository<T, ID extends Serializable> extends Repository<T, ID> {
   T findOne(ID id);
   T save(T entity);
}
interface UserRepository extends MyBaseRepository<User, Long> {
   User findByEmailAddress(String emailAddress);
}
```

这样在 Service 层就只有 findOne、save、findByEmailAddress 这 3 个方法可以调用，不会有更多的方法了。我们可以对 SimpleJpaRepository 中任意某个已经实现的方法做选择性暴露。

综上所述，得出以下两点结论：

❑ MyRepository Extends Repository 可以实现 DQM 的功能。

❑ 继承其他 Repository 的子接口或者自定义子接口，可以选择性地暴露 SimpleJpa-Repository 中已经实现的基础公用方法。

在平时的工作中，你可以通过方法名，又或者在定义方法名上添加 @Query 注解这两种方式来实现 CRUD 操作，而 Spring 给我们提供了两种切换方式。接下来我们就讲讲方法的查询策略设置。

3.2　方法的查询策略设置

目前，在实际生产中还没有遇到要修改默认策略的情况，但我们必须要知道有这样的配置方法，做到心中有数，这样才能知道为什么方法名可以，@Query 也可以。通过 @EnableJpaRepositories 注解可配置方法的查询策略，详细配置方法如下。

```
@EnableJpaRepositories(queryLookupStrategy= QueryLookupStrategy.Key.CREATE_IF_
    NOT_FOUND)
```

其中，QueryLookupStrategy.Key 的值共有 3 个，具体如下。

❑ Create：直接根据方法名进行创建，规则是根据方法名称的构造进行尝试，一般的方法是从方法名中删除给定的一组已知前缀，并解析该方法的其余部分。如果方法名不符合规则，启动的时候会报异常，这种情况可以理解为，即使配置了 @Query 也是没有用的。

❑ USE_DECLARED_QUERY：声明方式创建，启动的时候会尝试找到一个声明的查询，如果没有找到将抛出一个异常，可以理解为必须配置 @Query。

❑ CREATE_IF_NOT_FOUND：这个是默认的，除非有特殊需求，可以理解为这是以上两种方式的兼容版。先用声明方式（@Query）进行查找，如果没有找到与方法相匹配的查询，那就用 Create 的方法名创建规则来创建一个查询。在这两者都不满足的情况下，启动就会报错。

以 Spring Boot 项目为例，更改其配置方法如下。

```
@EnableJpaRepositories(queryLookupStrategy= QueryLookupStrategy.Key.CREATE_IF_
    NOT_FOUND)
public class Example1Application {
    public static void main(String[] args) {
        SpringApplication.run(Example1Application.class, args);
    }
}
```

以上就是方法的查询策略设置，很简单。接下来我们再讲讲 DQM 的语法，这是可以让方法生效的详细语法。

3.3　定义查询方法的语法

该语法是：带查询功能的方法名由"查询策略（关键字）＋查询字段＋一些限制性条件"组成，具有语义清晰、功能完整的特性，在实际工作中80%的API查询都可以简单实现。

3.3.1　语法剖析

我们来看一个复杂一点的例子，下面代码定义了 PersonRepository，我们可以在 Service 层直接使用。

```
interface PersonRepository extends Repository<User, Long> {
    // and 的查询关系
    List<User> findByEmailAddressAndLastname(EmailAddress emailAddress, String
        lastname);
    // 包含 distinct 去重、or 的 SQL 语法
    List<User> findDistinctPeopleByLastnameOrFirstname(String lastname, String
        firstname);
    // 根据 lastname 字段查询，忽略大小写
    List<User> findByLastnameIgnoreCase(String lastname);
    // 根据 lastname 和 firstname 查询并且忽略大小写
    List<User> findByLastnameAndFirstnameAllIgnoreCase(String lastname, String
        firstname);
    // 对查询结果根据 lastname 排序，正序
    List<User> findByLastnameOrderByFirstnameAsc(String lastname);
    // 对查询结果根据 lastname 排序，倒序
    List<User> findByLastnameOrderByFirstnameDesc(String lastname);
}
```

表 3-1 是上面 DQM 语法里常用的关键字列表，既能方便大家快速查阅，又能满足在实际代码中更加复杂的场景。

表 3-1　DQM 语法里常用的关键字列表

关键字	案例	JPQL 表达
And	findByLastnameAndFirstname	... where x.lastname = ?1 and x.firstname = ?2
Or	findByLastnameOrFirstname	... where x.lastname = ?1 or x.firstname = ?2
Is、Equals	findByFirstname、findByFirstnameIs、findByFirstnameEquals	... where x.firstname = ?1
Between	findByStartDateBetween	... where x.startDate between ?1 and ?2
LessThan	findByAgeLessThan	... where x.age < ?1
LessThanEqual	findByAgeLessThanEqual	... where x.age <= ?1

（续）

关键字	案　例	JPQL 表达
GreaterThan	findByAgeGreaterThan	... where x.age > ?1
GreaterThanEqual	findByAgeGreaterThanEqual	... where x.age >= ?1
After	findByStartDateAfter	... where x.startDate > ?1
Before	findByStartDateBefore	... where x.startDate < ?1
IsNull	findByAgeIsNull	... where x.age is null
IsNotNull、NotNull	findByAge(Is)NotNull	... where x.age not null
Like	findByFirstnameLike	... where x.firstname like ?1
NotLike	findByFirstnameNotLike	... where x.firstname not like ?1
StartingWith	findByFirstnameStartingWith	... where x.firstname like ?1（参数增加前缀 %）
EndingWith	findByFirstnameEndingWith	... where x.firstname like ?1（参数增加后缀 %）
Containing	findByFirstnameContaining	... where x.firstname like ?1（参数被 % 包裹）
OrderBy	findByAgeOrderByLastnameDesc	... where x.age = ?1 order by x.lastname desc
Not	findByLastnameNot	... where x.lastname <> ?1
In	findByAgeIn(Collection ages)	... where x.age in ?1
NotIn	findByAgeNotIn(Collection ages)	... where x.age not in ?1
True	findByActiveTrue()	... where x.active = true
False	findByActiveFalse()	... where x.active = false
IgnoreCase	findByFirstnameIgnoreCase	... where UPPER(x.firstame) = UPPER(?1)

综上，总结三点经验。

❑ 方法名的表达式通常是实体属性连接运算符的组合，如 And、Or、Between、Less-Than、GreaterThan、Like 等属性连接运算表达式，不同的数据库（NoSQL、MySQL）可能产生的效果也不一样，如果遇到问题，我们可以打开 SQL 日志观察。

❑ IgnoreCase 可以针对单个属性（如 findByLastnameIgnoreCase(…)），也可以针对查询条件里面所有的实体属性（必须在 String 情况下，如 findByLastnameAndFirstnameAllIgnoreCase(…)）忽略大小写。

❑ OrderBy 可以在某些属性的排序上提供方向（Asc 或 Desc），称为静态排序，也可以通过一个参数 Sort 实现指定字段的动态排序的查询方法（如 repository.findAll(Sort.by(Sort.Direction.ASC, "myField"))）。

我们看到上面的表格中虽然大多是以 find 开头的方法，除此之外，JPA 还支持 read、get、query、stream、count、exists、delete、remove 等前缀，如字面意思一样。我们看看 count、delete、remove 的例子，其他前缀可以举一反三。实例代码如下。

```
interface UserRepository extends CrudRepository<User, Long> {
    long countByLastname(String lastname);  //查询总数
```

```
long deleteByLastname(String lastname); // 根据一个字段进行删除操作，并返回删除行数
List<User> removeByLastname(String lastname);
// 根据 Lastname 删除一堆 User，并返回删除的 User
}
```

随着版本的更新会有更多的语法支持，或者不同的版本语法可能也不一样，我们可通过源码看一下上面说的几种语法。

3.3.2 关键源码

感兴趣的读者可以到类 org.springframework.data.repository.query.parser.PartTree 查看相关源码的逻辑和处理方法，关键源码如图 3-1 所示。

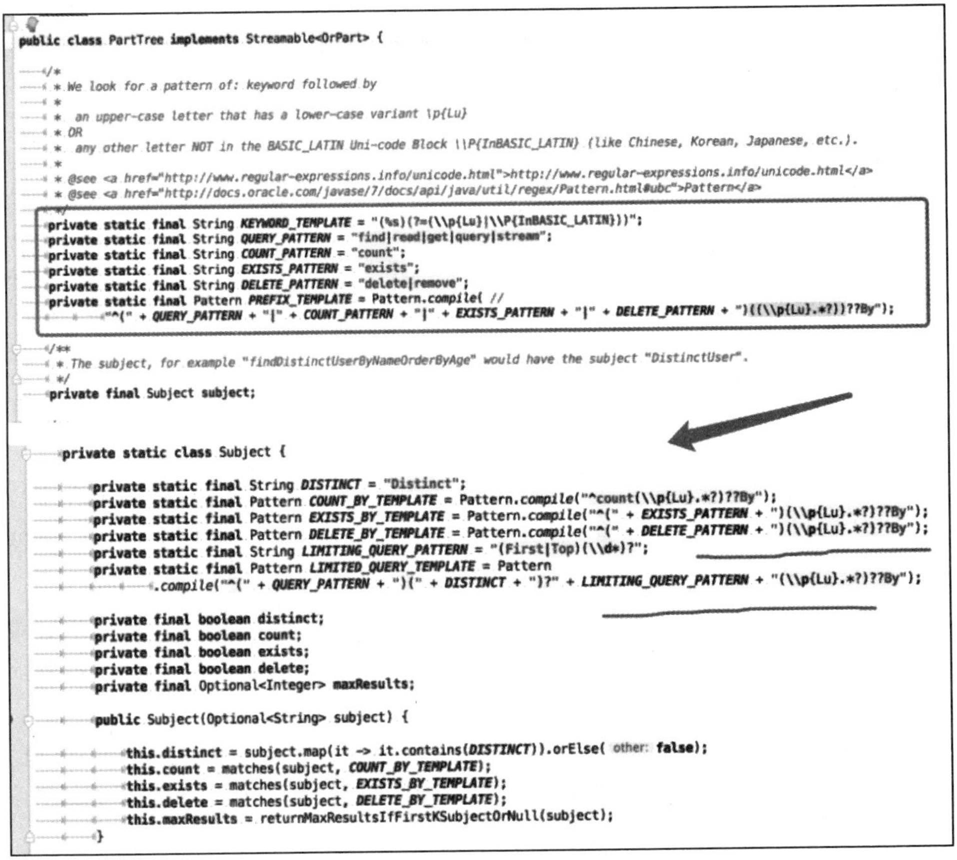

图 3-1 DQM 关键实现类

根据图 3-1 的源码我们也可以分析出来，DQM 包含其他的表达式，如 find、count、delete、exist 等关键字在 By 之前通过正则表达式匹配。当然，我们也可以利用 IDE 工具进行搜索，如图 3-2 所示。

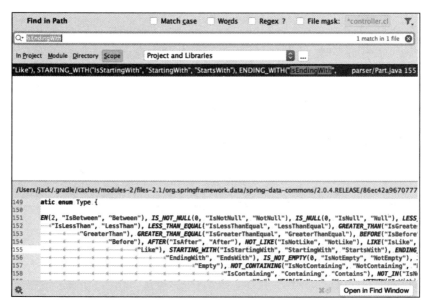

图 3-2　关键字搜索方法

由图 3-2，我们搜索到枚举类，由此可知，我们方法中的关键字不是乱填的，而是枚举帮我们定义好的。接下来打开枚举类源码来看看，就什么都清楚了。

```java
public static enum Type {
    BETWEEN(2, new String[]{"IsBetween", "Between"}),
    IS_NOT_NULL(0, new String[]{"IsNotNull", "NotNull"}),
    IS_NULL(0, new String[]{"IsNull", "Null"}),
    LESS_THAN(new String[]{"IsLessThan", "LessThan"}),
    LESS_THAN_EQUAL(new String[]{"IsLessThanEqual", "LessThanEqual"}),
    GREATER_THAN(new String[]{"IsGreaterThan", "GreaterThan"}),
    GREATER_THAN_EQUAL(new String[]{"IsGreaterThanEqual", "GreaterThanEqual"}),
    BEFORE(new String[]{"IsBefore", "Before"}),
    AFTER(new String[]{"IsAfter", "After"}),
    NOT_LIKE(new String[]{"IsNotLike", "NotLike"}),
    LIKE(new String[]{"IsLike", "Like"}),
    STARTING_WITH(new String[]{"IsStartingWith", "StartingWith", "StartsWith"}),
    ENDING_WITH(new String[]{"IsEndingWith", "EndingWith", "EndsWith"}),
    IS_NOT_EMPTY(0, new String[]{"IsNotEmpty", "NotEmpty"}),
    IS_EMPTY(0, new String[]{"IsEmpty", "Empty"}),
    NOT_CONTAINING(new String[]{"IsNotContaining", "NotContaining", "NotContains"}),
    CONTAINING(new String[]{"IsContaining", "Containing", "Contains"}),
    NOT_IN(new String[]{"IsNotIn", "NotIn"}),
    IN(new String[]{"IsIn", "In"}),
    NEAR(new String[]{"IsNear", "Near"}),
    WITHIN(new String[]{"IsWithin", "Within"}),
    REGEX(new String[]{"MatchesRegex", "Matches", "Regex"}),
    EXISTS(0, new String[]{"Exists"}),
    TRUE(0, new String[]{"IsTrue", "True"}),
```

```
FALSE(0, new String[]{"IsFalse", "False"}),
NEGATING_SIMPLE_PROPERTY(new String[]{"IsNot", "Not"}),
SIMPLE_PROPERTY(new String[]{"Is", "Equals"});
....}
```

看源码就可以知道框架支持了哪些逻辑关键字，如 NotIn、Like、In、Exists 等，有的时候比查文档和任何人写的博客都准确且快。

好了，上面介绍了方法名的基本表达方式，希望大家可以在工作中灵活运用，举一反三。接下来我们讲讲特定类型的参数：Sort 和 Pageable，这是分页和排序的必备技能。

3.4　特定类型的参数：Sort 和 Pageable

为了方便我们排序和分页，Spring Data JPA 支持了两个特殊类型的参数：Sort 和 Pageable。

Sort 在查询的时候可以实现动态排序，我们看看源码。

```
public Sort(Direction direction, String... properties) {
    this(direction, properties == null ? new ArrayList<>() : Arrays.
        asList(properties));
}
```

Sort 决定了我们字段的排序方向（ASC 正序、DESC 倒序）。

Pageable 在查询的时候可以实现分页和动态排序的双重效果，我们看看 Pageable 的 Structure 视图，如图 3-3 所示。

我们发现 Pageable 是一个接口，里面有常见的分页方法排序、当前页、下一行、当前指针、一共多少页、页码等。

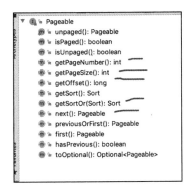

图 3-3　Pageable 关键方法

在查询方法中如何使用 Pageable 和 Sort 呢？下面代码定义了根据 Lastname 查询 User 的分页和排序的实例，此段代码是在 UserRepository 接口里面定义的方法。

```
Page<User> findByLastname(String lastname, Pageable pageable);
// 根据分页参数查询 User，返回一个带分页结果的 Page（后面详解）对象（方法一）
Slice<User> findByLastname(String lastname, Pageable pageable);
// 我们根据分页参数返回一个 Slice 的 user 结果（方法二）
List<User> findByLastname(String lastname, Sort sort);
// 根据排序结果返回一个 List（方法三）
List<User> findByLastname(String lastname, Pageable pageable);
// 根据分页参数返回一个 List 对象（方法四）
```

方法一：允许将 org.springframework.data.domain.Pageable 实例传递给查询方法，将分页参数添加到静态定义的查询中，通过 Page 返回的结果得知可用的元素和页面的总数。这种分页查询方法可能是昂贵的（会默认执行一条 count 的 SQL 语句），所以用的时候要考虑一下使用场景。

方法二：返回结果是 Slice，因为只知道是否下一个 Slice 可用，而不知道 count，所以当查询较大的结果集时，只知道数据是足够的，也就是说，在业务场景中不用关心一共有多少页。

方法三：如果只需要排序，需在 org.springframework.data.domain.Sort 参数中添加一个参数，正如上面看到的，只需返回一个 List 也是有可能的。

方法四：排序选项也通过 Pageable 实例处理，在这种情况下，Page 将不会创建构建实际实例所需的附加元数据（即不需要计算和查询分页相关数据），而仅仅用来做限制查询给定范围的实体。

那么如何使用呢？我们再来看一下源码，也就是 Pageable 的实现类，如图 3-4 所示。

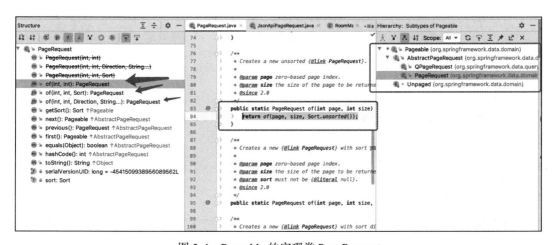

图 3-4　Pageable 的实现类 PageRequest

由图 3-4 可知，我们可以通过 PageRequest 里面提供的几个 of 静态方法（多态），分别构建页码、页面大小、排序等。我们来看看在使用中的写法，如下所示。

```
// 查询 user 中 lastname=jk 的第一页，每页大小是 20 条；并返回一共有多少页的信息
Page<User> users = userRepository.findByLastname("jk",PageRequest.of(1, 20));

// 查询 user 中 lastname=jk 的第一页的 20 条数据，不知道一共有多少条
Slice<User> users = userRepository.findByLastname("jk",PageRequest.of(1, 20));

// 查询所有 user 中 lastname=jk 的 User 数据，并按照 name 正序返回 List
List<User> users = userRepository.findByLastname("jk",new Sort(Sort.Direction.
    ASC, "name"))
```

```
// 按照 createdAt 倒序，查询前一百条 User 数据
List<User> users = userRepository.findByLastname("jk",PageRequest.of(0, 100,
    Sort.Direction.DESC, "createdAt")
```

上面讲解了分页和排序的应用场景，在实际工作中，如果遇到不知道参数怎么传递的情况，可以看一下源码，因为 Java 是类型安全的。接下来讲解限制查询结果的 First 和 Top，这是分页的另一种表达方式。

3.5 限制查询结果：First 和 Top

有的时候我们想直接查询前几条数据，也不需要动态排序，那么就可以简单地在方法名字中使用 First 和 Top 关键字，来限制返回条数。

我们看看 userRepository 里面可以定义的一些限制返回结果的使用。在查询方法上加限制查询结果的关键字 First 和 Top。

```
User findFirstByOrderByLastnameAsc();
User findTopByOrderByAgeDesc();
List<User> findDistinctUserTop3ByLastname(String lastname, Pageable pageable);
List<User> findFirst10ByLastname(String lastname, Sort sort);
List<User> findTop10ByLastname(String lastname, Pageable pageable);
```

其中：
□ 查询方法在使用 First 或 Top 时，数值可以追加到 First 或 Top 后面，指定返回最大结果的大小。
□ 如果数字被省略，则假设结果大小为 1。
□ 限制表达式也支持 Distinct 关键字。
□ 支持将结果包装到 Optional 中（后文详解）。
□ 如果将 Pageable 作为参数，以 Top 和 First 后面的数字为准，即分页将在限制结果中应用。
First 和 Top 关键字的使用非常简单，它们可以让我们的方法名语义更加清晰。

3.6 @NonNull、@NonNullApi 和 @Nullable 关键字

从 Spring Data 2.0 开始，JPA 新增了 @NonNull、@NonNullApi、@Nullable，这是对 null 的参数和返回结果所做的支持。
□ @NonNull：用于不能为空的参数或返回值（在 @NonNullApi 适用的参数和返回值上不需要）。
□ @NonNullApi：在包级别用于声明参数，以及返回值的默认行为是不接受空值或产生空值的。

❏ @Nullable：用于可以为空的参数或返回值。

我在自己的 Repository 所在包的 package-info.java 类中做了如下声明。

```
@org.springframework.lang.NonNullApi
package com.myrespository;
```

myrespository 下面的 UserRepository 实现如下。

```
package com.myrespository;
import org.springframework.lang.Nullable;
interface UserRepository extends Repository<User, Long> {
    User getByEmailAddress(EmailAddress emailAddress);
}
```

这个时候当 emailAddress 参数为 null 的时候就会抛出异常，当返回结果为 null 的时候也会抛出异常。因为我们在 package-info.java 类中指定了 NonNullApi，所有返回结果和参数不能为 Null。

```
@Nullable
User findByEmailAddress(@Nullable EmailAddress emailAdress);
// 当我们添加 @Nullable 注解之后，参数和返回结果这个时候就都会允许为 null 了
Optional<User> findOptionalByEmailAddress(EmailAddress emailAddress);
// 返回结果允许为 null，参数不允许为 null 的情况
```

以上就是对 DQM 的方法名和分页参数的整体学习。

3.7　给我们的一些思考

我们学习了 DQM 的语法及其所表达的命名规范，在实际工作中也可以将方法名的强制约定规范运用到 Controller 和 Service 层，这样全部统一后，可以减少沟通成本。

关于 Spring Data Commons 的 Repository 基类，我们是否可以应用推广到 Service 层呢？能否建立一个自己的 BaseService 呢？我们看看下面的实战例子。

```
public interface BaseService<T, ID> {
    Class<T> getDomainClass();
    <S extends T> S save(S entity);
    <S extends T> List<S> saveAll(Iterable<S> entities);
    void delete(T entity);
    void deleteById(ID id);
    void deleteAll();
    void deleteAll(Iterable<? extends T> entities);
    void deleteInBatch(Iterable<T> entities);
    void deleteAllInBatch();
    T getOne(ID id);
    <S extends T> Optional<S> findOne(Example<S> example);
    Optional<T> findById(ID id);
    List<T> findAll();
```

```
    List<T> findAll(Sort sort);
    Page<T> findAll(Pageable pageable);
    <S extends T> List<S> findAll(Example<S> example);
    <S extends T> List<S> findAll(Example<S> example, Sort sort);
    <S extends T> Page<S> findAll(Example<S> example, Pageable pageable);
    List<T> findAllById(Iterable<ID> ids);
    long count();
    <S extends T> long count(Example<S> example);
    <S extends T> boolean exists(Example<S> example);
    boolean existsById(ID id);
    void flush();
    <S extends T> S saveAndFlush(S entity);
}
```

我们模仿 JpaRepository 接口也自定义了一个 BaseService，声明了常用的 CRUD 操作，上面的代码是生产代码，可以作为参考。当然，我们也可以建立自己的 PagingAndSorting-Service、ComplexityService、SampleService 等来划分不同的 Service 接口，以供不同目的 Service 子类继承。

我们再来模仿一个 SimpleJpaRepository，用来实现自己的 BaseService 的实现类。

```
public class BaseServiceImpl<T, ID, R extends JpaRepository<T, ID>> implements
    BaseService<T, ID> {
    private static final Map<Class, Class> DOMAIN_CLASS_CACHE = new
        ConcurrentHashMap<>();
    private final R repository;
    public BaseServiceImpl(R repository) {
        this.repository = repository;
    }
    @Override
    public Class<T> getDomainClass() {
        Class thisClass = getClass();
        Class<T> domainClass = DOMAIN_CLASS_CACHE.get(thisClass);
        if (Objects.isNull(domainClass)) {
            domainClass = GenericsUtils.getGenericClass(thisClass, 0);
            DOMAIN_CLASS_CACHE.putIfAbsent(thisClass, domainClass);
        }
        return domainClass;
    }
    protected R getRepository() {
        return repository;
    }

    @Override
    public <S extends T> S save(S entity) {
        return repository.save(entity);
    }

    @Override
    public <S extends T> List<S> saveAll(Iterable<S> entities) {
```

```
    return repository.saveAll(entities);
}

@Override
public void delete(T entity) {
    repository.delete(entity);
}

@Override
public void deleteById(ID id) {
    repository.deleteById(id);
}

@Override
public void deleteAll() {
    repository.deleteAll();
}

@Override
public void deleteAll(Iterable<? extends T> entities) {
    repository.deleteAll(entities);
}

@Override
public void deleteInBatch(Iterable<T> entities) {
    repository.deleteInBatch(entities);
}

@Override
public void deleteAllInBatch() {
    repository.deleteAllInBatch();
}

@Override
public T getOne(ID id) {
    return repository.getOne(id);
}

@Override
public <S extends T> Optional<S> findOne(Example<S> example) {
    return repository.findOne(example);
}

@Override
public Optional<T> findById(ID id) {
    return repository.findById(id);
}

@Override
public List<T> findAll() {
```

```
        return repository.findAll();
    }

    @Override
    public List<T> findAll(Sort sort) {
        return repository.findAll(sort);
    }

    @Override
    public Page<T> findAll(Pageable pageable) {
        return repository.findAll(pageable);
    }

    @Override
    public <S extends T> List<S> findAll(Example<S> example) {
        return repository.findAll(example);
    }

    @Override
    public <S extends T> List<S> findAll(Example<S> example, Sort sort) {
        return repository.findAll(example, sort);
    }

    @Override
    public <S extends T> Page<S> findAll(Example<S> example, Pageable pageable) {
        return repository.findAll(example, pageable);
    }

    @Override
    public List<T> findAllById(Iterable<ID> ids) {
        return repository.findAllById(ids);
    }

    @Override
    public long count() {
        return repository.count();
    }

    @Override
    public <S extends T> long count(Example<S> example) {
        return repository.count(example);
    }

    @Override
    public <S extends T> boolean exists(Example<S> example) {
        return repository.exists(example);
    }

    @Override
    public boolean existsById(ID id) {
```

```
        return repository.existsById(id);
    }

    @Override
    public void flush() {
        repository.flush();
    }

    @Override
    public <S extends T> S saveAndFlush(S entity) {
        return repository.saveAndFlush(entity);
    }
}
```

以上代码就是 BaseService 常用的 CRUD 实现代码，我们这里面大部分也是直接调用
Repository 提供的方法。需要注意的是，当继承 BaseServiceImpl 的时候需要传递自己的
Repository，如下面的实例代码。

```
@Service
public class UserServiceImpl extends BaseServiceImpl<User, Long, UserRepository>
    implements UserService {
    public UserServiceImpl(UserRepository repository) {
        super(repository);
    }
    ...
}
```

实战思考只是提供一种常见的实现思路，大家也可以根据实际情况进行扩展和扩充。

3.8　本章小结

本章主要讲解了 DQM 的语法和参数部分的内容。首先介绍了配置方法，其次讲解了
DQM 语法结构所支持的关键字和特殊参数类型，最后对分页和 Null 做了特殊说明。通过本
章的学习，希望大家可以轻松掌握 DQM 的方法名和参数的精髓，也希望大家通过总结的思
路学会看源码，逐步从入门到精通，提高学习效率。此种学习方法可以应用在任何需要学习
的框架里面。这里留一个思考题：如何返回自定义 DTO 而不是 Entity？下一章将会重点介
绍 DQM 的返回结果有哪些支持及其实现原理和实战应用场景。

利用 Repository 中的方法返回值来解决实际问题

上一章着重讲了方法名和参数的使用方法，在本章，我们来看看 Repository 支持的返回结果有哪些、如何自定义 DTO 类型的返回结果，以及在实际工作场景中我们如何做。接下来，我们先看看返回结果有哪些。

4.1　Repository 的返回结果

之前已经介绍过 Repository 接口，现在来看一看这些接口支持的返回结果有哪些，如图 4-1 所示。

由图 4-1，打开 SimpleJpaRepository 可以知道，它实现的方法以及父类接口的方法和返回类型包括 Optional、Iterable、List、Page、Long、Boolean、Entity 对象等，而实际上支持的返回类型更多。

由于 Repository 支持 Iterable，所以其实 Java 标准的 List、Set 都可以作为返回结果，并且也会支持其子类，Spring Data 定义了一个特殊的子类 Streamable，Streamable 可以替代 Iterable 或任何集合类型。它还提供了方便的方法来访问 Stream，可以直接在元素上执行 filter() 和 map() 操作，并将 Streamable 连接到其他元素。我们来看一个关于 UserRepository 直接继承 JpaRepository 的例子。

图 4-1　SimpleJpaRepository 的 Structure 视图

```
public interface UserRepository extends JpaRepository<User,Long> {
}
```

还用之前的 UserRepository 类，在测试类里面做如下调用。

```
User user = userRepository
.save(User.builder()
        .name("jackxx")
        .email("123456@126.com")
        .sex("man")
        .address("shanghai")
        .build());
Assert.assertNotNull(user);
Streamable<User> userStreamable = userRepository.findAll(PageRequest.of(0,10))
    .and(User.builder().name("jack222").build());
userStreamable.forEach(System.out::println);
```

然后，我们就会得到如下输出。

```
User(id=1, name=jackxx, email=123456@126.com, sex=man, address=shanghai)
User(id=null, name=jack222, email=null, sex=null, address=null)
```

Streamable<User> userStreamable 例子实现了 Streamable 的返回结果，如果想自定义方法，可以进行后文操作。

4.1.1　自定义 Streamable

官方给我们提供了自定义 Streamable 的方法，不过在实际工作中很少出现这种情况，在这里我简单介绍一下方法，看如下例子。

```
class Product { (1)
    MonetaryAmount getPrice() { … }
}
@RequiredArgConstructor(staticName = "of")
class Products implements Streamable<Product> { (2)
    private Streamable<Product> streamable
    public MonetaryAmount getTotal() { (3)
        return streamable.stream()
            .map(Priced::getPrice)
            .reduce(Money.of(0), MonetaryAmount::add);
    }
}
interface ProductRepository implements Repository<Product, Long> {
    Products findAllByDescriptionContaining(String text); (4)
}
```

以上四个步骤介绍了自定义 Streamable 的方法，分别为：

1）Product 实体，公开 API 以访问产品价格。

2）Streamable<Product> 的包装类型可以通过 Products.of(...) 构造（通过 Lombok 注解创建的工厂方法）。

3）包装器类型在 Streamable<Product> 上公开了计算新值的其他 API。

4）可以将包装器类型直接用作查询方法返回类型。无须返回 Stremable<Product> 并将其手动包装在存储库 Client 端。

通过以上例子你就可以做到自定义 Streamable，其原理也很简单，就是实现 Streamable 接口，自己定义自己的实现类即可。我们也可以看看源码 QueryExecutionResultHandler 里面是否有 Streamable 子类的判断，来支持自定义 Streamable，关键源码如图 4-2 所示。

通过源码你会发现 Streamable 为什么生效，下面看看常见的集合类的返回实现。

4.1.2　返回结果类型 List/Stream/Page/Slice

在实际开发中，我们如何返回 List/Stream/Page/Slice 类型呢？

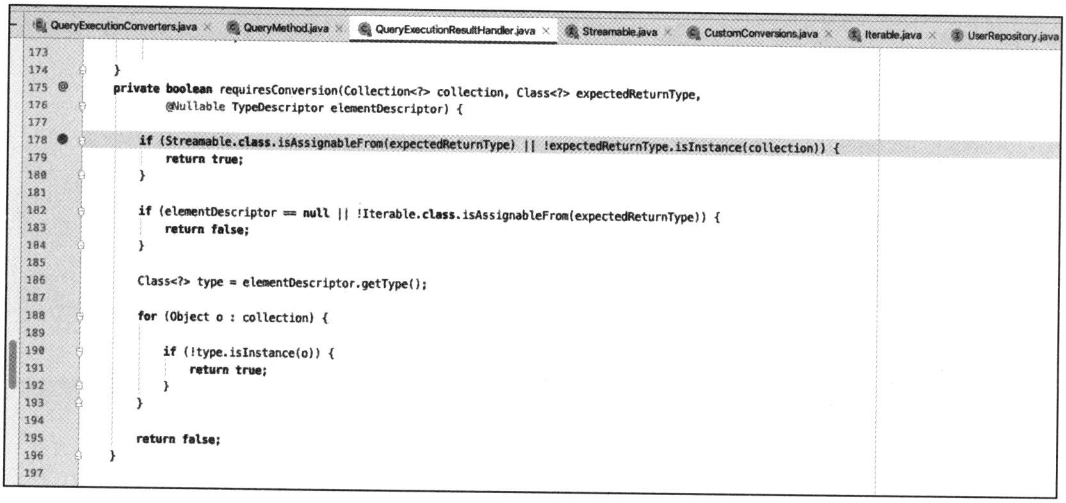

图 4-2　QueryExecutionResultHandler 源码

首先，新建我们的 UserRepository：

```
package com.example.jpa.example1;

import org.springframework.data.domain.Pageable;
import org.springframework.data.jpa.repository.JpaRepository;
import org.springframework.data.jpa.repository.Query;

import java.util.stream.Stream;

public interface UserRepository extends JpaRepository<User,Long> {
    // 自定义一个查询方法，返回 Stream 对象，并且有分页属性
    @Query("select u from User u")
    Stream<User> findAllByCustomQueryAndStream(Pageable pageable);
    // 测试 Slice 的返回结果
    @Query("select u from User u")
    Slice<User> findAllByCustomQueryAndSlice(Pageable pageable);
}
```

然后，修改一下我们的测试用例类，如下，验证一下结果。

```
package com.example.jpa.example1;

import com.fasterxml.jackson.core.JsonProcessingException;
import com.fasterxml.jackson.databind.ObjectMapper;
import org.assertj.core.util.Lists;
import org.junit.Assert;
import org.junit.jupiter.api.Test;
import org.springframework.beans.factory.annotation.Autowired;
import org.springframework.boot.test.autoconfigure.orm.jpa.DataJpaTest;
import org.springframework.data.domain.Page;
```

```java
import org.springframework.data.domain.PageRequest;
import org.springframework.data.domain.Slice;
import org.springframework.data.util.Streamable;

import java.util.List;
import java.util.stream.Stream;

@DataJpaTest
public class UserRepositoryTest {
    @Autowired
    private UserRepository userRepository;
    @Test
    public void testSaveUser() throws JsonProcessingException{
        // 我们新增 7 条数据方便测试分页结果
        userRepository.save(User.builder()
            .name("jack1").email("123456@126.com")
            .sex("man").address("shanghai")
            .build());
        userRepository.save(User.builder()
            .name("jack2").email("123456@126.com")
            .sex("man").address("shanghai")
            .build());
        userRepository.save(User.builder()
            .name("jack3").email("123456@126.com")
            .sex("man").address("shanghai")
            .build());
        userRepository.save(User.builder()
            .name("jack4").email("123456@126.com")
            .sex("man").address("shanghai")
            .build());
        userRepository.save(User.builder()
            .name("jack5").email("123456@126.com")
            .sex("man").address("shanghai")
            .build());
        userRepository.save(User.builder()
            .name("jack6").email("123456@126.com")
            .sex("man").address("shanghai")
            .build());
        userRepository.save(User.builder()
            .name("jack7").email("123456@126.com")
            .sex("man").address("shanghai")
            .build());

        // 我们利用 ObjectMapper 将我们的返回结果 Json 打印成 String
        ObjectMapper objectMapper = new ObjectMapper();

        // 返回 Stream 类型结果（1）
        Stream<User> userStream = userRepository
            .findAllByCustomQueryAndStream(PageRequest.of(1,3)) ;
        userStream.forEach(System.out::println) ;
```

```
// 返回分页数据（2）
Page<User> userPage = userRepository.findAll(PageRequest.of(0,3))
System.out.println(objectMapper.writeValueAsString(userPage)) ;
// 返回 Slice 结果（3）
Slice<User> userSlice = userRepository
    .findAllByCustomQueryAndSlice(PageRequest.of(0,3)) ;
System.out.println(objectMapper.writeValueAsString(userSlice)) ;
// 返回 List 结果（4）
List<User> userList = userRepository
    .findAllById(Lists.newArrayList(1L,2L)) ;
System.out.println(objectMapper.writeValueAsString(userList)) ;
    }
}
```

这个时候我们分别看看上面代码的四种测试结果。

第一种：通过 Stream<User> 取第二页的数据，得到的结果如下。

```
User(id=4, name=jack4, email=123456@126.com, sex=man, address=shanghai)
User(id=5, name=jack5, email=123456@126.com, sex=man, address=shanghai)
User(id=6, name=jack6, email=123456@126.com, sex=man, address=shanghai)
```

Spring Data 可以通过使用 Java 8 Stream 作为返回类型来逐步处理查询方法的结果。需要注意的是流的关闭问题，Try Catch 是一种常用的关闭方法，如下所示。

```
Stream<User> stream;
try {
   stream = repository.findAllByCustomQueryAndStream();
   stream.forEach(…);
} catch (Exception e) {
   e.printStackTrace();
} finally {
   if (stream!=null){
      stream.close();
   }
}
```

第二种：返回 Page<User> 的分页数据结果，如下所示。

```
{
   "content":[
      {
         "id":1,
         "name":"jack1",
         "email":"123456@126.com",
         "sex":"man",
         "address":"shanghai"
      },
      {
         "id":2,
         "name":"jack2",
```

```
            "email":"123456@126.com",
            "sex":"man",
            "address":"shanghai"
        },
        {
            "id":3,
            "name":"jack3",
            "email":"123456@126.com",
            "sex":"man",
            "address":"shanghai"
        }
    ],
    "pageable":{
        "sort":{
            "sorted":false,
            "unsorted":true,
            "empty":true
        },
        "pageNumber":0,      // 当前页码
        "pageSize":3,        // 页码大小
        "offset":0,          // 偏移量
        "paged":true,        // 是否分页了
        "unpaged":false
    },
    "totalPages":3,          // 一共有多少页
    "last":false,            // 是否到最后
    "totalElements":7,       // 一共多少条数据
    "numberOfElements":3,    // 当前数据下标
    "sort":{
        "sorted":false,
        "unsorted":true,
        "empty":true
    },
    "size":3,                // 当前 content 大小
    "number":0,              // 当前页
    "first":true,            // 是否是第一页
    "empty":false            // 是否有数据
}
```

这里我们可以看到 Page<User> 返回了第一页的数据，并且告诉我们一共有三个部分的
数据。

❑ content：数据的内容。

❑ pageable：分页数据，包括排序字段是什么及其方向、当前是第几页、一共多少页、
是否是最后一条等。

❑ 当前数据的描述。

通过这三部分数据，我们可以知道要查询的分页信息。我们接着看第三种测试结果。

第三种：返回 Slice<User> 结果，如下所示。

```json
{
    "content":[
        {
            "id":4,
            "name":"jack4",
            "email":"123456@126.com",
            "sex":"man",
            "address":"shanghai"
        },
        {
            "id":5,
            "name":"jack5",
            "email":"123456@126.com",
            "sex":"man",
            "address":"shanghai"
        },
        {
            "id":6,
            "name":"jack6",
            "email":"123456@126.com",
            "sex":"man",
            "address":"shanghai"
        }
    ],
    "pageable":{
        "sort":{
            "sorted":false,
            "unsorted":true,
            "empty":true
        },
        "pageNumber":1,
        "pageSize":3,
        "offset":3,
        "paged":true,
        "unpaged":false
    },
    "numberOfElements":3,
    "sort":{
        "sorted":false,
        "unsorted":true,
        "empty":true
    },
    "size":3,
    "number":1,
    "first":false,
    "last":false,
    "empty":false
}
```

这时我们发现上面的返回结果少了，那么一共有多少条结果、多少页数据呢？我们再比较一下第二种和第三种测试结果的执行 SQL。

第二种执行的是普通的分页查询 SQL。

```
## 查询分页数据
Hibernate: select user0_.id as id1_0_, user0_.address as address2_0_, user0_.
    email as email3_0_, user0_.name as name4_0_, user0_.sex as sex5_0_ from
    user user0_ limit ?
## 计算分页数据
Hibernate: select count(user0_.id) as col_0_0_ from user user0_
```

第三种执行的 SQL 如下。

```
Hibernate: select user0_.id as id1_0_, user0_.address as address2_0_, user0_.
    email as email3_0_, user0_.name as name4_0_, user0_.sex as sex5_0_ from
    user user0_ limit ? offset ?
```

通过对比可以看出，只查询偏移量，不计算分页数据，这就是 Page 和 Slice 的主要区别。我们接着看第四种测试结果。

第四种：返回 List<User> 结果如下。

```
[
    {
        "id":1,
        "name":"jack1",
        "email":"123456@126.com",
        "sex":"man",
        "address":"shanghai"
    },
    {
        "id":2,
        "name":"jack2",
        "email":"123456@126.com",
        "sex":"man",
        "address":"shanghai"
    }
]
```

到这里，我们就可以很简单地查询 ID = 1 和 ID = 2 的数据，没有分页信息。

上面四种方法介绍了常见的多条数据返回结果的形式，单条的就不多做介绍了，相信大家一看就懂，无非就是对 JDK8 的 Optional 的支持。比如支持了 Null 的优雅判断，再一个就是支持直接返回 Entity，或者一些存在 / 不存在的 Boolean 的结果和一些条数的返回结果而已。

接下来我们看看 Repository 的方法是如何对异步进行支持的。

4.1.3 Repository 对 Feature/CompletableFuture 异步返回结果的支持

我们可以使用 Spring 的异步方法执行 Repository 查询，这意味着方法将在调用时被立即返回，并且实际的查询执行将发生在已提交给 Spring TaskExecutor 的任务中，比较适合定时任务的实际场景。异步使用起来比较简单，直接加 @Async 注解即可，如下所示。

```
@Async
Future<User> findByFirstname(String firstname); (1)
@Async
CompletableFuture<User> findOneByFirstname(String firstname); (2)
@Async
ListenableFuture<User> findOneByLastname(String lastname);(3)
```

上述三个异步方法的返回结果，分别做如下解释。

❑ 第一处：使用 java.util.concurrent.Future 返回类型。

❑ 第二处：使用 java.util.concurrent.CompletableFuture 作为返回类型。

❑ 第三处：使用 org.springframework.util.concurrent.ListenableFuture 作为返回类型。

以上是对 @Async 的支持，关于实际使用，需要注意以下三点内容。

❑ 在实际工作中，直接在 Repository 这一层使用异步方法的场景不多，一般都是把异步注解放在 Service 方法上，这样可以有一些额外逻辑，如发短信、发邮件、发消息等配合使用。

❑ 使用异步的时候一定要配置线程池，这点切记。

❑ 万一失败我们会怎么处理？关于事务又是怎么处理的呢？这种问题是需要重点考虑的，我将会在第 15 章中详细介绍。

接下来看看 Repository 对 Reactive 是如何支持的。

4.1.4　对 Reactive 的支持：Flux 与 Mono

可能有读者会问，Spring Data Commons 对 React 还是有支持的，那么为什么在 Jpa-Repository 中没有看到有响应的返回结果支持呢？其实 Commons 提供的只是接口，而 JPA 没有做相关 Reactive 的实现，但是 Spring Data Commons 本身对 Reactive 是支持的。

下面我们在 Gradle 里面引用一个 Spring Data Commons 的子模块 implementation 'org.springframework.boot:spring-boot-starter-data-mongodb' 来加载依赖，这时候我们打开 Repository 通过 Hierarchy 视图就可以看到，如图 4-3 所示，这里多了一个 MongoDB 的 Repository 的实现 SimpleReactiveMongoRepository，天然地支持着 Reactive 的 MongoDB 操作方法。

相信到这里大家能感受到 Spring Data Commons 的强大支持，对 Repository 接口的不同实现也有了一定的认识。对于以上讲述的返回结果，大家可以自己测试一下并加以理解和运用，那么接下来我们进行一个总结。

4.1.5　小结

下面打开 ResultProcessor 类的源码，如图 4-4 所示，看一下它支持的类型有哪些。

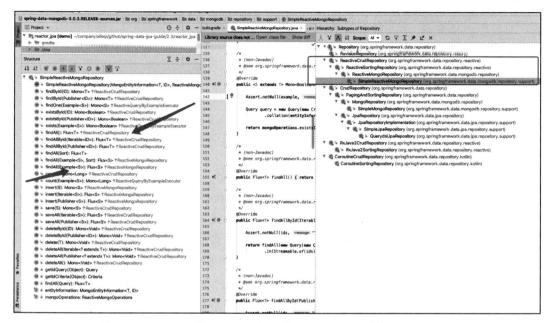

图 4-3 MongoDB 的 Reactive 实现类 SimpleReactiveMogoRepository

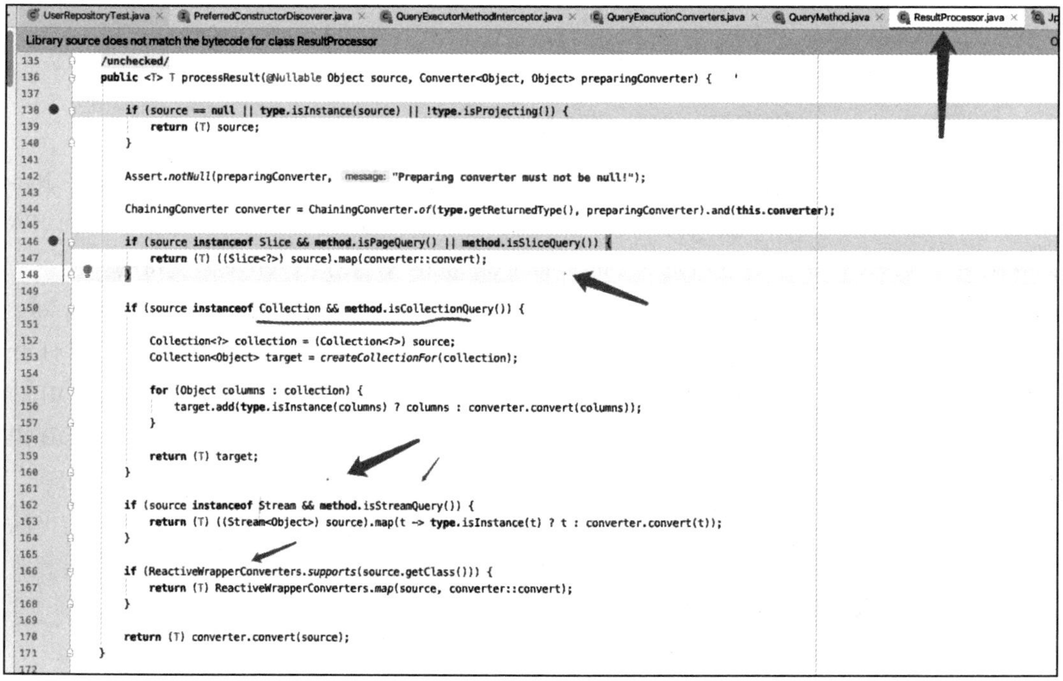

图 4-4 processResult 方法

从图 4-4 中可以看出进入 processResult 方法的时候分别对 PageQuery、Stream、Reactive 有了各自的判断，我们调试到这里的时候，也来看一下 Convert，进入 QueryExecution-Converters 类里面，如图 4-5 所示。

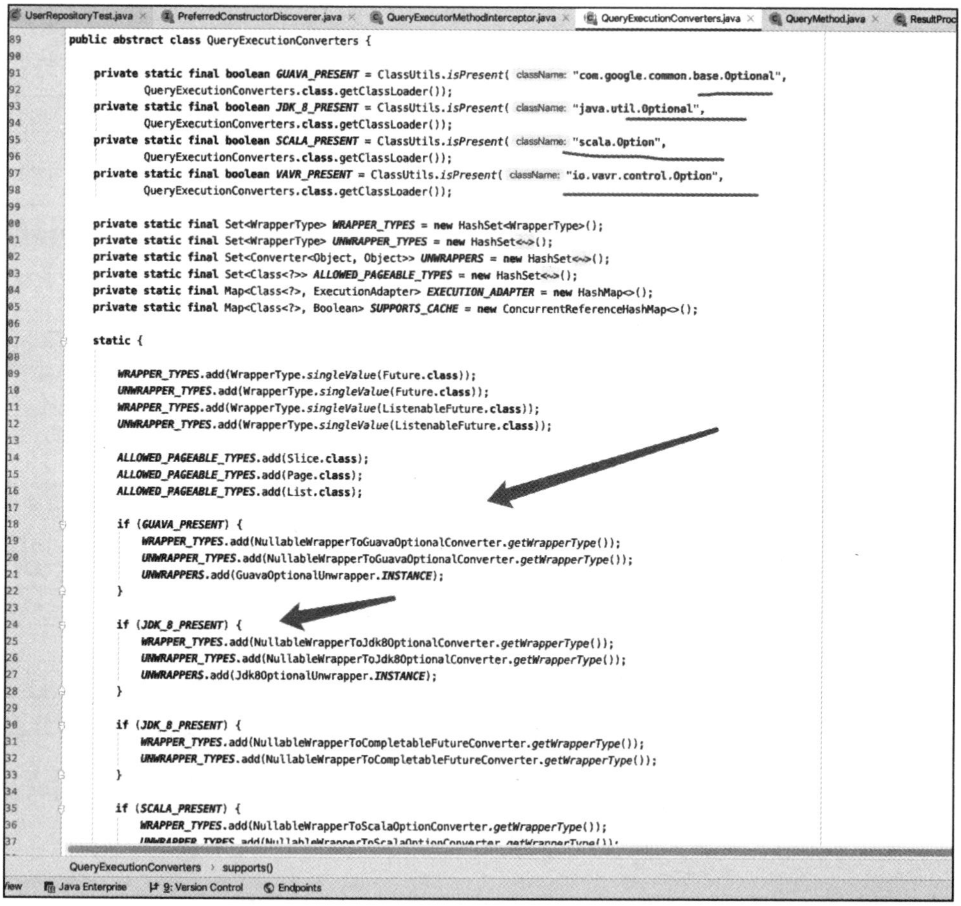

图 4-5　QueryExecutionConverters 类

可以看到 QueryExecutorConverters 里面对 JDK8、Guava、Vavr 也做了各种支持，如果大家有兴趣可以仔细看看源码。

这里我们先用表格总结一下返回值，表 4-1 列出了 Spring Data JPA Query Method 机制支持的方法的返回值类型。

表 4-1　Spring Data JPA Query Method 机制支持的方法的返回值类型

返回值类型	描　述
Void	不返回结果，一般是更新操作
Map	返回 Map 结构，Key 是字段，Value 是数据库里面字段对应的值

（续）

返回值类型	描 述
Primitives	Java 的基本类型，一般常见的是统计操作（如 long、boolean 等）Wrapper types Java 的包装类
T	最多只返回一个实体，没有查询结果时返回 Null。如果超过了一个结果会抛出 Incorrect-ResultSizeDataAccessException 异常
Iterator	一个迭代器
Collection	A 集合
List	List 及其任何子类
Object[]	可以返回数组形式
Optional	返回 Java 8 或 Guava 中的 Optional 类。查询方法的返回结果最多只能有一个，如果超过了一个结果会抛出 IncorrectResultSizeDataAccessException 异常
Option	Scala 或者 Javaslang 选项类型
Stream	Java 8 Stream
Future	Future，查询方法需要带有 @Async 注解，并开启 Spring 异步执行方法的功能。一般配合多线程使用。关系型数据库，实际工作中很少用到
CompletableFuture	返回 Java8 中新引入的 CompletableFuture 类，查询方法需要带有 @Async 注解，并开启 Spring 异步执行方法的功能
ListenableFuture	返回 org.springframework.util.concurrent.ListenableFuture 类，查询方法需要带有 @Async 注解，并开启 Spring 异步执行方法的功能
Slice	返回指定大小的数据和是否还有可用数据的信息。需要方法带有 Pageable 类型的参数
Page	在 Slice 的基础上附加返回分页总数等信息。需要方法带有 Pageable 类型的参数
GeoResult	返回结果会附带诸如到相关地点的距离等信息
GeoResults	返回 GeoResult 的列表，并附带到相关地点平均距离等信息
GeoPage	分页返回 GeoResult，并附带到相关地点平均距离等信息

以上是对返回的类型做的总结，接下来进入本章的第二部分，来看看工作中最常见的、同一个 Entity 的不同字段的返回形式有哪些。

4.2 最常见的 DTO 返回结果的支持方法

上面我们讲解了 Repository 的不同返回类型，下面着重说明除了 Entity，还能返回哪些 POJO。我们先来了解一个概念：Projections。

4.2.1 Projections 概念

Spring JPA 支持对 Projections 的扩展，我个人觉得这非常好，从字面意思上理解就是映射，指的是与 DB 查询结果的字段的映射关系。一般情况下，返回的字段和 DB 查询结果的字段是一一对应的。但有的时候需要返回一些指定的字段，或者返回一些复合型字段，而不需要全部返回。

原来我们的做法是自己写各种 Entity 到 View 的各种转化逻辑，而 Spring Data 正是考虑到了这一点，允许对专用返回类型进行建模，有选择地返回同一个实体的不同视图对象。下面还以我们的 User 查询对象为例，看看怎么自定义返回 DTO。

```
@Entity
@Data
@Builder
@AllArgsConstructor
@NoArgsConstructor
public class User {
    @Id
    @GeneratedValue(strategy= GenerationType.AUTO)
    private Long id;
    private String name;
    private String email;
    private String sex;
    private String address;
}
```

看上面的原始 User 实体代码，如果我们只想返回 User 对象里面的 name 和 email，应该怎么做？下面我们介绍三种方法。

4.2.2　第一种方法：新建一张表的不同 Entity

首先，我们新增一个 Entity 类，通过 @Table 指向同一张表，这张表与 User 实例里面的表一样，都是 user，完整内容如下。

```
@Entity
@Table(name = "user")
@Data
@Builder
@AllArgsConstructor
@NoArgsConstructor
public class UserOnlyNameEmailEntity {
    @Id
    @GeneratedValue(strategy= GenerationType.AUTO)
    private Long id;
    private String name;
    private String email;
}
```

其次，新增一个 UserOnlyNameEmailEntityRepository，做单独的查询。

```
package com.example.jpa.example1;
import org.springframework.data.jpa.repository.JpaRepository;
public interface UserOnlyNameEmailEntityRepository extends JpaRepository<User
    OnlyNameEmailEntity,Long> {
}
```

最后，我们的测试用例里面的写法如下。

```
@Test
public void testProjections() {
    userRepository.save(User.builder().id(1L).name("jack12").email("123456@126.
        com").sex("man").address("shanghai").build());
    List<User> users= userRepository.findAll();
    System.out.println(users) ;
    UserOnlyNameEmailEntity uName = userOnlyNameEmailEntityRepository.getOne(1L) ;
    System.out.println(uName) ;
}
```

我们看一下输出结果。

```
Hibernate: insert into user (address, email, name, sex, id) values (?, ?, ?, ?, ?)
Hibernate: select user0_.id as id1_0_, user0_.address as address2_0_, user0_.
    email as email3_0_, user0_.name as name4_0_, user0_.sex as sex5_0_ from
    user user0_
[User(id=1, name=jack12, email=123456@126.com, sex=man, address=shanghai)]
Hibernate: select useronlyna0_.id as id1_0_0_, useronlyna0_.email as
    email3_0_0_, useronlyna0_.name as name4_0_0_ from user useronlyna0_
    where useronlyna0_.id=?
UserOnlyNameEmailEntity(id=1, name=jack12, email=123456@126.com)
```

从上述结果可以看到，当在 user 表里面插入一条数据时，userRepository 和 userOnly-NameEmailEntityRepository 查询的都是同一张表 user，这种方式的好处是简单、方便，很容易就可以想到；缺点就是通过两个实体都可以进行 update 操作，如果同一个项目里面这种实体比较多，到时候就不容易知道是谁更新的，从而导致出现 Bug 时不好查询，实体职责划分不明确的情况。我们来看第二种返回 DTO 的做法。

4.2.3 第二种方法：直接定义一个 UserOnlyNameEmailDto

首先，新建一个 DTO 类来返回我们想要的字段。它是 UserOnlyNameEmailDto，用来接收 name、email 两个字段的值，具体如下：

```
@Data
@Builder
@AllArgsConstructor
public class UserOnlyNameEmailDto {
    private String name,email;
}
```

其次，在 UserRepository 里面构造如下用法：

```
public interface UserRepository extends JpaRepository<User,Long> {
    // 测试只返回 name 和 email 的 DTO
    UserOnlyNameEmailDto findByEmail(String email) ;
}
```

再次，测试用例里面的写法如下：

```
@Test
public void testProjections() {
userRepository.save(User.builder().id(1L).name("jack12").email("123456@126.
    com").sex("man").address("shanghai").build());
    UserOnlyNameEmailDto userOnlyNameEmailDto = userRepository.
        findByEmail("123456@126.com");
    System.out.println(userOnlyNameEmailDto) ;
}
```

最后，输出结果如下：

```
Hibernate: select user0_.name as col_0_0_, user0_.email as col_1_0_ from user
    user0_ where user0_.email=?
UserOnlyNameEmailDto(name=jack12, email=123456@126.com)
```

这里需要注意的是，如果我们看源码的话，看关键的 PreferredConstructorDiscoverer 类时会发现，UserDTO 里面只能有一个全参数构造方法，如图 4-6 所示。

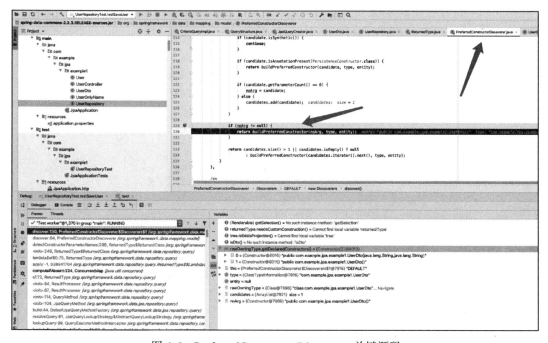

图 4-6　PreferredConstructorDiscoverer 关键源码

从图 4-6 中可以看出，buildPreferredConstructor 会帮我们做构造参数的选择，如果 DTO 里面有多个构造方法，就会报转化错误的异常，这一点需要注意。异常是这样的：

```
No converter found capable of converting from type
[com.example.jpa.example1.User] to type
```

```
[com.example.jpa.example1.UserOnlyNameEmailDto
```

所以这种方式的优点就是返回的结果不需要是一个实体对象，对 DB 不能进行除了查询之外的任何操作；缺点就是 set 方法还可以改变里面的值，构造方法不能更改，必须全参数，这样如果是不熟悉 JPA 的新人操作，很容易引发 Bug。

4.2.4 第三种方法：返回结果是一个 POJO 的接口

我们再来学习一种返回不同字段的方式，这种方式与上面两种的区别是只需要定义接口，它的好处是只读，不需要添加构造方法，使用起来非常灵活，一般很难产生 Bug，那么它怎么实现呢？

首先，定义一个 UserOnlyName 的接口。

```
package com.example.jpa.example1;
public interface UserOnlyName {
    String getName();
    String getEmail();
}
```

其次，我们的 UserRepository 写法如下。

```
package com.example.jpa.example1;
import org.springframework.data.jpa.repository.JpaRepository;
public interface UserRepository extends JpaRepository<User,Long> {
    /*
     * 接口的方式返回 DTO
     * @param address
     * @return
     */
    UserOnlyName findByAddress(String address) ;
}
```

再次，测试用例的写法如下。

```
    @Test
    public void testProjections() {
userRepository.save(User.builder().name("jack12").email("123456@126.com").
    sex("man").address("shanghai").build());
        UserOnlyName userOnlyName = userRepository.findByAddress("shanghai");
        System.out.println(userOnlyName) ;
    }
```

最后，我们的运行结果如下。

```
Hibernate: select user0_.name as col_0_0_, user0_.email as col_1_0_ from user
    user0_ where user0_.address=?
org.springframework.data.jpa.repository.query.AbstractJpaQuery$TupleConverter
    $TupleBackedMap@1d369521
```

　　这个时候会发现 UserOnlyName 接口成了一个代理对象，里面通过 Map 的格式包含了我们要返回的字段的值（如 name、email 等），用的时候直接调用接口里面的方法即可，如 UserOnlyName.getName()。这种方式的优点是接口为只读，并且语义更清晰，所以这种方式是比较推荐的做法。

　　其中源码是如何实现的，大家可以通过 Debug 视图，看一看最终的 DTO 与接口转化执行的 Query 有什么不同，如图 4-7、图 4-8 中 Debug 视图显示的 Query 语句的位置。

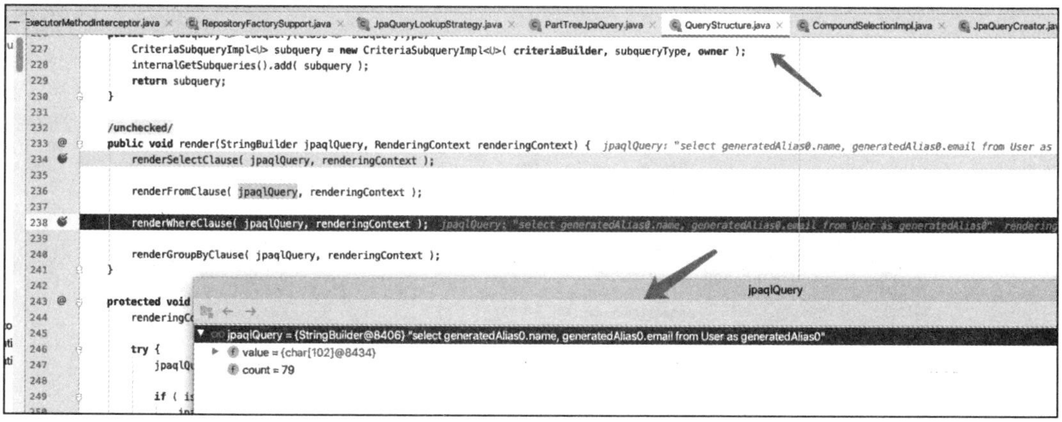

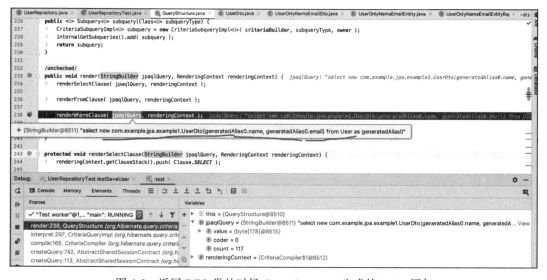

图 4-7　返回 DTO 接口形式的 Query 生成的 JPQL 语句

图 4-8　返回 DTO 类的时候 QueryStructure 生成的 JPQL 语句

　　图 4-7 是返回 DTO 接口形式的 Query 生成的 JPQL 语句，而图 4-8 是返回 DTO 类的时候 QueryStructure 生成的 JPQL 语句。从图 4-8 可以看到，最大的区别是 DTO 类需要用到构

造方法新建一个对象出来，这就是第二种方法里面需要注意的 DTO 构造函数的问题；而通过图 4-7 我们可以看到接口直接通过 as 别名，映射成 HashMap 即可，非常灵活。

4.2.5 写查询方法的一个小技巧

在写 UserRepository 的定义方法的时候，IDEA 会为我们提供满足 JPA 语法的提示，这也是用 Spring Data JPA 的好处之一，因为这些约定一旦定下来（这里是指遵守 JPA 协议），周边的工具就会越来越成熟。创建 DQM 的时候就会提示，如图 4-9 所示。

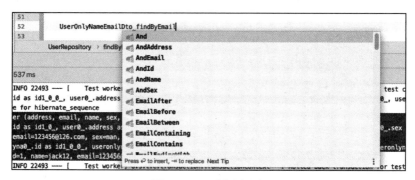

图 4-9　JPA 语法提示

以上就是返回 DTO 的几种常见的方法了，在实际应用时，要不断地调试和仔细体会。当然除此之外，@Query 注解也是可以做到的，下一章会有详细介绍。

4.3　本章小结

本章为大家讲解了返回结果的类型有哪些，也重点介绍了返回 DTO 的实战经验，其中返回 DTO 以及第一种方式会在下一章再详细讲解，方便大家做实际参考。实际工作中返回结果可能比这个更复杂，但是只要掌握学习的"套路"，学习如何思考，举一反三，学会看源码，就可以轻松应对工作中遇到的任何问题。希望大家通过本章学会如何利用 Repository 的返回结果解决实际问题。

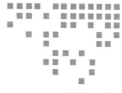

@Query 语法详解及其应用

前文介绍了 DQM 的语法，这一章将介绍 @Query 注解的语法。我们通过快速体验 @Query 的方法、JpaQueryLookupStrategy 关键源码剖析、@Query 的基本用法、@Query 之 Projections 应用返回指定 DTO、@Query 动态查询解决方法等部分来掌握 @Query 的用法。之后，你就可以轻松应对工作中常见的 CRUD 写法问题了。

5.1 快速体验 @Query 的方法

开始之前，首先来看一个 Demo，沿用我们之前的例子，新增一个 @Query 的方法，快速体验一下 @Query 的使用方法，如下代码所示：

```
package com.example.jpa.example1;

import org.springframework.data.jpa.repository.JpaRepository;
import org.springframework.data.jpa.repository.Query;
import org.springframework.data.repository.query.Param;

public interface UserDtoRepository extends JpaRepository<User,Long> {
    // 通过 @Query 注解根据 name 查询 user 信息
    @Query("From User where name=:name")
    User findByQuery(@Param("name") String nameParam) ;
}
```

然后，我们新增一个测试类：

```
package com.example.jpa.example1;
```

```
import org.junit.jupiter.api.Test;
import org.springframework.beans.factory.annotation.Autowired;
import org.springframework.boot.test.autoconfigure.orm.jpa.DataJpaTest;

@DataJpaTest
public class UserRepositoryQueryTest {
    @Autowired
    private UserDtoRepository userDtoRepository;
    @Test
    public void testQueryAnnotation() {
//新增一条数据以便测试
        userDtoRepository.save(User.builder().name("jackxx").email("123456@126.
            com").sex("man").address("shanghai").build());
        //调用上面的方法查看结果
        User user2 = userDtoRepository.findByQuery("jack");
        System.out.println(user2) ;
    }
}
```

最后，看到运行的结果如下：

```
Hibernate: insert into user (address, email, name, sex, version, id) values (?,
    ?, ?, ?, ?, ?)
Hibernate: select user0_.id as id1_0_, user0_.address as address2_0_, user0_.
    email as email3_0_, user0_.name as name4_0_, user0_.sex as sex5_0_, user0_.
    version as version6_0_ from user user0_ where user0_.name=?
User(id=1, name=jack, email=123456@126.com, version=0, sex=man, address=
    shanghai)
```

通过上面的例子我们可以发现，这次不是通过方法名来生成查询语法，而是 @Query 注解在其中起了作用，使 "From User where name=:name" JPQL 语句生效了。那么它的实现原理是什么呢？我们通过源码来看一看。

5.2 JpaQueryLookupStrategy 关键源码剖析

我们在前面已经介绍过 QueryLookupStrategy 的策略值有哪些，那么现在我们来看看它的源码是如何起作用的。我们先打开 QueryExecutorMethodInterceptor 类，找到如图 5-1 所示的代码。

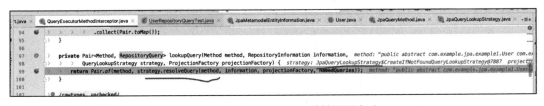

图 5-1　QueryExecutorMethodInterceptor 关键源码方法 lookupQuery

再运行上面的测试用例，这时候在这里设置一个断点，可以看到默认的策略是 CreateIf-NotFound，也就是说如果有 @Query 注解，则以 @Query 的注解内容为准，可以忽略方法名。

继续往后看，进入 LookupStrategy.resolveQuery，如图 5-2 所示。

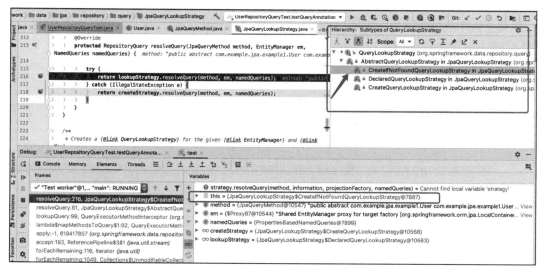

图 5-2　resolveQuery 方法

通过图 5-2 的断点和方框之处，我们也发现 Spring Data JPA 使用了策略、模式，当我们自己写策略和模式的时候也可以参考。

那么接着往下调试，进入 resolveQuery 方法，如图 5-3 所示。

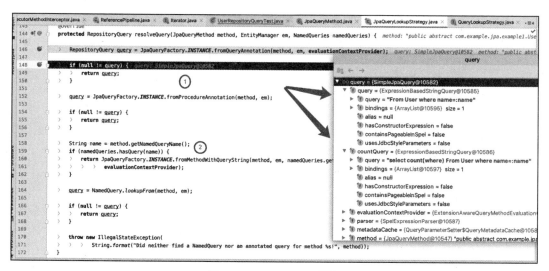

图 5-3　resolveQuery 详解

我们可以看到图 5-3 中①处，如果 @Query 注解找到了，就不会走到图 5-3 的②处了（即我们前文中讲的 DQM 语法）。

这时我们点开 Query 属性的值看一下，就会发现这里同时生成了两个 SQL：一个是查询总数的 Query 定义，另一个是查询结果的 Query 定义。

到这里我们已经基本明白了，如果想了解 Query 具体是怎么生成的、上面的 @Param 注解是怎么生效的，可以在图 5-3 的①处通过调试继续往里看，进入 getAnnotatedQuery() 方法，如图 5-4 所示。

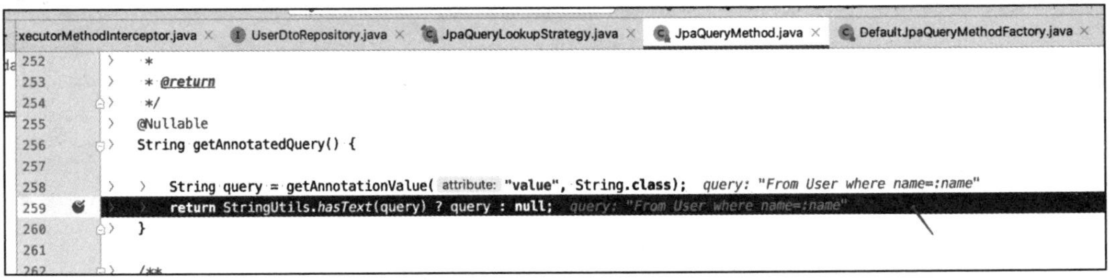

```
252    *
253    * @return
254    */
255    @Nullable
256    String getAnnotatedQuery() {
257
258        String query = getAnnotationValue( attribute: "value", String.class);   query: "From User where name=:name"
259        return StringUtils.hasText(query) ? query : null;   query: "From User where name=:name"
260    }
261
262    /**
```

图 5-4　getAnnotatedQuery()

我们继续一路调试就可以看到怎么通过 @Query 生成 SQL 了，但这个不是本节的重点，所以这里就简单带过了，有兴趣的读者可以自己调试并看一看。

我们掌握了原理，接下来看看 @Query 给我们提供了哪些语法吧。先来看看基本用法。

5.3　@Query 的基本用法

在讲解它的语法之前，我们先来看一看它的注解源码，了解一下其基本用法。

```
package org.springframework.data.jpa.repository;
public @interface Query {
    /*
     * 指定 JPQL 的查询语句。当 nativeQuery=true 的时候，是原生的 SQL 语句
     */
    String value() default "";
    /*
     * 指定 count 的 JPQL 语句，如果不指定将根据 query 自动生成
     * 当 nativeQuery=true 的时候，指的是原生的 SQL 语句
     */
    String countQuery() default "";
    /*
     * 根据哪个字段来 count，一般默认即可
     */
    String countProjection() default "";
    /*
```

```
 * 默认是 false，表示 value 里面不是原生的 SQL 语句
 */
boolean nativeQuery() default false;
/*
 * 可以指定一个 query 的名字，必须是唯一的
 * 如果不指定，默认的生成规则是：
 * {$domainClass}.${queryMethodName}
 */
String name() default "";
/
 * 可以指定一个 count 的 query 的名字，必须是唯一的
 * 如果不指定，默认的生成规则是：
 * {$domainClass}.${queryMethodName}.count
 */
String countName() default "";
}
```

所以到这里就会发现，@Query 使用 JPQL 为实体创建声明式查询方法。我们一般只需要关心 @Query 里面的 value、nativeQuery 和 countQuery 的值即可，因为其他的不常用。

使用声明式 JPQL 查询有一个好处，就是启动的时候能知道自己的语法是否正确。那么我们简单介绍一下 JPQL 的语法。

5.3.1　JPQL 的语法

我们先看一下查询的语法结构，代码如下。

```
SELECT ... FROM ...
[WHERE ...]
[GROUP BY ... [HAVING ...]]
[ORDER BY ...]
```

你会发现它的语法结构有点类似 SQL，唯一的区别就是 JPQL 的 FROM 后面跟的是对象，而 SQL 对应的是对象的属性字段。

同理，我们来看一看 UPDATE 和 DELETE 的语法结构。

```
DELETE FROM ... [WHERE ...]

UPDATE ... SET ... [WHERE ...]
```

其中 "..." 省略的部分是实体对象的名字和实体对象的字段名，而其中类似 SQL 包含的语法关键字有很多，我们就不一一介绍了。

这个语法用起来并不复杂，遇到问题时简单对比一下 SQL 就知道了，我推荐一个 Oracle 的文档地址：https://docs.oracle.com/html/E13946_04/ejb3_langref.html，你也可以通过查看这个文档找到解决问题的办法。

5.3.2 @Query 的用法案例

我们通过以下几个案例来了解 @Query 的用法，如 @Query 应该怎么使用、怎么传递参数、怎么分页等。

案例 1：要在 Repository 的查询方法上声明一个注解，这里就是 @Query 注解标注的地方。

```
public interface UserRepository extends JpaRepository<User, Long>{
    @Query("select u from User u where u.emailAddress = ?1")
    User findByEmailAddress(String emailAddress) ;
}
```

案例 2：LIKE 查询，注意 firstname 不会自动加上 "%" 关键字。

```
public interface UserRepository extends JpaRepository<User, Long> {
    @Query("select u from User u where u.firstname like %?1")
    List<User> findByFirstnameEndsWith(String firstname) ;
}
```

案例 3：直接用原始 SQL（nativeQuery = true）即可。

```
public interface UserRepository extends JpaRepository<User, Long> {
    @Query(value = "SELECT * FROM USERS WHERE EMAIL_ADDRESS = ?1", nativeQuery = true)
    User findByEmailAddress(String emailAddress) ;
}
```

> **注意** nativeQuery 不支持 Sort 的直接参数查询。

案例 4：下面是 nativeQuery 排序的错误写法，这会导致无法启动。

```
public interface UserRepository extends JpaRepository<User, Long> {
@Query(value = "select * from user_info where first_name=?1",nativeQuery = true)
List<UserInfoEntity> findByFirstName(String firstName,Sort sort);
}
```

案例 5：nativeQuery 排序的正确写法。

```
@Query(value = "select * from user_info where first_name=?1 order by
    ?2",nativeQuery = true)
List<UserInfoEntity> findByFirstName(String firstName,String sort);
// last_name 是数据里面的字段名，不是对象的字段名
repository.findByFirstName("jackzhang","last_name");
```

通过上面几个案例，我们看到了 @Query 的几种用法，明白了排序、参数、使用方法、LIKE、原始 SQL 怎么写。下面继续通过案例看看 @Query 的排序。

5.3.3 @Query 的排序

在 @Query 中用 JPQL 的时候，想要实现排序，直接用 PageRequest 或者 Sort 参数都可

以做到。

在排序实例中，实际使用的属性需要与实体模型里面的字段相匹配，这就意味着它们需要解析为查询中使用的属性或别名。我们来看看下面的例子，这是一个 state_field_path_expression JPQL 的定义，并且 Sort 的对象支持一些特定的函数。

案例 6：Sort 和 JpaSort 的使用，它可以进行排序。

```
public interface UserRepository extends JpaRepository<User, Long> {
    @Query("select u from User u where u.lastname like ?1%")
    List<User> findByAndSort(String lastname, Sort sort) ;
    @Query("select u.id, LENGTH(u.firstname) as fn_len from User u where
        u.lastname like ?1%")
    List<Object[]> findByAsArrayAndSort(String lastname, Sort sort) ;
}
// 调用者的写法，如下
repo.findByAndSort("lannister", new Sort("firstname"));
repo.findByAndSort("stark", new Sort("LENGTH(firstname)"));
repo.findByAndSort("targaryen", JpaSort.unsafe("LENGTH(firstname)"));
repo.findByAsArrayAndSort("bolton", new Sort("fn_len"));
```

5.3.4　@Query 的分页

@Query 的分页分为两种情况，分别为 JQPL 的排序和 nativeQuery 的排序。看下面的案例。

案例 7：直接用 Page 对象接受接口，参数直接用 Pageable 的实现类即可。

```
public interface UserRepository extends JpaRepository<User, Long> {
    @Query(value = "select u from User u where u.lastname = ?1")
    Page<User> findByLastname(String lastname, Pageable pageable) ;
}
// 调用者的写法
repository.findByFirstName("jackzhang",new PageRequest(1,10));
```

案例 8：@Query 对原生 SQL 的分页支持并不是特别友好，随着版本的不同可能会有所变化。我们以 MySQL 为例。

```
public interface UserRepository extends JpaRepository<UserInfoEntity,
    Integer>, JpaSpecificationExecutor<UserInfoEntity> {
    @Query(value = "select * from user_info where first_name=?1 /* #pageable# */"
        countQuery = "select count(*) from user_info where first_name=?1"
        nativeQuery = true)
    Page<UserInfoEntity> findByFirstName(String firstName, Pageable pageable) ;
}
// 调用者的写法
return userRepository.findByFirstName("jackzhang",new PageRequest(1,10, Sort.
    Direction.DESC,"last_name"));
// 打印出来的 SQL
select  *   from  user_info  where  first_name=? /* #pageable# */  order by
    last_name desc limit ?, ?
```

这里需要注意：这个注释 /* #pageable# */ 必须有。

另外，随着版本的变化，这个方法有可能会进行优化。此外，还有一种实现方法，那就是自己写两个查询方法，自己手动分页。

关于 @Query 的用法，还有一个需要了解的内容，就是 @Param 的用法。

5.3.5 @Param 的用法

@Param 注解指定方法参数的具体名称，通过绑定的参数名字指定查询条件，这样不需要关心参数的顺序。我比较推荐这种做法，因为它更利于代码重构。如果不用 @Param 也是可以的，参数是有序的，这就使得查询方法对参数位置重构容易出错。我们来看一个案例。

案例 9：根据 firstname 和 lastname 参数查询 User 对象。

```
public interface UserRepository extends JpaRepository<User, Long> {
    @Query("select u from User u where u.firstname = :firstname or u.lastname =
        :lastname")
    User findByLastnameOrFirstname(@Param("lastname") String lastname,
                                   @Param("firstname") String firstname) ;
}
```

案例 10：根据参数进行查询，前面说的关键字 Top10 照样有用，如下所示。

```
public interface UserRepository extends JpaRepository<User, Long> {
    @Query("select u from User u where u.firstname = :firstname or u.lastname =
        :lastname")
    User findTop10ByLastnameOrFirstname(@Param("lastname") String lastname,
                                        @Param("firstname") String firstname) ;
}
```

经验之谈：通过 @Query 定义自己的查询方法时，建议也用 Spring Data JPA 的 DQM 命名方法，这样风格就比较统一了。

上面介绍了 @Query 的基本用法，下面介绍 @Query 在实际应用中最受欢迎的两处场景。

5.4 @Query 之 Projections 应用返回指定 DTO

我们在之前例子的基础上新增一张表 UserExtend，里面包含身份证、学号、年龄等信息，最终我们的实体如下所示：

```
@Entity
@Data
@Builder
@AllArgsConstructor
@NoArgsConstructor
```

```
public class UserExtend { //用户扩展信息表
    @Id
    @GeneratedValue(strategy= GenerationType.AUTO)
    private Long id;
    private Long userId;
    private String idCard;
    private Integer ages;
    private String studentNumber;
}
@Entity
@Data
@Builder
@AllArgsConstructor
@NoArgsConstructor
public class User { //用户基本信息表
    @Id
    @GeneratedValue(strategy= GenerationType.AUTO)
    private Long id;
    private String name;
    private String email;
    @Version
    private Long version;
    private String sex;
    private String address;
}
```

如果我们想定义一个 DTO 对象，里面只有 name、email、idCard，这个时候怎么办呢？
这种场景非常常见，但很多人使用的都不是最佳实践，我在这里介绍几种方式做一下对比。

我们先看一下，刚学 JPA 的时候别别扭扭的写法。

```
public interface UserDtoRepository extends JpaRepository<User,Long> {
    /*
     * 查询用户表里面的 name、email 和 UserExtend 表里面的 idCard
     * @param id
     * @return
     *
     */
    @Query("select u.name,u.email,e.idCard from User u,UserExtend e where u.id=
        e.userId and u.id=:id")
    List<Object[]> findByUserId(@Param("id") Long id) ;
}
```

我们通过下面的测试用例来取上面 findByUserId 方法返回的数据组结果值，再放入
DTO，代码如下。

```
@Test
public void testQueryAnnotation() {
//新增一条用户数据
userDtoRepository.save(User.builder().name("jack").email("123456@126.com").
    sex("man").address("shanghai").build());
```

```
// 再新增一条与用户一对一的 UserExtend 数据
userExtendRepository.save(UserExtend.builder().userId(1L).
    idCard("shengfengzhenghao").ages(18).studentNumber("xuehao001").build());
// 查询我们想要的结果
    List<Object[]> userArray = userDtoRepository.findByUserId(1L) ;
    System.out.println(String.valueOf(userArray.get(0)[0])+String.
        valueOf(userArray.get(0)[1])) ;
    UserDto userDto = UserDto.builder().name(String.valueOf(userArray.get(0)
        [0])).build();
    System.out.println(userDto) ;
}
```

其实经验丰富的程序员一看就知道这肯定不是最佳实践，这一看就很麻烦，肯定会有更优解。那么我们再对此稍加改造，用 UserDto 接收返回结果。

5.4.1 利用 UserDto 类

首先，我们新建一个 UserDto 类的内容。

```
package com.example.jpa.example1;
import lombok.AllArgsConstructor;
import lombok.Builder;
import lombok.Data;
@Data
@Builder
@AllArgsConstructor
public class UserDto {
    private String name,email,idCard;
}
```

其次，利用 @Query 在 Repository 里面怎么写。

```
public interface UserDtoRepository extends JpaRepository<User, Long> {
    @Query("select new com.example.jpa.example1.UserDto(CONCAT(u.name,'JK123'),u.
        email,e.idCard) from User u,UserExtend e where u.id= e.userId and
        u.id=:id")
    UserDto findByUserDtoId(@Param("id") Long id) ;
}
```

我们利用 JPQL，新建了一个 UserDto；再通过构造方法，接收查询结果。其中你会发现，我们用 CONCAT 关键字做了一个字符串拼接，这时有的读者就会问：这种方法支持的关键字有哪些呢？

想知道的读者可以查看 JPQL 的 Oracle 官方文档，也可以通过源码看支持的关键字有哪些。

首先，我们打开 ParameterizedFunctionExpression，会发现 Hibernate 支持的关键字有很多，如图 5-5 所示，都是 MySQL 数据库的查询关键字，这里就不一一解释了。

其次，我们写一个测试方法，调用上面的方法测试一下。

图 5-5 MySQL 查询关键字

```
@Test
public void testQueryAnnotationDto() {
    userDtoRepository.save(User.builder().name("jack").email("123456@126.com").
        sex("man").address("shanghai").build());
    userExtendRepository.save(UserExtend.builder().userId(1L).
        idCard("shengfengzhenghao").ages(18).studentNumber("xuehao001").build());
    UserDto userDto = userDtoRepository.findByUserDtoId(1L) ;
    System.out.println(userDto) ;
}
```

最后，我们运行一下测试用例，结果如下。这时你会发现，我们按照预期操作得到了
UserDto 的结果。

```
Hibernate: insert into user (address, email, name, sex, version, id) values (?,
    ?, ?, ?, ?, ?)
Hibernate: insert into user_extend (ages, id_card, student_number, user_id,
    id) values (?, ?, ?, ?, ?)
Hibernate: select (user0_.name||'JK123') as col_0_0_, user0_.email as col_1_0_,
    userextend1_.id_card as col_2_0_ from user user0_ cross join user_extend
    userextend1_ where user0_.id=userextend1_.user_id and user0_.id=?
UserDto(name=jackJK123, email=123456@126.com, idCard=shengfengzhenghao)
```

那么，还有更简单的方法吗？答案是"有"，下面我们利用 UserDto 接口来实现一次。

5.4.2 利用 UserDto 接口

首先，新增一个 UserSimpleDto 接口来得到我们想要的 name、email、idCard 信息。

```
package com.example.jpa.example1;
public interface UserSimpleDto {
```

```
    String getName();
    String getEmail();
    String getIdCard();
}
```

其次，在 UserDtoRepository 里面新增一个方法，返回结果是 UserSimpleDto 接口。

```
public interface UserDtoRepository extends JpaRepository<User, Long> {
// 利用接口 DTO 获得返回结果，需要注意的是，每个字段需要利用 as 并与接口里面的 get 方法名字保持一致
@Query("select CONCAT(u.name,'JK123') as name,UPPER(u.email) as email ,e.idCard
    as idCard from User u,UserExtend e where u.id= e.userId and u.id=:id")
UserSimpleDto findByUserSimpleDtoId(@Param("id") Long id);
}
```

然后，测试用例写法如下。

```
@Test
public void testQueryAnnotationDto() {
    userDtoRepository.save(User.builder().name("jack").email("123456@126.com").
        sex("man").address("shanghai").build());
    userExtendRepository.save(UserExtend.builder().userId(1L).
        idCard("shengfengzhenghao").ages(18).studentNumber("xuehao001").build())
    UserSimpleDto userDto = userDtoRepository.findByUserSimpleDtoId(1L)
    System.out.println(userDto);   System.out.println(userDto.getName()+":
        "+userDto.getEmail()+":"+userDto.getIdCard());
}
```

最后，可以得到如下结果。

```
org.springframework.data.jpa.repository.query.AbstractJpaQuery$TupleConverter
    $TupleBackedMap@373c28e5
jackJK123:123456@126.COM:shengfengzhenghao
```

我们发现，相比 DTO 我们不需要 new 关键字了，并且接口只能读，那么我们返回的结果 DTO 的职责就更单一了，即只用来查询。

接口的方式是我比较推荐的做法，因为它是只读的，对构造方法没有要求，返回的实际是 HashMap。

5.5 @Query 动态查询解决方法

我们先看一个例子，了解一下如何实现 @Query 的动态参数查询。

首先，新增一个 UserOnlyName 接口，只查询 User 的 name 和 email 字段。

```
package com.example.jpa.example1;
// 获得返回结果
public interface UserOnlyName {
    String getName();
    String getEmail();
}
```

　　其次，在我们的 UserDtoRepository 里面新增两个方法：一个是利用 JPQL 实现动态查询；另一个是利用原始 SQL 实现动态查询。

```
package com.example.jpa.example1;

import org.springframework.data.jpa.repository.JpaRepository;
import org.springframework.data.jpa.repository.Query;
import org.springframework.data.repository.query.Param;

import java.util.List;

public interface UserDtoRepository extends JpaRepository<User, Long> {
   /*
    * 利用 JPQL 动态查询用户信息
    * @param name
    * @param email
    * @return UserSimpleDto 接口
    */
   @Query("select u.name as name,u.email as email from User u where (:name is
      null or u.name =:name) and (:email is null or u.email =:email)")
   UserOnlyName findByUser(@Param("name") String name,@Param("email") String email) ;

   /*
    * 利用原始 SQL 动态查询用户信息
    * @param user
    * @return
    */
   @Query(value = "select u.name as name,u.email as email from user u where
      (:#{#user.name} is null or u.name =:#{#user.name}) and (:#{#user.email}
      is null or u.email =:#{#user.email})",nativeQuery = true)
   UserOnlyName findByUser(@Param("user") User user);
}
```

　　再次，我们新增一个测试类，测试一下上面方法的结果。

```
@Test
public void testQueryDinamicDto() {
   userDtoRepository.save(User.builder().name("jack").email("123456@126.com").
      sex("man").address("shanghai").build());
   UserOnlyName userDto = userDtoRepository.findByUser("jack", null) ;
   System.out.println(userDto.getName() + ":" + userDto.getEmail());

   UserOnlyName userDto2 = userDtoRepository.findByUser(User.builder().
      email("123456@126.com").build());
   System.out.println(userDto2.getName() + ":" + userDto2.getEmail());
}
```

　　最后，运行结果如下。

```
Hibernate: insert into user (address, email, name, sex, version, id) values (?,
   ?, ?, ?, ?, ?)
```

```
    : binding parameter [1] as [VARCHAR] - [shanghai]
    : binding parameter [2] as [VARCHAR] - [123456@126.com]
    : binding parameter [3] as [VARCHAR] - [jack]
    : binding parameter [4] as [VARCHAR] - [man]
    : binding parameter [5] as [BIGINT] - [0]
    : binding parameter [6] as [BIGINT] - [1]
Hibernate: select user0_.name as col_0_0_, user0_.email as col_1_0_ from user
    user0_ where (? is null or user0_.name=?) and (? is null or user0_.email=?)
    : binding parameter [1] as [VARCHAR] - [jack]
    : binding parameter [2] as [VARCHAR] - [jack]
    : binding parameter [3] as [VARCHAR] - [null]
    : binding parameter [4] as [VARCHAR] - [null]
jack:123456@126.com
Hibernate: select u.name as name,u.email as email from user u where (? is null
    or u.name =?) and (? is null or u.email =?)
    : binding parameter [1] as [VARBINARY] - [null]
    : binding parameter [2] as [VARBINARY] - [null]
    : binding parameter [3] as [VARCHAR] - [123456@126.com]
    : binding parameter [4] as [VARCHAR] - [123456@126.com]
jack:123456@126.com
```

注意 其中我们打印了一下 SQL 传入的参数，是为了让我们更清楚地知道参数都传入了什么值。

关于上面的两个方法，我们分别采用了 JPQL 的动态参数和 SpEL 的表达式方式来获取参数（这个我们在第 27 章中再详细介绍）。

通过上面的实例可以看出，我们采用了“:email is null or s.email = :email”这种方式来实现动态查询的效果，实际工作中也可以演变得很复杂。所以，我们再看一个实际工作中复杂一点的例子，如图 5-6 所示，通过原始 SQL，根据动态条件 room 关联 room_record 来获取 room_record 的结果。如图 5-7 所示，通过 JPQL 动态参数查询 RoomRecord。

```
/**
 * 分页获取课程当前老师的 roomRecord
 */
@Query(value = "select * from room_record rrr inner join " +
        " (select distinct rr.id as id from room_record rr left join room r on rr.room_id = r.id " +
        " where rr.host_user_id = r.host_id " +
        " and (:roomUuid is null or r.uuid = :roomUuid) " +
        " and (:material is null or r.material = :material) " +
        " and (:scheduledTimeStart is null or r.scheduled_time >= :scheduledTimeStart)" +
        " and (:scheduledTimeEnd is null or r.scheduled_time <= :scheduledTimeEnd)" +
        " and (:headquarterCode is null or r.headquarter_code = :headquarterCode) " +
        " ) as temp " +
        " on rrr.id = temp.id ", nativeQuery = true)
Page<RoomRecord> findByRoomForCurrentHost(@Param("roomUuid") String roomUuid,
                                          @Param("material") String material,
                                          @Param("headquarterCode") String headquarterCode,
                                          @Param("scheduledTimeStart") Instant scheduledTimeStart,
                                          @Param("scheduledTimeEnd") Instant scheduledTimeEnd,
                                          Pageable pageable);
```

图 5-6 通过原始 SQL 动态参数查询 RoomRecord

```
/**
 * 分页获取 roomRecord
 */
@DataSource(useAocSlave = true)
@Query("select distinct rr from RoomRecord rr where (:#{#recordManageRequest.roomUuid} is null or rr.room.uuid =
:#{#recordManageRequest.roomUuid}) " +
        "and (:#{#recordManageRequest.material} is null or rr.room.material = :#{#recordManageRequest.material}) " +
        "and (:#{#recordManageRequest.roomIds[0]} = -1L or rr.room.id in :#{#recordManageRequest.roomIds}) " +
        "and (:#{#recordManageRequest.notContainHeadquarterCodes[0]} = '-1' or rr.room.headquarterCode not in :#{#recordManageRequest
.notContainHeadquarterCodes}) " +
        "and (:#{#recordManageRequest.scheduledTimeStart} is null or rr.room.scheduledTime >= :#{#recordManageRequest
.scheduledTimeStart}) " +
        "and (:#{#recordManageRequest.scheduledTimeEnd} is null or rr.room.scheduledTime <= :#{#recordManageRequest
.scheduledTimeEnd}) " +
        "and (:#{#recordManageRequest.isValid} is null or rr.isValid = :#{#recordManageRequest.isValid}) " +
        "and (:#{#recordManageRequest.recordStatus} is null or rr.recordStatus = :#{#recordManageRequest.recordStatus}) " +
        "and (:#{#recordManageRequest.lastCoursewareShareType} is null or rr.lastCoursewareShareType = :#{#recordManageRequest
.lastCoursewareShareType}) " +
        "and (:#{#recordManageRequest.nullVideoUrl} is null or (:#{#recordManageRequest.nullVideoUrl} = true and rr.videoUrl is null)
" +
        "or (:#{#recordManageRequest.nullVideoUrl} = false and rr.videoUrl is not null)) order by rr.room.scheduledTime desc")
    Page<RoomRecord> findByRoom(@Param("recordManageRequest") RecordManageRequest recordManageRequest, Pageable pageable);
```

图 5-7　通过 JPQL 动态参数查询 RoomRecord

图 5-6、图 5-7 这两个比较复杂的动态查询的案例，与上面的简单动态查询语法是一样的，都是利用了 SQL 的 " and（某个字段 is null or 某个字段满足某些条件）" 这个语法实现的，大家仔细看一下就会明白，并且可以轻松应用到工作中进行动态查询。

5.6　本章小结

到此，@Query 的常见用法就全部讲完了。我们通过其基本语法，分析了一些原理，讲解了常见的 DTO 和动态参数的实现方法，详细掌握了 @Query 的用法。

那么这个时候读者可能会问：我们知道定义方法名可以获得想要的结果，@Query 注解亦可以获得想要的结果，nativeQuery 也可以获得想要的结果，那么我们该如果做选择呢？下面我基于个人经验总结了一些观点，分享给大家。

1）能用方法名表示的，尽量用方法名表示，因为这样语义清晰、简单快速，基本上只要编译通过，一定不会有问题。

2）能用 @Query 里面的 JPQL 表示的，就用 JPQL 表示，这样与 SQL 无关，万一哪天换数据库了，代码基本上不用改变。

3）最后实在没有办法了，可以选择 nativeQuery 写原始 SQL，特别是一开始从 MyBatis 转过来的读者，选择写 SQL 会更容易一些。

有一个原则：好的架构师写代码时报错的顺序是 "编译 < 启动 < 运行"，即越早发现错误越好。下一章将详细介绍 @Entity 里面的注解都有哪些，以及 JPA 协议到底规定了什么。

@Entity 的常用注解及 Java 多态场景应用

前文介绍了 Repository 的用法，其中经常会提到实体类（如我们前面用到的 User 类），它是对我们数据库中表 User 的 Metadata 映射，那么具体如何映射呢？在本章我们来讲解一下。

我们先来看一看 Java Persistence API 都有哪些重要规定，再通过讲解基本注解，重点介绍联合主键和实体之间的继承关系，然后大家就会知道 JPA 实体里面常见的注解有哪些。话不多说，先来看一下实体的相关规定。

6.1　JPA 协议中关于实体的相关规定

我们先看 JPA 协议里面关于实体（Entity）做了哪些规定（这里推荐一个查看 JPA 协议的官方地址：https://download.oracle.com/otn-pub/jcp/persistence-2_2-mrel-spec/JavaPersistence.pdf）。

1）实体是直接进行数据库持久化操作的领域对象（即一个简单的 POJO，可以按照业务领域划分），必须通过 @Entity 注解进行标示。

2）实体必须有一个 public 或者 protected 的无参数构造方法。

3）持久化映射的注解可以标示在 Entity 的字段上，如下所示。

```
@Column(length = 20, nullable = false)
```

```
private String userName;
```

除此之外，也可以将持久化注解运用在 Entity 里面的 get/set 方法上，通常我们是放在 get 方法中，如下所示。

```
@Column(length = 20, nullable = false)
public String getUserName(){
    return userName;
}
```

概括起来，就是 Entity 里面的注解生效只有两种方式：将注解写在字段上或者将注解写在方法上（JPA 里面称 Property）。

但是需要注意的是，在同一个 Entity 里面只能有一种方式生效，也就是说，注解要么全部写在字段上面，要么就全部写在方法上面，因为经常会有人分别在这两种方式中加了注解后说：“哎呀，我的注解怎么没有生效呀！”因此，这一点需要特别注意。

4）只要是在 @Entity 的实体里面被注解标注的字段，都会被映射到数据库中，除了使用 @Transient 注解的字段。

5）实体里面必须要有一个主键，主键标示的字段可以是单个字段，也可以是复合主键字段。

以上只挑选了最关键的几条进行了介绍，如果你有兴趣可以读一读 Java Persistence API 协议，这样我们在做 JPA 开发的时候就会顺手很多，可以理解 Hibernate 的很多实现方法。

这也为你提供了一条解决疑难杂症的思路，也就是当我们遇到解决不了的问题时，就去看协议、阅读官方文档，深入挖掘一下，可能就会找到答案。那么，接下来我们看看实体里面常用的注解有哪些。

6.2　实体里面常见的注解

我们先通过源码看看 JPA 里面支持的注解有哪些。

首先，我们打开 @Entity 所在的包，就可以看到 JPA 支持的注解了，如图 6-1 所示。

我们可以看到，在 jakarta.persistence-api 的包路径下面大概有一百多个注解，大家有空的时候可以到这里面一个一个地看，也可以到 JPA 协议里面对照着查看文档。

在这里只提及一些最常见的，包括 @Entity、@Table、@Access、@Id、@GeneratedValue、@Enumerated、@Basic、@Column、@Transient、@Temporal 等。

1）@Entity 用于定义对象，将会成为被 JPA 管理的实体，必填。将字段映射到指定的数据库表中，使用起来很简单，直接用在实体类上面即可，通过源码表达的语法如下。

图 6-1   javax.persistence 的注解

```
@Target(TYPE) //表示此注解只能用在 class 上面
public @interface Entity {
    //可选，默认是实体类的名字，整个应用里面全局唯一
    String name() default "";
}
```

2）@Table 用于指定数据库的表名，表示此实体对应的数据库的表名，非必填。默认表名和 Entity 名字一样。

```
@Target(TYPE) //一样只能用在类上面
public @interface Table {
    //表的名字，可选。如果不填写，系统认为此实体的名字一样为表名
    String name() default "";
    //此表所在 schema，可选
    String schema() default "";
    //唯一性约束，在创建表的时候有用，表创建之后就不需要了
    UniqueConstraint[] uniqueConstraints() default { };
    //索引，在创建表的时候使用，表创建之后就不需要了
    Index[] indexes() default {};
}
```

3）@Access 用于指定 Entity 的注解是写在字段上面，还是写在 get/set 方法上面生效，非必填。在默认不填写的情况下，当实体里面的第一个注解出现在字段上或者 get/set 方法

上时，就以第一次出现的方式为准。也就是说，一个实体里面的注解既有可能用在字段上，又有可能用在方法上，看下面的代码你就会明白。

```
@Id
private Long id;
@Column(length = 20, nullable = false)
public String getUserName(){
    return userName;
}
```

那么，由于 @Id 是实体里面第一个出现的注解，并且作用在字段上，所以，所有写在 get/set 方法上的注解就会失效。而 @Access 可以干预默认值，指定是在 Field 上生效还是在 Property 上生效。我们通过源码看一下语法。

```
@Target( { TYPE, METHOD, FIELD })
// 表示此注解可以运用在 class 上（那么这个时候就可以指定此实体的默认注解生效策略了），也可以用在
// 方法或者字段上（表示可以独立设置某一个字段或者方法的生效策略）
@Retention(RUNTIME)
public @interface Access {
// 指定是字段上生效还是方法上生效
    AccessType value();
}
public enum AccessType {
    FIELD,
    PROPERTY
}
```

4）@Id 定义属性为数据库的主键，一个实体里面必须有一个主键，但不一定是这个注解，可以与 @GeneratedValue 配合使用或成对出现。

5）@GeneratedValue 定义主键生成策略，如下所示。

```
public @interface GeneratedValue {
    // Id 的生成策略
    GenerationType strategy() default AUTO;
    // 通过 Sequences 生成 Id，常见的是 Orcale 数据库 ID 生成规则，这个时候需要配合
    // @SequenceGenerator 使用
    String generator() default "";
}
```

其中，GenerationType 一共有以下四个值。

```
public enum GenerationType {
    // 通过表产生主键，框架借由表模拟序列产生主键，使用该策略可以使应用更易于数据库移植
    TABLE,
    // 通过序列产生主键，通过 @SequenceGenerator 注解指定序列名，MySQL 不支持这种方式
    SEQUENCE,
    // 采用数据库 ID 自增长，一般用于 mySQL 数据库
    IDENTITY,
    // JPA 自动选择合适的策略，是默认选项
```

```
    AUTO
}
```

6）@Enumerated 这个注解很好用，因为它对 Enum 提供了下标和 Name 两种方式，用法直接映射在 Enum 枚举类型的字段上。请看下面的源码。

```
@Target({METHOD, FIELD}) // 作用在方法和字段上
public @interface Enumerated {
// 枚举映射的类型，默认是 ORDINAL (即枚举字段的下标)
    EnumType value() default ORDINAL;
}
public enum EnumType {
    // 映射枚举字段的下标
    ORDINAL,
    // 映射枚举的 Name
    STRING
}
```

再来看一个 User 里面关于性别枚举的例子，你就会知道 @Enumerated 在这里没什么作用了，如下所示。

```
// 有一个枚举类，用户的性别
public enum Gender {
    MAIL(" 男性 "), FMAIL(" 女性 ");
    private String value;
    private Gender(String value) {
        this.value = value;
    }
}
// 实体类 @Enumerated 的写法如下
@Entity
@Table(name = "tb_user")
public class User implements Serializable {
    @Enumerated(EnumType.STRING)
    @Column(name = "user_gender")
    private Gender gender;
    ...
}
```

这时候插入两条数据，数据库里面的值就会变成 MAIL/FMAIL，而不是男性 / 女性。

经验分享：如果我们用 @Enumerated（EnumType.ORDINAL），这时候数据库里面的值是 0、1。但在实际工作中，不建议用数字下标，因为枚举里面的属性值是会不断新增的，如果新增一个，位置变化了就惨了。并且 0、1、2 这种下标在数据库里面看着非常痛苦，时间长了就会一点也看不懂了。

7）@Basic 表示属性是到数据库表的字段的映射。如果实体的字段上没有任何注解，默认即为 @Basic。也就是说，默认所有的字段肯定是与数据库进行映射的，并且默认为 Eager 类型。

```
public @interface Basic {
    // 可选，EAGER（默认），立即加载；LAZY，延迟加载（LAZY 主要应用在大字段上面）
    FetchType fetch() default EAGER;
    // 可选。表示是否可以为 null，默认是 true
    boolean optional() default true;
}
```

8）@Transient 表示该属性并非一个到数据库表的字段的映射，表示非持久化属性。JPA 映射数据库的时候忽略它，与 @Basic 有相反的作用。也就是在每个字段上 @Transient 和 @Basic 必须二选一，而什么都不指定的话，默认是 @Basic。

9）@Column 定义该属性对应数据库中的列名。

```
public @interface Column {
    // 数据库中表的列名；可选，如果不填写，认为字段名和实体属性名一样
    String name() default "";
    // 是否唯一。默认 flase，可选
    boolean unique() default false;
    // 数据字段是否允许空。可选，默认 true
    boolean nullable() default true;
    // 执行 insert 操作的时候是否包含此字段，默认是 true，可选
    boolean insertable() default true;
    // 执行 update 的时候是否包含此字段，默认是 true，可选
    boolean updatable() default true;
    // 表示该字段在数据库中的实际类型
    String columnDefinition() default "";
    // 数据库字段的长度，可选，默认为 255
    int length() default 255;
}
```

10）@Temporal 用来设置 Date 类型的属性映射到对应精度的字段，存在以下三种情况。

❑ @Temporal(TemporalType.DATE) 映射为日期：只有日期。

❑ @Temporal(TemporalType.TIME) 映射为日期：只有时间。

❑ @Temporal(TemporalType.TIMESTAMP) 映射为日期：日期 + 时间。

我们来看一个完整的例子，感受一下上面提到的注解的完整用法，如下。

```
package com.example.jpa.example1;
import lombok.Data;
import javax.persistence.*;
import java.util.Date;
@Entity
@Table(name = "user_topic")
@Access(AccessType.FIELD)
@Data
public class UserTopic {
    @Id
```

```java
@Column(name = "id", nullable = false)
@GeneratedValue(strategy = GenerationType.IDENTITY)
private Integer id;
@Column(name = "title", nullable = true, length = 200)
private String title;
@Basic
@Column(name = "create_user_id", nullable = true)
private Integer createUserId;
@Basic(fetch = FetchType.LAZY)
@Column(name = "content", nullable = true, length = -1)
@Lob
private String content;
@Basic(fetch = FetchType.LAZY)
@Column(name = "image", nullable = true)
@Lob
private byte[] image;
@Basic
@Column(name = "create_time", nullable = true)
@Temporal(TemporalType.TIMESTAMP)
private Date createTime;
@Basic
@Column(name = "create_date", nullable = true)
@Temporal(TemporalType.DATE)
private Date createDate;
@Enumerated(EnumType.STRING)
@Column(name = "topic_type")
private Type type;
@Transient
private String transientSimple;
// 非数据库映射字段，业务类型的字段
public String getTransientSimple() {
    return title + "auto:jack" + type;
}
// 有一个枚举类，主题的类型
public enum Type {
    EN(" 英文 "), CN(" 中文 ");
    private final String des;
    Type(String des) {
        this.des = des;
    }
}
}
```

　　细心的读者就会发现，我们在一开始的 Demo 里面并没有这么多的注解。其实这里面的很多注解都可以省略，直接使用默认的就可以。如 @Basic、@Column 名字有一定的映射策略（我们在后面章节会详细讲解映射策略），所以可以省略。

　　此外，@Access 也可以省略，我们只要在这些类里面保持一致就可以了。可能读者又会有疑问了，这么多注解都要手动一个一个地配置吗？我介绍一种简单的做法——利用工具生成 Entity 类，将会节省很多时间。

6.3 生成注解的小技巧

有时候已存在的表非常多，我们一个一个地写 Entity 会特别累，因此我们可以利用 IDEA 工具直接帮我们生成 Entity 类。关键步骤如下。

首先，打开 Persistence 视图，点击 Generate Persistence Mapping，接着点击选中数据源，如图 6-2 所示。

图 6-2 生成实体的方法

然后，选择表和字段，如图 6-3 所示操作，并点击 OK。

这样就可以生成我们想要的实体了，多简单。如果是新库、新表，我们也可以先定义好实体，通过实体配置 JPA 的 " spring.jpa.generate-ddl = true"，反向直接生成 DDL 操作数据库生成表结构。

但是需要注意的是，在生产环境中要把外间关联关系关闭，不然会出现意想不到的错误，毕竟生产环境不同于开发环境，我们可以通过在开发环境生成的表中导出 DDL 到生产环境中执行。我经常会利用生成的 DDL 来做测试和写案例，这样就省去了创建表的时间，只需要关注代码就行了。

接下来，我们再详细地讲解一下工作中最常见的联合 ID 字段场景。

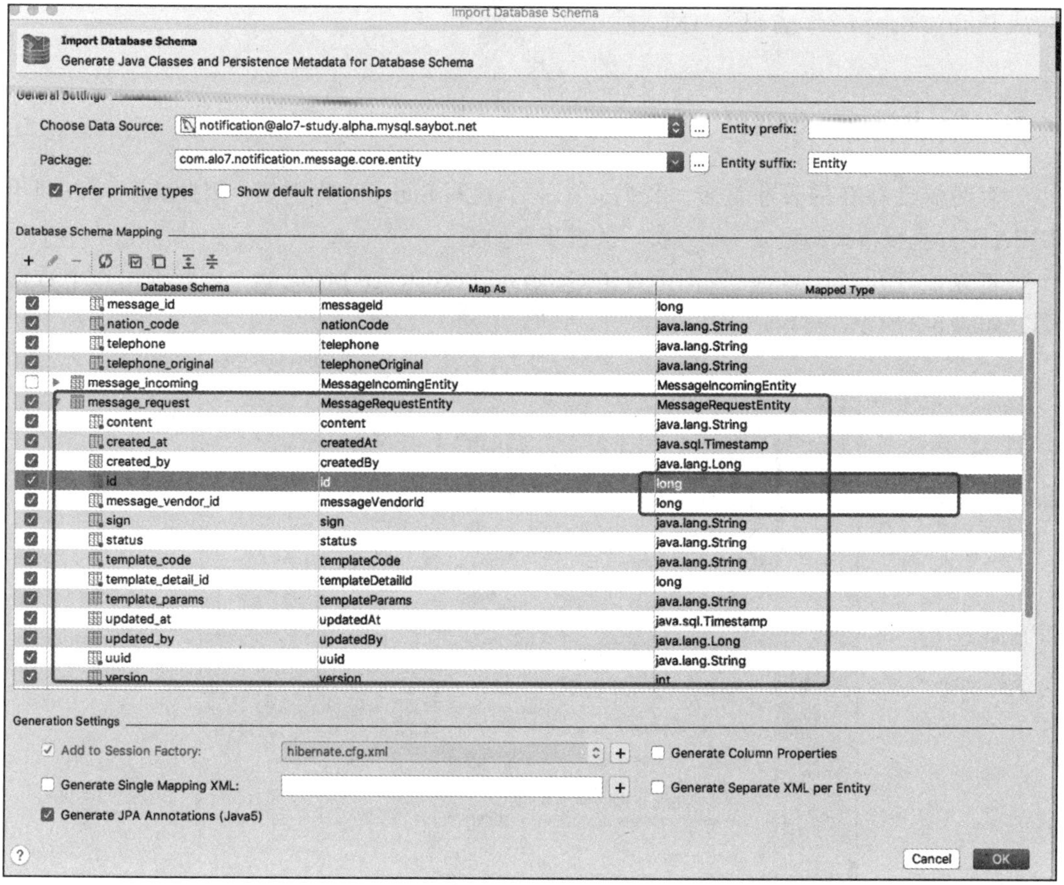

图 6-3 生成实体选择的数据库字段

6.4 联合主键

在实际的工作中，我们会经常遇到联合主键的情况。所以在这里我们详细地讲解一下，可以通过 javax.persistence.EmbeddedId 和 javax.persistence.IdClass 两个注解实现联合主键的效果。

6.4.1 如何通过 @IdClass 实现联合主键

我们先来看一看怎么通过 @IdClass 实现联合主键。

第一步：新建一个 UserInfoID 类，里面是联合主键。

```
package com.example.jpa.example1;
import lombok.AllArgsConstructor;
import lombok.Builder;
```

```
import lombok.Data;
import lombok.NoArgsConstructor;
import java.io.Serializable;
@Data
@Builder
@AllArgsConstructor
@NoArgsConstructor
public class UserInfoID implements Serializable {
    private String name,telephone;
}
```

第二步：新建一个 UserInfo 实体，采用 @IdClass 引用联合主键类。

```
@Entity
@Data
@Builder
@IdClass(UserInfoID.class)
@AllArgsConstructor
@NoArgsConstructor
public class UserInfo {
    private Integer ages;
    @Id
    private String name;
    @Id
    private String telephone;
}
```

第三步：新增一个 UserInfoRepository 类来做 CRUD 操作。

```
package com.example.jpa.example1;
import org.springframework.data.jpa.repository.JpaRepository;
public interface UserInfoRepository extends JpaRepository<UserInfo,UserInfoID> {
}
```

第四步：写一个测试用例，测试一下。

```
package com.example.jpa.example1;
import org.junit.jupiter.api.Test;
import org.springframework.beans.factory.annotation.Autowired;
import org.springframework.boot.test.autoconfigure.orm.jpa.DataJpaTest;
import java.util.Optional;
@DataJpaTest
public class UserInfoRepositoryTest {
    @Autowired
    private UserInfoRepository userInfoRepository;
    @Test
    public void testIdClass() {
    userInfoRepository.save(UserInfo.builder().ages(1).name("jack").
        telephone("123456789").build());
        Optional<UserInfo> userInfo = userInfoRepository.findById(UserInfoID.
            builder().name("jack").telephone("123456789").build());
```

```
    System.out.println(userInfo.get());
  }
}
Hibernate: create table user_info (name varchar(255) not null, telephone
  varchar(255) not null, ages integer, primary key (name, telephone))
Hibernate: select userinfo0_.name as name1_3_0_, userinfo0_.telephone as
  telephon2_3_0_, userinfo0_.ages as ages3_3_0_ from user_info userinfo0_
  where userinfo0_.name=? and userinfo0_.telephone=?
UserInfo(ages=1, name=jack, telephone=123456789)
```

通过上面的例子可以发现，表的主键是 primary key (name, telephone)，而 Entity 里面不再是一个 @Id 字段了。那么下面我来介绍另外一个注解 @Embeddable，它也能做到这一点。

6.4.2 @Embeddable 与 @EmbeddedId 注解的使用

第一步：在我们上面的例子中的 UserInfoID 里面添加 @Embeddable 注解。

```
@Data
@Builder
@AllArgsConstructor
@NoArgsConstructor
@Embeddable
public class UserInfoID implements Serializable {
  private String name,telephone;
}
```

第二步：改一下我们刚才的 User 对象，删除 @IdClass，添加 @EmbeddedId 注解，如下。

```
@Entity
@Data
@Builder
@AllArgsConstructor
@NoArgsConstructor
public class UserInfo {
  private Integer ages;
  @EmbeddedId
  private UserInfoID userInfoID;
  @Column(unique = true)
  private String uniqueNumber;
}
```

第三步：UserInfoRepository 不变，我们直接修改一下测试用例。

```
@Test
public void testIdClass() {
  userInfoRepository.save(UserInfo.builder().ages(1).userInfoID(UserInfoID.
    builder().name("jack").telephone("123456789").build()).build());
  Optional<UserInfo> userInfo = userInfoRepository.findById(UserInfoID.
    builder().name("jack").telephone("123456789").build());
```

```
    System.out.println(userInfo.get());
}
```

运行完之后，可以得到相同的结果。那么 @IdClass 和 @EmbeddedId 的区别是什么呢？有以下两个方面。

1）如上面的测试用例，在使用的时候，EmbeddedId 用的是对象，而 IdClass 用的是具体的某一个字段。

2）二者的 JPQL 也会不一样。

① @IdClass 的 JPQL 写法：SELECT u.name FROM UserInfo u

② @EmbeddedId 的 JPQL 写法：select u.userInfoId.name FROM UserInfo u

联合主键还有需要注意的就是，它与唯一性索引约束的区别是写法不同，如上面所讲，唯一性索引的写法如下。

```
@Column(unique = true)
private String uniqueNumber;
```

到这里，联合主键我们就讲完了。那么在遇到联合主键的时候，利用 @IdClass、@EmbeddedId，你就可以轻松应对了。

此外，Java 是面向对象的，肯定会用到多态的使用场景，那么这些场景都有哪些？公共父类又该如何写？我们继续学习。

6.5　如何实现实体之间的继承关系

在 Java 面向对象的语言环境中，@Entity 之间的关系是多种多样的，而根据 JPA 规范，大致可以将其分为以下几种。

1）纯粹的继承，与表没有关系，对象之间的字段共享。利用注解 @MappedSuperclass，协议规定父类不能是 @Entity。

2）单表多态，同一张表表示了不同的对象，通过一个字段来进行区分。利用 @Inheritance(strategy = InheritanceType.SINGLE_TABLE) 注解完成，只有父类有 @Table。

3）多表多态，每一个子类一张表，父类的表拥有所有公用字段。通过 @Inheritance (strategy = InheritanceType.JOINED) 注解完成，父类和子类都是表，有公用的字段在父表里面。

4）Object 的继承，数据库里面每一张表都是分开的，相互独立且不受影响。通过 @Inheritance(strategy = InheritanceType.TABLE_PER_CLASS) 注解完成，父类（可以是一张表，也可以不是）和子类都是表，相互之间没有关系。

其中，对于第一种 @MappedSuperclass，在第 13 章再做详细介绍，我们先来看一看第二种 SINGLE_TABLE。

6.5.1 @Inheritance(strategy = InheritanceType.SINGLE_TABLE)

父类实体对象与各子实体对象共用一张表，通过一个字段的不同值代表不同的对象，我们来看一个例子。

我们抽象一个 Book 对象，如下所示。

```
package com.example.jpa.example1.book;
import lombok.Data;
import javax.persistence.*;
@Entity(name="book")
@Data
@Inheritance(strategy = InheritanceType.SINGLE_TABLE)
@DiscriminatorColumn(name="color", discriminatorType = DiscriminatorType.STRING)
public class Book {
    @Id
    @GeneratedValue(strategy= GenerationType.AUTO)
    private Long id;
    private String title;
}
```

再新建一个 BlueBook 对象，作为 Book 的子对象。

```
package com.example.jpa.example1.book;
import lombok.Data;
import lombok.EqualsAndHashCode;
import javax.persistence.DiscriminatorValue;
import javax.persistence.Entity;
@Entity
@Data
@EqualsAndHashCode(callSuper=false)
@DiscriminatorValue("blue")
public class BlueBook extends Book{
    private String blueMark;
}
```

再新建一个 RedBook 对象，作为 Book 的另一个子对象。

```
// 红皮书
@Entity
@DiscriminatorValue("red")
@Data
@EqualsAndHashCode(callSuper=false)
public class RedBook extends Book {
    private String redMark;
}
```

这时，我们一共新建了三个 Entity 对象，其实都是指 Book 这一张表，通过 Book 表里面的 color 字段来区分。我们继续做一下测试看看结果。

我们再新建一个 RedBookRepositor 类，操作一下 RedBook 会看到如下结果。

```
package com.example.jpa.example1.book;
import org.springframework.data.jpa.repository.JpaRepository;
public interface RedBookRepository extends JpaRepository<RedBook,Long>{
}
```

然后，再新建一个测试用例。

```
package com.example.jpa.example1;
import com.example.jpa.example1.book.RedBook;
import com.example.jpa.example1.book.RedBookRepository;
import org.junit.jupiter.api.Test;
import org.springframework.beans.factory.annotation.Autowired;
import org.springframework.boot.test.autoconfigure.orm.jpa.DataJpaTest;
@DataJpaTest
public class RedBookRepositoryTest {
    @Autowired
    private RedBookRepository redBookRepository;
    @Test
    public void testRedBook() {
        RedBook redBook = new RedBook();
        redBook.setTitle("redbook");
        redBook.setRedMark("redmark");
        redBook.setId(1L);
        redBookRepository.saveAndFlush(redBook);
        RedBook r = redBookRepository.findById(1L).get();
      System.out.println(r.getId()+":"+r.getTitle()+":"+r.getRedMark());
    }
}
```

最后，看一下执行结果。

```
Hibernate: create table book (color varchar(31) not null, id bigint not null, title
    varchar(255), blue_mark varchar(255), red_mark varchar(255), primary key (id))
```

你会发现，我们只创建了一张表，插入了一条数据，但是我们发现 color 字段默认给的是 red。

```
Hibernate: insert into book (title, red_mark, color, id) values (?, ?, 'red', ?)
```

那么再看一下打印结果。

```
1:redbook:redmark
```

结果完全与预期一样，这说明了 RedBook、BlueBook、Book 都是一张表，通过字段 color 的值来区分不同的实体。

那么接下来我们看一看 InheritanceType.JOINED，它的每个实体都是独立的表。

6.5.2　@Inheritance(strategy = InheritanceType.JOINED)

在这种映射策略里面，继承结构中的每一个实体类都会映射到数据库里一个单独的表中。也就是说，每个实体都会被映射到数据库中，一个实体类对应数据库中的一个表。

其中，根实体（Root Entity）对应的表中定义了主键（Primary Key），所有的子类对应的数据库表都要共同使用 Book 里面的 @ID 这个主键。

首先，我们修改上面的三个实体，测试一下 InheritanceType.JOINED，改动如下。

```
package com.example.jpa.example1.book;
import lombok.Data;
import javax.persistence.*;
@Entity(name="book")
@Data
@Inheritance(strategy = InheritanceType.JOINED)
public class Book {
    @Id
    @GeneratedValue(strategy= GenerationType.AUTO)
    private Long id;
    private String title;
}
```

其次，Book 父类里面改变了 Inheritance 策略、删除了 DiscriminatorColumn，你会看到如下结果。

```
package com.example.jpa.example1.book;
import lombok.Data;
import lombok.EqualsAndHashCode;
import javax.persistence.Entity;
import javax.persistence.PrimaryKeyJoinColumn;
@Entity
@Data
@EqualsAndHashCode(callSuper=false)
@PrimaryKeyJoinColumn(name = "book_id", referencedColumnName = "id")
public class BlueBook extends Book{
    private String blueMark;
}
package com.example.jpa.example1.book;
import lombok.Data;
import lombok.EqualsAndHashCode;
import javax.persistence.Entity;
import javax.persistence.PrimaryKeyJoinColumn;
@Entity
@PrimaryKeyJoinColumn(name = "book_id", referencedColumnName = "id")
@Data
@EqualsAndHashCode(callSuper=false)
public class RedBook extends Book {
    private String redMark;
}
```

然后，BlueBook 和 RedBook 也删除 DiscriminatorColumn，新增 @PrimaryKeyJoinColumn (name = "book_id", referencedColumnName = "id")，与 Book 父类公用一个主键值，而 Red-

BookRepository 和测试用例不变，我们执行并看一下结果。

```
Hibernate: create table blue_book (blue_mark varchar(255), book_id bigint not
    null, primary key (book_id))
Hibernate: create table book (id bigint not null, title varchar(255), primary
    key (id))
Hibernate: create table red_book (red_mark varchar(255), book_id bigint not
    null, primary key (book_id))
Hibernate: alter table blue_book add constraint FK9uuwgq7a924vtnys1rgiyrlk7
    foreign key (book_id) references book
Hibernate: alter table red_book add constraint FKk8rvl61bjy9lgsr9nhxn5soq5
    foreign key (book_id) references book
```

从上述代码可以看到，我们一共创建了三张表，并且新增了两个外键约束。我们执行 save 的时候也生成了两个 insert 语句，如下：

```
Hibernate: insert into book (title, id) values (?, ?)
Hibernate: insert into red_book (red_mark, book_id) values (?, ?)
```

而打印结果依然不变。

```
1:redbook:redmark
```

这就是 InheritanceType.JOINED 的例子，这个方法与上面的 InheritanceType.SINGLE_TABLE 的区别在于表的数量和关系不一样，这是表设计的另一种方式。

6.5.3　@Inheritance(strategy = InheritanceType.TABLE_PER_CLASS)

我们在使用 @MappedSuperclass 主键的时候，如果不指定 @Inhertance，默认就是此种 TABLE_PER_CLASS 模式。当然了，我们也显式指定，要求继承基类的都是一张表，而父类不是表，是 Java 对象的抽象类。我们来看一个例子。

首先，还是修改一下上面的三个实体。

```
package com.example.jpa.example1.book;
import lombok.Data;
import javax.persistence.*;
@Entity(name="book")
@Data
@Inheritance(strategy = InheritanceType.TABLE_PER_CLASS)
public class Book {
    @Id
    @GeneratedValue(strategy= GenerationType.AUTO)
    private Long id;
    private String title;
}
```

其次，Book 表采用 TABLE_PER_CLASS 策略，其子实体类都代表各自的表，实体代码如下。

```
package com.example.jpa.example1.book;
import lombok.Data;
import lombok.EqualsAndHashCode;
import javax.persistence.Entity;
@Entity
@Data
@EqualsAndHashCode(callSuper=false)
public class RedBook extends Book {
    private String redMark;
}
package com.example.jpa.example1.book;
import lombok.Data;
import lombok.EqualsAndHashCode;
import javax.persistence.Entity;
@Entity
@Data
@EqualsAndHashCode(callSuper=false)
public class BlueBook extends Book{
    private String blueMark;
}
```

这时，从 RedBook 和 BlueBook 里面去掉 PrimaryKeyJoinColumn，而 RedBookRepository 和测试用例不变，我们执行并看一下结果。

```
Hibernate: create table blue_book (id bigint not null, title varchar(255),
    blue_mark varchar(255), primary key (id))
Hibernate: create table book (id bigint not null, title varchar(255), primary
    key (id))
Hibernate: create table red_book (id bigint not null, title varchar(255), red_
    mark varchar(255), primary key (id))
```

这里可以看到，我们还是创建了三张表，但三张表什么关系也没有。而 insert 语句也只有一条，如下：

```
Hibernate: insert into red_book (title, red_mark, id) values (?, ?, ?)
```

打印结果还是不变。

```
1:redbook:redmark
```

这个方法与上面两个相比较，语义更加清晰，是比较常用的一种做法。

以上就是实体之间继承关系的实现方法，可以在涉及 Java 多态的时候加以应用，不过要注意区分三种方式所表达的表的意思，再加以运用。

6.5.4 关于继承关系的经验之谈

从个人的经验来看，@Inheritance 这种使用方式会逐渐被淘汰，因为这样的表的设计很复杂，本应该在业务层面做的事情（多态），却在 DataSource 的表级别做了。所以在 JPA 中使用的时候你就会想："这么复杂的东西，还是直接用 MyBatis 吧。"我想告诉大家的是，其实它们是一样的，只是我们使用的思路不对。

那么为什么行业内都不建议使用了，还要介绍得这么详细呢？因为，如果在工作中遇到的是老一点的项目，且不是用 Java 语言写的，不一定有面向对象的思想，这个时候如果让你迁移成 Java 怎么办？如果你可以想到这种用法，就不至于束手无措了。

此外，在互联网项目中，一旦有关表的业务对象过多，就可以拆表、拆库了，这个时候要想到用 @Table 注解指定表名和 Schema。

在上面提到的方法中，最常用的是第一种 @MappedSuperclass，这将在第 13 章中详细介绍，到时候便可以体验一下它的不同之处。

6.6　本章小结

对于 Entity 里面常用的基本注解，我们就介绍到这里，因为注解太多没办法一一介绍，大家可以掌握一下学习方法。先通过源码把大致注解看一下，有哪些不熟悉的可以看看源码的注释，再阅读 JPA 官方协议，还可以写一个测试用例，运行一下看看 SQL 的输出和日志，这样很快就可以知道结果了。在这一章我们提到的实体与实体之间的关联关系注解，将在下一章进行详细讲解。

Chapter 7 第 7 章

实体之间关联关系注解的正确使用

你好，欢迎进入第 7 章的学习，本章介绍实体与实体之间的关联关系，这与数据的表与表之间的外键关系类似，我们称之为映射。

实体与实体之间的关联关系一共分为四种，分别为 OneToOne、OneToMany、ManyToOne 和 ManyToMany。而实体之间的关联关系又分为双向的和单向的。实体之间的关联关系是在 JPA 使用中最容易发生问题的环节，接下来我将一一揭晓并解释。我们先来看 OneToOne，即一对一的关联关系。

7.1 @OneToOne

OneToOne 一般表示对象之间一对一的关联关系，它可以放在 Field 上面，也可以放在 get/set 方法上面。其中 JPA 协议有规定，如果是配置双向关联，维护关联关系的是拥有外键的一方，而另一方必须配置 mappedBy；如果是单向关联，直接配置在拥有外键的一方即可。

举个例子：user 表是用户的主信息，user_info 是用户的扩展信息，两者之间是一对一的关系。user_info 表里面有一个 user_id 作为关联关系的外键，如果是单向关联，我们的写法如下。

```
package com.example.jpa.example1;
import lombok.AllArgsConstructor;
import lombok.Builder;
import lombok.Data;
import lombok.NoArgsConstructor;
```

```
import javax.persistence.*;
@Entity
@Data
@Builder
@AllArgsConstructor
@NoArgsConstructor
public class User {
    @Id
    @GeneratedValue(strategy= GenerationType.AUTO)
    private Long id;
    private String name;
    private String email;
    private String sex;
    private String address;
}
```

User 实体里面什么都没有变化，不需要添加 @OneToOne 注解。我们只需要在拥有外键的一方配置就可以，所以 UserInfo 的代码如下。

```
package com.example.jpa.example1;
import lombok.*;
import javax.persistence.*;
@Entity
@Data
@Builder
@AllArgsConstructor
@NoArgsConstructor
@ToString(exclude = "user")
public class UserInfo {
    @Id
    @GeneratedValue(strategy= GenerationType.AUTO)
    private Long id;
    private Integer ages;
    private String telephone;
    @OneToOne // 维护 user 的外键关联关系，配置一对一
    private User user;
}
```

我们看到，UserInfo 实体对象里面添加了 @OneToOne 注解，这时我们写一个测试用例，看看有什么效果。

```
Hibernate: create table user (id bigint not null, address varchar(255), email
    varchar(255), name varchar(255), sex varchar(255), primary key (id))
Hibernate: create table user_info (id bigint not null, ages integer, telephone
    varchar(255), user_id bigint, primary key (id))
Hibernate: alter table user_info add constraint FKn8pl63y4abe7n0ls6topbqjh2
    foreign key (user_id) references user
```

因为我们新建了两个实体，运行任何一个 @SpringDataTest 都会看到上面有三条 SQL 语句在执行，分别创建了两张表，而在 user_info 表上面还创建了一个外键索引。

上面我们说了单向关联关系，那么双向关联关系应该怎么配置呢？我们保持 UserInfo 不变，在 User 实体对象里面添加一段代码即可。

```
@OneToOne(mappedBy = "user")
private UserInfo userInfo;
```

完整的 User 实体对象就会变成如下模样。

```
@Entity
@Data
@Builder
@AllArgsConstructor
@NoArgsConstructor
public class User {
    @Id
    @GeneratedValue(strategy= GenerationType.AUTO)
    private Long id;
    private String name;
    private String email;
    @OneToOne(mappedBy = "user")
    private UserInfo userInfo;// 变化之处
    private String sex;
    private String address;
}
```

我们运行任何一个测试用例，都会看到运行结果是一样的，还是上面三条 SQL。那么我们再查看一下 @OneToOne 源码，看看其支持的配置都有哪些。

7.1.1 @OneToOne 的源码解读

下面我列举了 @OneToOne 的源码，并加以解读。通过这些你可以了解 @OneToOne 的用法。

```
public @interface OneToOne {
    // 表示关系目标实体，默认该注解标识的返回值的类型的类
    Class targetEntity() default void.class;
    // cascade 级联操作策略，就是我们常说的级联操作
    CascadeType[] cascade() default {};
    // 数据获取方式 EAGER（立即加载）/LAZY（延迟加载）
    FetchType fetch() default EAGER;
    // 是否允许为空，默认是可选的，也就表示可以为空
    boolean optional() default true;
    // 关联关系被谁维护的一方对象里面的属性名字。双向关联的时候必填
    String mappedBy() default "";
    // 当被标识的字段发生删除或者置空操作之后，是否同步到关联关系的一方，即进行级联删除操作
    // 默认 false，注意与 CascadeType.REMOVE 级联删除的区别
    boolean orphanRemoval() default false;
}
```

7.1.2　mappedBy 的注意事项

只有关联关系的维护方才能操作两个实体之间外键的关系。被维护方即使设置了维护方属性进行存储，也不会更新外键关联。

mappedBy 不能与 @JoinColumn 或者 @JoinTable 同时使用，因为没有意义，关联关系不在这里面维护。

此外，mappedBy 的值是指另一方实体里面属性的字段，而不是数据库字段，也不是实体的对象的名字；也就是维护关联关系的一方属性字段名称，或者加了 @JoinColumn / @JoinTable 注解的属性字段名称。如上面的 User 例子中 user 里面 mappedBy 的值，就是 UserInfo 里面的 user 字段的名字。

7.1.3　CascadeType 的用法

CascadeType 的枚举值只有五个，分别如下。

1）CascadeType.PERSIST：级联新建。

2）CascadeType.REMOVE：级联删除。

3）CascadeType.REFRESH：级联刷新。

4）CascadeType.MERGE：级联更新。

5）CascadeType.ALL：四项全选。

其中，默认是没有级联操作的，关系表不会产生任何影响。此外，JPA 2.0 还新增了 CascadeType.DETACH，即级联实体到 Detach 状态。

了解了枚举值，下面我们测试一下级联新建和级联删除。

首先，修改 UserInfo 里面的关键代码如下，并在 @OneToOne 上面添加 cascade = {CascadeType.PERSIST,CascadeType.REMOVE}，如图 7-1 所示。

图 7-1　@OneToOne 里面的 cascade

其次，我们新增一个测试方法。

```
@Test
@Rollback(false)
public void testUserRelationships() throws JsonProcessingException {
    User user = User.builder().name("jackxx").email("123456@126.com").build();
```

```
UserInfo userInfo = UserInfo.builder().ages(12).user(user).telephone
    ("12345678").build();
// 保存 userInfo 的同时也会保存 user 信息
userInfoRepository.saveAndFlush(userInfo);
// 删除 userInfo，同时也会级联地删除 user 记录
userInfoRepository.delete(userInfo);
}
```

最后，运行一下并看看效果，如图 7-2 所示。

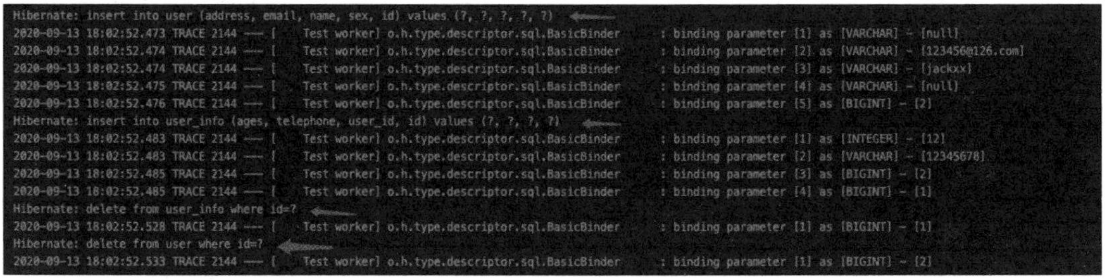

图 7-2　测试用例运行 SQL 日志

从图 7-2 的运行结果可以看到，上面的测试在执行了 insert 的时候，会执行两条 insert 的 SQL 语句和两条 delete 的 SQL 语句，这就体现出了 CascadeType.PERSIST 和 CascadeType. REMOVE 的作用。

上面讲了级联删除的场景，下面我们再来说一说关联关系的删除场景。

7.1.4　orphanRemoval 的属性用法

orphanRemoval 表示当关联关系被删除的时候，是否应用级联删除，默认为 false。什么意思呢？看下面的测试就会明白。

首先，还沿用上面的例子，当我们删除 userInfo 的时候，把 user 置空，做如下改动。

```
userInfo.setUser(null);
userInfoRepository.delete(userInfo);
```

其次，我们再运行测试，看看效果。

```
Hibernate: delete from user_info where id=?
```

这时候就会发现，少了一条删除 user 的 SQL 语句，说明没有进行级联删除。那我们再把 UserInfo 做一下调整。

```
public class UserInfo {
    @OneToOne(cascade = {CascadeType.PERSIST},orphanRemoval = true)
    private User user;
    // ....其他没变的代码省略了
}
```

然后，我们把 CascadeType.Remove 删除了，不让它进行级联删除，但是我们把 orphanRemoval 设置成 true，即当关联关系变化的时候级联更新。我们来看下面完整的测试用例。

```
@Test
public void testUserRelationships() throws JsonProcessingException {
    User user = User.builder().name("jackxx").email("123456@126.com").build();
    UserInfo userInfo = UserInfo.builder().ages(12).user(user).
        telephone("12345678").build();
    userInfoRepository.saveAndFlush(userInfo);
    userInfo.setAges(13);
    userInfo.setUser(null);// 还是通过这个设置 user 数据为空
    userInfoRepository.delete(userInfo);
}
```

这个时候我们看一下运行结果，如图 7-3 所示。

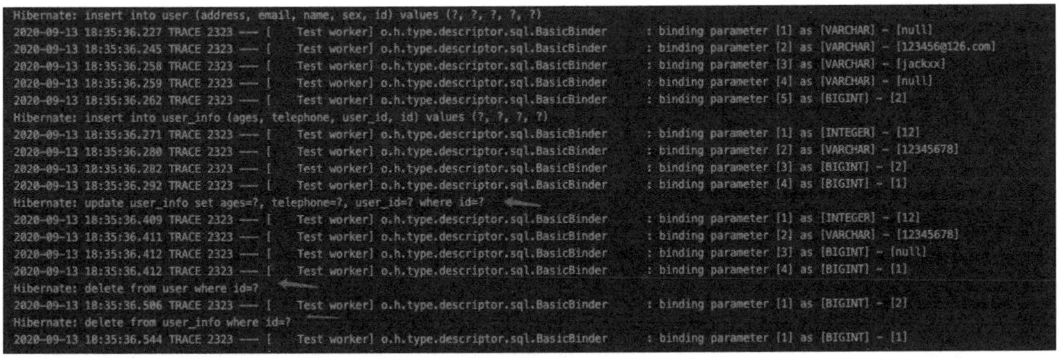

```
Hibernate: insert into user (address, email, name, sex, id) values (?, ?, ?, ?, ?)
2020-09-13 18:35:36.227 TRACE 2323 --- [    Test worker] o.h.type.descriptor.sql.BasicBinder     : binding parameter [1] as [VARCHAR] - [null]
2020-09-13 18:35:36.245 TRACE 2323 --- [    Test worker] o.h.type.descriptor.sql.BasicBinder     : binding parameter [2] as [VARCHAR] - [123456@126.com]
2020-09-13 18:35:36.258 TRACE 2323 --- [    Test worker] o.h.type.descriptor.sql.BasicBinder     : binding parameter [3] as [VARCHAR] - [jackxx]
2020-09-13 18:35:36.259 TRACE 2323 --- [    Test worker] o.h.type.descriptor.sql.BasicBinder     : binding parameter [4] as [VARCHAR] - [null]
2020-09-13 18:35:36.262 TRACE 2323 --- [    Test worker] o.h.type.descriptor.sql.BasicBinder     : binding parameter [5] as [BIGINT] - [2]
Hibernate: insert into user_info (ages, telephone, user_id, id) values (?, ?, ?, ?)
2020-09-13 18:35:36.271 TRACE 2323 --- [    Test worker] o.h.type.descriptor.sql.BasicBinder     : binding parameter [1] as [INTEGER] - [12]
2020-09-13 18:35:36.280 TRACE 2323 --- [    Test worker] o.h.type.descriptor.sql.BasicBinder     : binding parameter [2] as [VARCHAR] - [12345678]
2020-09-13 18:35:36.282 TRACE 2323 --- [    Test worker] o.h.type.descriptor.sql.BasicBinder     : binding parameter [3] as [BIGINT] - [2]
2020-09-13 18:35:36.292 TRACE 2323 --- [    Test worker] o.h.type.descriptor.sql.BasicBinder     : binding parameter [4] as [BIGINT] - [1]
Hibernate: update user_info set ages=?, telephone=?, user_id=? where id=?
2020-09-13 18:35:36.409 TRACE 2323 --- [    Test worker] o.h.type.descriptor.sql.BasicBinder     : binding parameter [1] as [INTEGER] - [12]
2020-09-13 18:35:36.411 TRACE 2323 --- [    Test worker] o.h.type.descriptor.sql.BasicBinder     : binding parameter [2] as [VARCHAR] - [12345678]
2020-09-13 18:35:36.412 TRACE 2323 --- [    Test worker] o.h.type.descriptor.sql.BasicBinder     : binding parameter [3] as [BIGINT] - [null]
2020-09-13 18:35:36.412 TRACE 2323 --- [    Test worker] o.h.type.descriptor.sql.BasicBinder     : binding parameter [4] as [BIGINT] - [1]
Hibernate: delete from user where id=?
2020-09-13 18:35:36.506 TRACE 2323 --- [    Test worker] o.h.type.descriptor.sql.BasicBinder     : binding parameter [1] as [BIGINT] - [2]
Hibernate: delete from user_info where id=?
2020-09-13 18:35:36.544 TRACE 2323 --- [    Test worker] o.h.type.descriptor.sql.BasicBinder     : binding parameter [1] as [BIGINT] - [1]
```

图 7-3 测试用例运行 SQL 日志

从图 7-3 中我们可以看到，结果依然是两个 insert 和两个 delete，但是中间多了一个 update。我来解释一下，因为去掉了 CascadeType.REMOVE，这个时候不会进行级联删除了。当我们把 user 对象更新成空的时候，就会执行一条 update 语句把关联关系去掉了。

为什么又出现了级联删除 user 呢？因为我们修改了集合关联关系，orphanRemoval 设置为 true，所以又执行了级联删除的操作。这一点你可以仔细体会一下 orphanRemoval 和 CascadeType.REMOVE 的区别。

到这里，@OneToOne 关联关系就介绍完了，接下来我们看一看日常工作中常见的场景，先看场景一：主键和外键都是同一个字段的情况。

7.1.5 主键和外键都是同一个字段

我们假设 user 表是主表，user_info 的主键是 user_id，并且 user_id = user 是表里面的 ID，那么我们应该怎么写？

继续沿用上面的例子，User 实体不变，我们看看 UserInfo 变成什么样了。

```
public class UserInfo implements Serializable {
    @Id
    private Long userId;
    private Integer ages;
    private String telephone;
    @MapsId
    @OneToOne(cascade = {CascadeType.PERSIST},orphanRemoval = true)
    private User user;
}
```

这里的做法很简单，我们直接把 userId 设置为主键，在 @OneToOne 上面添加 @MapsId 注解即可。@MapsId 注解的作用是把关联关系实体里面的 ID（默认）值复制到 @MapsId 标注的字段上面（这里指的是 user_id 字段）。

接着，我们运行一下上面的测试用例，看一下效果。

```
Hibernate: create table user (id bigint not null, address varchar(255), email
    varchar(255), name varchar(255), sex varchar(255), primary key (id))
Hibernate: create table user_info (ages integer, telephone varchar(255), user_
    id bigint not null, primary key (user_id))
Hibernate: alter table user_info add constraint FKn8pl63y4abe7n0ls6topbqjh2
    foreign key (user_id) references user
```

在启动的时候，我们直接创建了 user 表和 user_info 表，其中 user_info 的主键是 user_id，并且通过外键关联到了 user 表的 ID 字段，那么我们同时看一下 insert 的 SQL 语句，也发生了变化。

```
Hibernate: insert into user (address, email, name, sex, id) values (?, ?, ?, ?, ?)
Hibernate: insert into user_info (ages, telephone, user_id) values (?, ?, ?)
```

上面就是我们讲的实战场景一，主键和外键都是同一个字段。接下来我们再说第二个场景，就是在查 user_info 的时候，我们只想知道 user_id 的值，不需要查 user 的其他信息，那么，具体我们应该怎么做呢？

7.1.6 @OneToOne 延迟加载下只需要 ID 值

在 @OneToOne 延迟加载的情况下，我们假设只想查看 user_id，而不想查看 user 表的其他信息（因为当前用不到），可以有以下几种做法。

第一种做法：还是 User 实体不变，我们更改一下 UserInfo 对象，如下所示。

```
package com.example.jpa.example1;
import lombok.*;
import javax.persistence.*;
@Entity
@Data
@Builder
@AllArgsConstructor
@NoArgsConstructor
```

```
@ToString(exclude = "user")
public class UserInfo{
    @Id
    @GeneratedValue(strategy= GenerationType.AUTO)
    private Long id;
    private Integer ages;
    private String telephone;
    @MapsId
    @OneToOne(cascade = {CascadeType.PERSIST},orphanRemoval = true,fetch =
        FetchType.LAZY)
    private User user;
}
```

从上面这段代码中，可以看到做的更改如下。

❑ 我们先用原来的 id 字段。

❑ 在 @OneToOne 上面我们添加 @MapsId 注解。

❑ @OneToOne 里面的 fetch = FetchType.LAZY 设置了延迟加载。

接着，我们修改一下测试类，完整代码如下。

```
@DataJpaTest
@TestInstance(TestInstance.Lifecycle.PER_CLASS)
public class UserInfoRepositoryTest {
    @Autowired
    private UserInfoRepository userInfoRepository;
    @BeforeAll
    @Rollback(false)
    @Transactional
    void init() {
        User user = User.builder().name("jackxx").email("123456@126.com").build();
        UserInfo userInfo = UserInfo.builder().ages(12).user(user).
            telephone("12345678").build();
        userInfoRepository.saveAndFlush(userInfo);
    }
    /**
     * 测试用 User 关联关系操作
     *
     * @throws JsonProcessingException
     */
    @Test
    @Rollback(false)
    public void testUserRelationships() throws JsonProcessingException {
        UserInfo userInfo1 = userInfoRepository.getOne(1L);
        System.out.println(userInfo1);
        System.out.println(userInfo1.getUser().getId());
    }
}
```

然后，我们运行一下测试用例，看看测试结果。

```
Hibernate: insert into user (address, email, name, sex, id) values (?, ?, ?, ?, ?)
Hibernate: insert into user (address, email, name, sex, id) values (?, ?, ?, ?, ?)
```

```
// 两条 insert 照旧，而只有一个 select
Hibernate: select userinfo0_.user_id as user_id3_6_0_, userinfo0_.ages as ages1_
    6_0_, userinfo0_.telephone as telephon2_6_0_ from user_info userinfo0_ where
    userinfo0_.user_id=?
```

最后你会发现，打印的结果符合预期。

```
UserInfo(id=1, ages=12, telephone=12345678)
1
```

第二种做法：这种做法很简单，只要在 UserInfo 对象里面直接去掉 @OneToOne 关联关系，新增下面的字段即可。

```
@Column(name = "user_id")
private Long userId;
```

第三种做法：利用 Hibernate。它能给我们提供一种字节码增强技术，通过编译器改变 class 解决了延迟加载问题。这种方式有点复杂，需要在编译器引入 hibernateEnhance 的相关 jar 包，以及编译器需要改变 class 文件并添加 Lazy 代理来解决延迟加载。我不太推荐这种方式，因为确实太复杂了。

我们掌握了以上这么多做法，那么最佳实践是什么呢？双向关联更好还是单向关联更好？根据最近几年的应用，我总结出如下一些最佳实践，我们来看一看。

7.1.7　@OneToOne 的最佳实践

第一，Java 面向对象的设计原则：开闭原则。

即对扩展开放，对修改关闭。如果我们一直使用双向关联，两个实体的对象耦合就太严重了。想象一下，随着业务的发展，User 对象可能是原始对象，围绕着 User 可能会扩展出各种关联对象。难道 User 对象里面每次都要修改，添加双向关联关系吗？肯定不是的，否则时间长了，对象与对象之间的关联关系就是一团乱麻。

所以，我们尽量甚至不要用双向关联，如果非要用关联关系的话，只用单向关联就够了。双向关联正是 JPA 的强大之处，但同时也是问题最多、最让人诟病之处。所以我们要用它的优点，而不是学会了就一定要使用。

第二，CascadeType 虽然很强大，但是建议保持默认。

即没有级联更新动作，没有级联删除动作。还有 orphanRemoval 也要尽量保持默认为 false，不做级联删除。因为这两个功能很强大，但是个人觉得这违背了面向对象设计原则里面的"职责单一原则"，除非对它非常熟悉，否则在用的时候时常会出现"惊喜"——数据什么时间被更新了？数据被谁删除了？遇到这种问题查起来非常麻烦，因为是框架处理，有时并非预期效果。

一旦生产数据被莫名地更新或者删除，那是一件非常糟糕的事情。因为这些级联操作会使原先的方法名字没办法命名，而且它不是跟着业务逻辑变化的，而是跟着实体变化的，这就会使方法和对象的职责不再单一。

第三，所有用到关联关系的地方，能用 LAZY 的绝对不要用 EAGER，否则会有 SQL 性能问题，会出现不是预期的 SQL。

以上三点是我总结的避坑指南，有经验的读者这时候可能会有疑问：外键约束不是不推荐使用的吗？如果我的外键字段名不是约定的怎么办？别着急，我们再来看一看 @JoinColumn 注解和 @JoinColumns 注解。

7.2　@JoinCloumns 和 @JoinColumn

这两个注解是集合关系，它们可以同时使用，@JoinColumn 表示单字段，@JoinCloumns 表示多个 @JoinColumn，我们来一一进行查看。

首先，我们来看 @JoinColumn 源码，了解这一注解都有哪些配置项。

```
public @interface JoinColumn {
    // 关键的字段名，默认为注解上的字段名，在 @OneToOne 代表本表的外键字段名字
    String name() default "";
    // 与 name 相关联对象的外键字段，默认主键字段
    String referencedColumnName() default "";
    // 外键字段是否唯一
    boolean unique() default false;
    // 外键字段是否允许为空
    boolean nullable() default true;
    // 是否跟随一起新增
    boolean insertable() default true;
    // 是否跟随一起更新
    boolean updatable() default true;
    // JPA2.1 新增，外键策略
    ForeignKey foreignKey() default @ForeignKey(PROVIDER_DEFAULT);
}
```

其次，我们看一看 @ForeignKey(PROVIDER_DEFAULT) 里面的枚举值有几个。

```
public enum ConstraintMode {
    // 创建外键约束
    CONSTRAINT,
    // 不创建外键约束
    NO_CONSTRAINT,
    // 采用默认行为
    PROVIDER_DEFAULT
}
```

然后，我们看看这个注解的语法，就可以解答我们上面的两个问题。修改一下 UserInfo，如下所示。

```
public class UserInfo{
    @Id
```

```
@GeneratedValue(strategy= GenerationType.AUTO)
private Long id;
private Integer ages;
private String telephone;
@OneToOne(cascade = {CascadeType.PERSIST},orphanRemoval = true,fetch =
    FetchType.LAZY)
@JoinColumn(foreignKey = @ForeignKey(ConstraintMode.NO_CONSTRAINT),name =
    "my_user_id")
private User user;
... 其他不变 }
```

可以看到，我们在其中指定了字段的名字 my_user_id，并且指定 NO_CONSTRAINT 不生成外键。而测试用例不变，我们看下面的运行结果。

```
Hibernate: create table user (id bigint not null, address varchar(255), email
    varchar(255), name varchar(255), sex varchar(255), primary key (id))
Hibernate: create table user_info (id bigint not null, ages integer, telephone
    varchar(255), my_user_id bigint, primary key (id))
```

这时我们看到 user_info 表里面新增了一个字段 my_user_id，执行 insert 的时候也能正确插入 my_user_id 的值，也就是等于 user.id。

```
Hibernate: insert into user_info (ages, telephone, my_user_id, id) values (?,
    ?, ?, ?)
```

而 @JoinColumns 是 @JoinColumn 的复数形式，就是通过两个字段进行的外键关联，这个不常用，我们看一个 Demo 就好。

```
@Entity
public class CompanyOffice {
    @ManyToOne(fetch = FetchType.LAZY)
    @JoinColumns({
        @JoinColumn(name="ADDR_ID", referencedColumnName="ID"),
        @JoinColumn(name="ADDR_ZIP", referencedColumnName="ZIP")
    })
    private Address address;
}
```

在上面的实例中，CompanyOffice 通过 ADDR_ID 和 ADDR_ZIP 两个字段对应一条 address 信息，解释了一下 @JoinColumns 的用法。

如果你了解了 @OneToOne 的详细用法，后面要讲的几个注解就很好理解了，因为它们有点类似，那么接下来看看 @ManyToOne 和 @OneToMany 的用法。

7.3　@ManyToOne 和 @OneToMany

@ManyToOne 代表多对一的关联关系，而 @OneToMany 代表一对多，一般两个成对使用表示双向关联关系。而 JPA 协议中也明确规定：维护关联关系的是拥有外键的一方，而另一方必须配置 mappedBy。看下面的代码。

```
public @interface ManyToOne {
    Class targetEntity() default void.class;
    CascadeType[] cascade() default {};
    FetchType fetch() default EAGER;
    boolean optional() default true;
}
public @interface OneToMany {
    Class targetEntity() default void.class;
// cascade 级联操作策略：(CascadeType.PERSIST、CascadeType.REMOVE、CascadeType.
// REFRESH、CascadeType.MERGE、CascadeType.ALL)
// 如果不填，默认关系表不会产生任何影响
    CascadeType[] cascade() default {};
// 数据获取方式 EAGER ( 立即加载 )/LAZY ( 延迟加载 )
    FetchType fetch() default LAZY;
    // 指关系被谁维护，单向的时候用。注意：只有关系维护方才能操作两者的关系
    String mappedBy() default "";
// 是否级联删除。与 CascadeType.REMOVE 的效果一样。两种中配置了一个就会自动级联删除
    boolean orphanRemoval() default false;
}
```

我们看到上面的字段和 @OneToOne 的基本一样，用法也是一样的，不过需要注意以下几点。

1）@ManyToOne 一定是维护外键关系的一方，所以没有 mappedBy 字段。

2）@ManyToOne 在删除的时候一定不能把 One 的一方删除了，所以也没有 orphan-Removal 选项。

3）@ManyToOne 的 LAZY 效果与 @OneToOne 的一样，所以与上面的用法基本一致。

4）@OneToMany 的 LAZY 是有效果的。

我们来看一个例子，假设 User 有多个地址，看看实体应该如何建立。

```
@Entity
@Data
@Builder
@AllArgsConstructor
@NoArgsConstructor
public class User implements Serializable {
    @Id
    @GeneratedValue(strategy= GenerationType.AUTO)
    private Long id;
    private String name;
    private String email;
    private String sex;
    @OneToMany(mappedBy = "user",fetch = FetchType.LAZY)
    private List<UserAddress> address;
}
```

从上述代码中可以看到，@OneToMany 双向关联并且采用 LAZY 机制，这时我们新建一个 UserAddress 实体，维护关联关系如下。

```
@Entity
@Data
@Builder
@AllArgsConstructor
@NoArgsConstructor
@ToString(exclude = "user")
public class UserAddress {
    @Id
    @GeneratedValue(strategy= GenerationType.AUTO)
    private Long id;
    private String address;
    @ManyToOne(cascade = CascadeType.ALL)
    private User user;
}
```

再新建一个测试用例，完整代码如下。

```
package com.example.jpa.cxample1;
import com.fasterxml.jackson.core.JsonProcessingException;
import org.assertj.core.util.Lists;
import org.junit.jupiter.api.BeforeAll;
import org.junit.jupiter.api.Test;
import org.junit.jupiter.api.TestInstance;
import org.springframework.beans.factory.annotation.Autowired;
import org.springframework.boot.test.autoconfigure.orm.jpa.DataJpaTest;
import org.springframework.test.annotation.Rollback;
import javax.transaction.Transactional;
@DataJpaTest
@TestInstance(TestInstance.Lifecycle.PER_CLASS)
public class UserAddressRepositoryTest {
    @Autowired
    private UserAddressRepository userAddressRepository;
    @Autowired
    private UserRepository userRepository;
    /**
     * 负责添加数据
     */
    @BeforeAll
    @Rollback(false)
    @Transactional
    void init() {
        User user = User.builder().name("jackxx").email("123456@126.com").build();
        UserAddress userAddress = UserAddress.builder().address("shanghai1").
            user(user).build();
        UserAddress userAddress2 = UserAddress.builder().address("shanghai2").
            user(user).build();
        userAddressRepository.saveAll(Lists.newArrayList(userAddress,userAddress2));
```

```
    }
    /**
     * 测试用 User 关联关系操作
     * @throws JsonProcessingException
     */
    @Test
    @Rollback(false)
    public void testUserRelationships() throws JsonProcessingException {
        User user = userRepository.getOne(2L);
        System.out.println(user.getName());
        System.out.println(user.getAddress());
    }
}
```

然后，我们看一下运行结果。

```
Hibernate: create table user (id bigint not null, email varchar(255), name
    varchar(255), sex varchar(255), primary key (id))
Hibernate: create table user_address (id bigint not null, address
varchar(255),
    user_id bigint, primary key (id))
Hibernate: alter table user_address add constraint FKk2ox3w9jm7yd6v1m5f68xibry
    foreign key (user_id) references user
```

通过日志，看到创建了两张表，并且创建了外键。

```
Hibernate: insert into user (email, name, sex, id) values (?, ?, ?, ?)
Hibernate: insert into user_address (address, user_id, id) values (?, ?, ?)
Hibernate: insert into user_address (address, user_id, id) values (?, ?, ?)
```

并且符合预期的三条 insert 语句。然后我们执行 user.getAddress()，可以看到 LAZY 起作用了，如图 7-4 所示的日志，说明了只有用到 address 的时候才会去加载查询 address 的 SQL。

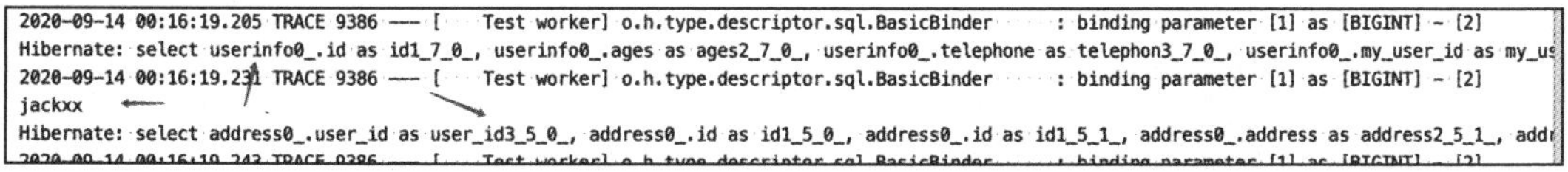

图 7-4 查询 address 的 SQL

综上，@ManyToOne 的 LAZY 机制和用法与 @OneToOne 的一样，我们就不过多介绍了。而 @ManyToOne 和 @OneToMany 的最佳实践与 @OneToOne 的完全一样，也是尽量避免双向关联，一切级联更新和 orphanRemoval 都保持默认规则，并且 fetch 语句采用 LAZY 延迟加载。

以上就是关于 @ManyToOne 和 @OneToMany 的讲解，实际开发过程中可以详细体会一下上面的用法。接下来我们介绍 @ManyToMany 的用法。

7.4 @ManyToMany

@ManyToMany 代表多对多的关联关系，这种关联关系的任何一方都可以维护关联关系。我们还是先看一个例子来感受一下。

我们假设 user 表和 room 表是多对多的关系，看看两个实体怎么写。

```java
package com.example.jpa.example1;
import lombok.*;
import javax.persistence.*;
import java.io.Serializable;
import java.util.List;
@Entity
@Data
@Builder
@AllArgsConstructor
@NoArgsConstructor
public class User{
    @Id
    @GeneratedValue(strategy= GenerationType.AUTO)
    private Long id;
    private String name;
    @ManyToMany(mappedBy = "users")
    private List<Room> rooms;
}
```

接着，我们让 Room 维护关联关系。

```java
package com.example.jpa.example1;
import lombok.*;
import javax.persistence.*;
import java.util.List;
@Entity
@Data
@Builder
@AllArgsConstructor
@NoArgsConstructor
@ToString(exclude = "users")
public class Room {
    @Id
    @GeneratedValue(strategy = GenerationType.AUTO)
    private Long id;
    private String title;
    @ManyToMany
    private List<User> users;
}
```

然后，我们运行一下测试用例，可以看到如下结果。

```
Hibernate: create table room (id bigint not null, title varchar(255), primary
```

```
        key (id))
Hibernate: create table room_users (rooms_id bigint not null, users_id bigint
    not null)
Hibernate: create table user (id bigint not null, email varchar(255), name
    varchar(255), sex varchar(255), primary key (id))
Hibernate: alter table room_users add constraint FKld9phr4qt71ve3gnen43qxxb8
    foreign key (users_id) references user
Hibernate: alter table room_users add constraint FKtjvf84yquud59juxileusukvk
    foreign key (rooms_id) references room
```

从测试用例的结果我们可以看到，JPA 帮我们创建的三张表中，room_users 表维护了 User 和 Room 的多对多关联关系。其实这个情况还告诉我们一个道理：当用到 @ManyToMany 的时候一定是三张表，不要想着建两张表，两张表肯定是违背表的设计原则的。

那么我们来看看 @ManyToMany 的语法。

```java
public @interface ManyToMany {
    Class targetEntity() default void.class;
    CascadeType[] cascade() default {};
    FetchType fetch() default LAZY;
    String mappedBy() default "";
}
```

源码里面的字段就这么多，基本与上面相同，就不多做介绍了。这个时候有的读者可能会问：我们怎么去掉外键索引？怎么改中间表的表名？怎么指定外键字段的名字呢？我们继续引入另外一个注解——@JoinTable。

我们先来看一个例子，修改一下 Room 里面的内容。

```java
@Entity
@Data
@Builder
@AllArgsConstructor
@NoArgsConstructor
@ToString(exclude = "users")
public class Room {
    @Id
    @GeneratedValue(strategy = GenerationType.AUTO)
    private Long id;
    private String title;
    @ManyToMany
    @JoinTable(name = "user_room_ref",
            joinColumns = @JoinColumn(name = "room_id_x"),
            inverseJoinColumns = @JoinColumn(name = "user_id_x")
    )
    private List<User> users;
}
```

接着，我们在 Room 里面添加 @JoinTable 注解，看一下 JUnit 的运行结果。

```
Hibernate: create table room (id bigint not null, title varchar(255), primary
    key (id))
Hibernate: create table user (id bigint not null, email varchar(255), name
    varchar(255), sex varchar(255), primary key (id))
Hibernate: create table user_room_ref (room_id_x bigint not null, user_id_x
    bigint not null)
Hibernate: alter table user_room_ref add constraint
FKoxolr1eyfiu69o45jdb6xdule
    foreign key (user_id_x) references user
Hibernate: alter table user_room_ref add constraint
FK2sl9rtuxo9w130d83e19f3dd9
    foreign key (room_id_x) references room
```

到这里可以看到，我们创建了一张中间表，并且添加了两个在预想之内的外键关系。

```
public @interface JoinTable {
    // 中间关联关系表明
    String name() default "";
    // 表的 catalog
    String catalog() default "";
    // 表的 schema
    String schema() default "";
    // 维护关联关系一方的外键字段的名字
    JoinColumn[] joinColumns() default {};
    // 另一方的表外键字段
    JoinColumn[] inverseJoinColumns() default {};
    // 指定维护关联关系一方的外键创建规则
    ForeignKey foreignKey() default @ForeignKey(PROVIDER_DEFAULT);
    // 指定另一方的外键创建规则
    ForeignKey inverseForeignKey() default @Forei gnKey(PROVIDER_DEFAULT);
}
```

那么通过上面的介绍，我们知道了 @ManyToMany 的用法，然而实际开发者对 @Many-ToMany 用得比较少，一般我们会用成对的 @ManyToOne 和 @OneToMany 来代替，因为我们的中间表可能还有一些约定的公共字段，如 ID、update_time、create_time 等其他字段。

7.4.1　利用 @ManyToOne 和 @OneToMany 表达多对多的关联关系

修改上面的 Demo，我们来看一下通过 @ManyToOne 和 @OneToMany 如何表达多对多的关联关系。

新建一张表 user_room_relation 来存储双方的关联关系和额外字段，实体如下。

```
package com.example.jpa.example1;
import lombok.*;
import javax.persistence.*;
import java.util.Date;
@Entity
@Data
@Builder
```

```
@AllArgsConstructor
@NoArgsConstructor
public class UserRoomRelation {
    @Id
    @GeneratedValue(strategy = GenerationType.AUTO)
    private Long id;
    private Date createTime,udpateTime;
    @ManyToOne
    private Room room;
    @ManyToOne
    private User user;
}
```

而 User 变化如下。

```
public class User implements Serializable {
    @Id
    @GeneratedValue(strategy= GenerationType.AUTO)
    private Long id;
    @OneToMany(mappedBy = "user")
    private List<UserRoomRelation> userRoomRelations;
...}
```

Room 变化如下。

```
public class Room {
    @Id
    @GeneratedValue(strategy = GenerationType.AUTO)
    private Long id;
    @OneToMany(mappedBy = "room")
    private List<UserRoomRelation> userRoomRelations;
...}
```

到这里，我们再看一下 JUnit 的运行结果。

```
Hibernate: create table user_room_relation (id bigint not null, create_time
    timestamp, udpate_time timestamp, room_id bigint, user_id bigint, primary
    key (id))
Hibernate: create table room (id bigint not null, title varchar(255), primary
    key (id))
Hibernate: create table user (id bigint not null, email varchar(255), name
    varchar(255), sex varchar(255), primary key (id))
```

可以看到，上面我们依然创建了三张表，唯一不同的是，user_room_relation 里面多了
很多字段，而外键索引也是如约创建，如下所示。

```
Hibernate: alter table user_room_relation add constraint FKaesy2rg60vtaxxv73urprbuwb
    foreign key (room_id) references room
Hibernate: alter table user_room_relation add constraint FK45gha85x63026r8q8hs03uhwm
    foreign key (user_id) references user
```

由此，运行一下测试用例就很容易理解了。下面总结了关于 @ManyToMany 的最佳实践分享给大家。

7.4.2 @ManyToMany 的最佳实践

1）上面我们介绍的 @OneToMany 的最佳实践同样适用，我为了方便说明，采用的是双向关联，而实际生产一般是在中间表对象里面做单向关联，这样会让实体之间的关联关系简单很多。

2）与 @OneToMany 一样的道理，不要用级联删除和设置"orphanRemoval = true"。

3）FetchType 采用的默认方式为 fetch = FetchType.LAZY。

7.5 本章小结

通过本章内容，我们基本上能理解 @OneToOne、@ManyToOne、@OneToMany、@Many-ToMany 分别表示的是什么关联关系、各自解决的应用场景是什么，以及生产中我们推荐的最佳实践是什么。如何才能正确使用？重点是要将原理和解决的场景理解透彻，参考最佳实践，做出符合自己业务场景的最好方法。

其实细心的读者还会看出我分享的学习思路，即看协议规定、看源码，然后实际动手写一个最小环境进行测试，体会是怎么一回事。在本章中还涉及了"N+1"SQL 的问题，我们后面章节将会详细介绍。

此处给大家留一道作业题：仔细查一下 @OrderColumn 和 @OrderBy 这两个注解是干什么用的，它们的最佳实践是什么？在下一章我们继续学习 Jackson 注解的相关内容。

Jackson 在实体里面的注解详解

经过前面章节的学习，相信大家已经对实体的 JPA 注解有了一定的了解，但在实际工作中你会发现实体里面不仅有 JPA 的注解，也会用到很多与 JSON 相关的注解。

我们用 Spring Boot 默认集成的 fasterxml.jackson 来加以说明，这看似与 JPA 没有什么关系，但是一旦与 @Entity 一起使用的时候，就会遇到一些问题，特别是新手读者。那么，我们在本章就来详细介绍一下它的用法，首先了解一下 Jackson 的基本语法。

8.1 Jackson 的基本语法

先来看一看我们项目里面的依赖，如图 8-1 所示。

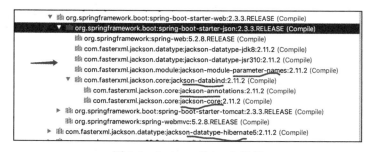

图 8-1 Jackson 的 jar 包依赖

从图 8-1 中可以看到，当我们用 Spring Boot Starter 的时候就会默认加载 fasterxml 相关的 jar 包模块，包括核心模块以及 Jackson 提供的一些扩展 jar 包，下面详细介绍。

8.1.1 三个核心模块

三个核心模块如下：

1）jackson-core：核心包。提供基于“流模式”解析的相关 API，它包括 JsonPaser 和 JsonGenerator。Jackson 内部实现即通过高性能的流模式 API 的 JsonGenerator 和 JsonParser 来生成和解析 JSON。

2）jackson-annotations：注解包。提供标准注解功能，这是我们必须要掌握的基础语法。

3）jackson-databind：数据绑定包。提供基于“对象绑定”解析的相关 API（ObjectMapper）和“树模型”解析的相关 API（JsonNode）；基于“对象绑定”解析的 API 和“树模型”解析的 API 依赖基于“流模式”解析的 API。如图 8-2 所示的一些标准的类型转换。

PrimitiveOrWrapperDeserializer in NumberDeserializers (com.fasterxml.jackson.databind.deser.std)
ShortDeserializer in NumberDeserializers (com.fasterxml.jackson.databind.deser.std)
IntegerDeserializer in NumberDeserializers (com.fasterxml.jackson.databind.deser.std)
FloatDeserializer in NumberDeserializers (com.fasterxml.jackson.databind.deser.std)
LongDeserializer in NumberDeserializers (com.fasterxml.jackson.databind.deser.std)
CharacterDeserializer in NumberDeserializers (com.fasterxml.jackson.databind.deser.std)
DoubleDeserializer in NumberDeserializers (com.fasterxml.jackson.databind.deser.std)
BooleanDeserializer in NumberDeserializers (com.fasterxml.jackson.databind.deser.std)
ByteDeserializer in NumberDeserializers (com.fasterxml.jackson.databind.deser.std)
StringDeserializer (com.fasterxml.jackson.databind.deser.std)
EnumDeserializer (com.fasterxml.jackson.databind.deser.std)

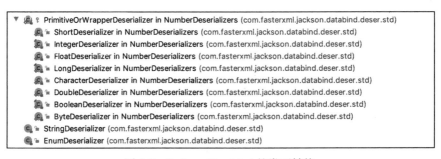

图 8-2 Jackson Databind 的类型转换

8.1.2 Jackson 提供的扩展 jar 包

Jackson 提供的扩展 jar 包如下：

1）jackson-module-parameter-names：对原来的 Jackson 进行了扩展，支持了构造方法、普通方法的参数支持。

2）jackson-datatype：是对字段类型的支持做的一些扩展，包括下述几个部分。

① jackson-datatype-jdk8：是对 JDK8 语法里面的 Optional、Stream 等新的类型做的一些支持，如图 8-3 所展示的一些类。

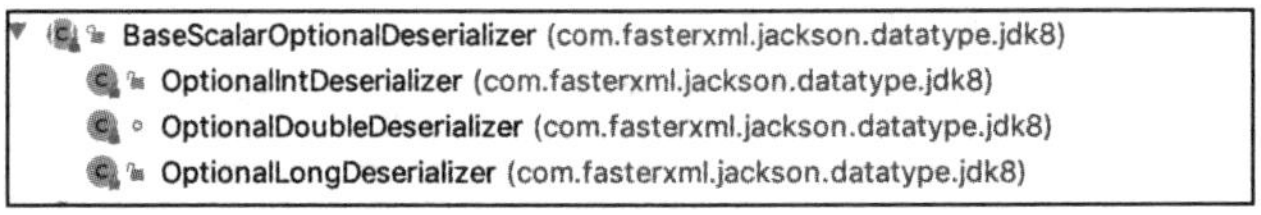

BaseScalarOptionalDeserializer (com.fasterxml.jackson.datatype.jdk8)
OptionalIntDeserializer (com.fasterxml.jackson.datatype.jdk8)
OptionalDoubleDeserializer (com.fasterxml.jackson.datatype.jdk8)
OptionalLongDeserializer (com.fasterxml.jackson.datatype.jdk8)

图 8-3 JDK8 的一些支持

② jackson-datatype-jsr310：是对 JDK8 中的 JSR310 时间协议做了支持，如 Duration、Instant、LocalDate、Clock 等时间类型的序列化、反序列化，如图 8-4 所展示的一些类。

图 8-4 JDK8 的时间支持

③ jackson-datatype-hibernate5 ： 是 对 Hibernate 的一些数据类型的序列化、反序列化，如 Hibernate-Proxy 等。

剩下一些不常见的就不多说了。jackson-datatype 其实就是对一些常见的数据类型做序列化、反序列化，省去了我们自己写序列化、反序列化的过程。所以在工作中，如果需要自定义序列化，可以参考这些源码。

知道了这些脉络之后，剩下的就是我们要掌握的注解有哪些了，下面接着介绍。

8.1.3 Jackson 中常用的一些注解

正如上面所说，我们打开 jackson-annotations，就可以看到有哪些注解了，一目了然。下面我们从图 8-5 中挑选出一些常用的介绍一下。

Jackson 里面常用的注解如表 8-1 所示。

图 8-5 Jackson 里面常见的注解

表 8-1 Jackson 里面常用的注解

注　解	示　例

@JsonProperty	用于属性，把属性的名称序列化给 JSON 字符串时转换为另外一个名称
	示例：
	`@JsonProperty("json_name")`
	`private String userName`

@JsonFormat	用于属性或者方法，把属性的格式序列化时转换成指定的格式
	示例：
	`@JsonFormat(timezone = "GMT+8", pattern = "yyyy-MM-dd HH:mm")`
	`public Date getCreateDate()`

(续)

注　解	示　例

@JsonPropertyOrder	用于类，指定属性在序列化时 JSON 中的顺序
	示例：
	`@JsonPropertyOrder({ "birth_Date", "name" })`
	`public class User`

@JsonCreator	用于构造方法，与 @JsonProperty 配合使用，适用于有参数的构造方法
	示例：
	`@JsonCreator`
	`public User(@JsonProperty("name")String name) {…}`

@JsonAnySetter	用于属性或者方法，设置未反序列化的属性名和值作为键值存储到 map 中，这种在前端参数不固定的时候非常好用
	示例：
	`@JsonAnySetter`
	`public void set(String key, Object value) {`
	`map.put(key, value);`
	`}`

@JsonAnyGetter	用于方法，获取所有未序列化的属性，一般与 @JsonAnySetter 成对出现

@JsonIgnore	用于告诉 Jackson 在序列化、反序列化时忽略 Java 对象的某个属性（字段）
	示例：
	`@JsonIgnore`
	`public long  personId = 0`

@JsonIgnoreProperties	@JsonIgnoreProperties 注解放置在类声明上方，用于指定要忽略的类的属性列表
	示例：
	`@JsonIgnoreProperties({"firstName", "lastName"})`
	`public class PersonIgnoreProperties`

@JsonAutoDetect	用于告诉 Jackson 在读写对象时包括非 public 修饰的属性
@JsonDeserialize、@JsonSerialize	用户指定字段的自定义序列化、反序列化类，一般不常用，一般都会定义全局的序列化类
@JsonInclude	用于告诉 Jackson 包括哪些情况下的属性 例如，仅仅显示非空的字段： `@JsonInclude(JsonInclude.Include.NON_EMPTY)`

8.1.4　实例

接下来，我们写一个测试用例看一看。

首先，新建一个 UserJson 实体对象，将它转成 JSON 对象，如下所示。

```
package com.example.jpa.example1;
import com.fasterxml.jackson.annotation.*;
import lombok.*;
import javax.persistence.*;
```

```java
import java.time.Instant;
import java.util.*;
@Entity
@Data
@Builder
@AllArgsConstructor
@NoArgsConstructor
@JsonPropertyOrder({"createDate","email"})
public class UserJson {
    @Id
    @GeneratedValue(strategy= GenerationType.AUTO)
    private Long id;
    @JsonProperty("my_name")
    private String name;
    private Instant createDate;
    @JsonFormat(timezone ="GMT+8", pattern = "yyyy-MM-dd HH:mm")
    private Date updateDate;
    private String email;
    @JsonIgnore
    private String sex;
    @JsonCreator
    public UserJson(@JsonProperty("email") String email) {
        System.out.println(" 其他业务逻辑 ");
        this.email = email;
    }
    @Transient
    @JsonAnySetter
    private Map<String,Object> other = new HashMap<>();
    @JsonAnyGetter
    public Map<String, Object> getOther(){
        return other;
    }
}
```

然后，我们写一个测试用例，看一下运行结果。

```java
package com.example.jpa.example1;
import com.fasterxml.jackson.core.JsonProcessingException;
import com.fasterxml.jackson.databind.ObjectMapper;
import org.assertj.core.util.Maps;
import org.junit.jupiter.api.BeforeAll;
import org.junit.jupiter.api.Test;
import org.junit.jupiter.api.TestInstance;
import org.springframework.beans.factory.annotation.Autowired;
import org.springframework.boot.test.autoconfigure.orm.jpa.DataJpaTest;
import org.springframework.test.annotation.Rollback;
import javax.transaction.Transactional;
import java.time.Instant;
import java.util.Date;
@DataJpaTest
```

```
@TestInstance(TestInstance.Lifecycle.PER_CLASS)
public class UserJsonRepositoryTest {
    @Autowired
    private UserJsonRepository userJsonRepository;

    @BeforeAll
    @Rollback(false)
    @Transactiona
    void init() {
        UserJson user = UserJson.builder(
                .name("jackxx").createDate(Instant.now()).updateDate(new
                    Date()).sex("men").email("123456@126.com").build();
        userJsonRepository.saveAndFlush(user) ;
    }
    /*
     * 测试用 User 关联关系操作

     */
    @Test
    @Rollback(false)
    public void testUserJson() throws JsonProcessingException {
        UserJson userJson = userJsonRepository.findById(1L).get();
        userJson.setOther(Maps.newHashMap("address","shanghai"));
        ObjectMapper objectMapper = new ObjectMapper();
System.out.println(objectMapper.writerWithDefaultPrettyPrinter().
    writeValueAsString(userJson));
    }
}
```

最后，运行一下可以看到如下结果。

```
{
        "createDate" :
        "epochSecond" : 1600530086
        "nano" : 58800000
        }
        "email" : "123456@126.com"
        "id" : 1
        "updateDate" : "2020-09-19 23:41"
        "my_name" : "jackxx"
        "address" : "shanghai
}
```

这里可以与上面的注解列表对比一下，其中，我们看到了 HashMap 被平铺开了。我们通过例子可以很容易地想到使用场景是 Spring MVC 的情况下，在执行 get 请求的时候我们要用到序列化；在执行 post 请求的时候我们要用到反序列化，将 JSON 字符串反向转化成实体对象。

那么，在 Spring 里面 Jackson 都有哪些应用场景呢？我们接着来看一看。

8.2 Jackson 和 Spring 的关系

我们先看一下 Jackson 在 Spring 中常见的四个应用场景，了解一下 Spring 在这些情况下的应用，从而详细掌握 Jackson 并知道它的重要性。

8.2.1 应用场景一：Spring MVC 的 View 层

在 Spring MVC 中，我们需要知道 MVC 的 JSON 视图的加载原理。我们看一下 MVC 对象的转化类 HttpMessageConvertersAutoConfiguration，关键源码如图 8-6 所示。

```
@AutoConfigureAfter({ GsonAutoConfiguration.class, JacksonAutoConfiguration.class, JsonbAutoConfiguration.class })
@Import({ JacksonHttpMessageConvertersConfiguration.class, GsonHttpMessageConvertersConfiguration.class,
        JsonbHttpMessageConvertersConfiguration.class })
public class HttpMessageConvertersAutoConfiguration {

    static final String PREFERRED_MAPPER_PROPERTY = "spring.mvc.converters.preferred-json-mapper";

    @Bean
    @ConditionalOnMissingBean
    public HttpMessageConverters messageConverters(ObjectProvider<HttpMessageConverter<?>> converters) { return new
HttpMessageConverters(converters.orderedStream().collect(Collectors.toList())); }
```

图 8-6 HttpMessageConvertersAutoConfiguration 的关键源码

里面要利用 JacksonHttpMessageConvertersConfiguration。而 JacksonHttpMessageConvertersConfiguration 里面的 MappingJackson2HttpMessageConverter 正是采用 fasterxml.jackson 进行转化的，JacksonHttpMessageConvertersConfiguration 的关键源码如图 8-7 所示。

```
@Configuration(proxyBeanMethods = false)
class JacksonHttpMessageConvertersConfiguration {

    @Configuration(proxyBeanMethods = false)
    @ConditionalOnClass(ObjectMapper.class)
    @ConditionalOnBean(ObjectMapper.class)
    @ConditionalOnProperty(name = HttpMessageConvertersAutoConfiguration.PREFERRED_MAPPER_PROPERTY,
            havingValue = "jackson", matchIfMissing = true)
    static class MappingJackson2HttpMessageConverterConfiguration {

        @Bean
        @ConditionalOnMissingBean(value = MappingJackson2HttpMessageConverter.class,
                ignoredType = {
                        "org.springframework.hateoas.server.mvc.TypeConstrainedMappingJackson2HttpMessageConverter",
                        "org.springframework.data.rest.webmvc.alps.AlpsJsonHttpMessageConverter" })
        MappingJackson2HttpMessageConverter mappingJackson2HttpMessageConverter(ObjectMapper objectMapper) { return new
MappingJackson2HttpMessageConverter(objectMapper); }

    }
```

图 8-7 JacksonHttpMessageConvertersConfiguration 的关键源码

8.2.2 应用场景二：Open-Feign

在微服务之间相互调用的时候，我们都会用到 HttpMessageConverter 里面的 JacksonHttpMessageConverter。特别是在使用 Open-Feign 里面的 Encode 和 Decode 的时候，我们就

可以看到如图 8-8 所示对应的场景。

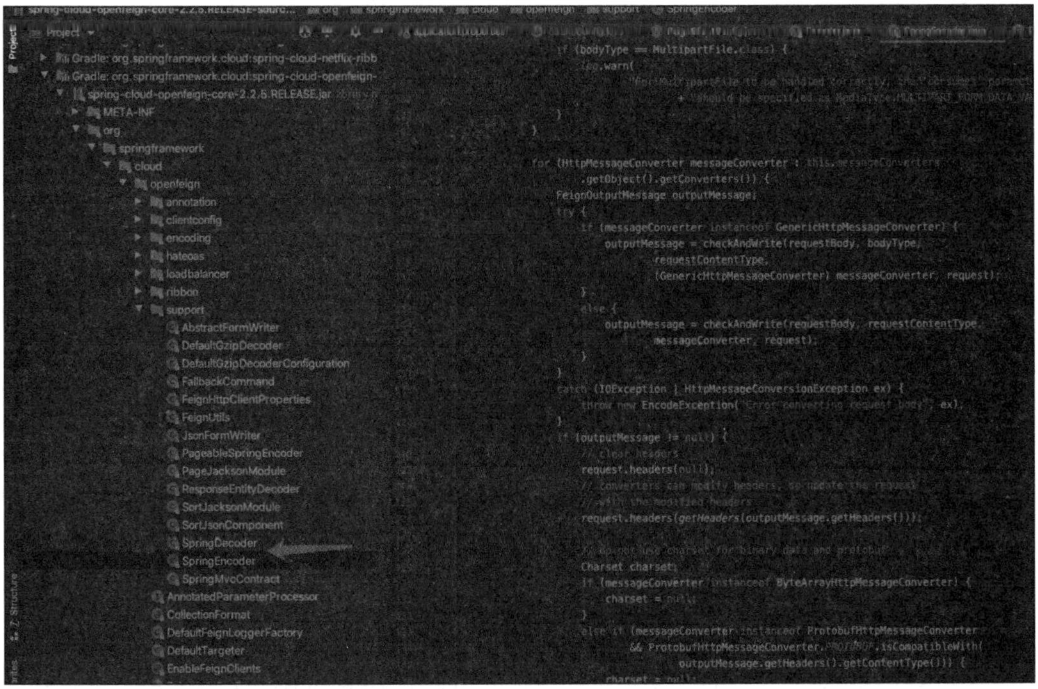

图 8-8 Open-Feign 里面的应用场景

8.2.3 应用场景三：Redis 里面

Redis、Cacheable 都会用到对 value 的序列化，都离不开 JSON 序列化，看图 8-9 中 Redis 里面的关键配置文件。

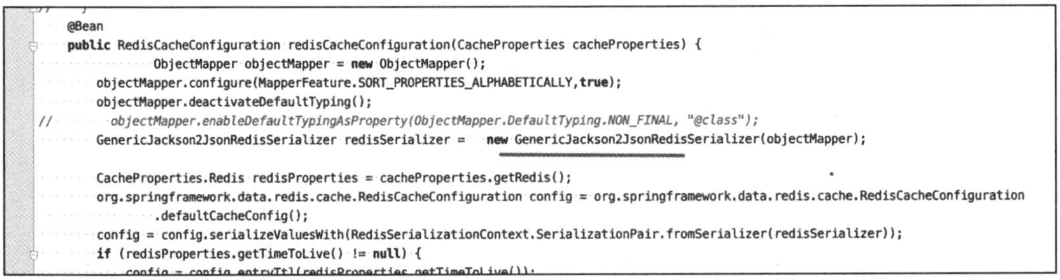

```
    @Bean
    public RedisCacheConfiguration redisCacheConfiguration(CacheProperties cacheProperties) {
            ObjectMapper objectMapper = new ObjectMapper();
        objectMapper.configure(MapperFeature.SORT_PROPERTIES_ALPHABETICALLY,true);
        objectMapper.deactivateDefaultTyping();
//        objectMapper.enableDefaultTypingAsProperty(ObjectMapper.DefaultTyping.NON_FINAL, "@class");
        GenericJackson2JsonRedisSerializer redisSerializer =   new GenericJackson2JsonRedisSerializer(objectMapper);

        CacheProperties.Redis redisProperties = cacheProperties.getRedis();
        org.springframework.data.redis.cache.RedisCacheConfiguration config = org.springframework.data.redis.cache.RedisCacheConfiguration
                .defaultCacheConfig();
        config = config.serializeValuesWith(RedisSerializationContext.SerializationPair.fromSerializer(redisSerializer));
        if (redisProperties.getTimeToLive() != null) {
```

图 8-9 Redis 里面与 Cache 相关的 Jackson 转化

8.2.4 应用场景四：JMS 消息序列化

当项目之间解耦用到消息队列的时候，可能会基于 JMS 消息协议发送消息，它也是基于 JSON 的序列化机制来继续转换（converter）的，它在用 JmsTemplate 的时候也会遇到同样的情况，我们看一下 JMS 里面的相关代码，如图 8-10 所示。

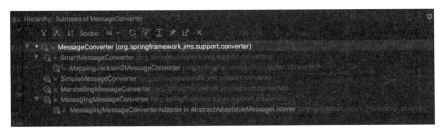

图 8-10　JMS 的关键源码

不仅仅是 JmsTemplate，我们用的其他消息体系也是类似的，如 RabbitmqTemplate 也是利用 converter 机制。

综上所述，我们会经常与 Entity 打交道，而 Entity 又要在各种场景中转化成 JSON String，所以我们还是需要掌握 Jackson 的原理的。

8.3　Jackson 的原理分析

我们从可见性、反序列化、Module 三个方面来分析一下 Jackson 的原理。

8.3.1　Jackson 的可见性原理分析

前面我们看到了注解 @JsonAutoDetect JsonAutoDetect.Visibility 类包含了与 Java 中可见性级别匹配的常量：ANY、DEFAULT、NON_PRIVATE、NONE、PROTECTED_AND_PRIVATE 和 PUBLIC_ONLY。

那么我们打开 Visibility 类，看一下源码，如图 8-11 所示。

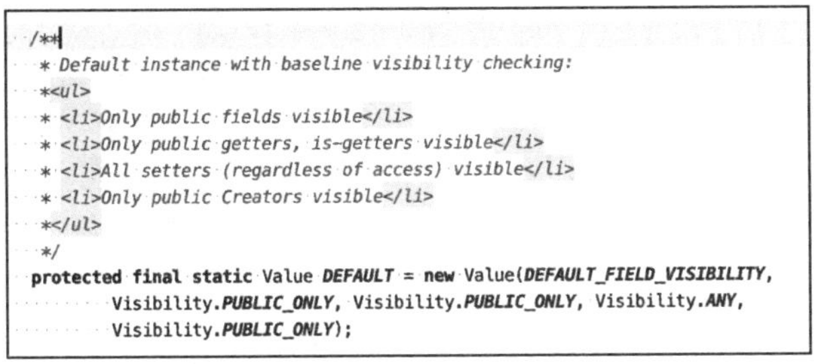

```
/**
 * Default instance with baseline visibility checking:
 *<ul>
 * <li>Only public fields visible</li>
 * <li>Only public getters, is-getters visible</li>
 * <li>All setters (regardless of access) visible</li>
 * <li>Only public Creators visible</li>
 *</ul>
 */
protected final static Value DEFAULT = new Value(DEFAULT_FIELD_VISIBILITY,
        Visibility.PUBLIC_ONLY, Visibility.PUBLIC_ONLY, Visibility.ANY,
        Visibility.PUBLIC_ONLY);
```

图 8-11　Visibility 枚举

Visibility 里面的代码并不复杂，通过 JsonAutoDetect 我们可以看到，Jackson 默认不是所有的属性都可以被序列化和反序列化的。默认属性可视化的规则如下。

- □ 若该属性修饰符是 public，则该属性可序列化和反序列化。
- □ 若属性的修饰符不是 public，但是它的 getter 方法和 setter 方法是 public 的，该属性可序列化和反序列化。因为 getter 方法用于序列化，而 setter 方法用于反序列化。
- □ 若属性只有 public 的 setter 方法，而无 public 的 getter 方法，该属性只能用于反序列化。

所以我们可以通过私有字段的 public get 和 public set 方法，控制是否可以序列化。这里可以与我们前面讲到的"JPA 实体里面的注解生效方式"做一下对比，也可以通过直接更改 ObjectMapper 设置可视化策略，如下所示。

```
ObjectMapper mapper = new ObjectMapper();
    // PropertyAccessor 支持的类型有 ALL,CREATOR,FIELD,GETTER,IS_GETTER,NONE,SETTER
    // Visibility 支持的类型有 ANY,DEFAULT,NON_PRIVATE,NONE,PROTECTED_AND_PUBLIC,
    // PUBLIC_ONLY
    mapper.setVisibility(PropertyAccessor.FIELD, JsonAutoDetect.Visibility.ANY);
```

这样，就可以直接看到所有字段了，包括私有字段。接着我们说一下反序列化的相关方法。

8.3.2 反序列化最重要的方法

我们在做反序列化的时候，要用到三个重要方法，如图 8-12 所示。

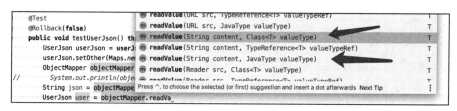

图 8-12 反序列化的三个重要方法的参数

从图 8-12 中，我们可以看到如下三个重要方法：

```
public <T> T readValue(String content, Class<T> valueType) ;
public <T> T readValue(String content, TypeReference<T> valueTypeRef) ;
public <T> T readValue(String content, JavaType valueType) ;
```

从而可以看出，反序列化的时候知道 JavaType 是很重要的，常见的使用方法如下。

```
String json = objectMapper.writerWithDefaultPrettyPrinter().writeValueAsString
    (userJson);
// 单个对象的写法
UserJson user = objectMapper.readValue(json,UserJson.class);
// 返回 List 结果的写法
    List<User> personList2 = mapper.readValue(jsonListString, new TypeReference
        <List<User>>(){});
```

我们也可以根据 Java 的反射，即万能的 JavaType 进行反序列化和转化，例如，在某些框架里面，我们将 Map 结果对象，通过 objectMapper 的 converValue 方法，利用 JavaType 的参数转化成我们想要的 Java 对象，关键实现部分如图 8-13 所示。

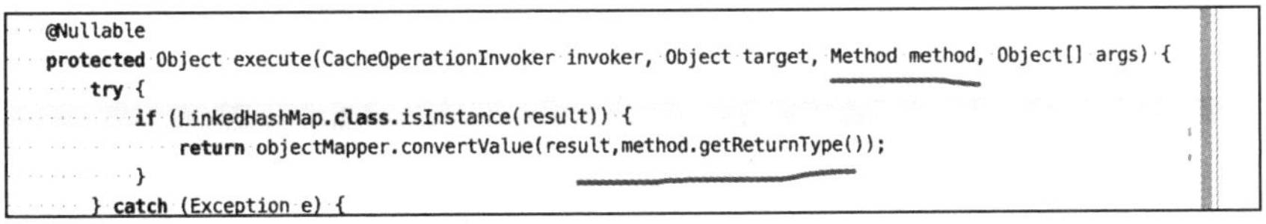

```
@Nullable
protected Object execute(CacheOperationInvoker invoker, Object target, Method method, Object[] args) {
    try {
        if (LinkedHashMap.class.isInstance(result)) {
            return objectMapper.convertValue(result,method.getReturnType());
        }
    } catch (Exception e) {
```

图 8-13　JavaType 的使用

我们也可以看一下 Jackson2HttpMessageConverter 中 readJavaType 的方法，也是利用了 JavaType 进行反序列化，关键源码部分如图 8-14 所示。

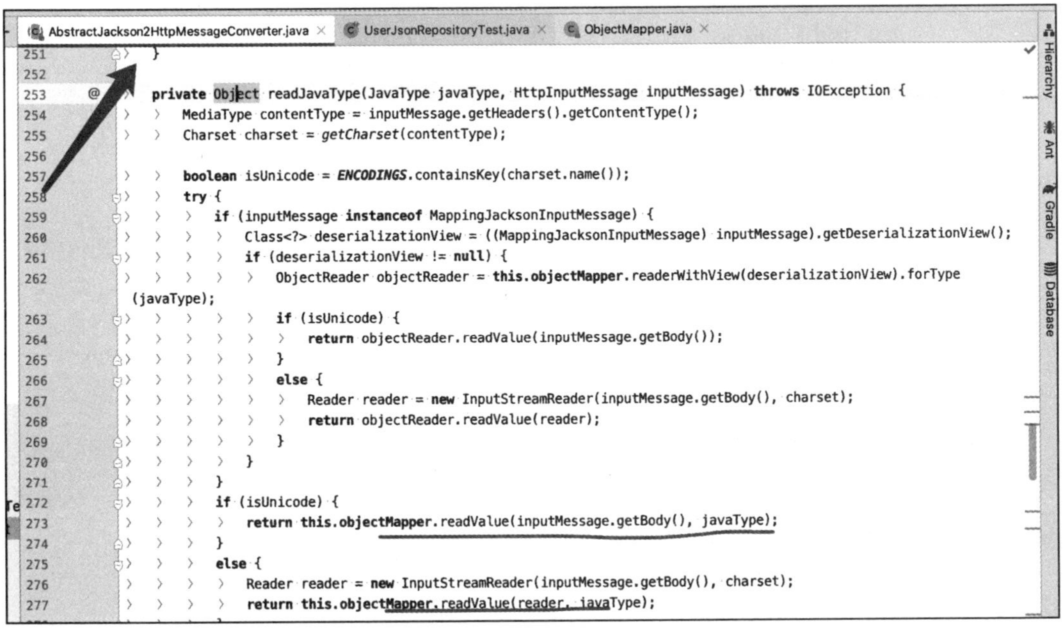

```
251 }
252
253 private Object readJavaType(JavaType javaType, HttpInputMessage inputMessage) throws IOException {
254     MediaType contentType = inputMessage.getHeaders().getContentType();
255     Charset charset = getCharset(contentType);
256
257     boolean isUnicode = ENCODINGS.containsKey(charset.name());
258     try {
259         if (inputMessage instanceof MappingJacksonInputMessage) {
260             Class<?> deserializationView = ((MappingJacksonInputMessage) inputMessage).getDeserializationView();
261             if (deserializationView != null) {
262                 ObjectReader objectReader = this.objectMapper.readerWithView(deserializationView).forType
                     (javaType);
263                 if (isUnicode) {
264                     return objectReader.readValue(inputMessage.getBody());
265                 }
266                 else {
267                     Reader reader = new InputStreamReader(inputMessage.getBody(), charset);
268                     return objectReader.readValue(reader);
269                 }
270             }
271         }
272         if (isUnicode) {
273             return this.objectMapper.readValue(inputMessage.getBody(), javaType);
274         }
275         else {
276             Reader reader = new InputStreamReader(inputMessage.getBody(), charset);
277             return this.objectMapper.readValue(reader, javaType);
```

图 8-14　Jackson2HttpMessageConverter 的 JavaType 反序列化源码

这个时候你应该很好奇，readValue 是如何判断 Java 类型的呢？我们看看 ObjectMapper 的源码做了如下操作。

```
public <T> T readValue(DataInput src, Class<T> valueType) throws IOException
{
    _assertNotNull("src", src) ;
    return (T) _readMapAndClose(_jsonFactory.createParser(src),
        _typeFactory.constructType(valueType)) ;
}
```

到这里，我们看到 typeFactory 的 constructType 可以取各种类型，那么点击进去看看，如图 8-15 所示。

```java
protected JavaType _fromAny(ClassStack context, Type srcType, TypeBindings bindings)
{
    JavaType resultType;

    // simple class?
    if (srcType instanceof Class<?>) {
        // Important: remove possible bindings since this is type-erased thingy
        resultType = _fromClass(context, (Class<?>) srcType, EMPTY_BINDINGS);
    }
    // But if not, need to start resolving.
    else if (srcType instanceof ParameterizedType) {
        resultType = _fromParamType(context, (ParameterizedType) srcType, bindings);
    }
    else if (srcType instanceof JavaType) { // [databind#116]
        // no need to modify further if we already had JavaType
        return (JavaType) srcType;
    }
    else if (srcType instanceof GenericArrayType) {
        resultType = _fromArrayType(context, (GenericArrayType) srcType, bindings);
    }
    else if (srcType instanceof TypeVariable<?>) {
        resultType = _fromVariable(context, (TypeVariable<?>) srcType, bindings);
    }
    else if (srcType instanceof WildcardType) {
        resultType = _fromWildcard(context, (WildcardType) srcType, bindings);
    } else {
        // sanity check
        throw new IllegalArgumentException("Unrecognized Type: "+((srcType == null) ? "[null]" : srcType.toString()));
    }
    // 21-Feb-2016, nateB/tatu: as per [databind#1129] (applied for 2.7.2),
    //   we do need to let all kinds of types to be refined, esp. for Scala module.
    return _applyModifiers(srcType, resultType);
```

图 8-15　Jackson 里面的 JavaType 泛型相关的转化

可以看到处理各种 Java 类型和泛型的情况，当我们自己写反射代码的时候可以参考这一段，或者直接调用。此外，ObjectMapper 还有一个重要的概念就是 Moduel，我们来看看。

8.3.3　Module 的加载机制

ObjectMapper 可以扩展很多数据类型，而不同的数据类型封装到了不同的 Module 中，我们可以注册进入不同的 Module，从而处理不同的数据类型。

目前官方网站提供了很多内容，具体你可以查看这个网址：https://github.com/FasterXML/jackson#third-party-datatype-modules。这里我们重点说一下常用的加载机制。

通过在代码里面设置一个断点，我们就可以很清楚地知道常用的 ModuleType，如图 8-16 所示中的 JDK8、JSR310、Hibernate 5 等。在 MVC 里面默认的 Module 也是图 8-16 所示的那些，Hibernate 5 是我们自己引入的，它们具体解决什么问题和如何自定义呢？我们接着往下看。

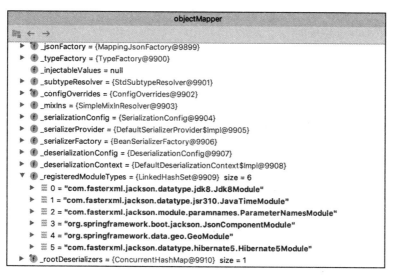

图 8-16　常用的 ModuleType

8.4　Jackson 与 JPA 常见的问题

我们使用 JPA 特别是关联关系的时候，最常见的问题就是死循环，一定要注意。

8.4.1　如何解决死循环问题

第一种情况：我们在写 ToString 方法，特别是 JPA 实体的时候，很容易陷入死循环，因为实体之间的关联关系配置是双向的，此时我们就需要把一方排除掉，如图 8-17 所示。

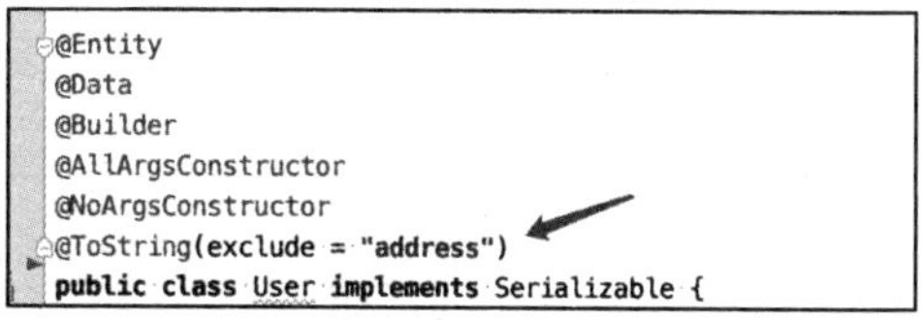

第二种情况：在转化 JSON 的时候，双向关联也会死循环。按照我们上面讲的方法，这个时候我们要想到通过 @JsonIgnoreProperties(value={"address"}) 或者在字段上面配置 @JsonIgnore，如下。

```
@Entity
@Data
@Builder
@AllArgsConstructor
@NoArgsConstructor
@ToString(exclude = "address")
public class User implements Serializable {
```

图 8-17　exclude 解决 toString 方法的死循环

```
@JsonIgnore
private List<UserAddress> address;
```

此外，通过 @JsonBackReference 和 @JsonManagedReference 注解也可以解决死循环。

```
public class UserAddress {
    @JsonManagedReference
    private User user;
...}
```

```
public class User implements Serializable {
    @OneToMany(mappedBy = "user",fetch = FetchType.LAZY)
    @JsonBackReference
    private List<UserAddress> address;
...}
```

如上述代码，也可以达到 @JsonIgnore 的效果，具体你可以自己操作一下试试，原理都是一样的，都是利用排除方法。那么，接下来我们看看 Hibernate5Module 是怎么使用的。

8.4.2　JPA 实体 JSON 序列化的常见报错及解决方法

我们在实际执行之前讲过的 user 对象，或者是类似带有 LAZY 对象关系的时候，经常会遇到下面的错误。

```
No serializer found for class org.hibernate.proxy.pojo.bytebuddy.ByteBuddy
    Interceptor and no properties discovered to create BeanSerializer (to avoid
    exception, disable SerializationFeature.FAIL_ON_EMPTY_BEANS) (through reference
    chain: com.example.jpa.example1.User$HibernateProxy$MdjeSaTz["hibernate
    LazyInitializer"])
com.fasterxml.jackson.databind.exc.InvalidDefinitionException: No serializer
    found for class org.hibernate.proxy.pojo.bytebuddy.ByteBuddyInterceptor and
    no properties discovered to create BeanSerializer (to avoid exception, disable
    SerializationFeature.FAIL_ON_EMPTY_BEANS) (through reference chain: com.example.
    jpa.example1.User$HibernateProxy$MdjeSaTz["hibernateLazyInitializer"])
```

这个时候该怎么办呢？下面介绍几个解决方法。

解决方法一：引入 Hibernate5Module。

代码如下：

```
ObjectMapper objectMapper = new ObjectMapper();
objectMapper.registerModule(new Hibernate5Module());
String json = objectMapper.writeValueAsString(user);
System.out.println(json);
```

这样就不会报错了。

Hibernate5Module 里面还有很多 Feature 配置，如图 8-18 所示的 FORCE_LAZY_LOADING，强制 LAZY 加载，就不会有上面的问题了。但是这个会有性能问题，并不建议使用。还有 USE_TRANSIENT_ANNOTATION，利用 JPA 的 @Transient 注解配置，这个默认是开启的。所以基本上 Feature 都是默认配置的，不需要我们动手，只要知道有这回事就行。

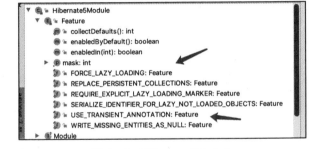

图 8-18　Hibernate5Module

解决方法二：关闭 SerializationFeature.FAIL_ON_EMPTY_BEANS。

代码如下：

```
        ObjectMapper objectMapper = new ObjectMapper();
// 直接关闭 SerializationFeature.FAIL_ON_EMPTY_BEANS
// objectMapper.configure(SerializationFeature.FAIL_ON_EMPTY_BEANS,false);
        String json = objectMapper.writeValueAsString(user) ;
        System.out.println(json) ;
```

因为是 LAZY，所以是 empty bean 的时候，不报错也可以。

解决方法三：对象上面排除 hibernateLazyInitializer、handler、fieldHandler 等。

代码如下：

```
@JsonIgnoreProperties(value={"address","hibernateLazyInitializer","handler",
    "fieldHandler"})
public class User implements Serializable {…}
```

那有没有其他 ObjectMapper 的推荐配置呢？

8.4.3　推荐的配置项

下面是我根据自己的实战经验为大家推荐的配置项。

```
ObjectMapper objectMapper = new ObjectMapper();
// empty beans 不需要报错，空就是空了
objectMapper.configure(SerializationFeature.FAIL_ON_EMPTY_BEANS,false);
// 遇到不可识别字段的时候不要报错，因为前端传进来的字段不可信，可以不要影响正常业务逻辑
objectMapper.configure(DeserializationFeature.FAIL_ON_UNKNOWN_PROPERTIES,false);
// 遇到不可以识别的枚举的时候，为了保证服务的健壮性，建议不要关心未知值，甚至可以给个默认的枚举，
// 特别是微服务的枚举值随时在变，但是老的服务不需要跟着一起改
objectMapper.configure(DeserializationFeature.READ_UNKNOWN_ENUM_VALUES_AS_
    NULL,true);
objectMapper.configure(DeserializationFeature.READ_UNKNOWN_ENUM_VALUES_USING_
    DEFAULT_VALUE,true);
```

有的时候我们会发现，默认的 ObjectMapper 里面的 Module 提供的时间转化格式可能不能满足我们的要求，也可能需要进行扩展，我提供自定义 Module 返回 ISO 标准时间格式的一个案例，如下。

```
@Test
@Rollback(false)
public void testUserJson() throws JsonProcessingException {
    UserJson userJson = userJsonRepository.findById(1L).get();
    userJson.setOther(Maps.newHashMap("address","shanghai"));
    // 自定义 myInstant，解析序列化和反序列化 DateTimeFormatter.ISO_ZONED_DATE_TIME 这种格式
    SimpleModule myInstant = new SimpleModule("instant", Version.unknownVersion())
            .addSerializer(java.time.Instant.class, new JsonSerializer<Instant>(){
                @Override
```

```
                public void serialize(java.time.Instant instant
                                JsonGenerator jsonGenerator
                                SerializerProvider serializerProvider
                        throws IOException {
                    if (instant == null) {
                        jsonGenerator.writeNull();
                    } else
                        jsonGenerator.writeObject(instant.toString());
                    }
                }
            })
            .addDeserializer(Instant.class, new JsonDeserializer<Instant>() {
                @Override
                public Instant deserialize(JsonParser jsonParser,
                    DeserializationContext deserializationContext) throws
                    IOException {
                    Instant result = null;
                    String text = jsonParser.getText();
                    if (!StringUtils.isEmpty(text)) {
                        result = ZonedDateTime.parse(text, DateTimeFormatter.
                            ISO_ZONED_DATE_TIME).toInstant();
                    }
                    return result;
                }
            });

    ObjectMapper objectMapper = new ObjectMapper();
    // 注册自定义的 module
    objectMapper.registerModule(myInstant) ;
    String json = objectMapper.writerWithDefaultPrettyPrinter().writeValueAsString
        (userJson) ;
    System.out.println(json) ;
}
```

我们利用上面的 UserJson 案例，在测试用例中自定义了 myInstant 来进行序列化和反序列化 Instant 这种类型，然后通过 objectMapper.registerModule(myInstant) 注册进入。那么我们看一下运行结果：

```
{
    "createDate" : "2020-09-20T02:36:33.308Z"
    "email" : "123456@126.com"
    "id" : 1
    "updateDate" : "2020-09-20 10:36"
    "my_name" : "jackxx"
    "address" : "shanghai
}
```

这时你会发现 createDate 的格式发生了变化，如此，任何人看到这样的 JSON 结构，就不会问我们"到底是哪个时区"的问题了。

8.4.4　JSON 序列化和 Java 序列化

　　Java 自带的序列化 Serializable 主要用于 Java 对象转换（即新创建的对象）和二进制 IO 流之间的转换，侧重于把 Java 对象转换成二进制流进行网络传输，如现在比较流行的 RMI、RPC 等使用场景。例如，著名的 Dubbo 就是基于 Java 对象的序列化进行传输和调度的。Java 序列化要求每个对象必须实现 java.io. Serializable 接口，并且需要实现 serialVersionUID。而 JSON 序列化主要是指将 json 格式的字符串转化成 Java 对象的过程。所以在对象存储和传输的时候，我们要根据实际情况清楚地知道传输的是 JSON 字符串还是 Java Serializable ID 流。

　　JPA 不需要任何对象序列化就可以将值保存到数据库，所以与任何序列化方式都没有关系，而当我们提供 RESTful API、RPC、RMI 给第三方调用的时候才需要考虑序列化方式。因为经常看到身边的同事不知道这两个序列化的本质区别，进而出现混用的情况，所以希望大家注意。

8.5　本章小结

　　到本章结束，关于 Spring Data JPA 的基础知识也告一段落，不知道大家是否已经掌握了。

　　这一章详细讲解了 Jackson 的原理，分析了 JPA 中经常会遇到的问题，并为大家推荐了一些常见配置。有一个需要注意的点就是双向关联关系，如果读者暂时不得要领，建议不要为了用而用，我们就遵循 DB 的真实映射写法就可以，类似 MyBatis，只不过不需要我们关心和配置映射关系。

　　这里还想给大家补充一个解题思路，就是当我们遇到问题的时候，要学着挖一挖问题的根源，这样解决问题时才能够清楚明白、游刃有余。

　　好了，Jackson 的强大之处肯定远不止这些，欢迎分享你们的经验。在下一章我们进入第二个模块，学习 JPA 的高阶用法与实战。

高阶用法与实例

凡事欲其成功，必要付出代价：勤奋。

欢迎来到第二部分，从这一部分开始，我们就要进入高级用法与实战的学习。在进阶高级开发、架构师的路上，我将尽可能地把经验都传授给大家，帮助大家少走弯路。

　　学习完前面的 8 个章节，相信作为一名开发人员，你对 JPA 的基本用法已经有了一定的了解。那么从第 9 章开始，我们要介绍一些复杂场景的使用，特别是作为一名架构师必须要掌握的内容。

QueryByExampleExecutor 的
用法和原理分析

我们先来看看除了前几章讲解的 DQM 和 @Query 之外，还有哪些查询方法。首先看一个简单的 QueryByExampleExecutor 的用法。

9.1　QueryByExampleExecutor 的用法

QueryByExampleExecutor（QBE）是一种用户友好的查询技术，除了具有简单的接口之外，它还允许动态查询创建，并且不需要编写包含字段名称的查询。

通过图 9-1，大家可以看到 QueryByExampleExecutor 是 JpaRepository 的父接口，也就是 JpaRepository 继承了 QueryByExampleExecutor 的所有方法。

9.1.1　基本方法

QBE 的基本方法可以分为下述几种。

```
public interface QueryByExampleExecutor<T> {
// 根据"实体"查询条件，查找一个对象
<S extends T> S findOne(Example<S> example);
// 根据"实体"查询条件，查找一批对象
<S extends T> Iterable<S> findAll(Example<S> example);
// 根据"实体"查询条件，查找一批对象，可以指定排序参数
<S extends T> Iterable<S> findAll(Example<S> example, Sort sort);
// 根据"实体"查询条件，查找一批对象，可以指定排序和分页参数
```

```
<S extends T> Page<S> findAll(Example<S> example, Pageable pageable);
//根据"实体"查询条件，查找返回符合条件的对象个数
<S extends T> long count(Example<S> example);
//根据"实体"查询条件，判断是否有符合条件的对象
<S extends T> boolean exists(Example<S> example);
}
```

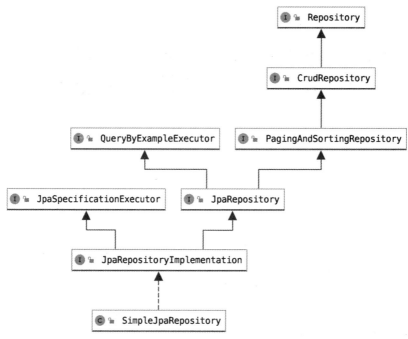

图 9-1　Repository 类图

9.1.2　使用案例

我们可以看到 QueryByExampleExecutor 的几个方法其实都差不多，下面我们用 Page<S> findAll 写一个分页查询的例子，测试一下效果。

我们还用先前的 User 实体和 UserAddress 实体，并把 User 变得丰富一点，这样方便测试。两个实体关键代码如下。

```
@Entity
@Data
@Builder
@AllArgsConstructor
@NoArgsConstructor
@ToString(exclude = "address")
public class User implements Serializable {
    @Id
    @GeneratedValue(strategy= GenerationType.AUTO)
```

```
    private Long id;
    private String name;
    private String email;
    @Enumerated(EnumType.STRING)
    private SexEnum sex;
    private Integer age;
    private Instant createDate;
    private Date updateDate;
    @OneToMany(mappedBy = "user",fetch = FetchType.EAGER,cascade = {CascadeType.
        ALL})
    private List<UserAddress> address;
}
enum SexEnum {
    BOY,GIR
}
//User 实体扩充了一些字段，以方便测试
@Entity
@Data
@Builder
@AllArgsConstructor
@NoArgsConstructor
@ToString(exclude = "user")
public class UserAddress {
    @Id
    @GeneratedValue(strategy= GenerationType.AUTO)
    private Long id;
    private String address;
    @ManyToOne(cascade = CascadeType.ALL)
    @JsonIgnore
    private User user;
}
//UserAddress 基本上不变
```

可以看出，对于两个实体我们加了一些字段。UserAddressRepository 继承了 JpaRepository，从而也继承了 QueryByExampleExecutor 里面的方法，如下所示。

```
public interface UserAddressRepository extends JpaRepository<UserAddress,
    Long> {
}
```

那么，我们写一个测试用例来熟悉一下 QBE 的语法，看一下完整的测试用例的写法。

```
package com.example.jpa.example1;
import com.fasterxml.jackson.core.JsonProcessingException;
import com.fasterxml.jackson.databind.ObjectMapper;
import com.google.common.collect.Lists;
import org.junit.jupiter.api.BeforeAll;
import org.junit.jupiter.api.Test;
import org.junit.jupiter.api.TestInstance;
```

```java
import org.springframework.beans.factory.annotation.Autowired;
import org.springframework.boot.test.autoconfigure.orm.jpa.DataJpaTest;
import org.springframework.data.domain.Example;
import org.springframework.data.domain.ExampleMatcher;
import org.springframework.data.domain.Page;
import org.springframework.data.domain.PageRequest;
import org.springframework.test.annotation.Rollback;
import javax.transaction.Transactional;
import java.time.Instant;
import java.util.Date;
@DataJpaTest
@TestInstance(TestInstance.Lifecycle.PER_CLASS)
public class UserAddressRepositoryTest {
    @Autowired
    private UserAddressRepository userAddressRepository;
    private Date now = new Date();
    /*
     * 负责添加数据，假设数据库里面已经有数据
     */
    @BeforeAll
    @Rollback(false)
    @Transactional
    void init() {
        User user = User.builder(
                .name("jack")
                .email("123456@126.com")
                .sex(SexEnum.BOY)
                .age(20)
                .createDate(Instant.now())
                .updateDate(now)
                .build();
        userAddressRepository.saveAll(Lists.newArrayList(UserAddress.builder().
            user(user).address("shanghai").build(),
                UserAddress.builder().user(user).address("beijing").build()));
    }
    @Test
    @Rollback(false)
    public void testQBEFromUserAddress() throws JsonProcessingException {
        User request = User.builder(
                .name("jack").age(20).email("12345")
                .build();
        UserAddress address = UserAddress.builder().address("shang").user(request).
            build();

        ObjectMapper objectMapper = new ObjectMapper();
    System.out.println(objectMapper.writerWithDefaultPrettyPrinter().
        writeValueAsString(address)); // 可以打印出来看看参数是什么
// 创建匹配器，即如何使用查询条件
        ExampleMatcher exampleMatcher = ExampleMatcher.matching(
```

```
        .withMatcher("user.email", ExampleMatcher.GenericPropertyMatchers.
            startsWith())
        .withMatcher("address", ExampleMatcher.GenericPropertyMatchers.
            startsWith());

    Page<UserAddress> u = userAddressRepository.findAll(Example.of(address,
        exampleMatcher), PageRequest.of(0,2)) ;

    System.out.println(objectMapper.writerWithDefaultPrettyPrinter().
        writeValueAsString(u)) ;
    }
}
```

其中，方法 testQBEFromUserAddress 负责测试 QBE，那么假设我们要写 API 的话，前端给我们的查询参数如下。

```
{
    "id" : null,
    "address" : "shang",
    "user" : {
        "id" : null,
        "name" : "jack",
        "email" : "12345",
        "sex" : null,
        "age" : 20,
        "createDate" : null,
        "updateDate" : null
    }
}
```

想要满足 email 前缀匹配、地址前缀匹配的动态查询条件，我们可以运行一下测试用例，然后来看一看结果。

```
Hibernate: select useraddres0_.id as id1_2_, useraddres0_.address as address2_2_,
    useraddres0_.user_id as user_id3_2_ from user_address useraddres0_ inner join
    user user1_ on useraddres0_.user_id=user1_.id where user1_.age=20 and (user1_.
    email like ? escape ?) and user1_.name=? and (useraddres0_.address like ?
    escape ?) limit ?
2020-09-20 23:04:24.391 TRACE 62179 --- [    Test worker] o.h.type.descriptor.
    sql.BasicBinder      : binding parameter [1] as [VARCHAR] - [12345%]
2020-09-20 23:04:24.391 TRACE 62179 --- [    Test worker] o.h.type.descriptor.
    sql.BasicBinder      : binding parameter [2] as [CHAR] - [\]
2020-09-20 23:04:24.392 TRACE 62179 --- [    Test worker] o.h.type.descriptor.
    sql.BasicBinder      : binding parameter [3] as [VARCHAR] - [jack]
2020-09-20 23:04:24.392 TRACE 62179 --- [    Test worker] o.h.type.descriptor.
    sql.BasicBinder      : binding parameter [4] as [VARCHAR] - [shang%]
2020-09-20 23:04:24.393 TRACE 62179 --- [    Test worker] o.h.type.descriptor.
    sql.BasicBinder      : binding parameter [5] as [CHAR] - [\]
```

其中，我们可以看到，传进来的参数和最终执行的 SQL，都符合我们的预期，所以我们也能得到正确响应的查询结果，如图 9-2 所示。

从图 9-2 中，我们也可以看到一个地址带一个 User 的结果。

```
{
  "content" : [ {
    "id" : 1,
    "address" : "shanghai",
    "user" : {
      "id" : 2,
      "name" : "jack",
      "email" : "123456@126.com",
      "sex" : "BOY",
      "age" : 20,
      "createDate" : {
        "epochSecond" : 1600614262,
        "nano" : 611000000
      },
      "updateDate" : 1600614255730
    }
  } 1,
  "pageable" : {
    "sort" : {
      "sorted" : false,
      "unsorted" : true,
      "empty" : true
```

图 9-2　JSON 响应结果

9.2　QueryByExampleExecutor 的语法

那么接下来我们分析一下 Example 这个参数，看看 QueryByExampleExecutor 里面具体的 Example 语法是什么。

9.2.1　Example 的语法详解

关于 Example 的语法，我们直接看一下它的源码，比较简单。

```java
public interface Example<T> {
    static <T> Example<T> of(T probe) {
        return new TypedExample<>(probe, ExampleMatcher.matching());
    }
    static <T> Example<T> of(T probe, ExampleMatcher matcher) {
        return new TypedExample<>(probe, matcher) ;
    }
    // 实体参数
    T getProbe();
    // 匹配
    ExampleMatcher getMatcher();
    // 回顾一下我们上一章讲解的类型，这个是返回实体参数的 ClassType
    @SuppressWarnings("unchecked")
    default Class<T> getProbeType() {
        return (Class<T>) ProxyUtils.getUserClass(getProbe().getClass());
    }
}
```

而 TypedExample 这个类不是 public 的，看如下源码。

```java
@ToString
@EqualsAndHashCode
@RequiredArgsConstructor(access = AccessLevel.PACKAGE)
@Getter
class TypedExample<T> implements Example<T> {

    private final @NonNull T probe;
    private final @NonNull ExampleMatcher matcher;
}
```

其中，我们发现三个类：Probe、ExampleMatcher 和 Example，分别做如下解释。

❑ Probe：这是具有填充字段的域对象的实际实体类，即查询条件的封装类（又可以理解为查询条件参数），必填。

❑ ExampleMatcher：是有关如何匹配特定字段的匹配规则，它可以重复使用在多个实例中，必填。

❑ Example：是由 Probe 探针和 ExampleMatcher 组成，它用于创建查询，即组合查询参数和参数的匹配规则。

通过 Example 的源码，我们发现想创建 Example 的话，只有如下两个方法。

1）static <T> Example<T> of(T probe)：需要一个实体参数，即查询的条件。而里面的 ExampleMatcher 采用默认的 ExampleMatcher.matching()；表示忽略 Null，所有字段采用精准匹配。

2）static <T> Example<T> of(T probe, ExampleMatcher matcher)：需要两个参数构建 Example，也就表示了 ExampleMatcher 自由组合规则，正如我们上面的测试用例里面的代码一样。

那么现在又遇到一个类：ExampleMatcher，我们分析一下它的语法。

9.2.2　ExampleMatcher 方法概述

我们通过分析 ExampleMatcher 的源码来分析一下其用法。

首先打开 Structure 视图，看看里面对外暴露的方法都有哪些，如图 9-3 所示。

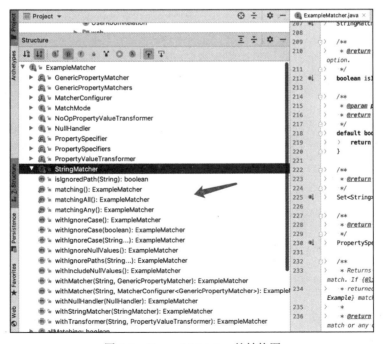

图 9-3　ExampleMatcher 的结构图

由图 9-3 可以很容易地发现，我们要关心的方法都是这些 public 类型的返回 Example-Matcher 的方法，那么是不是我们把这些方法都弄明白了就可以掌握其详细用法了呢？再看看它的实现类 TypedExampleMatcher，如图 9-4 所示。

图 9-4　TypedExampleMatcher

TypedExampleMatcher 不是 public 类型的，主要看一下接口给我们暴露了哪些实例化方法。

9.2.3　初始化 ExampleMatcher 实例的方法

查看初始化 ExampleMatcher 实例的方法时，我们发现只有如下三个。

先来看前两个方法：

```
// 默认 matching 方法
static ExampleMatcher matching() {
    return matchingAll();
}
// matchingAll，默认的方法
static ExampleMatcher matchingAll() {
    return new TypedExampleMatcher().withMode(MatchMode.ALL) ;
}
```

我们看到上面的两个方法所表达的意思是一样的，只不过一个是默认，一个是方法名上面有语义的。两者采用的都是 MatchMode.ALL 的模式，即 AND 模式，生成的 SQL 为如下形式。

```
Hibernate: select useraddres0_.id as id1_2_, useraddres0_.address as address2_2_,
    useraddres0_.user_id as user_id3_2_ from user_address useraddres0_ inner join
    user user1_ on useraddres0_.user_id=user1_.id where user1_.age=20 and user1_.
    name=? and (user1_.email like ? escape ?) and (useraddres0_.address like ?
    escape ?) limit ?
```

可以看到，这些查询条件之间都是 AND 关系。

我们再来看方法三：

```
static ExampleMatcher matchingAny() {
    return new TypedExampleMatcher().withMode(MatchMode.ANY) ;
}
```

第三个方法和前面两个方法的区别在于：第三个 MatchMode.ANY 表示查询条件是 OR 的关系，我们看一下 SQL。

```
Hibernate: select count(useraddres0_.id) as col_0_0_ from user_address
    useraddres0_ inner join user user1_ on useraddres0_.user_id=user1_.id
    where useraddres0_.address like ? escape ? or user1_.age=20 or user1_.
    email like ? escape ? or user1_.name=?
```

以上就是三个初始化 ExampleMatcher 实例的方法，在运用中需要注意 AND 和 OR 的关系。

那么，我们再来看 ExampleMatcher 语法给我们暴露的方法有哪些。

9.2.4　ExampleMatcher 的语法

1. 忽略大小写

关于忽略大小写，我们看如下代码：

```
// 默认忽略大小写的方式，默认为 False
ExampleMatcher withIgnoreCase(boolean defaultIgnoreCase);
// 提供了一个默认的实现方法，忽略大小写
default ExampleMatcher withIgnoreCase() {
    return withIgnoreCase(true) ;
}
// 哪些属性的 paths 忽略大小写，可以指定多个参数
ExampleMatcher withIgnoreCase(String... propertyPaths);
```

2. NULL 值的 property 怎么处理

暴露的 NULL 值处理方式如下：

```
ExampleMatcher withNullHandler(NullHandler nullHandler);
```

我们直接看参数 NullHandler 枚举值即可，有两个可选值，即 INCLUDE（包括）和 IGNORE（忽略）。其中要注意：

- ❏ 标识作为条件的实体对象中，一个属性值（条件值）为 NULL 时，是否参与过滤？
- ❏ 当该选项值是 INCLUDE 时，表示仍参与过滤，会匹配数据库表中该字段值是 NULL 的记录。
- ❏ 若为 IGNORE 值，表示不参与过滤。

```
// 提供一个默认实现方法，忽略 NULL 属性
default ExampleMatcher withIgnoreNullValues() {
    return withNullHandler(NullHandler.IGNORE) ;
}
// 把 NULL 属性值作为查询条件
default ExampleMatcher withIncludeNullValues() {
    return withNullHandler(NullHandler.INCLUDE) ;
}
```

到这里继续往下看，把 NULL 属性值作为查询条件，会执行什么样的 SQL：

```
Hibernate: select useraddres0_.id as id1_2_, useraddres0_.address as address2_2_,
    useraddres0_.user_id as user_id3_2_ from user_address useraddres0_ inner join
    user user1_ on useraddres0_.user_id=user1_.id where (user1_.id is null) and
    (user1_.update_date is null) and user1_.age=20 and (user1_.create_date is
    null) and lower(user1_.name)=? and (lower(user1_.email) like ? escape ?) and
    (user1_.sex is null) and (lower(useraddres0_.address) like ? escape ?) and
    (useraddres0_.id is null) limit ?
```

这样就会导致我们一条数据都查不出来了。

3. 忽略某些 Paths，不参与查询

```
// 忽略某些属性列表，不参与查询
ExampleMatcher withIgnorePaths(String... ignoredPaths);
```

4. 字符串字段默认的匹配规则

```
ExampleMatcher withStringMatcher(StringMatcher defaultStringMatcher);
```

关于默认字符串的匹配方式，枚举类型有 6 个可选值，即 DEFAULT（默认，效果同 EXACT）、EXACT（相等）、STARTING（开始匹配）、ENDING（结束匹配）、CONTAINING（包含，模糊匹配）、REGEX（正则表达式）。

关于字符串匹配规则，我们与 JPQL 对应到一起举例，如表 9-1 所示。

表 9-1 字符串匹配规则

字符串匹配方式	对应 JPQL 的写法
Default& 不忽略大小写	firstname=?1
Exact& 忽略大小写	LOWER(firstname) = LOWER(?1)
Starting& 忽略大小写	LOWER(firstname) like LOWER(?0)+'%'
Ending& 不忽略大小写	firstname like '%'+?1
Containing 不忽略大小写	firstname like '%'+?1+'%'

相关代码如下：

```
ExampleMatcher withMatcher
    (String propertyPath,
    GenericPropertyMatcher
    genericPropertyMatcher);
```

这里显示的是指定某些属性的匹配规则，我们来看一看 GenericPropertyMatcher 是什么，它都提供了哪些方法。如图 9-5 所示，基本可以看出来都是针对字符串属性提供的匹配规则，也就是可以通过这个方法定制不同属性的 StringMatcher 规则。

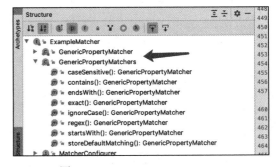

图 9-5 GenericPropertyMatcher

到这里，语法部分我们就学习完了，下面通过一个完整的例子来感受一下。

9.2.5　ExampleMatcher 的完整例子

下面是一个关于上面所说的暴露方法的使用例子，大家可以按照如下步骤自己动手练习。

```
// 创建匹配器，即如何使用查询条件
ExampleMatcher exampleMatcher = ExampleMatcher
        // 采用默认 and 的查询方法
        .matchingAll()
        // 忽略大小写
        .withIgnoreCase()
        // 忽略所有 NULL 值的字段
        .withIgnoreNullValues()
        .withIgnorePaths("id","createDate")
        // 默认采用精准匹配规则
        .withStringMatcher(ExampleMatcher.StringMatcher.EXACT)
        // 级联查询，字段 user.email 采用字符前缀匹配规则
        .withMatcher("user.email", ExampleMatcher.GenericPropertyMatchers.
            startsWith())
        // 特殊指定 address 字段采用后缀匹配规则
        .withMatcher("address", ExampleMatcher.GenericPropertyMatchers.
            endsWith());

Page<UserAddress> u = userAddressRepository.findAll(Example.of(address,
    exampleMatcher), PageRequest.of(0,2));
```

这时候可能会有读者问了：我是怎么知道默认值的呢？我们直接看类的构造方法就可以了，如图 9-6 所示。

```
@ToString
@EqualsAndHashCode
@RequiredArgsConstructor(access = AccessLevel.PRIVATE)
class TypedExampleMatcher implements ExampleMatcher {

    private final NullHandler nullHandler;
    private final StringMatcher defaultStringMatcher;
    private final PropertySpecifiers propertySpecifiers;
    private final Set<String> ignoredPaths;
    private final boolean defaultIgnoreCase;
    private final @With(AccessLevel.PACKAGE) MatchMode mode;

    TypedExampleMatcher() {

        this(NullHandler.IGNORE, StringMatcher.DEFAULT, new PropertySpecifiers()
, Collections.emptySet(), defaultIgnoreCase: false,
            MatchMode.ALL);
    }
```

图 9-6　TypedExampleMatcher

从源码中我们可以看到，实现类的构造方法只有一个，就是"赋值默认"的方式。下面为大家整理了一些在使用这个语法时需要考虑的细节。

9.2.6　使用QueryByExampleExecutor时需要考虑的因素

1）NULL值的处理：当某个条件值为NULL时，是应当忽略这个过滤条件，还是应当匹配数据库表中该字段值是NULL的记录呢？

2）忽略某些属性值：一个实体对象有许多个属性，是否每个属性都参与过滤？是否可以忽略某些属性？

3）不同的过滤方式：同样是作为String值，可能"姓名"希望精确匹配，"地址"希望模糊匹配，如何做到？

那么，接下来我们分析一下源码，看看其原理：它到底与JpaSpecificationExecutor是什么关系呢？我们接着往下看。

9.3　QueryByExampleExecutor的实现原理

9.3.1　QueryByExampleExecutor的源码分析

事实上，怎么分析源码都很简单，我们来看一看上面findAll方法的调用之处，如图9-7所示。

从而找到findAll方法的实现类，如图9-8所示。

```
> Page<UserAddress> u = userAddressRepository.findAll
(Example.of(address,exampleMatcher), PageRequest.of( page: 0,
size: 2));
```

图 9-7　QBE 的调用之处

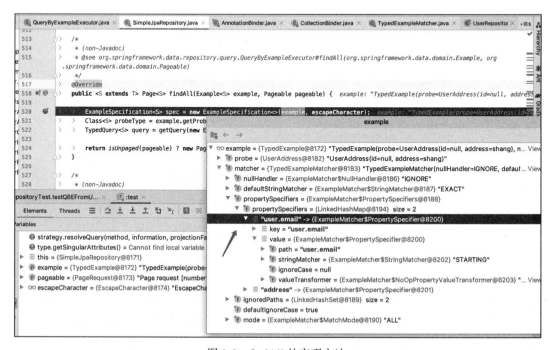

图 9-8　findAll 的实现方法

通过 Debug 断点我们可以看到，我们刚才组合出来的 Example 对象，这个时候被封装成了 ExampleSpecification 对象，那么，我们接着往下看方法里面的关键内容。

```
TypedQuery<S> query = getQuery(new ExampleSpecification<>(example,
    escapeCharacter), probeType, pageable);
```

getQuery 方法是创建查询的关键，因为它里面做了条件的转化逻辑。那么我们再看一下参数 ExampleSpecification 的源码，发现它是接口 Specification 的实现类，并且是非公开的实现类，可以通过接口对外暴露 and、or、not、where 等组合条件的查询条件，如图 9-9 所示。

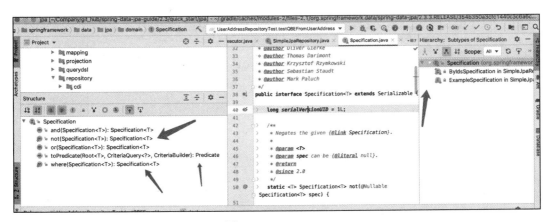

图 9-9　Specification

我们接着看上面 getQuery 方法的实现，如图 9-10 所示，可以看到接收的参数是 Specification<S> 接口，所以不用关心实现类是什么。

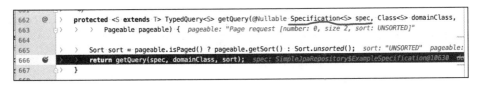

图 9-10　getQuery

我们接着看这个断点的 getQuery 方法，如图 9-11 所示。

里面有一段代码会调用 applySpecificationToCriteria 并生成 root，且由 root 作为参数生成 Query，从而交给 EM（EntityManager）进行查询。

我们再来看一下关键的 applySpecificationToCriteria 方法，如图 9-12 所示。

根据 Specification 调用 toPredicate 方法，生成 predicate，从而实现查询需求。

现在我们已经基本掌握了 QueryByExampleExecutor 的用法和实现原理，再来看一个与其十分相似的接口 JpaSpecificationExecutor，以及它的作用是什么。

```
@     protected <S extends T> TypedQuery<S> getQuery(@Nullable Specification<S> spec, Class<S> domainClass,
    Sort sort) {

        CriteriaBuilder builder = em.getCriteriaBuilder();
        CriteriaQuery<S> query = builder.createQuery(domainClass);

        Root<S> root = applySpecificationToCriteria(spec, domainClass, query);
        query.select(root);

        if (sort.isSorted()) {
            query.orderBy(toOrders(sort, root, builder));
        }

        return applyRepositoryMethodMetadata(em.createQuery(query));
    }
```

图 9-11　getQuery

```
    */
@   private <S, U extends T> Root<U> applySpecificationToCriteria(@Nullable Specification<U> spec,
    Class<U> domainClass,
            CriteriaQuery<S> query) {

        Assert.notNull(domainClass,  message: "Domain class must not be null!");
        Assert.notNull(query,  message: "CriteriaQuery must not be null!");

        Root<U> root = query.from(domainClass);

        if (spec == null) {
            return root;
        }

        CriteriaBuilder builder = em.getCriteriaBuilder();
        Predicate predicate = spec.toPredicate(root, query, builder);

        if (predicate != null) {
            query.where(predicate);
        }

        return root;
    }
```

图 9-12　applySpecificationToCriteria

9.3.2　JpaSpecificationExecutor 的接口结构

正如开篇提到的如图 9-1 所示的 Repository 类继承关系，JpaSpecificationExecutor 是
JPA 的另一个接口分支。我们先来看看它的基本语法，如图 9-13 所示。

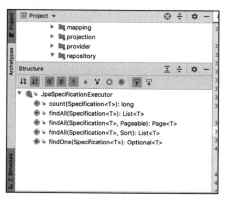

图 9-13　JpaSpecificationExecutor 的 Structure 图

我们通过查看 JpaSpecificationExecutor 的 Structure 图会发现，方法就有这么几个。细心的读者这个时候会发现，它的参数 Specification 正是我们分析 QueryByExampleExecutor 原理的时候使用的 Specification。

9.3.3　通过 QBE 反向思考 JpaSpecificationExecutor

1）我们通过 QueryByExampleExecutor 的使用方法和原理分析不难发现，Jpa-SpecificationExecutor 的查询条件 Specification 十分灵活，可以帮助我们解决动态查询条件问题，正如 QueryByExampleExecutor 的用法一样。

2）它提供的 Criteria API 的使用封装，可以用于动态生成查询，从而满足业务中的各种复杂场景。

3）既然 QueryByExampleExecutor 能利用 Specification 封装成框架，我们是不是也可以利用 JpaSpecificationExecutor 封装成框架呢？这样就学会了举一反三。

9.4　本章小结

在本章我们通过分析 QueryByExampleExecutor 的详细用法和实现原理，知道了 Specification 的应用场景，那么下一章将为大家详细介绍 JpaSpecificationExecutor 的用法和实现原理。

另外，本章也提供了一种学习框架的思路，就是怎么通过源码来详细掌握语法。保持一颗好奇心，不断深挖，你才能掌握得更加全面。

JpaSpecificationExecutor 的实现原理

通过上一章，我们了解到 JpaSpecificationExecutor 给我们提供了动态查询或者一种写框架的思路，那么在这一章我们来看一下 JpaSpecificationExecutor 的详细用法和原理，以及在实战应用场景中如何实现自己的框架。

在开始讲解之前，我们先思考如下几个问题：

1）如何创建 JpaSpecificationExecutor ？

2）它的使用方法有哪些？

3）如何实现 toPredicate 方法？

带着这些问题，我们开始探索。先来看一个例子，感受一下 JpaSpecificationExecutor 的用法。

10.1 JpaSpecificationExecutor 的使用案例

我们假设一个后台管理页面根据 name 模糊查询、sex 精准查询、age 范围查询、时间区间查询、address 的 in 查询这样一个场景，来查询 user 信息，我们看看这个例子应该怎么写。

第一步：创建 User 和 UserAddress 两个实体。

```
package com.example.jpa.example1;
import com.fasterxml.jackson.annotation.JsonIgnore;
import lombok.*;
import javax.persistence.*;
import java.io.Serializable;
```

```java
import java.time.Instant;
import java.util.Date;
import java.util.List;
/**
 * 用户基本信息表
 **/
@Entity
@Data
@Builder
@AllArgsConstructor
@NoArgsConstructor
@ToString(exclude = "addresses")
public class User implements Serializable {
    @Id
    @GeneratedValue(strategy= GenerationType.AUTO)
    private Long id;
    private String name;
    private String email;
    @Enumerated(EnumType.STRING)
    private SexEnum sex;
    private Integer age;
    private Instant createDate;
    private Date updateDate;
    @OneToMany(mappedBy = "user")
    @JsonIgnore
    private List<UserAddress> addresses;
}
enum SexEnum {
    BOY,GIRL
}
package com.example.jpa.example1;
import lombok.*;
import javax.persistence.*;
/**
 * 用户地址表
 */
@Entity
@Data
@Builder
@AllArgsConstructor
@NoArgsConstructor
@ToString(exclude = "user")
public class UserAddress {
    @Id
    @GeneratedValue(strategy= GenerationType.AUTO)
    private Long id;
    private String address;
    @ManyToOne(cascade = CascadeType.ALL)
    private User user;
}
```

第二步：创建 UserRepository，继承 JpaSpecificationExecutor 接口。

```java
package com.example.jpa.example1;
import org.springframework.data.jpa.repository.JpaRepository;
import org.springframework.data.jpa.repository.JpaSpecificationExecutor;
public interface UserRepository extends JpaRepository<User,Long>,
    JpaSpecificationExecutor<User> {}
```

第三步：创建一个测试用例进行测试。

```java
@DataJpaTest
@TestInstance(TestInstance.Lifecycle.PER_CLASS)
public class UserJpeTest {
    @Autowired
    private UserRepository userRepository;
    @Autowired
    private UserAddressRepository userAddressRepository;
    private Date now = new Date();
    /**
     * 提前创建一些数据
     */
    @BeforeAll
    @Rollback(false)
    @Transactional
    void init() {
        User user = User.builder()
            .name("jack")
            .email("123456@126.com")
            .sex(SexEnum.BOY)
            .age(20)
            .createDate(Instant.now())
            .updateDate(now)
            .build();

        userAddressRepository.saveAll(Lists.newArrayList(UserAddress.builder().
            user(user).address("shanghai").build(),
            UserAddress.builder().user(user).address("beijing").build()));

    }
    @Test
    public void testSPE() {
        // 模拟请求参数
        User userQuery = User.builder()
            .name("jack")
            .email("123456@126.com")
            .sex(SexEnum.BOY)
            .age(20)
            .addresses(Lists.newArrayList(UserAddress.builder().address("shanghai").
                build()))
            .build();
            // 假设的时间范围参数
```

```java
Instant beginCreateDate = Instant.now().plus(-2, ChronoUnit.HOURS);
Instant endCreateDate = Instant.now().plus(1, ChronoUnit.HOURS);
// 利用 Specification 进行查询
Page<User> users = userRepository.findAll(new Specification<User>() {
    @Override
    public Predicate toPredicate(Root<User> root, CriteriaQuery<?> query,
        CriteriaBuilder cb) {
        List<Predicate> ps = new ArrayList<Predicate>();
        if (StringUtils.isNotBlank(userQuery.getName())) {
            // 我们模仿一下 like 查询，根据 name 模糊查询
            ps.add(cb.like(root.get("name"),"%" +userQuery.getName()+"%"));
        }
        if (userQuery.getSex()!=null){
            // equal 查询条件，这里需要注意，直接传递的是枚举
            ps.add(cb.equal(root.get("sex"),userQuery.getSex()));
        }
        if (userQuery.getAge()!=null){
            // greaterThan 大于或等于查询条件
            ps.add(cb.greaterThan(root.get("age"),userQuery.getAge()));
        }
        if (beginCreateDate!=null&&endCreateDate!=null){
            // 根据时间区间查询创建
            ps.add(cb.between(root.get("createDate"),beginCreateDate,endCre
                ateDate));
        }
        if (!ObjectUtils.isEmpty(userQuery.getAddresses())) {
            // 联表查询，利用 root 的 join 方法，根据关联关系表里面的字段进行查询
            ps.add(cb.in(root.join("addresses").get("address")).value(userQuery.
                getAddresses().stream().map(a->a.getAddress()).collect(Collectors.
                toList())));
        }
        return query.where(ps.toArray(new Predicate[ps.size()])).
            getRestriction();
    }
}, PageRequest.of(0, 2));
System.out.println(users);
    }
}
```

我们来看一看执行结果。

```
Hibernate: select user0_.id as id1_1_, user0_.age as age2_1_, user0_.create_
    date as create_d3_1_, user0_.email as email4_1_, user0_.name as name5_1_,
    user0_.sex as sex6_1_, user0_.update_date as update_d7_1_ from user user0_
    inner join user_address addresses1_ on user0_.id=addresses1_.user_id where
    (user0_.name like ?) and user0_.sex=? and user0_.age>20 and (user0_.create_
    date between ? and ?) and (addresses1_.address in (?)) limit ?
```

此 SQL 的参数如图 10-1 所示。

此 SQL 就是查询 User inner Join user_address 之后组合成的查询 SQL，基本符合我们的

预期，即不同的查询条件。我们通过这个例子大概知道了 JpaSpecificationExecutor 的用法，那么它具体是什么呢？

```
: binding parameter [1] as [VARCHAR] - [%jack%]
: binding parameter [2] as [VARCHAR] - [BOY]
: binding parameter [3] as [TIMESTAMP] - [2020-09-26T01:20:51.124Z]
: binding parameter [4] as [TIMESTAMP] - [2020-09-26T04:20:51.124Z]
: binding parameter [5] as [VARCHAR] - [shanghai]
```

图 10-1　SQL 的参数

10.2　JpaSpecificationExecutor 的语法详解

我们依然通过 JpaSpecificationExecutor 的源码来了解它的几个使用方法，如下所示。

```java
public interface JpaSpecificationExecutor<T> {
    // 根据 Specification 条件查询单个对象，需要注意的是，如果条件能查出来多个会报错
    T findOne(@Nullable Specification<T> spec);
    // 根据 Specification 条件，查询 List 结果
    List<T> findAll(@Nullable Specification<T> spec);
    // 根据 Specification 条件，分页查询
    Page<T> findAll(@Nullable Specification<T> spec, Pageable pageable);
    // 根据 Specification 条件，带排序的查询结果
    List<T> findAll(@Nullable Specification<T> spec, Sort sort);
    // 根据 Specification 条件，查询数量
    long count(@Nullable Specification<T> spec);
}
```

对于之前的返回结果和 Pageable、Sort，我们在前面都已经介绍过，这里需要我们重点关注的是 Specification。一起来看一看 Specification 接口的代码，如图 10-2 所示。

通过查看其源码就会发现里面提供的方法很简单。其中，下面一段代码表示组合的 and 关系的查询条件。

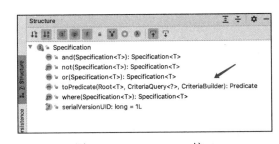

图 10-2　Specification 接口

```java
default Specification<T> and(@Nullable Specification<T> other) {
    return composed(this, other, (builder, left, rhs) -> builder.and(left, rhs));
}
```

下面是静态方法，创建 where 后面的 Predicate 集合。

```java
static <T> Specification<T> where(@Nullable Specification<T> spec) ;
```

下面是默认方法，创建 or 条件的查询参数。

```
default Specification<T> or(@Nullable Specification<T> other) ;
```

下面是静态方法，创建 not 的查询条件。

```
static <T> Specification<T> not(@Nullable Specification<T> spec) ;
```

上面这几个方法比较简单，在这里就不一一细说了，我们主要看一看需要实现的方法：
toPredicate。

```
Predicate toPredicate(Root<T> root, CriteriaQuery<?> query, CriteriaBuilder
    criteriaBuilder);
```

toPredicate 这个方法在我们用到的时候是需要自己实现的，接下来我们详细介绍一下。
首先我们在刚才的 Demo 里面设置一个断点，看到如图 10-3 所示的界面。

图 10-3　调试

这里可以分别看到 Root 的实现类是 RootImpl，CriteriaQuery 的实现类是 Criteria-
QueryImpl，CriteriaBuilder 的实现类是 CriteriaBuilderImpl。

```
javax.persistence.criteria.Root
javax.persistence.criteria.CriteriaQuery
javax.persistence.criteria.CriteriaBuilder
```

其中，上面三个接口是 Java Persistence API 定义的接口。

```
org.hibernate.query.criteria.internal.path.RootImpl
rg.hibernate.query.criteria.internal.CriteriaQueryImpl
org.hibernate.query.criteria.internal.CriteriaBuilderImpl
```

　　而这三个实现类都是由 Hibernate 实现的，也就是说，JpaSpecificationExecutor 封装了原本需要我们直接操作 Hibernate 中 Criteria 的 API 方法。

　　下面分别解释上述三个参数。

10.2.1　Root<User> root

　　它代表了可以查询和操作的实体对象的根，如果将实体对象比喻成表名，那么 root 就是这张表里面的字段，而这些字段只是 JPQL 的实体字段而已。我们可以通过里面的 Path get（String attributeName），获得我们想要操作的字段。

　　类似于我们上面的 root.get("createDate") 等操作。

10.2.2　CriteriaQuery<?> query

　　它代表一个 specific 的顶层查询对象，包含着查询的各个部分，如 select、from、where、group by、order by 等。CriteriaQuery 对象只对实体类型或嵌入式类型的 Criteria 查询起作用。可以简单理解为，它提供了查询 ROOT 的方法。常用的方法有如图 10-4 显示的几种。

图 10-4　CriteriaQuery

　　正如图 10-4 所示 where 的用法 query.where(…) 一样，这个语法比较简单，我们在其方法后面加上相应的参数即可。下面来看一个 group by 的例子，如图 10-5 所示，增加

groupBy 查询。

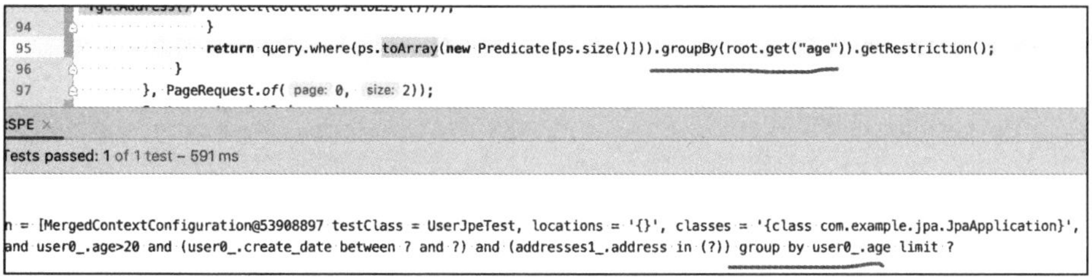

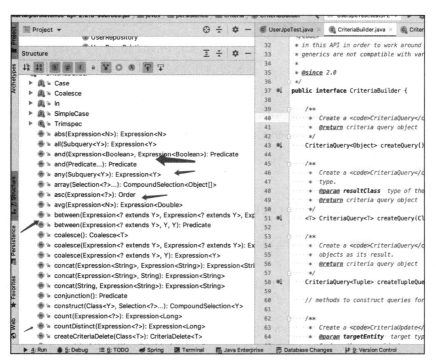

```
94                }
95        return query.where(ps.toArray(new Predicate[ps.size()])).groupBy(root.get("age")).getRestriction();
96        }
97    }, PageRequest.of( page: 0,  size: 2));
```

SPE ×

Tests passed: 1 of 1 test – 591 ms

n = [MergedContextConfiguration@53908897 testClass = UserJpeTest, locations = '{}', classes = '{class com.example.jpa.JpaApplication}',
and user0_.age>20 and (user0_.create_date between ? and ?) and (addresses1_.address in (?)) group by user0_.age limit ?

图 10-5　groupBy

在图 10-5 中，我们加入了 groupBy 的某个字段，SQL 也会有相应的变化。那么我们再来看第三个参数。

10.2.3　CriteriaBuilder

CriteriaBuilder 是用来构建 CriteriaQuery 的构建器对象，其实就相当于条件或者条件组合，并以 Predicate 的形式返回。它基本上提供了所有常用的方法，如图 10-6 所示。

图 10-6　CriteriaBuilder

我们直接通过此类的 Structure 视图就可以看到有哪些方法。如图 10-6 所示，and、any

等用来做查询条件的组合；类似 between、equal、exist、ge、gt、isEmpty、isTrue、in 等用来做查询条件的查询，如图 10-7 所示。

而其中 Expression 很简单，都是通过 root.get(...) 某些字段即可返回，正如下面的代码所示。

```
Predicate p1=cb.like(root.
    get("name").as(String.class),
    "%"+uqm.getName()+"%");
Predicate p2=cb.equal(root.
    get("uuid").as(Integer.class),
    uqm.getUuid());
Predicate p3=cb.gt(root.
    get("age").as(Integer.class), uqm.
    getAge());
```

我们利用 like、equal、gt 可以得到 Predicate，而 Predicate 可以进行组合查询。比如，我们预定它们之间是 and 或 or 的关系：

```
Predicate p = cb.and(p3,cb.or(p1,p2));
```

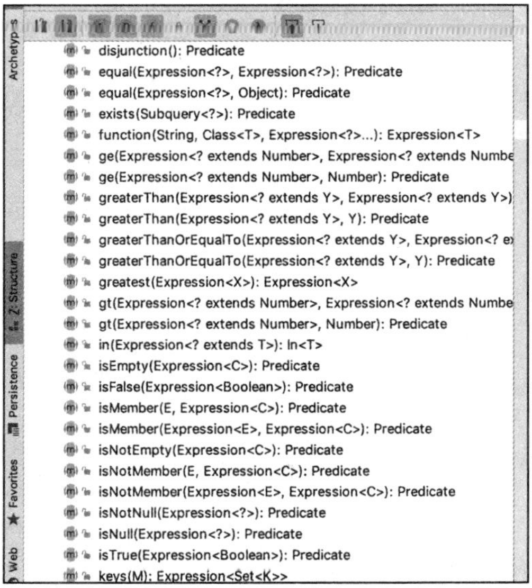

图 10-7　CriteriaBuilder 方法

我们让 p1 和 p2 之间是 or 的关系，并且得到的 Predicate 和 p3 又构成了 and 的关系。你可以发现它的用法还是比较简单的，正如我们开篇所说的 JUnit 中 test 的写法一样。

关于 JpaSpecificationExecutor 的语法我们就介绍完了，其实它的功能相当强大。如果你想了解更多语法，可以参考 Hibernate 的文档：https://docs.jboss.org/hibernate/orm/5.2/userguide/html_single/Hibernate_User_Guide.html#criteria。我们再来看看 JpaSpecification-Executor 的实现原理。

10.3　JpaSpecificationExecutor 的原理分析

我们先看一下 JpaSpecificationExecutor 的类关系图，如图 10-8 所示。

从图 10-8 中我们可以看出：

1）JpaSpecificationExecutor 和 JpaRepository 是平级接口，而它们对应的实现类都是 SimpleJpaRepository。

2）Specification 被 ExampleSpecification 和 JpaSpecificationExecutor 使用，用来创建查询。

3）Predicate 是 JPA 协议里面提供的查询条件的根基。

4）SimpleJpaRepository 利用 EntityManager 和 Criteria 来实现由 JpaSpecificationExecutor 组合的查询。

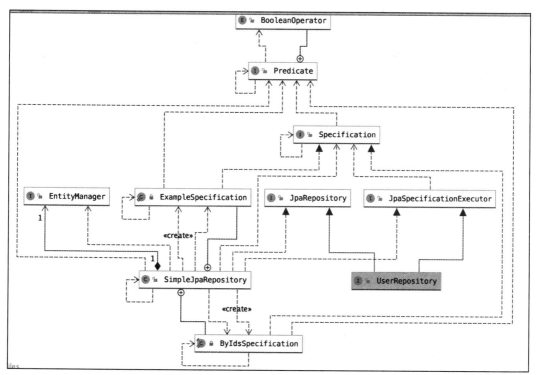

图 10-8 JpaSpecificationExecutor 的类关系图

那么我们再来直观地看一看 JpaSpecificationExecutor 接口中的方法 findAll 所对应的 SimpleJpaRepository 中的方法 findAll，通过工具可以很容易地看到其相应的实现方法，如图 10-9 所示。

```
436        /*
437         * (non-Javadoc)
438         * @see org.springframework.data.jpa.repository.JpaSpecificationExecutor#findAll(org.springframework.data.jpa.domain.Specification, org.springframework.data
            .domain.Pageable)
439         */
440        @Override
441 ⬦⬦@   public Page<T> findAll(@Nullable Specification<T> spec, Pageable pageable) {
442
443  ●        TypedQuery<T> query = getQuery(spec, pageable);
444          return isUnpaged(pageable) ? new PageImpl<T>(query.getResultList())
445              : readPage(query, getDomainClass(), pageable, spec);
446        }
447
```

图 10-9 findAll 的实现

你要知道，得到 TypeQuery 就可以直接操作 JPA 协议里面相应的方法了，那么我们接下来看看 getQuery(spec, pageable) 的实现过程，如图 10-10 所示。

```
647         */
648  @     protected TypedQuery<T> getQuery(@Nullable Specification<T> spec, Pageable pageable) {
649
650  ●        Sort sort = pageable.isPaged() ? pageable.getSort() : Sort.unsorted();
651          return getQuery(spec, getDomainClass(), sort);
652        }
653
```

图 10-10 getQuery

之后一步一步调试就可以了，进入方法 getQuery 中，如图 10-11 所示。

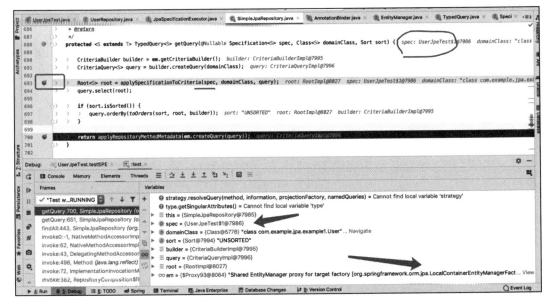

图 10-11　getQuery

如图 10-11 所示，可以看到：

1）Specification<S> spec 是我们测试用例写的 specification 的匿名实现类。

2）由于是方法传递，所以到第 693 行断点的时候，才会执行我们在测试用例里面写的 Specification。

3）我们可以看到这个方法最后调用的是 EntityManager，而 EntityManager 是 JPA 操作实体的核心原理，后面讲自定义 Repository 的时候会再详细介绍。

4）从上面的方法实现过程中我们可以看出，所谓的 JpaSpecificationExecutor 原理，用一句话概括，就是利用 Java Persistence API 定义的接口和 Hibernate 的实现，做了一个简单的封装，以方便我们操作 JPA 协议中 Criteria 的相关方法。

到这里，我们基本就介绍完原理和使用方法了。有的读者可能会有疑问：这个感觉有点重要，但是一般用不到吧？那么，接下来我们看看 JpaSpecificationExecutor 的实战应用场景是什么样的。

10.4　JpaSpecificationExecutor 实战

其实 JpaSpecificationExecutor 的目的不是让我们做日常的业务查询，而是给我们提供了一种自定义 Query for rest 的架构思路，如果做日常的增、删、改、查，肯定不如我们前面介绍的 DQM 和 @Query 方便。

那么接着来看看，实战过程中如何利用 JpaSpecificationExecutor 写一个框架。

10.4.1　自定义 MySpecification

我们可以自定义一个 Specification 的实现类，它可以实现任何实体的动态查询和各种
条件的组合。

```
package com.example.jpa.example1.spe;
import org.springframework.data.jpa.domain.Specification;
import javax.persistence.criteria.*;

public class MySpecification<Entity> implements Specification<Entity> {
   private SearchCriteria criteria;

   public MySpecification (SearchCriteria criteria) {
      this.criteria = criteria;
   }

   /**
    * 实现实体根据不同的字段、不同的 Operator 组合成不同的 Predicate 条件
    *
    * @param root              must not be {@literal null}.
    * @param query             must not be {@literal null}.
    * @param builder           must not be {@literal null}.
    * @return a {@link Predicate}, may be {@literal null}.
    */
   @Override
   public Predicate toPredicate(Root<Entity> root, CriteriaQuery<?> query,
      CriteriaBuilder builder) {
      if (criteria.getOperation().compareTo(Operator.GT)==0) {
         return builder.greaterThanOrEqualTo(
            root.<String> get(criteria.getKey()), criteria.getValue().toString());
      }
      else if (criteria.getOperation().compareTo(Operator.LT)==0) {
         return builder.lessThanOrEqualTo(
               root.<String> get(criteria.getKey()), criteria.getValue().toString());
      }
      else if (criteria.getOperation().compareTo(Operator.LK)==0) {
         if (root.get(criteria.getKey()).getJavaType() == String.class) {
            return builder.like(
               root.<String>get(criteria.getKey()), "%" + criteria.getValue() + "%");
         } else {
            return builder.equal(root.get(criteria.getKey()), criteria.getValue());
         }
      }
      return null;
   }
}
```

通过 <Entity> 泛型，可以解决不同实体的动态查询（当然仅仅是举个例子，这个方法
可以进行无限扩展）。通过 SearchCriteria 可以知道不同的字段是什么、值是什么、如何操作

的等，看如下代码。

```java
package com.example.jpa.example1.spe;
import lombok.*;
/**
 * @author jack，实现不同的查询条件、不同的操作，针对Value
 */
@Data
@Builder
@AllArgsConstructor
@NoArgsConstructor
public class SearchCriteria {
    private String key;
    private Operator operation;
    private Object value;
}
```

其中的 Operator 也是我们自定义的。

```java
package com.example.jpa.example1.spe;
public enum Operator {
    /**
     * 等于
     */
    EQ("="),
    /**
     * 等于
     */
    LK(":"),
    /**
     * 不等于
     */
    NE("!="),
    /**
     * 大于
     */
    GT(">"),
    /**
     * 小于
     */
    LT("<"),
    /**
     * 大于等于
     */
    GE(">=");
    Operator(String operator) {
        this.operator = operator;
    }
    private String operator;
}
```

在 Operator 枚举里面定义了逻辑操作符（大于、小于、不等于、等于、大于等于……也可以自己扩展），并在 MySpecification 里面进行实现。那么，我们来看看它是怎么用的，写一个测试用例试一试。

```java
/**
 * 测试自定义的 Specification 语法
 */
@Test
public void givenLast_whenGettingListOfUsers_thenCorrect() {
    MySpecification<User> name =
        new MySpecification<User>(new SearchCriteria("name", Operator.LK, "jack"));
MySpecification<User> age =
        new MySpecification<User>(new SearchCriteria("age", Operator.GT, 2));
List<User> results = userRepository.findAll(Specification.where(name).
    and(age));
    System.out.println(results.get(0).getName());
}
```

不难发现，我们在调用 findAll 组合 Predicate 的时候非常简单，省去了各种条件的判断和组合，而省去的这些逻辑可以全部在我们的框架代码 MySpecification 里面实现。

那么，如果我们把这个扩展到 API 接口层面会是什么样的结果呢？我们接着往下看。

10.4.2　利用 Specification 创建以 search 为查询条件的 RESTful API

先创建一个 Controller，用来接收 search 这样的查询条件：类似 userssearch=lastName: doe,age>25 的参数。

```java
package com.example.jpa.example1.web;
import com.example.jpa.example1.User;
import com.example.jpa.example1.UserRepository;
import com.example.jpa.example1.spe.SpecificationsBuilder;
import org.springframework.beans.factory.annotation.Autowired;
import org.springframework.data.jpa.domain.Specification;
import org.springframework.web.bind.annotation.*;
import java.util.List;
@RestController
public class UserController {
    @Autowired
    private UserRepository repo;
    @RequestMapping(method = RequestMethod.GET, value = "/users")
    @ResponseBody
    public List<User> search(@RequestParam(value = "search") String search) {
        Specification<User> spec = new SpecificationsBuilder<User>().buildSpecification
            (search);
        return repo.findAll(spec);
    }
}
```

Controller 里面非常简单，利用 SpecificationsBuilder 生成我们需要的 Specification 即可。那么，我们再来看看 SpecificationsBuilder 里面是怎么写的。

```java
package com.example.jpa.example1.cpe;
import com.example.jpa.example1.User;
import org.springframework.data.jpa.domain.Specification;
import java.util.ArrayList;
import java.util.List;
import java.util.regex.Matcher;
import java.util.regex.Pattern;
import java.util.stream.Collectors;
/**
 * 处理请求参数
 * @param <Entity>
 */
public class SpecificationsBuilder<Entity> {
    private final List<SearchCriteria> params;
    // 初始化 params，保证每次实例都是一个新的 ArrayList
    public SpecificationsBuilder() {
        params = new ArrayList<SearchCriteria>();
    }
    // 利用正则表达式取我们 search 参数里面的值，解析成 SearchCriteria 对象
    public Specification<Entity> buildSpecification(String search) {
        Pattern pattern = Pattern.compile("(\\w+?)(:|<|>)(\\w+?),");
        Matcher matcher = pattern.matcher(search + ",");
        while (matcher.find()) {
            this.with(matcher.group(1), Operator.fromOperator(matcher.group(2)),
            matcher.group(3));
        }
        return this.build();
    }
    // 根据参数返回我们刚才创建的 SearchCriteria
    private SpecificationsBuilder with(String key, Operator operation, Object
        value) {
        params.add(new SearchCriteria(key, operation, value));
        return this;
    }
    // 根据我们刚才创建的 MySpecification 返回所需要的 Specification
    private Specification<Entity> build() {
        if (params.size() == 0) {
            return null;
        }
        List<Specification> specs = params.stream()
                .map(MySpecification<User>::new)
                .collect(Collectors.toList());
        Specification result = specs.get(0);
        for (int i = 1; i < params.size(); i++) {
            result = Specification.where(result)
                .and(specs.get(i));
        }
    }
```

```
            return result;
    }
```

通过上面的代码我们可以看到，通过自定义的 SpecificationsBuilder 可处理请求参数 search 里面的值，然后转化成我们上面写的 SearchCriteria 对象，再调用 MySpecification 生成我们需要的 Specification，从而利用 JpaSpecificationExecutor 实现查询效果。而例子中 Specification<User> spec = new SpecificationsBuilder<User>().buildSpecification(search) 这段代码其实还有改进空间，我们可以将这段代码的逻辑封装到后面我们讲到的 HandlerMethodArgumentResolvers 里，类似我们下一章要讲解的 Querydsl，这样我们的 Controller 代码可以简化如下。

```
@RequestMapping(method = RequestMethod.GET, value = "/users")
@ResponseBody
public List<User> search Specification<User> spec) {
    return repo.findAll(spec);
}
```

10.5　本章小结

我们通过实例学习了 JpaSpecificationExecutor 的用法，并且通过源码了解了 Jpa-SpecificationExecutor 的实现原理，最后列举了一个实战场景的例子，使我们可以利用 Spring Data JPA 和 Specification 很轻松地创建一个基于 Search 的 RESTful API。虽然上面介绍的这个例子还有很多可以扩展的地方，但是更希望读者可以根据实际情况再进行相应的扩展。这里顺带留一道思考题：怎么查询 UserAddress？提示大家可以利用上面提到的 SpecificationsBuilder 来解决。在下一章，我们来看看 Querydsl 的用法。

第 11 章

Querydsl 在 JPA 中的应用

Querydsl 以类型安全的方式构造 HQL 查询语句, 就是使复杂的 JPQL 查询可以通过面向对象的方式进行组合查询。随着不断变化的领域模型类型, 类型安全性在软件开发中带来巨大的好处, 类型安全是 Querydsl 的核心原则。查询是基于生成的查询类型构建的, 这些查询类型反映了域类型的属性, 而所谓的类型安全就是利用 Java 的泛型机制。关于更详细的 Querydsl 的解释可见官方描述: http://www.querydsl.com/。在本章我们通过一个实战的例子, 来看一看 Querydsl 的用法及其与 Spring Data JPA 的结合使用。

11.1 Querydsl 快速入门

我们利用 Spring Data JPA 和 Querydsl, 构建一个动态参数查询 UserInfo 的例子, 来看一看 Querydsl 在 JPA 当中的应用。

第一步: 新建一个如图 11-1 所示的工程结构。

第二步: 我们在 Gradle 里面添加如下代

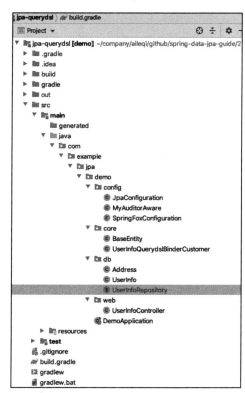

图 11-1　Querydsl 工程结构

码，以便引入 Querydsl 的依赖，并且促使 Querydsl 的注解在编译期生产 Querydsl 所需要的
Query 实体类。

```
implementation 'com.querydsl:querydsl-apt' // Querydsl 的运行期依赖
implementation 'com.querydsl:querydsl-jpa' // Querydsl 的运行期依赖

// 编译期间 Querydsl 的依赖
annotationProcessor("com.querydsl:querydsl-apt:4.3.1:jpa",
    "org.hibernate.javax.persistence:hibernate-jpa-2.1-api:1.0.2.Final",
        // 编译期同时依赖 Hibernate 注解
    "javax.annotation:javax.annotation-api:1.3.2",// 编译期同时依赖 javax 注解
    "org.projectlombok:lombok")// 如果实体里面有 lombok，也需要加上依赖
```

第三步：正常编写 UserInfo 和 Address 实体，其中 UserInfo 的关键代码如下。

```
@Data
@MappedSuperclass
@EntityListeners({AuditingEntityListener.class})
@SuperBuilder
@AllArgsConstructor
@NoArgsConstructor
public class BaseEntity {
    @Id
    @GeneratedValue(strategy= GenerationType.AUTO)
    private Long id;
    @Version
    private Integer version;
    @CreatedBy
    private Integer createUserId;
    @CreatedDate
    private Instant createTime;
    @LastModifiedBy
    private Integer lastModifiedUserId;
    @LastModifiedDate
    private Instant lastModifiedTime;
    private Boolean deleted;
}

@Entity
@Data
@SuperBuilder
@AllArgsConstructor
@NoArgsConstructor
@Table
public class UserInfo extends BaseEntity {
    private String name;
    private String telephone;
    @QueryType(PropertyType.COMPARABLE)
    private Integer ages;
    @BatchSize(size = 20)
```

```
@OneToMany(mappedBy = "userInfo",cascade = CascadeType.PERSIST,fetch =
    FetchType.LAZY)
private List<Address> addressList;
@QueryType(PropertyType.STRING)
private String lastName;
}
```

实体里面没有任何 Querydsl 相关的东西。

第四步：利用 Gradle 编译一下应用，生成 Querydsl 所需的实体对象，操作如图 11-2 所示。

图 11-2　Gradle build

点击 build 或者 classes 生成的 Querydsl 实体如图 11-3 所示。

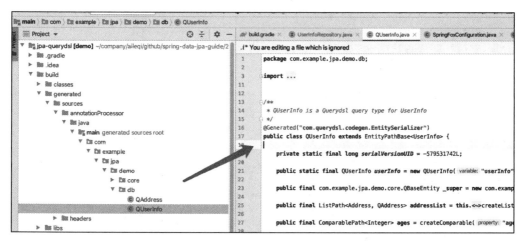

图 11-3　Gradle build 生产的 Querydsl 实体对象

通过图 11-3 我们可以看到，在 generated 目录生成了实体对应的 Q 对象，里面包好了 Querydsl 运行期所依赖的 Q 实体对象，这些类不需要我们放在 GitLab 里面维护，而且通过编译器自动生成的这些类都是随时可以删除的。

第五步：创建 UserInfoRepository 接口，继承 QuerydslPredicateExecutor，代码如下。

```
public interface UserInfoRepository extends JpaRepository<UserInfo, Long>,
    QuerydslPredicateExecutor<UserInfo>{}
```

第六步：创建 UserInfoController，利用请求参数动态生成 Predicate 的 Querydsl 查询条件，代码如下。

```
@RestController
@Log4j2
public class UserInfoController {
    @Autowired
    private UserInfoRepository userInfoRepository;

    /**
     * 根据参数动态组合成 Predicate 查询条件
     * @param predicate
     * @param pageable
     * @return
     */
    @GetMapping("users/query/dsl1")
    public Page<UserInfo> query1(@QuerydslPredicate(root = UserInfo.class)
        Predicate predicate, Pageable pageable) {
        return userInfoRepository.findAll(predicate, pageable);
    }
}
```

第七步：运行项目，我们发送请求参数测试：http://127.0.0.1:8087/users/query/dsl1?name=jack&lastName=zhang&ages=10&createTime=2020-10-08T14:29:41Z&createTime=2020-10-10T14:29:41Z。

我们可以通过控制台查看到如下日志：

```
2021-04-18 12:04:39.269 DEBUG 67579 --- [nio-8087-exec-6] org.hibernate.SQL:
select userinfo0_.id                     as id1_1_,
        userinfo0_.create_time            as create_t2_1_,
        userinfo0_.create_user_id         as create_u3_1_,
        userinfo0_.deleted                as deleted4_1_,
        userinfo0_.last_modified_time     as last_mod5_1_,
        userinfo0_.last_modified_user_id as last_mod6_1_,
        userinfo0_.version                as version7_1_,
        userinfo0_.ages                   as ages8_1_,
        userinfo0_.last_name              as last_nam9_1_,
        userinfo0_.name                   as name10_1_,
        userinfo0_.telephone              as telepho11_1_
from user_info userinfo0_
where userinfo0_.name = ?
  and userinfo0_.last_name = ?
  and userinfo0_.ages = ?
```

```
and (userinfo0_.create_time in (?, ?))
limit ?
2021-04-18  12:04:39.269 TRACE 67579 --- [nio-8087-exec-6] o.h.type.descriptor.sql.
    BasicBinder     : binding parameter [1] as [VARCHAR] - [jack]
2021-04-18  12:04:39.270 TRACE 67579 --- [nio-8087-exec-6] o.h.type.descriptor.sql.
    BasicBinder     : binding parameter [2] as [VARCHAR] - [zhang]
2021-04-18  12:04:39.270 TRACE 67579 --- [nio-8087-exec-6] o.h.type.descriptor.sql.
    BasicBinder     : binding parameter [3] as [INTEGER] - [10]
2021-04-18  12:04:39.270 TRACE 67579 --- [nio-8087-exec-6] o.h.type.descriptor.sql.
    BasicBinder     : binding parameter [4] as [TIMESTAMP] - [2020-10-08T14:29:41Z]
2021-04-18  12:04:39.270 TRACE 67579 --- [nio-8087-exec-6] o.h.type.descriptor.sql.
    BasicBinder     : binding parameter [5] as [TIMESTAMP] - [2020-10-10T14:29:41Z]
```

通过日志和 SQL，我们可以看到 Querydsl 会根据我们通过 url 传入的参数动态地帮助我们生成 SQL 语句，而其中 SQL 只有 in 和"等于"的逻辑。其实 Querydsl 还支持更复杂的动态查询条件生成，接着往下看。我们先来了解 Querydsl 在 JPA 里面的语法是什么样的。

11.2　Querydsl 的语法

11.2.1　QuerydslPredicateExecutor

与我们之前讲到的 JpaRepository 一样，QuerydslPredicateExecutor 也是 **Repository 的一种接口，我们通过 Structure 视图可以看到如图 11-4 所示的几个方法。

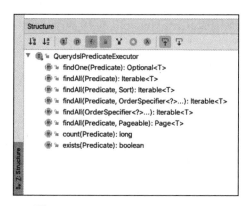

图 11-4　QuerydslPredicateExecutor

由图 11-4，概括起来就是根据 Predicate 动态参数，支持总数、分页、排序等查询，语法比较简单，同我们讲的 JpaSpecificationExecutor 差不多。而唯一需要注意的是，里面的 Predicate 参数不一样，它是由 Querydsl 生成的。

我们通过 Hierarchy 视图可以看到 QuerydslPredicateExecutor 的实现类，如图 11-5 所示。

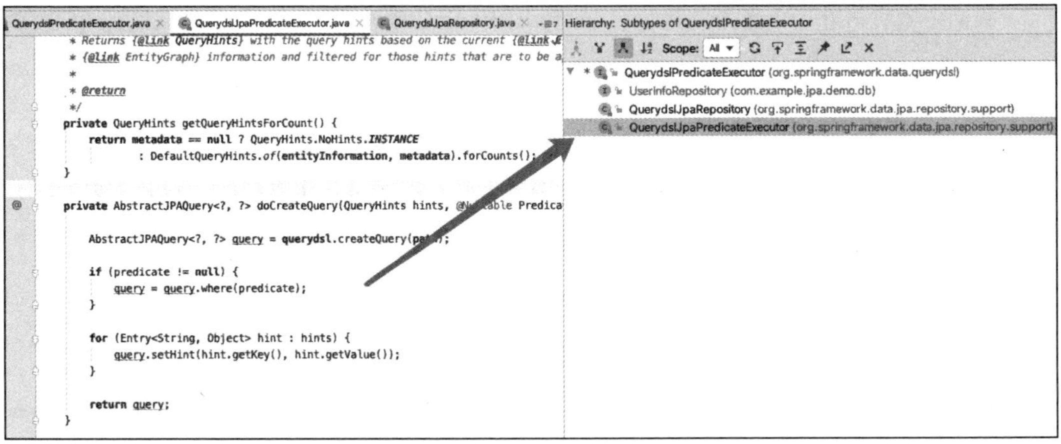

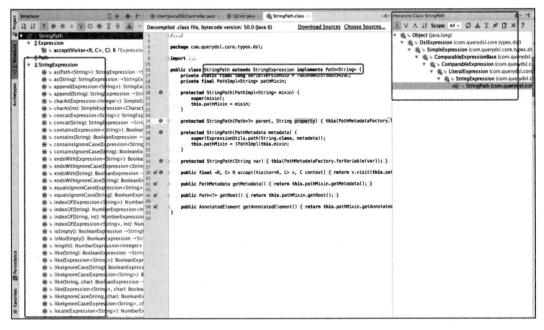

图 11-5　QuerydslPredicateExecutor 实现类

从图 11-5 中我们也可以看到，Querydsl-PredicateExecutor 查询方法利用 Querydsl 提供的 AbstractJPAQuery 组合 JPQQuery 进行查询。其实通过本章开篇的例子，我们也不难发现，其中的 Predicate 就是由 QUserInfo 等生成的 Q 开头的 Java 类里面的查询条件，而分页和排序用法同之前一样。通过源码一步一步分析 StringPath、NumberPath，可以发现许多查询方法，如图 11-6 所示。

图 11-6　StringExpression

我们再来看另外一个重要的接口：QuerydslBinderCustomizer。

11.2.2 QuerydslBinderCustomizer

我们通过本章开篇的例子可以看到，默认规则下会生成"等于"和 in 的 SQL 查询条件，是否支持大于等于、模糊查询、时间范围查询呢？答案是肯定支持的，只是需要我们自定义实现 QuerydslBinderCustomizer。源码中只有一个方法，自己实现即可。

```
package org.springframework.data.querydsl.binding;
import com.querydsl.core.types.EntityPath;
public interface QuerydslBinderCustomizer<T extends EntityPath<?>> {
    void customize(QuerydslBindings bindings, T root);
}
```

其中，参数 QuerydslBindings 用来指定相对于 root 里面的字段即 path 对应的查询规则是什么。用法很简单，需要自己的 Repository 接口继承 QuerydslBinderCustomizer 这一接口，实现上面的方法逻辑即可。例如 UserInfoRepository extend QuerydslBinderCustomizer，代码如下。

```
// 继承 JpaRepository 暴露 JPA 所支持的所有方法，同时继承 QuerydslPredicateExecutor 暴露
// Querydsl 支持的所有查询方法，继承 QuerydslBinderCustomizer 通过实现 customize 这个方
// 法实现不同的参数生成不同的 SQL 语法
public interface UserInfoRepository extends JpaRepository<UserInfo, Long>,
    QuerydslPredicateExecutor<UserInfo>, QuerydslBinderCustomizer<QUserInfo> {
    /**
     * 自定义 QuerydslBinds，覆盖默认实现
     *
     * @param bindings 自定义 binds
     * @param root       实体的 root，这里指 QUserInfo
     */
    @Override
    default void customize(QuerydslBindings bindings, QUserInfo root) {
        bindings.bind(root.lastName).first((path,value)-> path.contains(value));
        bindings.bind(root.name).first((path,value)-> path.startsWith(value));
        // 大于某一个年龄
        bindings.bind(root.ages).first((path,value)-> path.gt(value));
        bindings.bind(root.createTime).all(((path, values) -> {
            // createTime 范围查询
            Iterator<Instant> iterator = (Iterator<Instant>) values.iterator();
            // 传递参数时，第一个 element 为小值，第二个为大值
            return java.util.Optional.of(path.between(iterator.next(), iterator.next()));
        }));
        // 查询关联关系
        bindings.bind(root.addressList.any().city).all((path, value) -> java.util.
            Optional.ofNullable(path.in(value)));
    };
}
```

那么，我们重启一下项目，再发送一下刚才的请求：http://127.0.0.1:8087/users/query/dsl1?name=jack&lastName=zhang&ages=10&createTime=2020-10-08T14:29:41Z&createTime=2020-10-10T14:29:41Z&telephone=123456789&addressList.city=shanghai&addressList.city=beijing&sort=id,desc。

通过 URL 的参数，其实我们的目的是查看名字，其以 jack 开头、lastName 包含 zhang、年龄大于 10 岁、创建时间在 08 号到 10 号之间、手机号等于 123456789、居住城市在上海或者北京，最终结果按照 ID 倒序，然后我们会发现可以看到如下日志和参数：

```
2021-04-18  12:56:49.175 DEBUG 67834 --- [nio-8087-exec-7] org.hibernate.SQL:
select userinfo0_.id              as id1_1_,
       userinfo0_.create_time     as create_t2_1_,
       userinfo0_.create_user_id  as create_u3_1_,
       userinfo0_.deleted         as deleted4_1_,
       userinfo0_.last_modified_time   as last_mod5_1_,
       userinfo0_.last_modified_user_id as last_mod6_1_,
       userinfo0_.version         as version7_1_,
       userinfo0_.ages            as ages8_1_,
       userinfo0_.last_name       as last_nam9_1_,
       userinfo0_.name            as name10_1_,
       userinfo0_.telephone       as telepho11_1_
from user_info userinfo0_
where (userinfo0_.name like ? escape '!')
  and (userinfo0_.last_name like ? escape '!')
  and userinfo0_.ages > ?
  and (userinfo0_.create_time between ? and ?)
  and userinfo0_.telephone = ?
  and (exists(select 1
      from address addresslis1_
          where userinfo0_.id = addresslis1_.user_info_id and (addresslis1_.
             city in (?, ?))))
order by userinfo0_.id desc
limit ?
2021-04-18  12:56:49.176 TRACE 67834 --- [nio-8087-exec-7] o.h.type.descriptor.sql.
   BasicBinder    : binding parameter [1] as [VARCHAR] - [jack%]
2021-04-18  12:56:49.176 TRACE 67834 --- [nio-8087-exec-7] o.h.type.descriptor.sql.
   BasicBinder    : binding parameter [2] as [VARCHAR] - [%zhang%]
2021-04-18  12:56:49.177 TRACE 67834 --- [nio-8087-exec-7] o.h.type.descriptor.sql.
   BasicBinder    : binding parameter [3] as [INTEGER] - [10]
2021-04-18  12:56:49.178 TRACE 67834 --- [nio-8087-exec-7] o.h.type.descriptor.sql.
   BasicBinder    : binding parameter [4] as [TIMESTAMP] - [2020-10-08T14:29:41Z]
2021-04-18  12:56:49.178 TRACE 67834 --- [nio-8087-exec-7] o.h.type.descriptor.sql.
   BasicBinder    : binding parameter [5] as [TIMESTAMP] - [2020-10-10T14:29:41Z]
2021-04-18  12:56:49.178 TRACE 67834 --- [nio-8087-exec-7] o.h.type.descriptor.sql.
   BasicBinder    : binding parameter [6] as [VARCHAR] - [123456789]
2021-04-18  12:56:49.178 TRACE 67834 --- [nio-8087-exec-7] o.h.type.descriptor.sql.
   BasicBinder    : binding parameter [7] as [VARCHAR] - [shanghai]
2021-04-18  12:56:49.178 TRACE 67834 --- [nio-8087-exec-7] o.h.type.descriptor.sql.
   BasicBinder    : binding parameter [8] as [VARCHAR] - [beijing]
```

我们可以看到 name 支持了前缀匹配的 like 查询，last_name 支持了模糊匹配的 SQL 语法，ages 实现了大于的操作，create_time 实现了范围查询。需要注意的是范围查询对请求参数的顺序有要求，而我们没有自定义 telephone，所以其用了默认精准匹配的规则，并且 city 通过关联关系支持了 in 的查询条件，最终结果也遵循了 ID 倒序排序。

实现了上面那么复杂的查询，却发现我们的代码其实并没有发生任何改变，只是简单地修改了 UserInfoRepository 的 customer 实现方法。这也是 Querydsl 的优势所在，大大地提高了书写普通 CRUD 操作的效率。

11.2.3　类型安全的应用

我们通过以下案例再来看一看 Querydsl 类型安全参数的实际应用。

1）在 Contoller 层，我们可以自由搭配自己的 predicate，直接调用 Repository 接口即可，如下代码所示。

```
@GetMapping("users/all")
public Iterable<UserInfo> find() {
    QUserInfo user = QUserInfo.userInfo;
    // 直接引用 QUser 通过下面的操作直接做查询
    Predicate predicate = user.name.startsWith("jack")
        .and(user.lastName.startsWithIgnoreCase("jack"));
    // 分页排序
    Sort sort = Sort.by(new Sort.Order(Sort.Direction.ASC,"id"));
    PageRequest pageRequest = PageRequest.of(0,10,sort);
    return userInfoRepository.findAll(predicate,pageRequest);
}
```

2）可以在自定义的 Repository 实现方法里面，利用 JPAQueryFactory 实现更复杂的查询。

```
// 导入全局 JPA EntityManager
@Autowired
@PersistenceContext
private EntityManager entityManager;
......
JPAQueryFactory queryFactory = new JPAQueryFactory(entityManager);
// queryFactory 用法
QDepartment department = QDepartment.department;
QDepartment d = new QDepartment("d");
queryFactory.selectFrom(department)
    .where(department.size.eq(
        JPAExpressions.select(d.size.max()).from(d)))
        .fetch();
```

3）多表关联查询，不过实际工作中基本上用不到这么复杂的，如果用到了，建议最好用后面我们章节讲的 @Query 来代替。

```
// 多表动态分页查询
JPAQueryFactory queryFactory = new JPAQueryFactory(em);
JPAQuery<Tuple> jpaQuery = queryFactory
        .select(QTCity.tCity.id,QTHotel.tHotel)
        .from(QTCity.tCity)
        .leftJoin(QTHotel.tHotel)
        .on(QTHotel.tHotel.city.longValue().eq(QTCity.tCity.id.longValue()))
        .where(predicate)
        .offset(pageable.getOffset())
        .limit(pageable.getPageSize());
// 拿到分页结果
return jpaQuery.fetchResults();
```

4）也可以直接用 BooleanExpression、StringExpression 等。

```
BooleanExpression customerHasBirthday = customer.birthday.eq(today);
BooleanExpression isLongTermCustomer = customer.createdAt.lt(today.
    minusYears(2));
customerRepository.findAll(customerHasBirthday.and(isLongTermCustomer));
```

总之，Querydsl 的相关查询语法还是比较简单的，因为都是类型安全的，所以我们按照语法提示，基本上就可以写出复杂的查询方法。对于 WebMVC 的支持还可以更灵活，下面，我们通过源码来分析一下 Querydsl 对 MVC 支持的实现原理。

11.3　Querydsl 对 WebMVC 的支持及源码分析

在刚才的例子中，我们看到 Controller 层会用到 @QuerydslPredicate 这个注解，我们来看一下。

11.3.1　@QuerydslPredicate 注解

```
@Target({ ElementType.PARAMETER, ElementType.TYPE })
@Retention(RetentionPolicy.RUNTIME)
public @interface QuerydslPredicate {
    // root predicate 参数的实体对象类型是哪个类？即 predicate 寻找的 path 的 root
    Class<?> root() default Object.class;
    // 自定义实现 QuerydslBinderCustomizer 的实现类是什么？默认是 QuerydslBinderCustomizer
    @SuppressWarnings("rawtypes")
    Class<? extends QuerydslBinderCustomizer> bindings() default QuerydslBinder
        Customizer.class;
}
```

从源码中我们可以看得出来，@QuerydslPredicate 是用来指定 root 和 QuerydslBinder-Customizer 的，用在 Controller 的请求参数上，有时我们会发现不同的 API 请求，相同的对象查询组合条件可能是不一样的，所以一个 UserInfoRepository 的 QuerydslBinder-

Customizer 可能不一定足够，所以这个时候就需要我们重新实现一个新的，用法很简单，如下：

```
// 我们自定义一个 QuerydslBinderCustomizer，查询的逻辑同刚才的不一样，这时我们要求 name 后
// 缀匹配，lastName 前缀匹配。实现如下
public class UserInfoQuerydslBinderCustomer implements QuerydslBinderCustomizer
    <QUserInfo> {
    // 直接实现这个接口，自定义
    @Override
    public void customize(QuerydslBindings bindings, QUserInfo root) {
        bindings.bind(root.lastName).first((path,value)-> path.startsWith
            (value));
        bindings.bind(root.name).first((path,value)-> path.endsWith(value));
    }
}
```

我们在 Controller 层通过 @QuerydslPredicate 指定 bindings=UserInfoQuerydslBinderCustomer。

```
@GetMapping("users/query/dsl3")
public Page<UserInfo> query3(@QuerydslPredicate(root = UserInfo.class,
    bindings = UserInfoQuerydslBinderCustomer.class) Predicate predicate,
    Pageable pageable) {
    return userInfoRepository.findAll(predicate, pageable);
}
```

我们请求 http://127.0.0.1:8087/users/query/dsl3?name=jack&lastName=zhang&ages=10 的时候就会产生如下 SQL 了。

```
2021-04-18  16:14:11.571 DEBUG 67834 --- [io-8087-exec-10] org.hibernate.SQL:
select userinfo0_.id                      as id1_1_,
        userinfo0_.create_time            as create_t2_1_,
        userinfo0_.create_user_id         as create_u3_1_,
        userinfo0_.deleted                as deleted4_1_,
        userinfo0_.last_modified_time     as last_mod5_1_,
        userinfo0_.last_modified_user_id as last_mod6_1_,
        userinfo0_.version                as version7_1_,
        userinfo0_.ages                   as ages8_1_,
        userinfo0_.last_name              as last_nam9_1_,
        userinfo0_.name                   as name10_1_,
        userinfo0_.telephone              as telepho11_1_
from user_info userinfo0_
where (userinfo0_.name like ? escape '!')
  and (userinfo0_.last_name like ? escape '!')
  and userinfo0_.ages = ?
limit ?
2021-04-18  16:14:11.577 TRACE 67834 --- [io-8087-exec-10] o.h.type.descriptor.
    sql.BasicBinder     : binding parameter [1] as [VARCHAR] - [%jack]
2021-04-18  16:14:11.577 TRACE 67834 --- [io-8087-exec-10] o.h.type.descriptor.
```

```
sql.BasicBinder          : binding parameter [2] as [VARCHAR] - [zhang%]
2021-04-18  16:14:11.577 TRACE 67834 --- [io-8087-exec-10] o.h.type.descriptor.
sql.BasicBinder          : binding parameter [3] as [INTEGER] - [10]
```

我们会发现与之前的动态查询参数不一样了。我们可以通过 @QuerydslPredicate 这个注解为不同的 API 查询场景提供不同的动态查询逻辑。

11.3.2　QuerydslPredicateArgumentResolver 源码分析

我们熟悉 Spring MVC，就会知道 Controller 的参数都需要经过 HandlerMethodArgument Resolver 的实现，以把 request 里面的参数转化和解析到 Controller 的参数上，而我们通过 HandlerMethodArgumentResolver 的实现类发现，Spring 通过 QuerydslPredicateArgumentResolver 把 request 的参数转化成 Contoller 的方法参数 predicate。我们通过断点来看一看 Query dslPredicateArgumentResolver，如图 11-7 所示。

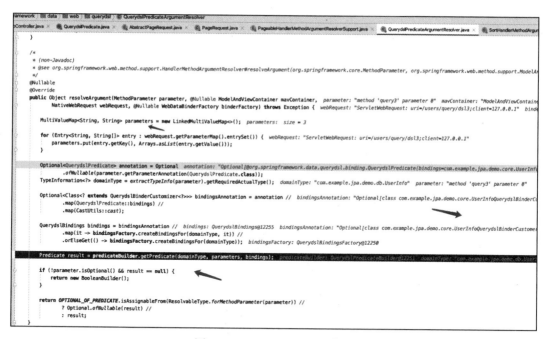

图 11-7　resolveArgument 方法

通过 QuerydslPredicateArgumentResolver 里面的关键方法 resolveArgument，我们可以通过断点看出里面有一个查找 bindings 的过程，当找到 QuerydslBindings 之后，会通过找到的 bindings 转化成 Controller 所需要的 predicate 参数。如果我们有自定义的，会找到自定义的 bingsUserInfoQuerydslBinderCustomer，如果没有自定义的，会找到 QuerydslDefault-Binding.java，关键源码如下。

```
class QuerydslDefaultBinding implements MultiValueBinding<Path<? extends
```

```
Object>, Object> {
// 默认 binding 的关键实现逻辑
@Override
@SuppressWarnings({ "unchecked", "rawtypes" })
public Optional<Predicate> bind(Path<?> path, Collection<? extends Object>
    value) {
    Assert.notNull(path, "Path must not be null!");
    Assert.notNull(value, "Value must not be null!");

    if (value.isEmpty()) {
        return Optional.empty();
    }
    // 如果 path 是 collection 类型的，就直接产生 and 的条件
    if (path instanceof CollectionPathBase) {

        BooleanBuilder builder = new BooleanBuilder();

        for (Object element : value) {
            builder.and(((CollectionPathBase) path).contains(element));
        }

        return Optional.of(builder.getValue());
    }
    // 默认当我们不指定的时候，都是 SimpleExpression 的 path，当请求参数的
    // value 是多个值的时候，尝试用 in 表达式；当请求的参数是一个值的时候，尝试用 eq 表达式
    if (path instanceof SimpleExpression) {
        SimpleExpression expression = (SimpleExpression) path;
        if (value.size() > 1) {
            return Optional.of(expression.in(value));
        }
        Object object = value.iterator().next();
        return Optional.of(object == null //
                ? expression.isNull() //
                : expression.eq(object));
    }

    throw new IllegalArgumentException(
            String.format("Cannot create predicate for path '%s' with type
            '%s'.", path, path.getMetadata().getPathType())));
}}
```

通过源码，其实我们可以知道默认 Querydsl 请求参数的查询规则是什么。即默认情况下都是提供的 "==" 表达式，当参数有多个值的时候，类似我们举例的 dateTime，默认是 in 表达式。其中，我们可以通过在实体里面利用 @QueryType(PropertyType. COMPARABLE) 这个注解来指定字段默认的查询类型；而对于不同的字段类型有哪些查询方法，我们可以通过查看 ComparableExpression 的子类获知。如图 11-8 所示。

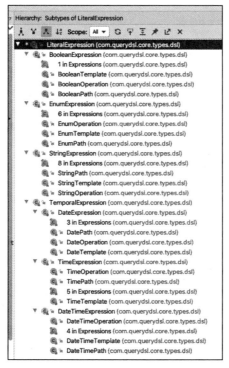

图 11-8　ComparableExpression 的子类

11.4　本章小结

通过本章的学习，我们可以学会一种基于 Predicate 的动态查询方法，也知道了 JPA 基于注解的实体约定的强大之处，也为我们实现更加复杂和灵活的查询框架提供了一种参考架构思路。在下一章我们学习如何自定义 Repository，大家可将这两个章节进行详细比对学习。

如何自定义 Repository

通过前面的内容，相信大家已经掌握了很多 Repository 的高级用法，但是在实际工作场景中也难免会出现自定义 Repository 实现类的场景，在本章我们就来看一看如何自定义 Repository 实现类。JPA 的操作核心是 EntityManager，那么我们先看看 EntityManager 究竟为何物。

12.1 EntityManager 简介

根据 Java Persistence API 规定，操作数据库实体必须要通过 EntityManager 进行，而我们前面看到了所有的 Repository 在 JPA 里面的实现类是 SimpleJpaRepository，它在真正操作实体的时候都是调用 EntityManager 里面的方法。

我们在 SimpleJpaRepository 里面设置一个断点，这样很容易就可以看出来 EntityManager 是 JPA 的接口协议，而其实现类是 Hibernate 里面的 SessionImpl，如图 12-1 所示。

那么，看看 EntityManager 给我们提供了哪些方法。

12.1.1 EntityManager 的常用方法

下面介绍几个重要的、比较常用的方法，不常用的就一笔带过，有兴趣的读者可以自行查看。

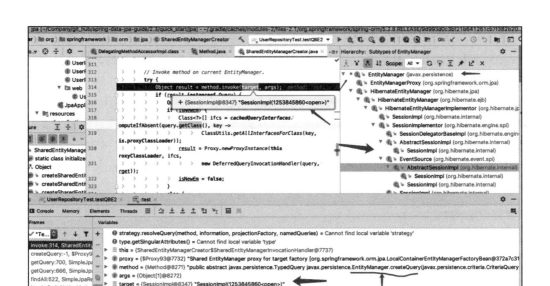

图 12-1 EntityManager 的实现类 SessionImpl

```java
public interface EntityManager {
    // 用于将新创建的 Entity 纳入 EntityManager 的管理。该方法执行后，传入 persist() 方法的
    //    Entity 对象转换成持久化状态
    public void persist(Object entity);
    // 将游离态的实体 merge 到当前的 persistence context 里面，一般用于更新
    public <T> T merge(T entity);
    // 将实体对象删除，物理删除
    public void remove(Object entity);
    // 将当前的 persistence context 中的实体，同步到数据库里面，只有执行了这个方法，上面的
    //    EntityManager 的 DB 操作才会生效
    public void flush();
    // 根据实体类型和主键查询一个实体对象
    public <T> T find(Class<T> entityClass, Object primaryKey);
    // 根据 JPQL 创建一个 Query 对象
    public Query createQuery(String qlString);
    // 利用 CriteriaUpdate 创建更新查询
    public Query createQuery(CriteriaUpdate updateQuery);
    // 利用原生的 SQL 语句创建查询，可以是查询、更新、删除等
    public Query createNativeQuery(String sqlString);
    ... // 其他方法就不一一列举了，用法很简单，我们只要参看 SimpleJpaRepository 里面是怎么用
    //    的即可
}
```

在本章我们先知道 EntityManager 的语法和用法就好，在之后介绍 Persistence Context 的时候再详细讲一下其对实体状态的影响，以及每种状态代表什么意思。

现在大家都知道了这些语法，那么该怎么使用呢？

12.1.2　EntityManager 的使用

它的使用方法其实很简单，我们在任何地方只要能获得 EntityManager，就可以进行里面的操作。而获得 EntityManager 的方式如下：通过 @PersistenceContext 注解。

将 @PersistenceContext 注解标注在 EntityManager 类型的字段上，这样得到的就是容器管理的 EntityManager。由于是容器管理的，所以我们不需要，也不应该显式关闭注入的 EntityManager 实例。

下面是关于这种方式的例子，我们想要在测试类中获得 @PersistenceContext 里面的 EntityManager，看看代码应该怎么写。

```
@DataJpaTest
@TestInstance(TestInstance.Lifecycle.PER_CLASS)
public class UserRepositoryTest {
    // 利用该方式获得 EntityManage
    @PersistenceContext
    private EntityManager entityManager;
    @Autowired
    private UserRepository userRepository;
    /*
     * 测试 EntityManager 用法

     * @throws JsonProcessingException
     */
    @Test
    @Rollback(false)
    public void testEntityManager() throws JsonProcessingException {
        // 测试找到一个 User 对象
        User user = entityManager.find(User.class,2L) ;
        Assertions.assertEquals(user.getAddresses(),"shanghai");

        // 我们改变一下 user 的删除状态
        user.setDeleted(true) ;
        // merger 方法
        entityManager.merge(user) ;
        // 更新到数据库
        entityManager.flush();

        // 再通过 createQuery 创建一个 JPQL，进行查询
        List<User> users = entityManager.createQuery("select u From User u
            where u.name=?1")
            .setParameter(1,"jack")
            .getResultList();
        Assertions.assertTrue(users.get(0).getDeleted());
    }
}
```

通过这个测试用例，我们可以知道 EntityManager 使用起来还是比较容易的。不过在实

际工作中，并不建议直接操作 EntityManager，因为如果操作不熟练的话，会出现一些事务异常。因此还是建议大家通过 Spring Data JPA 给我们提供的 Repositories 方式进行操作。

提示一下，在写框架的时候就可以直接操作 EntityManager，切记不要在任何业务代码里面都用到 EntityManager，否则到最后就会很难维护。

我们了解完 EntityManager，现在再来看看 @EnableJpaRepositories 对自定义 Repository 有什么作用。

12.2　@EnableJpaRepositories 详解

下面分别从 @EnableJpaRepositories 的语法，及其默认的加载方式来详细介绍。

12.2.1　@EnableJpaRepositories 的语法

我们还是直接看代码，如下所示。

```
public @interface EnableJpaRepositories {
   String[] value() default {}
   String[] basePackages() default {}
   Class<?>[] basePackageClasses() default {}
   Filter[] includeFilters() default {}
   Filter[] excludeFilters() default {}
   String repositoryImplementationPostfix() default "Impl"
   String namedQueriesLocation() default ""
   Key queryLookupStrategy() default Key.CREATE_IF_NOT_FOUND
   Class<?> repositoryFactoryBeanClass() default JpaRepositoryFactoryBean.
      class
   Class<?> repositoryBaseClass() default DefaultRepositoryBaseClass.class
   String entityManagerFactoryRef() default "entityManagerFactory"
   String transactionManagerRef() default "transactionManager"
   boolean considerNestedRepositories() default false
   boolean enableDefaultTransactions() default true
}
```

下面我们对这些方法进行具体说明。

1）value 和 basePackages：用于配置扫描 Repositories 所在的包及子包。

可以配置为单个字符串。

```
@EnableJpaRepositories(basePackages = "com.example")
```

也可以配置为字符串数组形式，即多个情况。

```
@EnableJpaRepositories(basePackages = {"com.sample.repository1",  "com.
   sample.repository2"})
```

默认 @SpringBootApplication 注解扫描当前目录及其子目录。

2）basePackageClasses：指定 Repository 类所在包，可以替换 basePackages 的使用。

一样可以配置为单个字符，下面的例子表示 BookRepository.class 所在包下面的所有 Repository 都会被扫描注册。

```
@EnableJpaRepositories(basePackageClasses = BookRepository.class)
```

也可以配置为多个字符，下面的例子代表 ShopRepository.class、OrganizationRepository.class 所在的包下面的所有 Repository 都会被扫描。

```
@EnableJpaRepositories(basePackageClasses = {ShopRepository.class,
    OrganizationRepository.class})
```

3）includeFilters：指定包含的过滤器，该过滤器采用 ComponentScan 的过滤器，可以指定过滤器类型。

下面的例子表示只扫描带 Repository 注解的类。

```
@EnableJpaRepositories( includeFilters={@ComponentScan.Filter(type=FilterType.
    ANNOTATION, value=Repository.class)})
```

4）excludeFilters：指定不包含过滤器，该过滤器也是采用 ComponentScan 的过滤器里面的类。

下面的例子表示带 @Service 和 @Controller 注解的类不用扫描进去，当我们的项目变大了之后可以加快应用的启动速度。

```
@EnableJpaRepositories(excludeFilters={@ComponentScan.Filter(type=FilterType.
    ANNOTATION, value=Service.class),@ComponentScan.Filter(type=FilterType.
    ANNOTATION, value=Controller.class)})
```

5）repositoryImplementationPostfix：当我们自定义 Repository 的时候，约定的接口 Repository 的实现类的后缀是什么，默认是 Impl。

6）namedQueriesLocation：named SQL 存放的位置，默认为 META-INF/jpa-named-queries.properties。

例子如下：

```
Todo.findBySearchTermNamedFile=SELECT t FROM Table t WHERE LOWER(t.description)
    LIKE LOWER(CONCAT('%', :searchTerm, '%')) ORDER BY t.title ASC
```

这个建议大家不要用，知道就好。

7）queryLookupStrategy：构建条件查询的查找策略，包含三种方式：CREATE、USE_DECLARED_QUERY、CREATE_IF_NOT_FOUND。

正如我们前面介绍的：

❑ CREATE：按照接口名称自动构建查询方法，即我们前面说的 DQM。

❑ USE_DECLARED_QUERY：用 @Query 这种方式查询。

❑ CREATE_IF_NOT_FOUND：如果有 @Query 注解，先以这个为准；如果不起作用，再用 DQM。这个是默认的，基本不需要修改，我们知道就行了。

8）repositoryFactoryBeanClass：指定生产 Repository 的工厂类，默认 JpaRepository-FactoryBean。JpaRepositoryFactoryBean 的主要作用是以动态代理的方式，帮助我们把所有 Repository 的接口生成实现类。例如，当我们通过断点，看到 UserRepository 的实现类是 SimpleJpaRepository 代理对象的时候，就是这个工厂类的成果，一般我们很少改变这个生成代理的机制。

9）entityManagerFactoryRef：用来指定创建和生产 EntityManager 的工厂类，默认是 name="entityManagerFactory" 的 Bean。一般用于多数据源配置。

10）repositoryBaseClass：用来指定我们自定义的 Repository 的实现类。默认是 Default-RepositoryBaseClass，即表示没有指定 Repository 的实现基类。

11）transactionManagerRef：用来指定默认的事务处理是哪个类，默认是 transaction-Manager，一般多数据源的时候会用到。以上就是 @EnableJpaRepositories 的基本语法了，涉及的方法比较多，大家可以慢慢探索。下面再来看看它的默认加载方式。

12.2.2　@EnableJpaRepositories 的默认加载方式

默认情况下是 Spring Boot 的自动加载机制，通过 spring.factories 的文件加载 JpaReposi-toriesAutoConfiguration，如图 12-2 所示。

图 12-2　JpaRepositoriesAutoConfiguration 加载时机

JpaRepositoriesAutoConfiguration 里面再进行 @Import(JpaRepositoriesRegistrar.class) 操作，如图 12-3 所示。

图 12-3　@Import(JpaRepositoriesRegistrar.class)

而 JpaRepositoriesRegistrar.class 里面配置了 @EnableJpaRepositories，从而使默认值产生了如下效果，如图 12-4 所示。

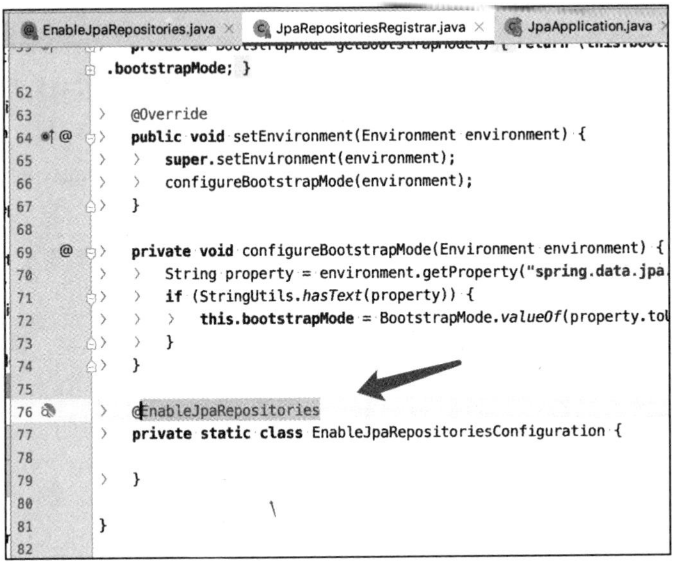

图 12-4 @EnableJpaRepositories

关于 @EnableJpaRepositories 的语法以及默认加载方式就介绍完了，这样大家就知道了通过 @EnableJpaRepositories 可以完成很多自定义需求。那么，到底如何自定义 Repository 的实现类呢？我们接着往下看。

12.3 自定义 Repository 的实现类的方法

自定义 Repository 的实现类，有以下两种方法。

12.3.1 第一种方法：定义独立的 Repository 的 Impl 实现类

我们通过一个实例来说明，假设我们要实现一个逻辑删除的功能，看看应该怎么做？

第一步：定义一个 CustomizedUserRepository 接口。

此接口会自动被 @EnableJpaRepositories 开启之后扫描到，代码如下。

```
package com.example.jpa.example1.customized;
import com.example.jpa.example1.User;
public interface CustomizedUserRepository {
    User logicallyDelete(User user) ;
}
```

第二步：创建一个 CustomizedUserRepositoryImpl 实现类。并且实现类用 Impl 结尾，

如下所示。

```
package com.example.jpa.example1.customized;
import com.example.jpa.example1.User;
import javax.persistence.EntityManager;

public class CustomizedUserRepositoryImpl implements
CustomizedUserRepository {
    private EntityManager entityManager;

    public CustomizedUserRepositoryImpl(EntityManager entityManager) {
        this.entityManager = entityManager;
    }

    @Override
    public User logicallyDelete(User user) {
        user.setDeleted(true) ;
        return entityManager.merge(user) ;
    }
}
```

其中我们也发现了，EntityManager 的第二种注入方式即直接放在构造方法里面，通过
Spring 自动注入。

第三步：当用到 UserRepository 的时候，直接继承我们自定义的 CustomizedUser-
Repository 接口即可。

```
public interface UserRepository extends JpaRepository<User,Long>,
    JpaSpecificationExecutor<User>, CustomizedUserRepository {
}
```

第四步：写一个测试用例测试一下。

```
@Test
public void testCustomizedUserRepository() {
    // 查出来一个 User 对
    User user = userRepository.findById(2L).get();
    // 调用我们的逻辑删除方法进行删除
    userRepository.logicallyDelete(user) ;
    // 我们再重新查询，看看值变了没有
    List<User> users = userRepository.findAll();
    Assertions.assertEquals(users.get(0).getDeleted(),Boolean.TRUE) ;
}
```

最后，调用自定义的逻辑删除方法 logicallyDelete，运行一下测试用例，结果完全通
过。那么，此种方法的实现原理是什么呢？

12.3.2　第一种方法的原理分析

前面讲过 Class<?> repositoryFactoryBeanClass() default JpaRepositoryFactoryBean.class，

Repository 的动态代理创建工厂是 JpaRepositoryFactoryBean，它会帮助我们生产 Repository 的实现类，那么我们直接看一下 JpaRepositoryFactoryBean 的源码，分析其原理。

　　如图 12-5 所示，设置一个断点就会发现，每个 Repository 都会构建一个 JpaRepository-Factory，当 JpaRepositoryFactory 加载完之后会执行 afterPropertiesSet() 方法，找到 User-Repository 的 Fragment（即我们自定义的 CustomizedUserRepositoryImpl），如图 12-6 所示。

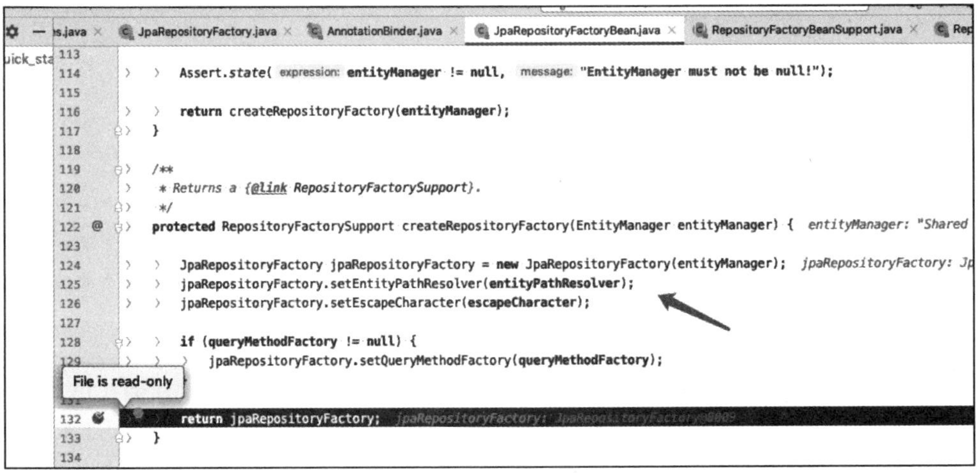

图 12-5　JpaRepositoryFactory

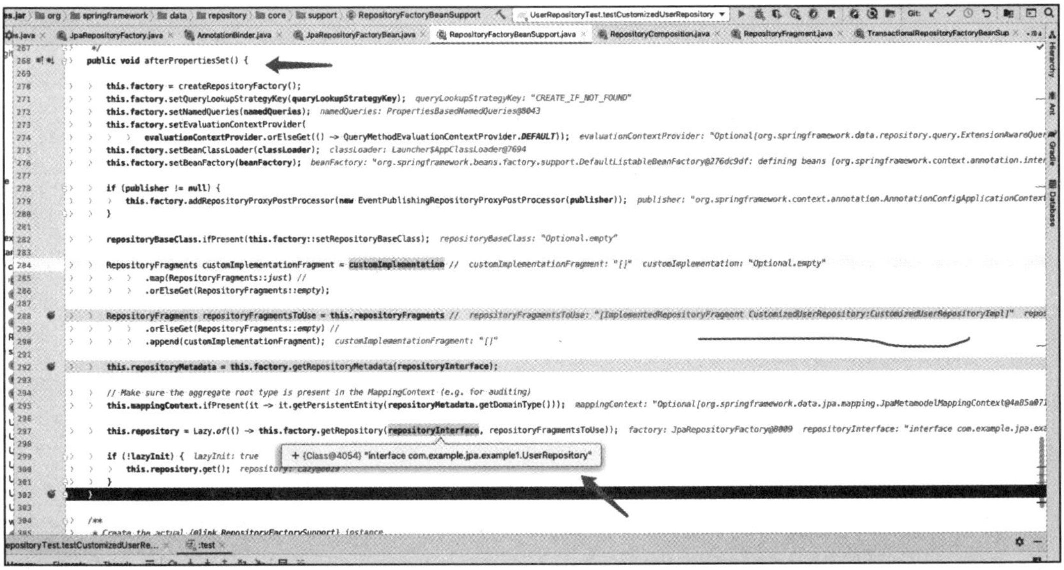

图 12-6　CustomizedUserRepositoryImpl 加载

　　我们再看 RepositoryFactory 里面的所有方法，如图 12-7 所示，一看就是动态代理生成 Repository 的实现类，我们进入这个方法并设置一个断点继续观察。

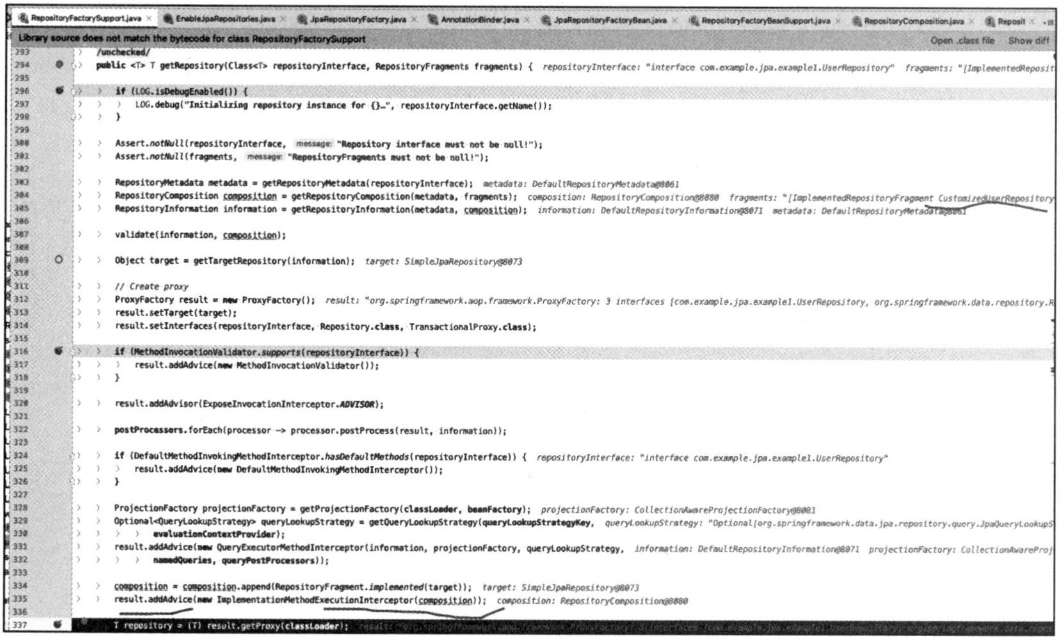

图 12-7　动态代理

我们通过断点可以看到，fragments 放到了 composition 里面，接着又放到了 advice 里面，最后才生成 repository 的代理类。这时我们再打开 repository，详细地看看里面的值，如图 12-8 所示。

图 12-8　repository 里面的 interfaces

可以看到 repository 里面的 interfaces 就是我们刚才测试的 userRepository 里面的接口定义的。

如图 12-9 所示，我们可以看到 advisors 里面第六个就是我们自定义的接口的实现类，从这里可以得出结论：Spring 通过扫描所有 repository 的接口和实现类，并且通过 AOP 的切面和动态代理的方式，就可以知道我们自定义的接口的实现类是什么。

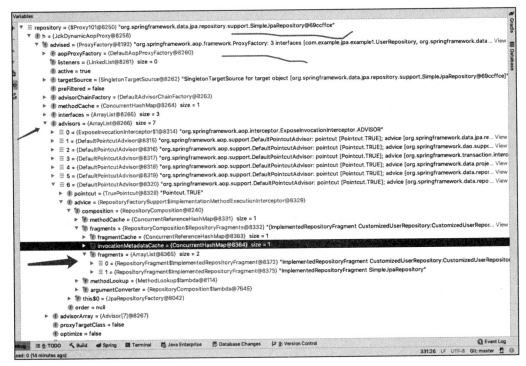

图 12-9　repository 里面的 advisors

针对不同的 repository 自定义的接口和实现类，需要我们手动扩展，这种比较适合在不同的业务场景有各自的 repository 的实现情况。还有一种方法，我们可以直接改变动态代理的实现类，我们接着看。

12.3.3　第二种方法：通过 @EnableJpaRepositories 定义默认的实现类

当面对复杂业务的时候，难免会自定义一些公用的方法，或者覆盖一些默认实现的情况。举个例子：很多时候线上的数据是不允许删除的，所以这个时候需要覆盖 SimpleJpaRepository 里面的删除方法，换成更新方法，进行逻辑删除，而不是物理删除。那么，接下来我们看看应该怎么做。

第一步：正如上面我们所讲的，利用 @EnableJpaRepositories 指定 repositoryBaseClass，代码如下。

```
@SpringBootApplication
```

```
@EnableWebMvc
@EnableJpaRepositories(repositoryImplementationPostfix =
    "Impl",repositoryBaseClass = CustomerBaseRepository.class)
public class JpaApplication {
    public static void main(String[] args) {
        SpringApplication.run(JpaApplication.class, args) ;
    }
}
```

可以看出，在启动项目的时候，通过 @EnableJpaRepositories 指定 repositoryBaseClass 的基类是 CustomerBaseRepository。

第二步：创建 CustomerBaseRepository，继承 SimpleJpaRepository 即可。

继承 SimpleJpaRepository 之后，我们直接覆盖 delete 方法即可，代码如下。

```
package com.example.jpa.example1.customized;
import org.springframework.data.jpa.repository.support.JpaEntityInformation;
import org.springframework.data.jpa.repository.support.SimpleJpaRepository;
import org.springframework.transaction.annotation.Transactional;
import javax.persistence.EntityManager;
@Transactional(readOnly = true)
public class CustomerBaseRepository<T extends BaseEntity,ID> extends
    SimpleJpaRepository<T,ID>  {
    private final JpaEntityInformation<T, ?> entityInformation;
    private final EntityManager em;
    public CustomerBaseRepository(JpaEntityInformation<T, ?> entityInformation,
        EntityManager entityManager) {
        super(entityInformation, entityManager) ;
        this.entityInformation = entityInformation;
        this.em = entityManager;
    }

    public CustomerBaseRepository(Class<T> domainClass, EntityManager em) {
        super(domainClass, em) ;
        entityInformation = null;
        this.em = em;
    }
    // 覆盖删除方法，实现逻辑删除，换成更新方法
    @Transactional
    @Override
    public void delete(T entity) {
        entity.setDeleted(Boolean.TRUE) ;
        em.merge(entity) ;
    }
}
```

需要注意的是，这里需要覆盖父类的构造方法，接收 EntityManager，并赋值给自己类里面的私有变量。

第三步：写一个测试用例测试一下。

```
@Test
```

```
public void testCustomizedBaseRepository() {
    User user = userRepository.findById(2L).get();
    userRepository.logicallyDelete(user) ;

    userRepository.delete(user) ;
    List<User> users = userRepository.findAll();
    Assertions.assertEquals(users.get(0).getDeleted(),Boolean.TRUE) ;
}
```

你可以发现，我们执行完"删除"之后，数据库里面的 User 还在，只不过 deleted 变成了已删除状态。那么，这是为什么呢？接下来，我们对其原理进行分析。

12.3.4　第二种方法的原理分析

还是打开 RepositoryFactory 里面的父类方法，它会根据 @EnableJpaRepositories 里面配置的 repositoryBaseClass，加载我们自定义的实现类，关键方法如图 12-10 所示。

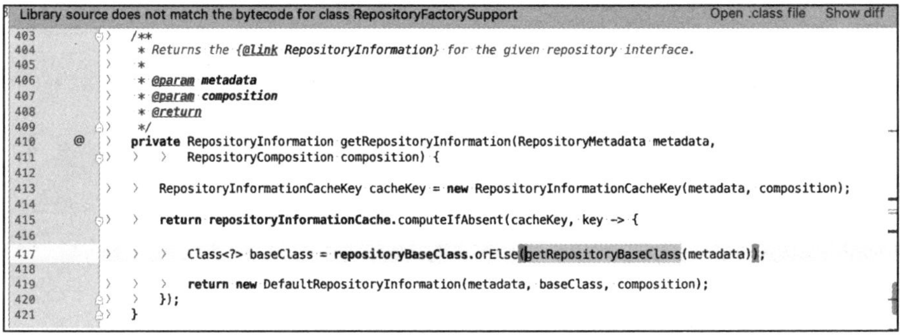

图 12-10　getRepositoryBaseClass

我们还是看图 12-7 里面的方法的断点，查看 repository 生产的代理实现类，它变成了 CustomerBaseRepository，如图 12-11 所示。

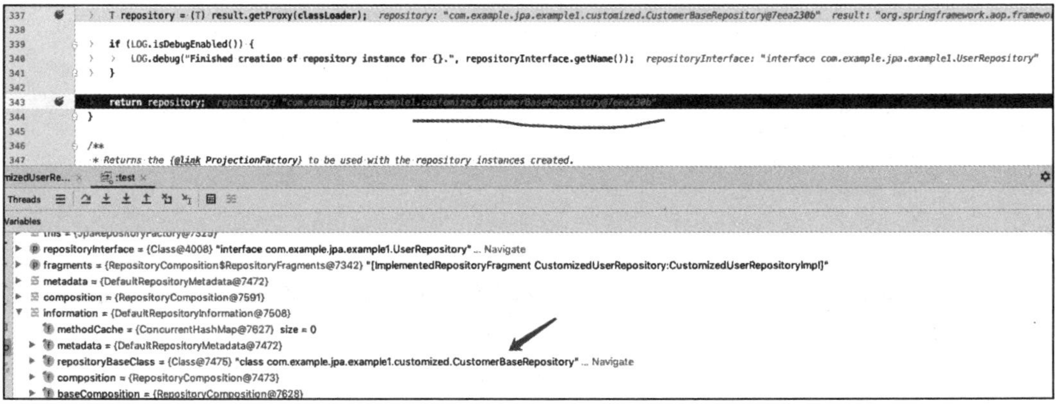

图 12-11　CustomerBaseRepository 动态代理

可以看到 information 已经变成我们扩展的基类了，而最终生成的 repository 的实现类也换成了 CustomerBaseRepository。

我们讲完了自定义的方法，那么它都会在哪些实际场景用到呢？接着往下看。

12.4　实际应用场景

在实际工作中，有哪些场景会用到自定义 Repository 呢？

1）首先肯定是我们做框架、解决一些通用问题的时候，如逻辑删除，正如我们上面实例所示的样子。

2）在实际生产中经常会有这样的场景：对外暴露的是 UUID 查询方法，而对内暴露的是 Long 类型的 ID，这时候我们就可以自定义一个 FindByIdOrUUID 的底层实现方法，可以选择在自定义的 Repository 接口里面实现。

3）DQM 和 @Query 满足不了我们的查询，但是我们又想用它的方法语义的时候，就可以考虑实现不同的 Repository 实现类，来满足我们不同业务场景的复杂查询。我见过有团队这样用过，不过个人感觉一般用不到，如果你用到了说明你的代码肯定还有优化空间，因为代码不应该过于复杂。

上面我们讲到了逻辑删除，还有一个就是利用 @SQLDelete 也可以做到。用法如下。

```
@SQLDelete(sql = "UPDATE user SET deleted = true where deleted =false and id
    = ?")
public class User implements Serializable {
...
}
```

这个时候不需要我们自定义 Repository 也可以做到，这个方法的优点是灵活，可以根据实际场景自由选择方式。而缺点是需要我们在实体上面一个一个地配置。

12.5　本章小结

在本章，我们通过介绍 EntityManager 和 @EnableJpaRepositories，实现了自定义 Repository 的两种方法。然而在阅读本章的过程中希望读者学习分析问题的思路，进而应用到实际工作中，并学会举一反三地查看源码。

JPA 的 Auditing 功能

本章讲述 JPA 的审计功能，即 Auditing，通过了解这一概念及其实现原理，分析这一功能可以帮助我们解决哪些问题。

在学习的过程中，希望读者可以按照所讲的步骤积极地思考，并能动手自己实践一下。希望通过阅读本章内容，你可以轻松掌握 JPA 审计功能，这样在实操中运用起来会更加得心应手。

13.1 Auditing 是什么

Auditing 是帮助我们做审计用的，当我们操作一条记录的时候，需要知道这是谁创建的、什么时间创建的、最后的修改人是谁、最后修改的时间，甚至需要修改记录……这些都是 Spring Data JPA 里面的 Auditing 所支持的，并且它为我们提供了四个注解来完成上述一系列事情，如下。

- ❏ @CreatedBy：是哪个用户创建的。
- ❏ @CreatedDate：创建的时间。
- ❏ @LastModifiedBy：最后修改实体的用户。
- ❏ @LastModifiedDate：最后一次修改的时间。

这就是 Auditing 了，那么它具体是怎么实现的呢？

13.2　如何实现 Auditing

利用上面四个注解的实现方法，一共有三种方式可实现 Auditing，我们分别来看看。

13.2.1　第一种方式：直接在实例里面添加上述四个注解

我们还用之前的例子，把 User 实体添加四个字段，分别记录创建人、创建时间、最后修改人、最后修改时间。

第一步：在 User 实体里面添加四个注解，并且新增 @EntityListeners(AuditingEntity-Listener.class) 注解。添加完之后，User 的实体代码如下。

```
@Entity
@Data
@Builder
@AllArgsConstructor
@NoArgsConstructor
@ToString(exclude = "addresses")
@EntityListeners(AuditingEntityListener.class)
public class User implements Serializable {
    @Id
    @GeneratedValue(strategy= GenerationType.AUTO)
    private Long id;
    private String name;
    private String email;
    @Enumerated(EnumType.STRING)
    private SexEnum sex;
    private Integer age;
    @OneToMany(mappedBy = "user")
    @JsonIgnore
    private List<UserAddress> addresses;
    private Boolean deleted;
    @CreatedBy
    private Integer createUserId;
    @CreatedDate
    private Date createTime;
    @LastModifiedBy
    private Integer lastModifiedUserId;
    @LastModifiedDate
    private Date lastModifiedTime;
}
```

在 @Entity 实体中我们需要做如下两点操作。

1）其中最主要的四个字段分别记录创建人、创建时间、最后修改人、最后修改时间，代码如下。

```
@CreatedBy
private Integer createUserId;
```

```
@CreatedDate
private Date createTime;
@LastModifiedBy
private Integer lastModifiedUserId;
@LastModifiedDate
private Date lastModifiedTime;
```

2）其中 AuditingEntityListener 不能少，必须通过这段代码：

```
@EntityListeners(AuditingEntityListener.class)
```

在 Entity 的实体上面进行注解。

第二步：实现 AuditorAware 接口，告诉 JPA 当前的用户是谁。

我们需要实现 AuditorAware 接口，以及 getCurrentAuditor 方法，并返回一个 Integer 的
user Id。

```
public class MyAuditorAware implements AuditorAware<Integer> {
    // 需要实现 AuditorAware 接口，返回当前的用户 I
    @Override
    public Optional<Integer> getCurrentAuditor() (
        ServletRequestAttributes servletRequestAttributes=
            (ServletRequestAttributes) RequestContextHolder.getRequestAttributes();
        Integer userId = (Integer) servletRequestAttributes.getRequest().
            getSession().getAttribute("userId");
        return Optional.ofNullable(userId) ;
    }
}
```

这里关键的一步是实现 AuditorAware 接口的方法，如下所示：

```
public interface AuditorAware<T> {
    T getCurrentAuditor();
}
```

需要注意的是，这里获得用户 ID 的方法不止这一种，在实际工作中，我们可能将当前
的 user 信息放在 Session 中，或者把当前信息放在 Redis 中，也可能把当前信息放在 Spring
的 security 里面进行管理。此外，这里的实现会有略微差异。我们以 security 为例：

```
Authentication authentication = SecurityContextHolder.getContext().
    getAuthentication();
if (authentication == null || !authentication.isAuthenticated()) {
    return null;
}
Integer userId = ((LoginUserInfo) authentication.getPrincipal()).getUser().
    getId();
```

这时获取 userId 的代码可能会变成上面这样子，大家了解一下就好。

第三步：通过 @EnableJpaAuditing 注解开启 JPA 的 Auditing 功能。

第三步也是最重要的一步，如果想使上面的配置生效，那么我们就需要开启 JPA 的 Auditing 功能（默认未开启）。这里需要用到的注解是 @EnableJpaAuditing。代码如下：

```
@Inherited
@Documented
@Target(ElementType.TYPE)
@Retention(RetentionPolicy.RUNTIME)
@Import(JpaAuditingRegistrar.class)
public @interface EnableJpaAuditing {
// auditor 用户的获取方法，默认是找 AuditorAware 的实现类
String auditorAwareRef() default "";
// 是否在创建修改的时候设置时间，默认是 true
boolean setDates() default true;
// 在创建的时候是否同时作为修改，默认是 true
boolean modifyOnCreate() default true;
// 时间的生成方法，默认是取当前时间（为什么提供这个功能呢？因为测试的时候有可能希望时间保持不
// 变，它提供了一种自定义的方法）
String dateTimeProviderRef() default "";
}
```

在了解了 @EnableJpaAuditing 注解之后，我们需要创建一个 Configuration 文件，添加 @EnableJpaAuditing 注解，并且把 MyAuditorAware 加载进去。如下所示：

```
@Configuration
@EnableJpaAuditing
public class JpaConfiguration {
    @Bean
    @ConditionalOnMissingBean(name = "myAuditorAware")
    MyAuditorAware myAuditorAware() {
        return new MyAuditorAware();
    }
}
```

经验之谈：

1）这里说一个 Congifuration 最佳实践的写法。我们为什么要单独写一个 Jpa-Configuration 的配置文件，而不是把 @EnableJpaAuditing 放在 JpaApplication 的类里面呢？因为这样的话，JpaConfiguration 文件可以单独加载、单独测试，如果都放在 Appplication 类里面的话，岂不是每次测试都要启动整个应用？

2）MyAuditorAware 也可以通过 @Component 注解进行加载，那么为什么推荐 @Bean 的方式呢？因为这种方式可以让使用的人直接通过我们的配置文件就能知道我们自定义了哪些组件，且不会让使用的人产生不必要的惊讶，这是写框架的一点经验，以供大家参考。

第四步：我们写个测试用例测试一下。

```
@DataJpaTest
@TestInstance(TestInstance.Lifecycle.PER_CLASS)
@Import(JpaConfiguration.class)
```

```
public class UserRepositoryTest {
    @Autowired
    private UserRepository userRepository;
    @MockBean
    MyAuditorAware myAuditorAware;
    @Test
    public void testAuditing() {
        // 由于测试用例模拟 Web Context 环境不是我们的重点，这里利用 @MockBean，期待返回 13 这
        // 个用户 Id
        Mockito.when(myAuditorAware.getCurrentAuditor()).thenReturn(Optional.of(13));
        // 我们没有显式地指定更新时间、创建时间、更新人、创建人
        User user = User.builder(
            .name("jack")
            .email("123456@126.com")
            .sex(SexEnum.BOY)
            .age(20)
            .build();
        userRepository.save(user) ;
        // 验证是否有创建时间、更新时间，UserID 是否正确
        List<User> users = userRepository.findAll();
        Assertions.assertEquals(13,users.get(0).getCreateUserId());
        Assertions.assertNotNull(users.get(0).getLastModifiedTime());
        System.out.println(users.get(0)) ;
    }
}
```

需要注意的是：

1）我们利用 @MockBean 模拟 MyAuditorAware，返回 13 这个 UserId。

2）我们测试并验证 create_user_id 是否是符合我们预期的。

测试结果如下：

```
User(id=1, name=jack, email=123456@126.com, sex=BOY, age=20,
    deleted=null, createUserId=13, createTime=Sat Oct 03 21:19:57 CST 2020,
    lastModifiedUserId=13, lastModifiedTime=Sat Oct 03 21:19:57 CST 2020)
```

结果完全符合我们的预期。

那么，现在是不是学会了 Auditing 的第一种方式呢？此外，Spring Data JPA 还给我们提供了第二种方式：实体里面直接实现 Auditable 接口，我们来看一看。

13.2.2　第二种方式：在实体里面实现 Auditable 接口

我们需要对上面的 User 实体对象进行改动，如下：

```
@Entity
@Data
@Builder
@AllArgsConstructor
@NoArgsConstructor
```

```java
@ToString(exclude = "addresses")
@EntityListeners(AuditingEntityListener.class)
public class User implements Auditable<Integer,Long, Instant> {
    @Id
    @GeneratedValue(strategy= GenerationType.AUTO)
    private Long id;
    private String name;
    private String email;
    @Enumerated(EnumType.STRING)
    private SexEnum sex;
    private Integer age;
    @OneToMany(mappedBy = "user")
    @JsonIgnore
    private List<UserAddress> addresses;
    private Boolean deleted;
    private Integer createUserId;
    private Instant createTime;
    private Integer lastModifiedUserId;
    private Instant lastModifiedTime;
    @Override
    public Optional<Integer> getCreatedBy() {
        return Optional.ofNullable(this.createUserId) ;
    }
    @Override
    public void setCreatedBy(Integer createdBy) {
        this.createUserId = createdBy;
    }
    @Override
    public Optional<Instant> getCreatedDate() {
        return Optional.ofNullable(this.createTime) ;
    }
    @Override
    public void setCreatedDate(Instant creationDate) {
        this.createTime = creationDate;
    }
    @Override
    public Optional<Integer> getLastModifiedBy() {
        return Optional.ofNullable(this.lastModifiedUserId) ;
    }
    @Override
    public void setLastModifiedBy(Integer lastModifiedBy) {
        this.lastModifiedUserId = lastModifiedBy;
    }
    @Override
    public void setLastModifiedDate(Instant lastModifiedDate) {
        this.lastModifiedTime = lastModifiedDate;
    }
    @Override
    public Optional<Instant> getLastModifiedDate() {
        return Optional.ofNullable(this.lastModifiedTime) ;
```

```
    }
    @Override
    public boolean isNew() {
        return id==null;
    }
}
```

与第一种方式的差异是，这里我们要去掉上面说的四个注解，并且要实现接口 Auditable 的方法，代码会变得很冗余。

其他都不变，我们再运行一次刚才的测试用例，发现效果是一样的。从代码的复杂程度来看，这种方式并不推荐大家使用。那么我们再来看第三种方式。

13.2.3 第三种方式：利用 @MappedSuperclass 注解

我们在前面讲对象的多态时提到过 @MappedSuperclass 这个注解，它主要用来解决公共 BaseEntity 的问题，而且其代表的是继承它的每一个类都是一个独立的表。

我们先来看 @MappedSuperclass 的语法，@Mapped-Superclass 源码如图 13-1 所示。

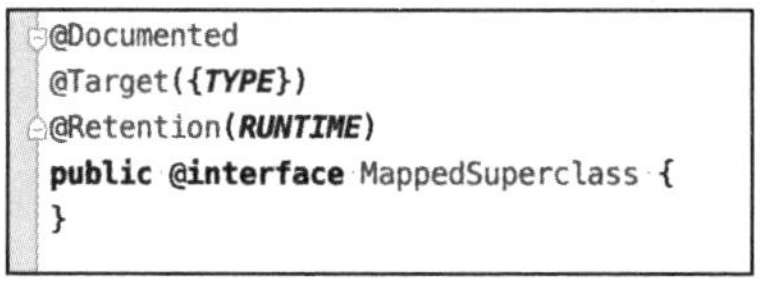

图 13-1　@MappedSuperclass 源码

它里面什么都没有，其实就是代表了抽象关系，即所有子类的公共字段而已。那么接下来我们看一看实例。

第一步：创建一个 BaseEntity，里面放一些实体的公共字段和注解。

```
package com.example.jpa.example1.base;
import org.springframework.data.annotation.*;
import javax.persistence.MappedSuperclass;
import java.time.Instant;
@Data
@MappedSuperclass
@EntityListeners(AuditingEntityListener.class)
public class BaseEntity {
    @CreatedBy
    private Integer createUserId;
    @CreatedDate
    private Instant createTime;
    @LastModifiedBy
    private Integer lastModifiedUserId;
    @LastModifiedDate
    private Instant lastModifiedTime;
}
```

注意　BaseEntity 里面需要用到上面提到的四个注解，并且加上 @EntityListeners(AuditingEntity-Listener.class)，这样所有的子类就不需要加了。

第二步：实体直接继承 BaseEntity 即可。

我们修改一下上面的 User 实例，直接继承 BaseEntity，代码如下。

```
@Entity
@Data
@Builder
@AllArgsConstructor
@NoArgsConstructor
@ToString(exclude = "addresses")
public class User extends BaseEntity {
    @Id
    @GeneratedValue(strategy= GenerationType.AUTO)
    private Long id;
    private String name;
    private String email;
    @Enumerated(EnumType.STRING)
    private SexEnum sex;
    private Integer age;
    @OneToMany(mappedBy = "user")
    @JsonIgnore
    private List<UserAddress> addresses;
    private Boolean deleted;
}
```

这样就不需要太关心 User 实体，只关注自己需要的逻辑即可，如下。

1）去掉了 @EntityListeners(AuditingEntityListener.class)。

2）去掉了 @CreatedBy、@CreatedDate、@LastModifiedBy、@LastModifiedDate 四个注解的公共字段。

接着我们再运行一下上面的测试用例，发现效果还是一样的。

这种方式是最想推荐给大家的，也是实际工作中使用最多的一种方式。它的好处显而易见，就是公用性强、代码简单、需要关心的东西少。

通过上面的实际案例，我们其实也能很容易发现 Auditing 帮助我们解决了什么问题，下面进行总结。

13.3　JPA 的 Auditing 功能解决了哪些问题

1）Auditing 可以很容易地让我们写自己的 BaseEntity，把一些公共的字段放在里面，不需要我们关心太多与业务无关的字段，让我们公司的表更加统一和规范，只需统一加上 @CreatedBy、@CreatedDate、@LastModifiedBy、@LastModifiedDate 等。

在实际工作中，BaseEntity 可能还会更复杂一点，比如说把 ID 和 @Version 加进去，会变成如下形式。

```
@Data
@MappedSuperclass
@EntityListeners(AuditingEntityListener.class)
public class BaseEntity {
    @Id
    @GeneratedValue(strategy= GenerationType.AUTO)
    private Long id;
    @CreatedBy
    private Integer createUserId;
    @CreatedDate
    private Instant createTime;
    @LastModifiedBy
    private Integer lastModifiedUserId;
    @LastModifiedDate
    private Instant lastModifiedTime;
    @Version
    private Integer version;
}
```

其中关于 @Version 的详细使用方法，我们在第 15 章讲乐观锁的机制时再详细讲解。

2）在实战应用场景中，Auditing 比较适合做后台管理项目，对应纯粹的 RestAPI 项目，提供给用户直接查询的 API 的话，可以考虑一个特殊的 UserId。

到这里，JPA 的审计功能解决了哪些问题，想必大家都清楚了吧！

13.4 Auditing 的实现原理

大家都已经掌握了方法，但其原理是怎么实现的呢？我们通过源码进行分析即可。

13.4.1 Auditing 的源码分析

第一步：还是从 @EnableJpaAuditing 入手分析。

前面讲了它的使用方法，这次我们分析一下它的加载原理，如图 13-2 所示。

我们可以知道，首先 Auditing 这套封装是 Spring Data JPA 实现的，而不是 Java Persistence API 规定的，其注解里面还有一项重要功能就是 @Import(JpaAuditingRegistrar.class) 这个类，它帮助我们处理 Auditing 的逻辑。

我们看 JpaAuditingRegistrar 的源码，通过 Debug 视图一步一步地可以发现如图 13-3 所示的方法。

进一步进入 registerBeanDefinitions 方法里面，可以看到如图 13-4 所示的代码。

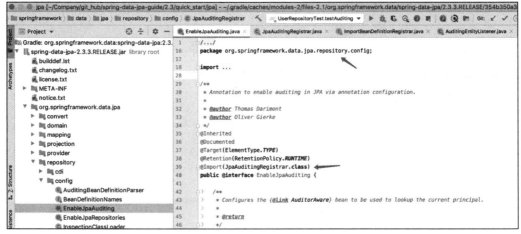

图 13-2　@EnableJpaAuditing 注解

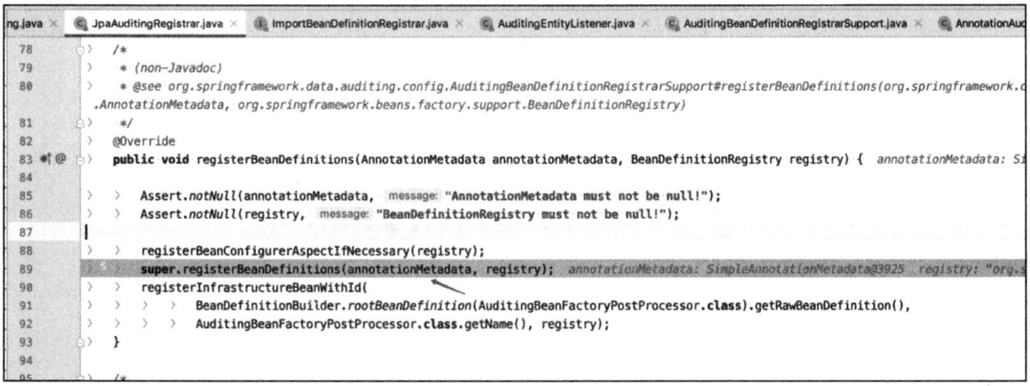

图 13-3　registerBeanDefinitions

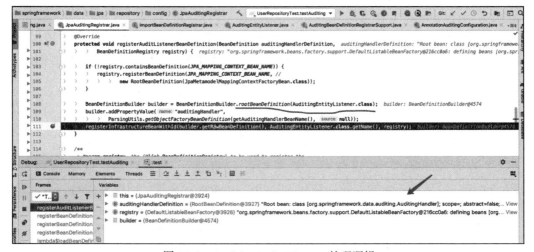

图 13-4　AuditingEntityListener 处理逻辑

从图 13-4 可以看到，Spring 容器给 AuditingEntityListener.class 注解标注的实例类注入了一个 AuditingHandler 的处理类。

第二步：打开 AuditingEntityListener.class 的源码分析一下。

```
@Configurable
public class AuditingEntityListener {
    private @Nullable ObjectFactory<AuditingHandler> handler;
    public void setAuditingHandler(ObjectFactory<AuditingHandler>
        auditingHandler) {
        Assert.notNull(auditingHandler, "AuditingHandler must not be null!") ;
        this.handler = auditingHandler;
    }
    @PrePersist
    public void touchForCreate(Object target) {
        Assert.notNull(target, "Entity must not be null!") ;
        if (handler != null) {
            AuditingHandler object = handler.getObject();
            if (object != null) {
                object.markCreated(target) ;
            }
        }
    }
    @PreUpdate
    public void touchForUpdate(Object target) {
        Assert.notNull(target, "Entity must not be null!");
        if (handler != null) {
            AuditingHandler object = handler.getObject();
            if (object != null) {
                object.markModified(target);
            }
        }
    }
}
```

从源码我们可以看到，AuditingEntityListener 的实现还是比较简单的，利用了 Java Persistence API 里面的 @PrePersist、@PreUpdate 回调函数，在更新和创建之前通过 AuditingHandler 添加了用户信息和时间信息。

那么，通过原理，我们能得出什么结论呢？

13.4.2 结论

1）查看 Auditing 的实现源码，其实给我们提供了一个思路，就是怎么利用 @PrePersist、@PreUpdate 等回调函数和 @EntityListeners 定义自己的框架代码。这是值得我们学习和参考的，比如说 Auditing 的操作日志场景等。

2）想成功配置 Auditing 功能，必须将 @EnableJpaAuditing 和 @EntityListeners（Auditing-EntityListener.class) 一起使用才有效。

3）我们是不是可以不通过 Spring Data JPA 给我们提供的 Auditing 功能，而是直接使用 @PrePersist、@PreUpdate 回调函数注解在实体上，从而达到同样的效果呢？答案是肯定的，因为回调函数是实现的本质。

13.5　本章小结

到这里，关于 JPA 的审计功能我们就介绍完了，不知道大家有没有理解透彻。

在本章我们详细讲解了 Auditing 的使用方法以及最佳实践，还分析了 Auditing 的实现原理。下一章会为大家讲解 Java Persistence API 给我们提供的回调函数，及其最佳实践和原理，这样我们使用 JPA 时会更加游刃有余。

@Entity 回调方法的正确使用

在本章，我们学习一下 @Entity 的回调方法。为什么要讲回调方法（函数）呢？因为在工作中，我发现有些同事会把这个回调方法用得非常复杂，不得要领，所以我专门拿出一个章节进行详细说明，并分享我的经验以供大家参考。以下将通过"语法 + 实践"的方式讲解如何使用 @Entity 的回调方法，从而达到提高开发效率的目的。

14.1 Java Persistence API 规定的回调方法

JPA 协议规定，可以通过一些注解为其监听回调事件、指定回调方法。下面为大家分别列举了 @PrePersist、@PostPersist、@PreRemove、@PostRemove、@PreUpdate、@PostUpdate、@PostLoad 注解及其概念。

14.1.1 Entity 的回调事件注解

如表 14-1 所示为回调事件注解。

表 14-1 回调事件注解

注 解	描 述
@PrePersist	EntityManager.persist 方法调用之前的回调注解，可以理解为新增之前的回调方法
@PostPersist	在操作 EntityManager.persist 方法之后调用的回调注解；EntityManager.flush 或 EntityManager.commit 方法之后调用此方法，也可以理解为在保存到数据库之后进行调用
@PreRemove	在操作 EntityManager.remove 之前调用的回调注解，可以理解为在删除方法操作之前调用
@PostRemove	在操作 EntityManager.remove 之后调用的回调注解，可以理解为在删除方法操作之后调用

（续）

注　解	描　述
@PreUpdate	在实体更新之前调用，所谓的更新其实是在执行 merge 之后，实体发生了变化，这一注解可以在变化存储到数据库之前调用
@PostUpdate	在实体更新之后调用，即实体的字段值变化之后，在调用 EntityManager.flush 或 EntityManager. commit 方法之后调用此方法
@PostLoad	在实体从 DB 加载到程序里面之后回调

14.1.2　语法注意事项

关于表 14-1 所述的几个方法有一些需要注意的地方，如下。

1）回调函数都是与 EntityManager.flush 或 EntityManager.commit 在同一个线程里面执行的，只不过调用方法有先后之分，都是同步调用，所以当任何一个回调方法里面发生异常，都会触发事务进行回滚，而不会触发事务提交。

2）回调注解可以放在实体里面，可以放在 super-class 里面，也可以定义在 entity 的 listener 里面，但需要注意的是，对于放在实体（或者 super-class）里面的方法，签名格式为 "void <METHOD>()"，即没有参数，方法里面操作的是 this 对象自己；放在实体的 EntityListener 里面的方法签名格式为 "void <METHOD>(Object)"，也就是方法可以有参数，参数是代表用来接收回调方法的实体。

3）使上述注解生效的回调方法可以是 public、private、protected、friendly 类型的，但是不能是 static 和 finnal 类型的方法。

JPA 里面规定的回调方法还有一些不常用，我就不过多介绍了。接下来，我们看一下回调注解在实体里面是如何使用的。

14.2　JPA 回调注解的使用方法

这里我介绍两种方法，是你可能会在实际工作中用到的。

14.2.1　第一种用法：在实体和 super-class 中使用

第一步：修改 BaseEntity，在里面新增回调函数和注解，代码如下。

```
package com.example.jpa.example1.base;

import lombok.Data;
import org.springframework.data.annotation.*;
import org.springframework.data.jpa.domain.support.AuditingEntityListener;

import javax.persistence.*;
import java.time.Instant;
```

```
@Data
@MappedSuperclass
@EntityListeners(AuditingEntityListener.class)
public class BaseEntity {
    @Id
    @GeneratedValue(strategy= GenerationType.AUTO)
    private Long id;
// @CreatedBy 这个可能会被 AuditingEntityListener 覆盖，为了方便测试，我们先注释掉
    private Integer createUserId;
    @CreatedDate
    private Instant createTime;
    @LastModifiedBy
    private Integer lastModifiedUserId;
    @LastModifiedDate
    private Instant lastModifiedTime;
// @Version 由于本身有乐观锁机制，这个我们测试的时候先注释掉，改用手动设置的值
    private Integer version;
    @PreUpdate
    public void preUpdate(){
        System.out.println("preUpdate::"+this.toString());
        this.setCreateUserId(200) ;
    }
    @PostUpdate
    public void postUpdate() {
        System.out.println("postUpdate::"+this.toString());
    }
    @PreRemove
    public void preRemove() {
        System.out.println("preRemove::"+this.toString());
    }
    @PostRemove
    public void postRemove() {
        System.out.println("postRemove::"+this.toString());
    }
    @PostLoad
    public void postLoad() {
        System.out.println("postLoad::"+this.toString());
    }
}
```

上述代码中，我在类里面使用了 @PreUpdate、@PostUpdate、@PreRemove、@Post-Remove、@PostLoad 几个注解，并在相应的回调方法里面加了相应的日志，并且在 @Pre-Update 方法里面修改了 create_user_id 的值为 200，这样做是为了方便我们后续的测试。

第二步：修改一下 User 类，也新增两个回调函数，并且与 BaseEntity 做法一样，代码如下。

```
package com.example.jpa.example1;
import com.example.jpa.example1.base.BaseEntity;
import com.fasterxml.jackson.annotation.JsonIgnore;
import lombok.*;
```

```
import javax.persistence.*;
import java.util.List;
@Entity
@Data
@Builder
@AllArgsConstructor
@NoArgsConstructor
@ToString(exclude = "addresses",callSuper = true)
@EqualsAndHashCode(callSuper=false)
public class User extends BaseEntity {// implements Auditable<Integer,Long,
    Instant> {
    private String name;
    private String email;
    @Enumerated(EnumType.STRING)
    private SexEnum sex;
    private Integer age;
    @OneToMany(mappedBy = "user")
    @JsonIgnore
    private List<UserAddress> addresses;
    private Boolean deleted;
    @PrePersist
    private void prePersist() {
        System.out.println("prePersist::"+this.toString());
        this.setVersion(1) ;
    }
    @PostPersist
    public void postPersist() {
        System.out.println("postPersist::"+this.toString());
    }
}
```

我在其中使用了 @PrePersist、@PostPersist 回调事件，为了方便我们测试，我在 @PrePersist 里面将 version 值修改为 1。

第三步：写一个测试用例测试一下。

```
@DataJpaTest
@TestInstance(TestInstance.Lifecycle.PER_CLASS)
@Import(JpaConfiguration.class)
public class UserRepositoryTest {
    @Autowired
    private UserRepository userRepository;
    @MockBean
    MyAuditorAware myAuditorAware;
    /*
     * 为了与测试方法的事务分开，我们在 init 里面初始化数据做新增操作
     */
    @BeforeAll
    @Rollback(false)
    @Transactional
    public void init() {
```

```
        // 由于测试用例模拟 Web Context 环境不是我们的重点, 这里利用 @MockBean, 期待返回 13
        // 这个用户
Mockito.when(myAuditorAware.getCurrentAuditor()).thenReturn(Optional.of(13)) ;
        User u1 = User.builder(
            .name("jack")
            .email( "123456@126.com" )
            .sex(SexEnum.BOY)
            .age(20)
            .build();
        // 没有保存之前, version 是 null
        Assertions.assertNull(u1.getVersion());
        userRepository.save(u1) ;
        // 这里面触发保存方法, 这个时候我们将 version 设置为 1, 然后验证一下
        Assertions.assertEquals(1,u1.getVersion());
    }

    /*
     * 测试一下更新和查询
     */
    @Test
    @Rollback(false)
    @Transactional
    public void testCallBackUpdate() {
        // 此时会触发 @PostLoad 事件
        User u1 = userRepository.getOne(1L) ;
        // 我们从 DB 里面重新查询出来, 验证一下 version 是不是一样
        Assertions.assertEquals(1,u1.getVersion());
        u1.setSex(SexEnum.GIRL) ;
        // 此时会触发 @PreUpdate 事件
        userRepository.save(u1) ;
        List<User> u3 = userRepository.findAll();
        u3.stream().forEach(u->
            // 我们从 DB 查询出来, 验证一下 CcreateUserId 是否为我们刚才修改的 200
            Assertions.assertEquals(200,u.getCreateUserId());
        });
    }
    /*
     * 测试一下删除事件
     */
    @Test
    @Rollback(false)
    @Transactional
    public void testCallBackDelete() {
        // 此时会触发 @PostLoad 事件
        User u1 = userRepository.getOne(1L) ;
        Assertions.assertEquals(200,u1.getCreateUserId());
        userRepository.delete(u1) ;
        // 此时会触发 @PreRemove、@PostRemove 事件
        System.out.println("delete_after::") ;
    }
}
```

我们通过测试用例验证了回调函数的事件后，看一下输出的 SQL 和日志，如图 14-1 所示。

图 14-1　测试 SQL 和日志

通过图 14-1 的日志也可以看到相应的回调函数被触发了，并且可以看到在执行 insert 之前执行 prePersist 日志、在 insert 之后执行 postPersist 日志、在 select 之后执行 postLoad 方法的日志，以及在 update 的 SQL 前后执行 preUpdate 和 postUpdate 日志。

如果执行上面 remove 的测试用例，也会得到一样的效果：在 delete SQL 之前会执行 preRemove 方法并且打印日志，在 delete SQL 之后会执行 postRemove 方法并打印日志。

那么使用这种方法，回调函数里面发生异常会怎么样呢？这也是你可能会遇到的问题，我来告诉你解决办法。

我们稍微修改一下上面的 @PostPersist 方法，手动抛一个异常出来，看看会发生什么。

```
@PostPersist
public void postPersist() {
    System.out.println("postPersist::"+this.toString());
    throw new RuntimeException("jack test exception transactional roll back");
}
```

再运行测试用例就会发现，其中发生了 RollbackException 异常，这样数据是不会提交到 DB 的，也就会导致数据回滚，从而导致后面的业务流程无法执行下去。

```
Could not commit JPA transaction; nested exception is javax.persistence.
    RollbackException: Error while committing the transaction
org.springframework.transaction.TransactionSystemException: Could not commit
    JPA transaction; nested exception is javax.persistence.RollbackException:
    Error while committing the transaction
```

所以在使用此方法时，你要注意考虑异常情况，避免不必要的麻烦。

14.2.2 第二种用法：自定义 EntityListener

第一步：自定义一个 EntityLoggingListener 用来记录操作日志，通过 listener 的方式配置回调函数注解，代码如下。

```
package com.example.jpa.example1.base;

import com.example.jpa.example1.User;
import lombok.extern.log4j.Log4j2;

import javax.persistence.*;

@Log4j2
public class EntityLoggingListener {
    @PrePersist
    private void prePersist(BaseEntity entity) {
    // entity.setVersion(1); 如果注释了，测试用例这个地方的验证也需要修改
        log.info("prePersist::{}",entity.toString());
    }

    @PostPersist
    public void postPersist(Object entity) {
        log.info("postPersist::{}",entity.toString());
    }
    @PreUpdate
    public void preUpdate(BaseEntity entity) {
    // entity.setCreateUserId(200); 如果注释了，测试用例这个地方的验证也需要修改
        log.info("preUpdate::{}",entity.toString());
    }

    @PostUpdate
    public void postUpdate(Object entity) {
        log.info("postUpdate::{}",entity.toString());
    }

    @PreRemove
    public void preRemove(Object entity) {
        log.info("preRemove::{}",entity.toString());
    }

    @PostRemove
    public void postRemove(Object entity) {
        log.info("postRemove::{}",entity.toString());
    }

    @PostLoad
    public void postLoad(Object entity) {
    // 查询方法方法里面可以对一些敏感信息做一些日志
```

```
        if (User.class.isInstance(entity)) {
            log.info("postLoad::{}",entity.toString());
        }
    }
}
```

在这一步骤中需要注意的是：

1）上面注释的代码也可以改变 entity 里面的值，但是在这个 Listener 里面我们不做修改，所以把 setVersion 和 setCreateUserId 注释掉了，要注意测试用例里面这两处也需要修改。

2）在 @PostLoad 里面记录日志，不一定每个实体、每次查询都需要记录，只需要对一些敏感的实体或者字段做日志记录即可。

3）回调函数时我们可以加上参数，这个参数可以是父类 Object，可以是 BaseEntity，也可以是具体的某一个实体。我推荐用 BaseEntity，因为这样的方法是类型安全的，它可以约定一些框架逻辑，如 getCreateUserId、getLastModifiedUserId 等。

第二步：还是一样的道理，写一个测试用例。

这次我们执行 testCallBackDelete()，看看会得到什么样的结果。

```
2020-10-05  13:55:19.332  INFO 62541 --- [    Test worker] c.e.j.e.base.
    EntityLoggingListener      : prePersist::User(super=BaseEntity(id=null,
    createUserId=13, createTime=2020-10-05T05:55:19.246Z, lastModifiedUserId=13,
    lastModifiedTime=2020-10-05T05:55:19.246Z, version=null), name=jack,
    email=123456@126.com, sex=BOY, age=20, deleted=null)
2020-10-05  13:55:19.449  INFO 62541 --- [    Test worker] c.e.j.e.base.
    EntityLoggingListener      : postPersist::User(super=BaseEntity(id=1,
    createUserId=13, createTime=2020-10-05T05:55:19.246Z, lastModifiedUserId=13,
    lastModifiedTime=2020-10-05T05:55:19.246Z, version=0), name=jack,
    email=123456@126.com, sex=BOY, age=20, deleted=null)
2020-10-05  13:55:19.698  INFO 62541 --- [    Test worker] c.e.j.e.base.
    EntityLoggingListener      : postLoad::User(super=BaseEntity(id=1,
    createUserId=13, createTime=2020-10-05T05:55:19.246Z, lastModifiedUserId=13,
    lastModifiedTime=2020-10-05T05:55:19.246Z, version=0), name=jack,
    email=123456@126.com, sex=BOY, age=20, deleted=null)
2020-10-05  13:55:19.719  INFO 62541 --- [    Test worker] c.e.j.e.base.
    EntityLoggingListener      : preRemove::User(super=BaseEntity(id=1,
    createUserId=13, createTime=2020-10-05T05:55:19.246Z, lastModifiedUserId=13,
    lastModifiedTime=2020-10-05T05:55:19.246Z, version=0), name=jack,
    email=123456@126.com, sex=BOY, age=20, deleted=null)
2020-10-05  13:55:19.798  INFO 62541 --- [    Test worker] c.e.j.e.base.
    EntityLoggingListener      : postRemove::User(super=BaseEntity(id=1,
    createUserId=13, createTime=2020-10-05T05:55:19.246Z, lastModifiedUserId=13,
    lastModifiedTime=2020-10-05T05:55:19.246Z, version=0), name=jack,
    email=123456@126.com, sex=BOY, age=20, deleted=null)
```

通过日志我们可以很清晰地看到回调注解标注的方法的执行过程，及其实体参数的值。你会发现，原来自定义 EntityListener 回调函数的方法也是如此简单。

细心的你这个时候可能也会发现，我们上面其实应用了两个 EntityListener，所以这个时候 @EntityListeners 有个加载顺序的问题，你需要重点关注一下。

14.2.3 关于 @EntityListeners 加载顺序的说明

1）默认如果子类和父类都有 EntityListeners，那么会按照加载的顺序执行所有 EntityListeners。

2）EntityListeners 和实体里面的回调函数注解可以同时使用，但需要注意顺序问题。

3）如果我们不想加载 super-class 里面的 EntityListeners，那么我们可以通过注解 @ExcludeSuperclassListeners，排除所有父类里面的实体监听者。需要的时候，我们再在子类实体里面重新引入即可，代码如下。

```
@ExcludeSuperclassListeners
public class User extends BaseEntity {
...}
```

看完上面介绍的两种方式，关于回调注解的用法你是不是已经掌握了呢？我强调需要注意的地方你要重点看一下，并切记在应用时不要弄错了。

上面说了这么多回调函数的注解的使用方法，那么它的最佳实践是什么呢？

14.3　JPA 回调注解的最佳实践

我以个人经验总结了以下几个最佳实践。

1）回调函数里面应尽量避免直接操作业务代码，最好用一些具有框架性的公用代码，如在上一章我们讲的 Auditing，以及本章前面提到的实体操作日志等。

2）注意回调函数方法要在同一个事务中进行，异常要可预期，非可预期的异常要进行捕获，以免出现意想不到的线上 Bug。

3）回调函数方法是同步的，一些计算量大的和一些耗时的操作可以通过发消息等机制异步处理，以免阻塞主流程，影响接口的性能。比如上面说的日志，如果我们要将其记录到数据库里面，可以在回调方法里面发个消息，改进之后将变成如下格式：

```
public class AuditLoggingListener {
    @PostLoad
    private void postLoad(Object entity) {
        this.notice(entity, OperateType.load) ;
    }
    @PostPersist
    private void postPersist(Object entity) {
        this.notice(entity, OperateType.create) ;
    }
    @PostRemove
```

```
   private void PostRemove(Object entity) {
      this.notice(entity, OperateType.remove) ;
   }
   @PostUpdate
   private void PostUpdate(Object entity) {
      this.notice(entity, OperateType.update) ;
   }
   private void notice(Object entity, OperateType type) {
      // 我们通过 active mq 异步发出消息处理事务
      ActiveMqEventManager.notice(new ActiveMqEvent(type, entity)) ;
   }
   @Getter
   enum OperateType {
      create(" 创建 "), remove(" 删除 "),update(" 修改 "),load(" 查询 ");
      private final String description;
      OperateType(String description) {
         this.description=description;
      }
   }
}
```

4）在回调函数里面，尽量不要直接在操作 EntityManager 后再做 Session 的整个生命周期的其他持久化操作，以免破坏事务的处理流程；也不要进行其他额外的关联关系更新动作，业务性的代码一定要放在 Service 层面，否则太过复杂，时间长了代码很难维护。

5）回调函数里面比较适合用一些计算型的 transient 方法，如下面这个操作。

```
public class UserListener {
   @PrePersist
   public void prePersist(User user) {
      // 通过一些逻辑计算年龄
      user.calculationAge();
   }
}
```

6）JPA 官方比较建议放一些默认值，但是我不是特别赞同，因为觉得那样不够直观，我们直接用字段初始化就可以了，没必要在回调函数里面放置默认值。

那么，除了日志，还有没有其他实战应用场景呢？

确实，目前除了日志，Auditing 其他公用的场景不多。当遇到其他场景，你可以根据不同的实体实际情况制定自己独有的 EntityListener 方法，如下。

```
@Entity
@EntityListeners(UserListener.class)
public class User extends BaseEntity {// implements Auditable<Integer,Long,
   Instant> {
   @Transient
   public void calculationAge() {
      // 通过一些逻辑计算年龄
      this.age=10;
```

```
    }
    ...// 其他不重要的省略
}
```

例如，User 中我们有一个计算年龄的逻辑要独立调用，就可以在持久化之前调用此方法，新建一个自己的 UserListener 即可，代码如下。

```
public class UserListener {
    @PrePersist
    public void prePersist(User user) {
        //通过一些逻辑计算年龄
        user.calculationAge();
    }
}
```

关于 JPA 回调注解在一些实际场景中的最佳实践就介绍到这里，希望你在应用的时候多注意找方法，避免不必要的操作，也希望我的经验可以帮助到你。

14.4　JPA 回调注解的实现原理和事件机制

那么，回调注解的实现原理是什么呢？其实很简单，Java Persistence API 规定：JPA 的实现方需要实现功能，需要支持回调事件注解；而 Hibernate 内部负责实现，Hibernate 内部维护了一套实体的 EventType，包含了各种回调事件，下面列举一下：

```
public static final EventType<PreLoadEventListener> PRE_LOAD = create( "pre-
    load", PreLoadEventListener.class );
public static final EventType<PreDeleteEventListener> PRE_DELETE = create
    ( "pre-delete", PreDeleteEventListener.class );
public static final EventType<PreUpdateEventListener> PRE_UPDATE = create
    ( "pre-update", PreUpdateEventListener.class );
public static final EventType<PreInsertEventListener> PRE_INSERT = create
    ( "pre-insert", PreInsertEventListener.class );

public static final EventType<PostLoadEventListener> POST_LOAD = create
    ( "post-load", PostLoadEventListener.class );
public static final EventType<PostDeleteEventListener> POST_DELETE = create
    ( "post-delete", PostDeleteEventListener.class );
public static final EventType<PostUpdateEventListener> POST_UPDATE = create
    ( "post-update", PostUpdateEventListener.class );
public static final EventType<PostInsertEventListener> POST_INSERT = create
    ( "post-insert", PostInsertEventListener.class );
```

关于更多的事件类型，你可以通过查看 org.hibernate.event.spi.EventType 类了解。在构建 Session Factory 的时候，EventListenerRegistryImpl 负责注册这些事件，我们看一下关键节点，如图 14-2 所示。

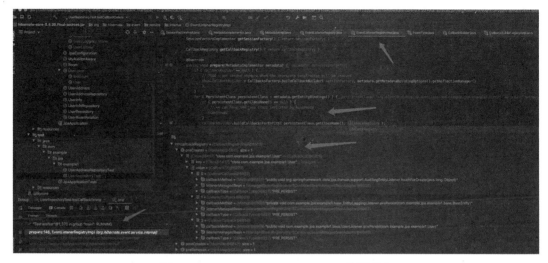

图 14-2　EventListenerRegistryImpl 关键节点

通过一步一步断点，再结合 Hibernate 的官方文档，可以了解内部 EventType 事件的创建机制。由于我们不常用这部分原理，知道有这么回事即可，你有兴趣也可以深入研究一下。

14.5　本章小结

在本章，我们分析了语法，列举了实战使用场景及最佳实践，相信通过上面提到的异常、异步、避免死循环等处理方法，读者能掌握回调函数的正确使用方法。在下一章，我们将迎来很多人都感兴趣的乐观锁机制和重试机制相关内容，到时候我会告诉你它们在实战中都是怎么使用的。

乐观锁机制和重试机制在实战中的应用

你好，欢迎来到本章，在第 15 章我要为你揭开乐观锁机制的"神秘面纱"：乐观锁到底是什么？它的神奇之处又到底在哪里呢？

15.1 什么是乐观锁

乐观锁在实际开发过程中很常用，它没有加锁、没有阻塞，在多线程环境以及高并发的情况下，CPU 的利用率是最高的，吞吐量也是最大的。

而 Java Persistence API 协议也对乐观锁的操作做了规定：通过指定 @Version 字段对数据增加版本号控制，进而在更新的时候判断版本号是否有变化。如果没有变化就直接更新；如果有变化，就会更新失败并抛出" OptimisticLockException"异常。我们用 SQL 表示一下乐观锁的做法，代码如下。

```
select uid,name,version from user where id=1;
update user set name='jack', version=version+1 where id=1 and version=1
```

假设本次查询时 version=1，在更新操作时，只要 version 与上一个版本相同，就会更新成功，并且不会出现互相覆盖的问题，保证了数据的原子性。

这就是乐观锁在数据库里面的应用。那么在 Spring Data JPA 里面怎么做呢？我们来了解一下。

15.2 乐观锁的实现方法

JPA 协议规定，想要实现乐观锁，可以将 @Version 注解标注在实体的某个字段上面，而此字段需要是可以持久化到 DB 的字段，并且只支持如下四种类型：

- ❑ int 或 Integer
- ❑ short 或 Short
- ❑ long 或 Long
- ❑ java.sql.Timestamp

这样就可以完成乐观锁的操作。我比较推荐使用 Integer 类型的字段，因为这样语义比较清晰、简单。

 注意　Spring Data JPA 里面有两个 @Version 注解，请使用 @javax.persistence.Version，而不是 @org.springframework.data.annotation.Version。

15.2.1　@Version 的用法

我们通过如下几个步骤详细讲一下 @Version 的用法。

第一步：实体里面添加带 @Version 注解的持久化字段。

我在上一章讲到了 BaseEntity，现在直接在这个基类里面添加 @Version 即可，当然也可以把这个字段放在 sub-class-entity 里面。我比较推荐放在基类里面，因为这段逻辑是公共的字段。改完之后我们看看会发生什么变化，如下所示。

```
@Data
@MappedSuperclass
public class BaseEntity {
   @Id
   @GeneratedValue(strategy= GenerationType.AUTO)
   private Long id;
   @Version
   private Integer version;
   // ... 当然也可以用前文讲解的 auditing 字段，这里我们先省略
}
```

第二步：用 UserInfo 实体继承 BaseEntity，就可以实现 @Version 的效果，代码如下：

```
@Entity
@Data
@Builder
@AllArgsConstructor
@NoArgsConstructor
@ToString(callSuper = true)
public class UserInfo extends BaseEntity {
   @Id
   @GeneratedValue(strategy= GenerationType.AUTO)
   private Long id;
   private Integer ages;
```

```
private String telephone;
}
```

第二步：创建 UserInfoRepository，方便进行 DB 操作。

```
public interface UserInfoRepository extends JpaRepository<UserInfo, Long> {}
```

第四步：创建 UserInfoService 和 UserInfoServiceImpl，用来模拟 Service 的复杂业务逻辑。

```
public interface UserInfoService {
   /*
    * 根据 UserId 产生的一些业务计算逻辑
    */
   UserInfo calculate(Long userId) ;
}
@Component
public class UserInfoServiceImpl implements UserInfoService {
   @Autowired
   private UserInfoRepository userInfoRepository;
   /*
    * 根据 UserId 产生的一些业务计算逻辑
    * @param userId
    * @return
    */
   @Override   @org.springframework.transaction.annotation.Transactional
   public UserInfo calculate(Long userId) {
      UserInfo userInfo = userInfoRepository.getOne(userId);
      try {
         //模拟复杂的业务计算逻辑耗时操作
         Thread.sleep(500) ;
      } catch (InterruptedException e) {
         e.printStackTrace();
      }
      userInfo.setAges(userInfo.getAges()+1) ;
      return userInfoRepository.saveAndFlush(userInfo) ;
   }
}
```

其中，我们通过 @Transactional 开启事务，并且在查询方法后面模拟复杂业务逻辑，用来呈现多线程的并发问题。

第五步：按照惯例写一个测试用例测试一下。

```
@ExtendWith(SpringExtension.class)
@DataJpaTest
@ComponentScan(basePackageClasses=UserInfoServiceImpl.class)
public class UserInfoServiceTest {
   @Autowired
   private UserInfoService userInfoService;
   @Autowired
   private UserInfoRepository userInfoRepository;
```

```
    @Test
    public void testVersion() {
        // 加一条数据
        UserInfo userInfo = userInfoRepository.save(UserInfo.builder().ages(20).
            telephone("1233456").build());
        // 验证一下数据库里面的值
        Assertions.assertEquals(0,userInfo.getVersion());
        Assertions.assertEquals(20,userInfo.getAges());
        userInfoService.calculate(1L) ;
        // 验证一下更新成功的值
        UserInfo u2 =  userInfoRepository.getOne(1L) ;
        Assertions.assertEquals(1,u2.getVersion());
        Assertions.assertEquals(21,u2.getAges());
    }
    @Test
    @Rollback(false)
    @Transactional(propagation = Propagation.NEVER)
    public void testVersionException() {
        // 加一条数据
        userInfoRepository.saveAndFlush(UserInfo.builder().ages(20).
            telephone("1233456").build());
        // 模拟多线程执行两次
        new Thread(() -> userInfoService.calculate(1L)).start();
        try {
            Thread.sleep(10L);// 模拟执行时间
        } catch (InterruptedException e) {
            e.printStackTrace();
        }
        // 如果两个线程同时执行会发生乐观锁异常
        Exception exception = Assertions.assertThrows(ObjectOptimisticLockingFai
            lureException.class, () -> {
            userInfoService.calculate(1L)
            // 模拟多线程执行两次
        });
        System.out.println(exception) ;
    }
}
```

在上面的测试中，我们执行 testVersion() 时，发现在保存的时候 Version 会自动加 1，第一次初始化为 0；更新的时候也会附带 Version 条件。我们通过如图 15-1 所示打印出来的 SQL，也可以看到 Version 的变化。

```
Hibernate: insert into user_info (version, ages, telephone, id) values (?, ?, ?, ?)
2020-10-06 23:55:11.261 TRACE 64047 --- [    Test worker] o.h.type.descriptor.sql.BasicBinder      : binding parameter [1] as [INTEGER] - [0]
2020-10-06 23:55:11.262 TRACE 64047 --- [    Test worker] o.h.type.descriptor.sql.BasicBinder      : binding parameter [2] as [INTEGER] - [20]
2020-10-06 23:55:11.267 TRACE 64047 --- [    Test worker] o.h.type.descriptor.sql.BasicBinder      : binding parameter [3] as [VARCHAR] - [1233456]
2020-10-06 23:55:11.286 TRACE 64047 --- [    Test worker] o.h.type.descriptor.sql.BasicBinder      : binding parameter [4] as [BIGINT] - [1]
Hibernate: update user_info set version=?, ages=?, telephone=? where id=? and version=?
2020-10-06 23:55:11.299 TRACE 64047 --- [    Test worker] o.h.type.descriptor.sql.BasicBinder      : binding parameter [1] as [INTEGER] - [1]
2020-10-06 23:55:11.300 TRACE 64047 --- [    Test worker] o.h.type.descriptor.sql.BasicBinder      : binding parameter [2] as [INTEGER] - [21]
2020-10-06 23:55:11.300 TRACE 64047 --- [    Test worker] o.h.type.descriptor.sql.BasicBinder      : binding parameter [3] as [VARCHAR] - [1233456]
2020-10-06 23:55:11.301 TRACE 64047 --- [    Test worker] o.h.type.descriptor.sql.BasicBinder      : binding parameter [4] as [BIGINT] - [1]
2020-10-06 23:55:11.302 TRACE 64047 --- [    Test worker] o.h.type.descriptor.sql.BasicBinder      : binding parameter [5] as [INTEGER] - [0]
```

图 15-1 测试过程中的 SQL 与参数

而当我们调用 testVersionException() 测试方法的时候，利用多线程模拟两个并发情况，这时会发现两个线程同时取到了历史数据，并在稍后都对历史数据进行了更新。

由此你会发现，第二次测试的结果是乐观锁异常，更新不成功。如图 15-2 所示，看一下测试运行的日志。

```
Hibernate: select userinfo0_.id as id1_3_0_, userinfo0_.version as version2_3_0_, userinfo0_.ages as ages3_3_0_, userinfo0_.telephone as telephon4_3_0_ from user_in
Hibernate: select userinfo0_.id as id1_3_0_, userinfo0_.version as version2_3_0_, userinfo0_.ages as ages3_3_0_, userinfo0_.telephone as telephon4_3_0_ from user_in
2020-10-07 00:00:54.127 TRACE 64200 --- [     Thread-5] o.h.type.descriptor.sql.BasicBinder     : binding parameter [1] as [BIGINT] - [1]
2020-10-07 00:00:54.132 TRACE 64200 --- [  Test worker] o.h.type.descriptor.sql.BasicBinder     : binding parameter [1] as [BIGINT] - [1]
Hibernate: update user_info set version=?, ages=?, telephone=? where id=? and version=?
Hibernate: update user_info set version=?, ages=?, telephone=? where id=? and version=?
2020-10-07 00:00:54.192 TRACE 64200 --- [     Thread-5] o.h.type.descriptor.sql.BasicBinder     : binding parameter [1] as [INTEGER] - [1]
2020-10-07 00:00:54.193 TRACE 64200 --- [     Thread-5] o.h.type.descriptor.sql.BasicBinder     : binding parameter [2] as [INTEGER] - [21]
2020-10-07 00:00:54.193 TRACE 64200 --- [     Thread-5] o.h.type.descriptor.sql.BasicBinder     : binding parameter [3] as [VARCHAR] - [2020-10-06T16:00:54.154Z]
2020-10-07 00:00:54.194 TRACE 64200 --- [     Thread-5] o.h.type.descriptor.sql.BasicBinder     : binding parameter [4] as [BIGINT] - [1]
2020-10-07 00:00:54.194 TRACE 64200 --- [     Thread-5] o.h.type.descriptor.sql.BasicBinder     : binding parameter [5] as [INTEGER] - [0]
2020-10-07 00:00:54.192 TRACE 64200 --- [  Test worker] o.h.type.descriptor.sql.BasicBinder     : binding parameter [1] as [INTEGER] - [1]
2020-10-07 00:00:54.204 TRACE 64200 --- [  Test worker] o.h.type.descriptor.sql.BasicBinder     : binding parameter [2] as [INTEGER] - [21]
2020-10-07 00:00:54.205 TRACE 64200 --- [  Test worker] o.h.type.descriptor.sql.BasicBinder     : binding parameter [3] as [VARCHAR] - [2020-10-06T16:00:54.157Z]
2020-10-07 00:00:54.207 TRACE 64200 --- [  Test worker] o.h.type.descriptor.sql.BasicBinder     : binding parameter [4] as [BIGINT] - [1]
2020-10-07 00:00:54.208 TRACE 64200 --- [  Test worker] o.h.type.descriptor.sql.BasicBinder     : binding parameter [5] as [INTEGER] - [0]
org.springframework.orm.ObjectOptimisticLockingFailureException: Object of class [com.example.jpa.example1.UserInfo] with identifier [1]: optimistic locking failed;
```

图 15-2 测试日志

通过图 15-2 上的日志又发现，两个 SQL 同时更新的时候 Version 是一样的，是它导致了乐观锁异常。

> **注意** 乐观锁异常不仅仅是在同一个方法多线程的情况下才会出现，我们只是为了方便测试而采用同一个方法；不同的方法、不同的项目都有可能导致乐观锁异常。乐观锁的本质是在 SQL 层面发生的，与使用的框架、技术没有关系。

那么我们分析一下，@Version 对 Save 方法的影响是什么，怎么判断对象是新增还是更新？

15.2.2 @Version 对 Save 方法的影响

通过上面的实例，你不难发现，@Version 的底层实现逻辑与 @EntityListeners 一点关系都没有，底层通过 Hibernate 判断实体里面是否有 @Version 的持久化字段，并利用乐观锁机制来创建和使用 Version 的值。

因此，还是那句话：Java Persistence API 负责制定协议，Hibernate 负责实现逻辑，Spring Data JPA 负责封装和使用。那么我们来看一下保存对象的时候，如何判断是新增还是更新的逻辑。

15.3 isNew 判断的逻辑

通过断点，我们可以进入 SimpleJpaRepository.class 的 Save 方法中，看到如图 15-3 所示的界面。

然后，我们进入 JpaMetamodelEntityInformation.class 的 isNew 方法，又会看到如

图 15-4 所示的界面。

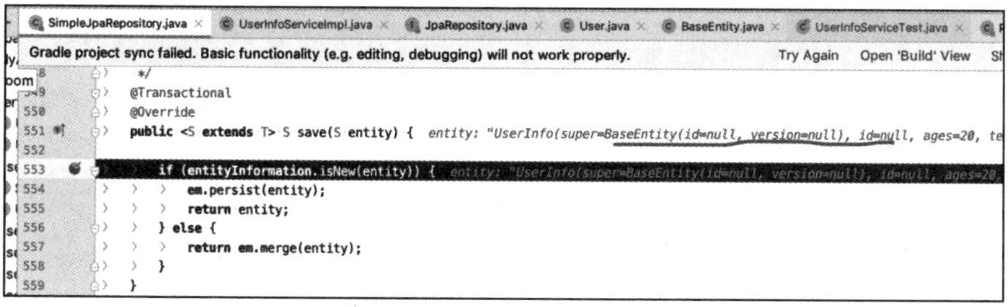

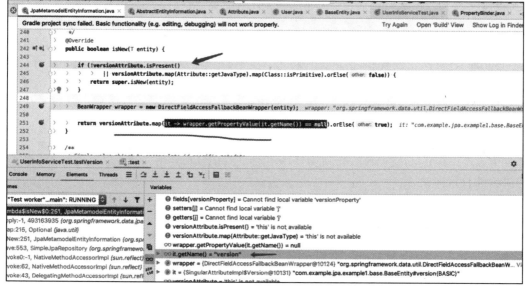

图 15-3　save 的实现

图 15-4　isNew 方法

在图 15-4 中，我们先看第一段逻辑，判断其中是否有 @Version 标注的属性，并且该属性是否为基础类型。如果不满足条件，调用 super.isNew(entity) 方法，而 super.isNew 里面只判断了 ID 字段是否有值。

第二段逻辑表达的是，如果有 @Version 字段，那么看看这个字段是否有值，如果没有就返回 true，如果有值则返回 false。

由此可以得出结论：如果我们有 @Version 注解的字段，就以 Version 字段来判断新增 / 更新；如果没有，那么就以 ID 字段是否有值来判断新增 / 更新。

需要注意的是，虽然我们看到的是 merge 方法，但是不一定会执行更新操作，里面还有很多逻辑，有兴趣的话你可以再进去看看。

我直接说一下结论，merge 方法会判断对象是否为游离状态，以及有无 ID 值。它会先触发一条 select 语句，并根据 ID 查一下这条记录是否存在，如果不存在，虽然 ID 和 Version 字段都有值，但也只是执行 insert 语句；如果本条 ID 记录存在，才会执行 update 的 SQL 语句。至于这个具体的 insert 和 update 的 SQL、传递的参数是什么，可以通过控制台研究一下。

总之，如果我们使用纯粹的 saveOrUpdate 方法，那么完全不需要自己写这一段逻辑，只要保证 ID 和 Version 存在应该有的值就可以了，JPA 会帮助我们实现剩下的逻辑。

在实际工作中，特别是分布式更新的时候，很容易碰到乐观锁，这时还要结合重试机制才能完美解决我们的问题，接下来看看具体应该怎么做。

15.4 乐观锁机制和重试机制的实战

我们先了解一下 Spring 支持的重试机制是什么样的。

15.4.1 重试机制详解

Spring 全家桶里面提供了 @Retryable 的注解，会帮助我们进行重试。下面看一个 @Retryable 的例子。

第一步：利用 Gradle 引入 spring-retry 的依赖 jar，如下所示。

```
implementation 'org.springframework.retry:spring-retry'
```

第二步：在 UserInfoserviceImpl 方法中添加 @Retryable 注解，就可以实现重试机制了，代码如图 15-5 所示。

```java
14    @Autowired
15    private UserInfoRepository userInfoRepository;
16
17    /**
18     * 根据UserId产生的一些业务计算逻辑
19     *
20     * @param userId
21     * @return
22     */
23    @Override
24    @Transactional
25    @Retryable
26    public UserInfo calculate(Long userId) {
27        UserInfo userInfo = userInfoRepository.getOne(userId);
28        try {
29            //模拟复杂的业务计算逻辑耗时操作;
30            Thread.sleep(millis: 500);
31        } catch (InterruptedException e) {
32            e.printStackTrace();
33        }
34        userInfo.setAges(userInfo.getAges()+1);
35        userInfo.setTelephone(Instant.now().toString());
36        return userInfoRepository.saveAndFlush(userInfo);
37    }
38  }
39
```

图 15-5　Retryable

第三步：新增一个 RetryConfiguration 并添加 @EnableRetry 注解，这是为了开启重试机制，使 @Retryable 生效。

```
@EnableRetry
@Configuration
public class RetryConfiguration {
}
```

第四步：新建一个测试用例测试一下。

```
@ExtendWith(SpringExtension.class)
@DataJpaTest
@ComponentScan(basePackageClasses=UserInfoServiceImpl.class)
@Import(RetryConfiguration.class)
public class UserInfoServiceRetryTest {
    @Autowired
    private UserInfoService userInfoService;
    @Autowired
    private UserInfoRepository userInfoRepository;
    @Test
    @Rollback(false)
    @Transactional(propagation = Propagation.NEVER)
    public void testRetryable() {
        // 加一条数据
    userInfoRepository.saveAndFlush(UserInfo.builder().ages(20).
        telephone("1233456").build());
        // 模拟多线程执行两次
        new Thread(() -> userInfoService.calculate(1L)).start();
        try {
            Thread.sleep(10L);
        } catch (InterruptedException e) {
            e.printStackTrace();
        }
        // 模拟多线程执行两次，由于加了 @EnableRetry，所以这次也会成功
        UserInfo userInfo = userInfoService.calculate(1L) ;
        // 经过了两次计算，年龄变成了 22
        Assertions.assertEquals(22,userInfo.getAges());
        Assertions.assertEquals(2,userInfo.getVersion());
    }
}
```

这里要说的是，我们在测试用例里面执行 @Import(RetryConfiguration.class)，这样就开启了重试机制，然后继续在里面模拟了两次线程调用，发现第二次发生了乐观锁异常之后依然成功了。为什么呢？我们通过日志可以看到，它是失败了一次之后又进行了重试，所以第二次成功了。

通过案例你会发现重试的逻辑其实很简单，只需要利用 @Retryable 注解即可，那么我们看一下这个注解的详细用法。

15.4.2　@Retryable 的详细用法

@Retryable 源码里面提供了很多方法，如图 15-6 所示。

下面对常用的 @Retryable 注解中的参数做一下说明。

❑ maxAttempts：最大重试次数，默认为 3，如果要设置的重试次数为 3，可以不写。

❑ value：抛出指定异常才会重试。

❑ include：与 value 一样，默认为空，当 exclude 也为空时，默认异常。

❑ exclude：指定不处理的异常。

❑ backoff：重试等待策略，默认使用 @Backoff 的 value，默认为 1s，见图 15-7。

其中：

❑ value=delay：隔多少毫秒后重试，默认为 1000L，单位是毫秒。

❑ multiplier（指定延迟倍数）默认为 0，表示固定暂停 1 秒后进行重试，如果把 multiplier 设置为 1.5，则第一次重试为 2 秒，第二次为 3 秒，第三次为 4.5 秒。

下面是一个关于 @Retryable 扩展的使用例子，具体看一下代码。

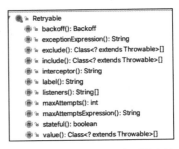

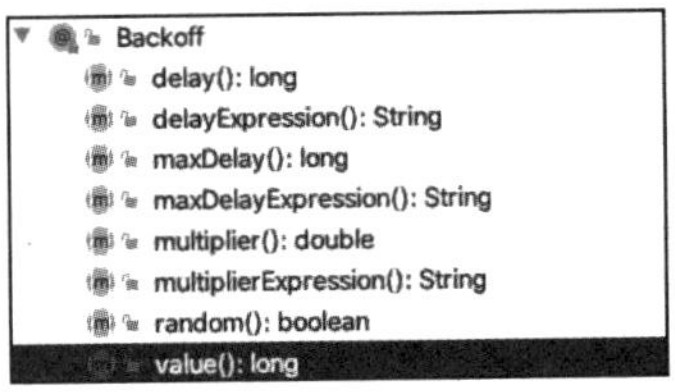

图 15-6　@Retryable 里面的方法

图 15-7　@Backoff

```
@Service
public interface MyService {
    @Retryable( value = SQLException.class,
        maxAttempts = 2, backoff = @Backoff(delay = 100))
    void retryServiceWithCustomization(String sql) throws SQLException;
}
```

可以看到，这里明确指定发生 SQLException.class 异常的时候需要重试两次，每次中间间隔 100 毫秒。

```
@Service
public interface MyService {
    @Retryable( value = SQLException.class, maxAttemptsExpression = "${retry.
        maxAttempts}",
        backoff = @Backoff(delayExpression = "${retry.maxDelay}"))
    void retryServiceWithExternalizedConfiguration(String sql) throws
        SQLException;
}
```

此外，你也可以利用 SpEL 表达式读取配置文件里面的值。

关于 @Retryable 的语法就介绍到这里，常用的基本就这些，如果你遇到更复杂的场景，可以到 GitHub 中看一下官方的 Retryable 文档：https://github.com/spring-projects/spring-retry。下面再给大家分享一个我在使用乐观锁＋重试机制中的最佳实践。

15.4.3　乐观锁 + 重试机制的最佳实践

我比较建议使用如下配置：

```
@Retryable(value = ObjectOptimisticLockingFailureException.class,backoff = @
    Backoff(multiplier = 1.5,random = true))
```

这里明确指定 ObjectOptimisticLockingFailureException.class 等乐观锁异常要进行重试，如果引起其他异常的话，重试会失败，没有意义；而 Backoff 采用"随机 +1.5 倍"的系数，这样基本很少会出现连续 3 次乐观锁异常的情况，并且也很难发生重试风暴而引起系统重试崩溃的问题。

到这里讲的一直都是乐观锁的相关内容，那么 JPA 也支持悲观锁吗？

15.5　悲观锁的实现

Java Persistence API 2.0 协议里面有一个 LockModeType 枚举值，里面包含了所有它支持的乐观锁和悲观锁的值，我们看一下。

```
public enum LockModeType
{
    // 等同于 OPTIMISTIC，默认，用来兼容 2.0 之前的协议
    READ,
    // 等同于 OPTIMISTIC_FORCE_INCREMENT，用来兼容 2.0 之前的协议
    WRITE,
    // 乐观锁，默认，2.0 协议新增
    OPTIMISTIC,
    // 乐观写锁，强制 version 加 1，2.0 协议新增
    OPTIMISTIC_FORCE_INCREMENT,
    // 悲观读锁，2.0 协议新增
    PESSIMISTIC_READ,
    // 悲观写锁，version 不变，2.0 协议新增
    PESSIMISTIC_WRITE,
    // 悲观写锁，version 会新增，2.0 协议新增
    PESSIMISTIC_FORCE_INCREMENT,
    //2.0 协议新增无锁状态
    NON;
}
```

悲观锁在 Spring Data JPA 里面是如何支持的呢？很简单，只需要在自己的 Repository 里面覆盖父类的 Repository 方法，然后添加 @Lock 注解并指定 LockModeType 即可，请看如下代码。

```
public interface UserInfoRepository extends JpaRepository<UserInfo, Long> {
    @Lock(LockModeType.PESSIMISTIC_WRITE)
    Optional<UserInfo> findById(Long userId) ;
}
```

你可以看到，UserInfoRepository 里面覆盖了父类的 findById 方法，并指定锁的类型为悲观锁。如果我们改调用悲观锁方法，会发生什么变化呢？如图 15-8 所示。

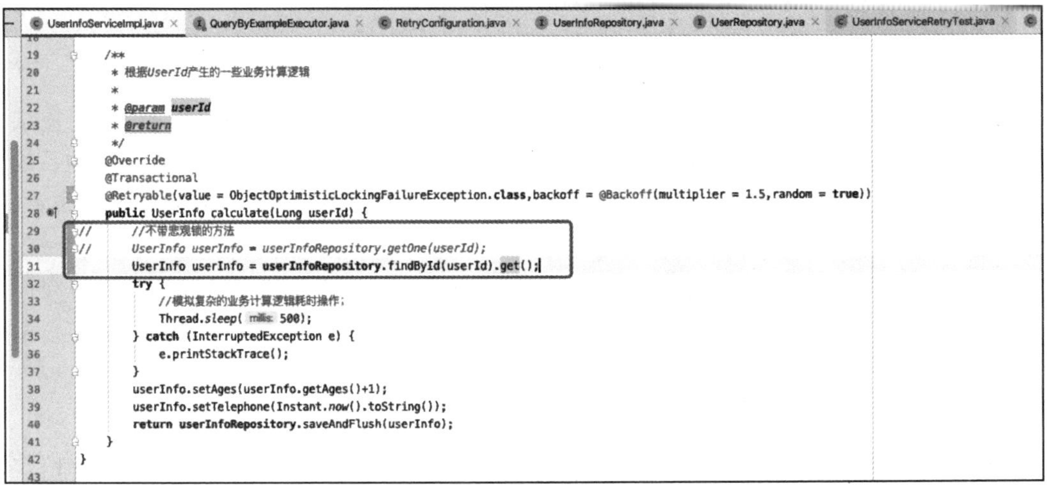

图 15-8　改调用悲观锁方法

然后再执行上面测试中 testRetryable 方法，运行完测试用例的结果依然是通过的，我们看一下日志，如图 15-9 所示。

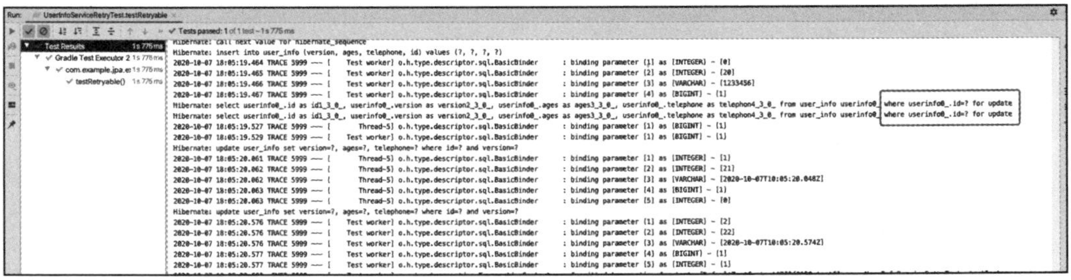

图 15-9　测试日志

从图 15-9 中你会看到，刚才的串行操作完全变成了并行操作。所以少了一次 Retry 过程，结果还是一样的。但是，你在生产环境中要慎用悲观锁，因为它是阻塞的，一旦发生服务异常，可能会造成死锁现象。

15.6　本章小结

本章详细讲解了乐观锁的概念及使用方法、@Version 对 Save 方法的影响等，分享了乐观锁与重试机制的最佳实践，此外也提到了悲观锁的使用方法（不推荐使用），希望你可以多动手实践，不断总结经验，以提高自己的技术水平。在下一章，我们来看看 JPA 对 Web MVC 开发者都做了哪些支持。

JPA 对 Web MVC 开发的支持

本章带你了解 JPA 对 Web MVC 开发者都做了哪些支持。我们使用 Spring Data JPA 的时候，一般都会用到 Spring MVC，Spring Data 对 Spring MVC 做了很好的支持，体现在以下几个方面。

1）支持在 Controller 层直接返回实体，而不使用其显式的调用方法。

2）对 MVC 层支持标准的分页和排序功能。

3）扩展的插件支持 Querydsl，可以实现一些通用的查询逻辑。

在正常情况下，我们开启 Spring Data 对 Spring Web MVC 支持的时候需要在 @Configuration 的配置文件里面添加 @EnableSpringDataWebSupport 这一注解，如下面这种形式。

```
@Configuration
@EnableWebMvc
// 开启支持 Spring Data Web 的支持
@EnableSpringDataWebSupport
public class WebConfiguration { }
```

由于我们用了 Spring Boot，其有自动加载机制，会自动加载 SpringDataWebAuto-Configuration 类，并发生如下变化。

```
@EnableSpringDataWebSupport
@ConditionalOnWebApplication(type = Type.SERVLET)
@ConditionalOnClass({ PageableHandlerMethodArgumentResolver.class,
    WebMvcConfigurer.class })
@ConditionalOnMissingBean(PageableHandlerMethodArgumentResolver.class)
@EnableConfigurationProperties(SpringDataWebProperties.class)
@AutoConfigureAfter(RepositoryRestMvcAutoConfiguration.class)
```

```
public class SpringDataWebAutoConfiguration {…}
```

从上面可以看出来，@EnableSpringDataWebSupport 会自动开启，所以当我们用 Spring Boot + JPA + MVC 的时候，什么都不需要做，因为 Spring Boot 利用 Spring Data 对 Spring MVC 做了很多 Web 开发的天然支持，支持的组件有 DomainClassConverter、Page、Sort、Databinding、Dynamic Param 等。

那么，我们先来看一下它对 DomainClassConverter 组件的支持。

16.1 DomainClassConverter 组件

这个组件的主要作用是帮我们把 path 中或 request 参数中的变量 ID 的参数值，直接转化成实体对象并注册到 Controller 方法的参数里面。怎么理解呢？我们看个例子。

16.1.1 一个实例

首先，写一个 MVC 的 Controller，分别从 path 和 param 变量里面根据 ID 转化成实体，代码如下。

```
@RestController
public class UserInfoController {
    /*
     * 从 path 变量里面获得参数 ID 的值，然后直接转化成 UserInfo 实例
     * @param userInfo
     * @return
     * /
    @GetMapping("/user/{id}")
    public UserInfo getUserInfoFromPath(@PathVariable("id") UserInfo
      userInfo) {
        return userInfo;
    }
    /*
     * 将 request 的 param 中的 ID 变量值转化成 UserInfo 实例
     * @param userInfo
     * @return
     * /
    @GetMapping("/user")
    public UserInfo getUserInfoFromRequestParam(@RequestParam("id") UserInfo
      userInfo) {
        return userInfo;
    }
}
```

然后，我们运行起来，看一下结果。

```
GET http://127.0.0.1:8089/user/1
HTTP/1.1 200
```

```
Content-Type: application/json
{
    "id": 1,
    "version": 0,
    "ages": 10,
    "telephone": "123456789"
}
GET http://127.0.0.1:8089/user?id=1
{
    "id": 1,
    "version": 0,
    "ages": 10,
    "telephone": "123456789"
}
```

从结果来看，Controller 里面的 getUserInfoFromRequestParam 方法会自动根据 ID 查询实体对象 UserInfo，然后注入到方法的参数里面。那它是怎么实现的呢？我们看一下源码。

16.1.2　源码分析

我们打开 DomainClassConverter 类，里面有一个 ToEntityConverter 的内部转化类的 Matches 方法，它会判断参数的类型是不是实体，并且有没有对应的实体 Repository 存在。如果不存在，就会直接报错，表示找不到合适的参数转化器。

DomainClassConverter 里面的关键代码如下。

```
public class DomainClassConverter<T extends ConversionService &
    ConverterRegistry>
        implements ConditionalGenericConverter, ApplicationContextAware {
@Overrided
public boolean matches(TypeDescriptor sourceType, TypeDescriptor
    targetType) {
    // 判断参数的类型是不是实体
    if (sourceType.isAssignableTo(targetType)) {
        return false;
    }

    Class<?> domainType = targetType.getType();
    // 有没有对应的实体的 Repository 存在
    if (!repositories.hasRepositoryFor(domainType)) {
        return false;
    }

    Optional<RepositoryInformation> repositoryInformation = repositories.get
        RepositoryInformationFor(domainType) ;

    return repositoryInformation.map(it -> {

        Class<?> rawIdType = it.getIdType();
```

```
          return sourceType.equals(TypeDescriptor.valueOf(rawIdType))
            || conversionService.canConvert(sourceType.getType(), rawIdType) ;
        }).orElseThrow
          () -> new IllegalStateException(String.format("Couldn't find
            RepositoryInformation for %s!", domainType)));
      }
    }
  ...}
```

所以，上面的例子其实是需要有 UserInfoRepository 的，否则会失败。通过源码我们也可以看到，如果 matches=true，那么就会执行下面的 convert 方法，最终调用 findById 方法以帮助我们执行查询动作，如图 16-1 所示。

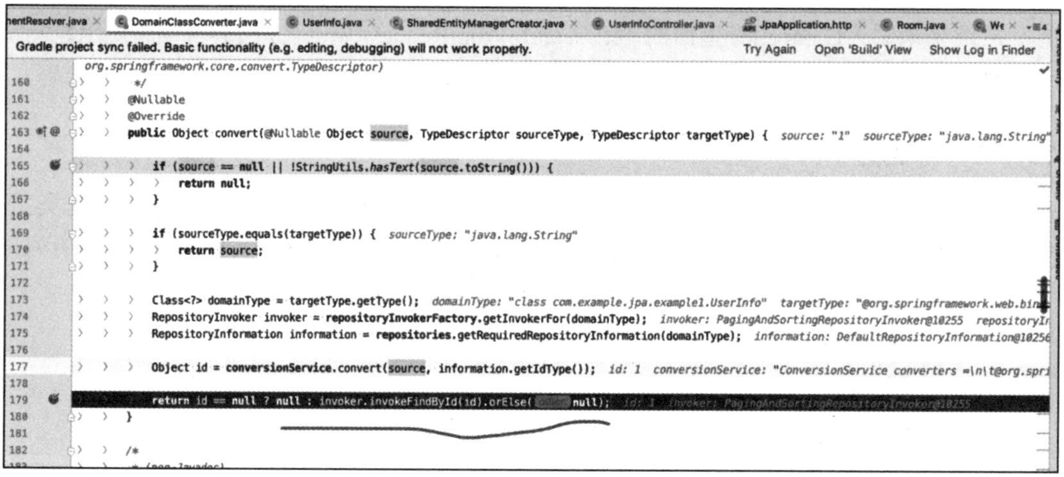

图 16-1　convert 方法

而 DomainClassConverter 是 Spring MVC 自定义 Formatter 的一种机制，如图 16-2 所示。

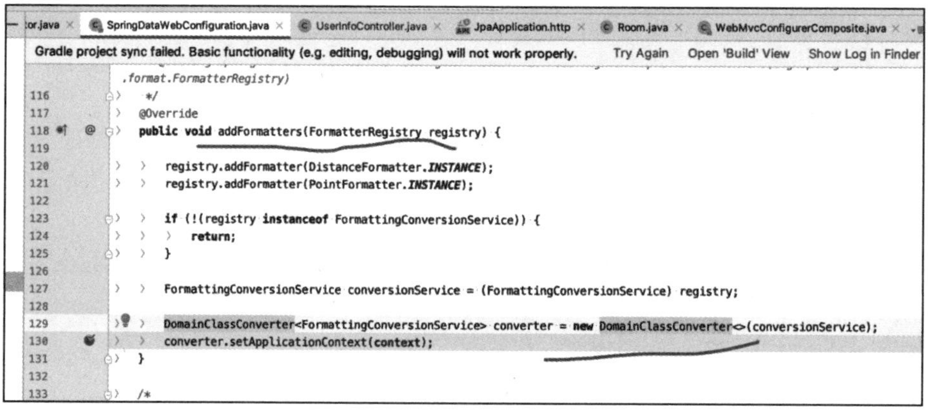

图 16-2　addFormatters 方法

而因为 SpringDataWebConfiguration 实现了 WebMvcConfigurer 的 addFormatters 方法，后者加载了自定义参数转化器的功能，所以才有了 DomainClassConverter 组件的支持。关键代码如下。

```
@Configuration
public class SpringDataWebConfiguration implements WebMvcConfigurer,
    BeanClassLoaderAware {
...}
```

从源码上我们也可以看到，DomainClassConverter 只会根据 ID 来查询实体，很有局限性，没有更加灵活的参数转化功能，不过也可以根据源码自己进行扩展，这里就不展示更多了。

下面看一下 JPA 是如何支持 Web MVC 分页和排序的。

16.2　Page 和 Sort 的参数支持

我们还是先通过一个例子来说明。

16.2.1　一个实例

这是一个通过分页和排序参数查询 UserInfo 的实例。

首先，我们新建一个 UserInfoController，里面添加如下两个方法，分别测试分页和排序。

```
@GetMapping("/users")
public Page<UserInfo> queryByPage(Pageable pageable, UserInfo userInfo) {
    return userInfoRepository.findAll(Example.of(userInfo),pageable);
}
@GetMapping("/users/sort")
public HttpEntity<List<UserInfo>> queryBySort(Sort sort) {
    return new HttpEntity<>(userInfoRepository.findAll(sort));
}
```

其中，queryByPage 方法中的两个参数可以分别接收分页参数和查询条件，我们请求一下，看看效果。

```
GET http://127.0.0.1:8089/users?size=2&page=0&ages=10&sort=id,desc
```

参数可以支持分页大小为 2、页码为 0、排序（按照 ID 倒序）、ages=10 的所有结果，如下所示。

```
{
    "content": [
        {
            "id": 4,
```

```
            "version": 0,
            "ages": 10,
            "telephone": "123456789"
        },
        {
            "id": 3,
            "version": 0,
            "ages": 10,
            "telephone": "123456789"
        }
    ],
    "pageable": {
        "sort": {
            "sorted": true,
            "unsorted": false,
            "empty": false
        },
        "offset": 0,
        "pageNumber": 0,
        "pageSize": 2,
        "unpaged": false,
        "paged": true
    },
    "totalPages": 2,
    "totalElements": 4,
    "last": false,
    "size": 2,
    "number": 0,
    "numberOfElements": 2,
    "sort": {
        "sorted": true,
        "unsorted": false,
        "empty": false
    },
    "first": true,
    "empty": false
}
```

上面的字段就不一一介绍了，在第 4 章我们已经讲过了，只不过现在应用到了 MVC 的
View 层。

因此，我们可以得出结论：Pageable 既支持分页参数，也支持排序参数。并且从下面这
行代码可以看出其也可以单独调用 Sort 参数。

```
GET http://127.0.0.1:8089/users/sort?ages=10&sort=id,desc
```

那么，它的实现原理是什么呢？

16.2.2　原理分析

与 DomainClassConverter 组件的支持一样，由于 SpringDataWebConfiguration 实现了 WebMvcConfigurer 接口，通过 addArgumentResolvers 方法扩展了 Controller 方法的参数 HandlerMethodArgumentResolver，即方法参数的解决者，从图 16-3 中你就可以看出来。

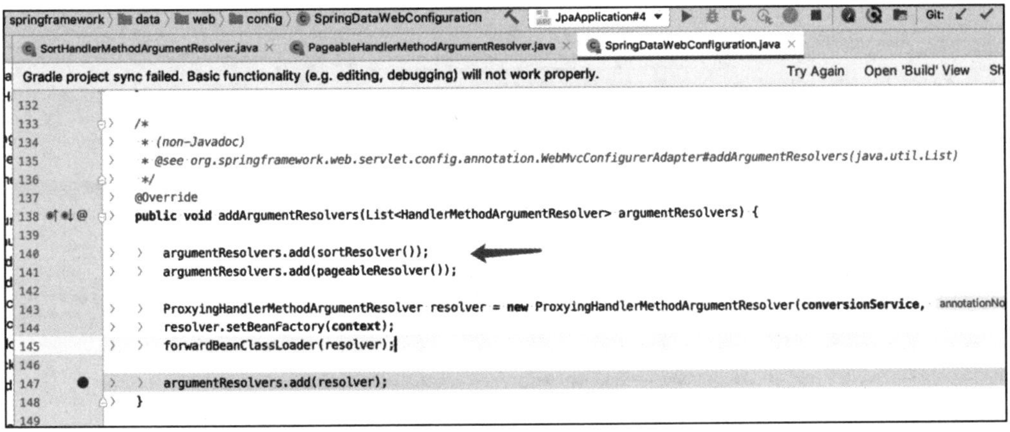

```
/*
 * (non-Javadoc)
 * @see org.springframework.web.servlet.config.annotation.WebMvcConfigurerAdapter#addArgumentResolvers(java.util.List)
 */
@Override
public void addArgumentResolvers(List<HandlerMethodArgumentResolver> argumentResolvers) {

    argumentResolvers.add(sortResolver());
    argumentResolvers.add(pageableResolver());

    ProxyingHandlerMethodArgumentResolver resolver = new ProxyingHandlerMethodArgumentResolver(conversionService, annotationNo
    resolver.setBeanFactory(context);
    forwardBeanClassLoader(resolver);

    argumentResolvers.add(resolver);
}
```

图 16-3　addArgumentResolvers

我们通过箭头处分析一下 SortHandlerMethodArgumentResolver 的类，如图 16-4 所示。

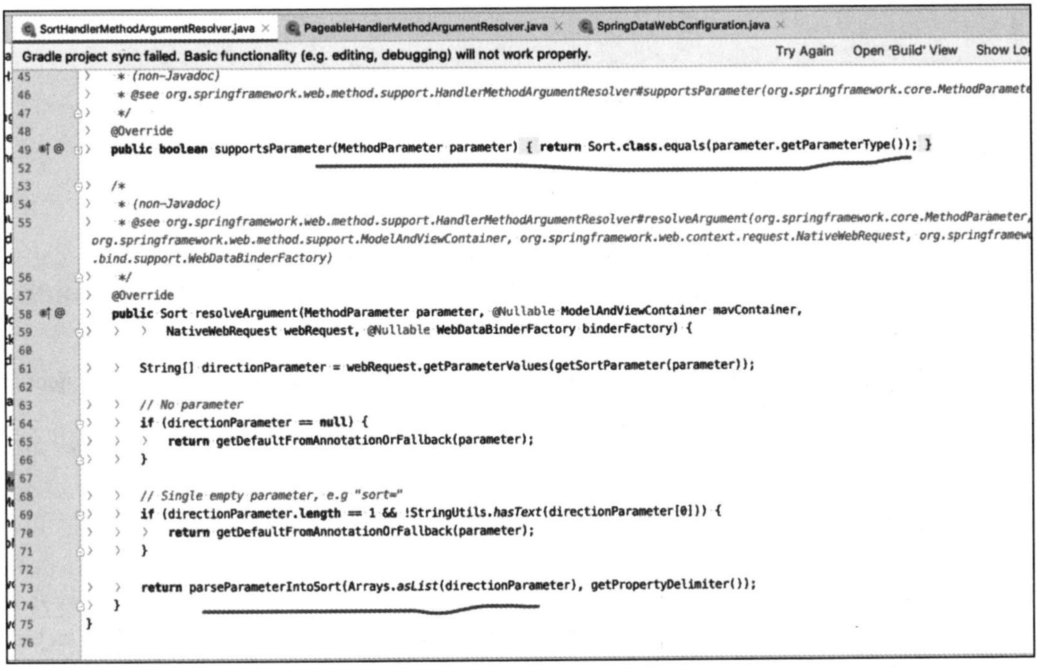

```
 * (non-Javadoc)
 * @see org.springframework.web.method.support.HandlerMethodArgumentResolver#supportsParameter(org.springframework.core.MethodParamete
 */
@Override
public boolean supportsParameter(MethodParameter parameter) { return Sort.class.equals(parameter.getParameterType()); }

/*
 * (non-Javadoc)
 * @see org.springframework.web.method.support.HandlerMethodArgumentResolver#resolveArgument(org.springframework.core.MethodParameter,
org.springframework.web.method.support.ModelAndViewContainer, org.springframework.web.context.request.NativeWebRequest, org.springframew
.bind.support.WebDataBinderFactory)
 */
@Override
public Sort resolveArgument(MethodParameter parameter, @Nullable ModelAndViewContainer mavContainer,
        NativeWebRequest webRequest, @Nullable WebDataBinderFactory binderFactory) {

    String[] directionParameter = webRequest.getParameterValues(getSortParameter(parameter));

    // No parameter
    if (directionParameter == null) {
        return getDefaultFromAnnotationOrFallback(parameter);
    }

    // Single empty parameter, e.g "sort="
    if (directionParameter.length == 1 && !StringUtils.hasText(directionParameter[0])) {
        return getDefaultFromAnnotationOrFallback(parameter);
    }

    return parseParameterIntoSort(Arrays.asList(directionParameter), getPropertyDelimiter());
}
}
```

图 16-4　SortHandlerMethodArgumentResolver 类

这个类里面最关键的就是下面两个方法。

1）supportsParameter，表示只处理类型为 Sort.class 的参数。

2）resolveArgument，可以把请求里面参数的值转换成该方法里面的参数 Sort 对象。

这里还要提到的是另外一个类：PageHandlerMethodArgumentResolver 类，如图 16-5 所示。

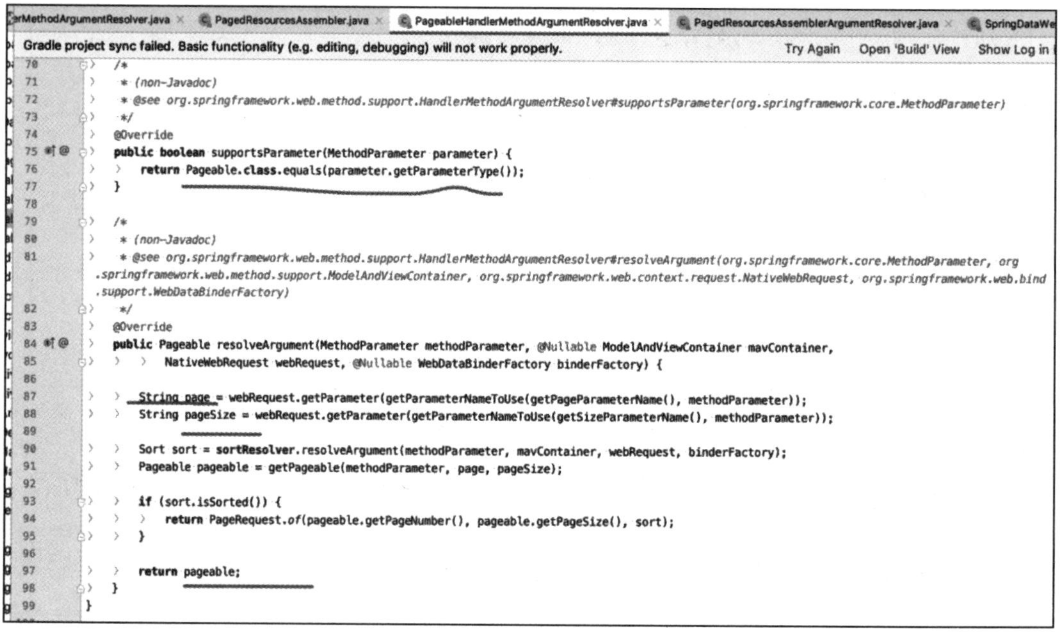

图 16-5 PageHandlerMethodArgumentResolver 类

这个类里面也有两个最关键的方法。

1）supportsParameter，表示只处理类型是 Pageable.class 的参数。

2）resolveArgument，把请求里面参数的值转换成该方法里面的参数 Pageable 的实现类 PageRequest。

关于 Web 请求的分页和排序的支持就介绍到这里，那么如果返回的是一个 Projection 接口，Spring 是怎么处理的呢？我们接着看。

16.3　Web MVC 的参数绑定

之前我们在讲 Projection 的时候提到过接口，Spring Data JPA 里面也可以通过 @ProjectedPayload 和 @JsonPath 对接口进行注解支持，不过要注意这与前面所讲的 Jackson 注解的区别在于，此时我们讲的是接口。

16.3.1　一个实例

这里我依然结合一个实例来对这个接口进行讲解，请看下面的步骤。

第一步：如果要支持 Projection，必须要在 Gradle 里面引入 jsonpath 依赖才可以。

```
implementation 'com.jayway.jsonpath:json-path'
```

第二步：新建一个 UserInfoInterface 接口类，用来接收接口传递的 json 对象。

```
package com.example.jpa.example1;

import org.springframework.data.web.JsonPath;
import org.springframework.data.web.ProjectedPayload;

@ProjectedPayload
public interface UserInfoInterface {
    @JsonPath("$.ages") // 第一级参数 /JSON 里面找 ages 字段
// @JsonPath("$..ages") $.. 代表任意层级找 ages 字段
    Integer getAges();
    @JsonPath("$.telephone") // 第一级找参数 /JSON 里面的 telephone 字段
// @JsonPath({ "$.telephone", "$.user.telephone" })
// 第一级或者 user 下面的 telephone 都可以
    String getTelephone();
}
```

第三步：在 Controller 里面新建一个 post 方法，通过接口获得 RequestBody 参数对象里面的值。

```
@PostMapping("/users/projected")
public UserInfoInterface saveUserInfo(@RequestBody UserInfoInterface
    userInfoInterface) {
    return userInfoInterface;
}
```

第四步：我们发送一个 get 请求，代码如下。

```
POST /users HTTP/1.1
{"ages":10,"telephone":"123456789"}
```

此时可以正常得到如下结果。

```
{
    "ages": 10,
    "telephone": "123456789"
}
```

这个响应结果说明了接口可以正常映射。现在你知道用法了，我们再通过源码分析一下其原理。

16.3.2 原理分析

很简单，我们还是直接看 SpringDataWebConfiguration，其中实现的 WebMvcConfigurer 接口里面有一个 extendMessageConverters 方法，方法中加了一个 ProjectingJackson2Http-MessageConverter 类，这个类会把带 ProjectedPayload.class 注解的接口进行转化。

我们看一下其中主要的两个方法。

1）加载 ProjectingJackson2HttpMessageConverter，用来做接口转化。我们通过源码看一下是在哪里被加载进去的，如图 16-6 所示。

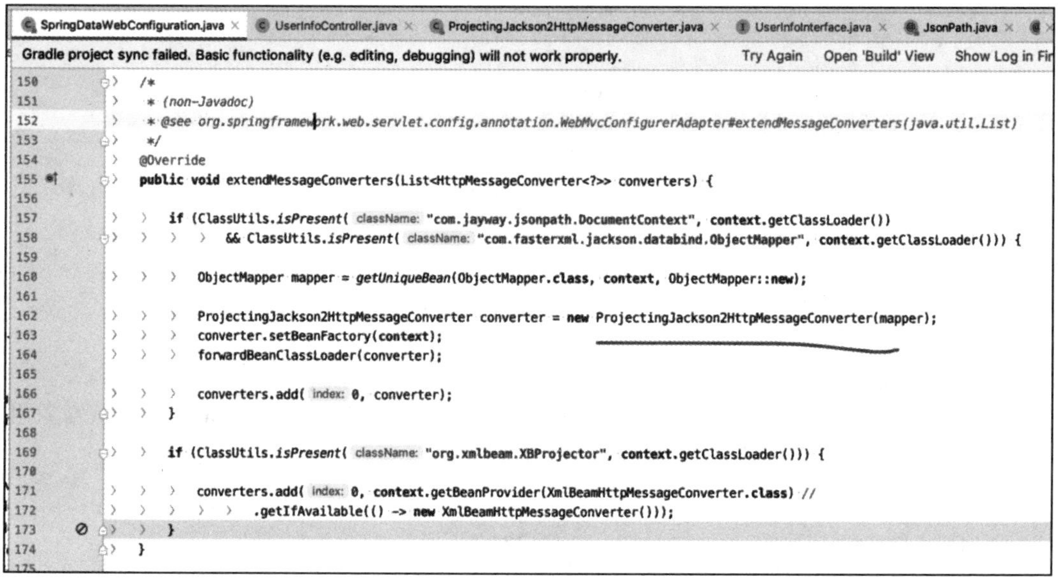

图 16-6 加载 ProjectingJackson2HttpMessageConverter

2）而 ProjectingJackson2HttpMessageConverter 主要是继承了 MappingJackson2Http-MessageConverter，并且实现了 HttpMessageConverter 接口里面的两个重要方法，如图 16-7 所示。

其中：

❑ canRead 通过判断参数的实体类型里面是否有接口，以及是否有 ProjectedPayload.class 注解后，才进行解析。

❑ read 方法负责把 HttpInputMessage 转化成 Projected 的映射代理对象。

现在你知道了 Spring 里面是如何通过 HttpMessageConverter 对 Projected 进行支持的，在使用过程中，希望你针对实际情况多调试。不过这个不常用，你知道就可以了。

下面介绍一个通过 Querydsl 对 Web 请求进行动态参数查询的方法。

```
arInfoInterface.java ×    Projecting.Jackson2HttpMessageConverter.java ×    WebMvcConfigurerComposite.java ×    SpringDataWebConfiguration.java ×    build.gradle ×    JpaApplication.http ×
Gradle project sync failed. Basic functionality (e.g. editing, debugging) will not work properly.          Try Again    Open 'Build' View    Show Log in Fi
114          */
115          @Override
116          public boolean canRead(Type type, @Nullable Class<?> contextClass, @Nullable MediaType mediaType) {
117
118              if (!canRead(mediaType)) {
119                  return false;
120              }
121
122              ResolvableType owner = contextClass == null ? null : ResolvableType.forClass(contextClass);
123              Class<?> rawType = ResolvableType.forType(type, owner).resolve(Object.class);
124              Boolean result = supportedTypesCache.get(rawType);
125
126              if (result != null) {
127                  return result;
128              }
129
130              result = rawType.isInterface() && AnnotationUtils.findAnnotation(rawType, ProjectedPayload.class) != null;
131              supportedTypesCache.put(rawType, result);
132
133              return result;
134          }
135
136          /*
137           * (non-Javadoc)
138           * @see org.springframework.http.converter.json.AbstractJackson2HttpMessageConverter#canWrite(java.lang.Class, org.springframework.http.MediaType
139           */
140          @Override
141          public boolean canWrite(Class<?> clazz, @Nullable MediaType mediaType) { return false; }
142
145          /*
146           * (non-Javadoc)
147           * @see org.springframework.http.converter.json.AbstractJackson2HttpMessageConverter#read(java.lang.reflect.Type, java.lang.Class, org
148           .springframework.http.HttpInputMessage)
149           */
150          @Override
151          public Object read(Type type, @Nullable Class<?> contextClass, HttpInputMessage inputMessage)
152                  throws IOException, HttpMessageNotReadableException {
153              return projectionFactory.createProjection(ResolvableType.forType(type).resolve(Object.class),
154                      inputMessage.getBody());
155          }
156      }
```

图 16-7　MappingJackson2HttpMessageConverter 类

16.4　Querydsl 的 Web MVC 支持

实际工作中经常有人会用 Querydsl 做一些复杂查询，方便生成 RESTful API 接口，那么这种方法有什么好处，又会暴露什么缺点呢？我们先看一个实例。

16.4.1　一个实例

这是一个通过 Querydsl 作为请求参数的使用案例，通过它你就可以体验一下 Querydsl 的用法和使用场景，我们一步一步看。

第一步：需要 Gradle 来引入 Querydsl 的依赖。

```
implementation 'com.querydsl:querydsl-apt'
implementation 'com.querydsl:querydsl-jpa'
annotationProcessor("com.querydsl:querydsl-apt:4.3.1:jpa",
    "org.hibernate.javax.persistence:hibernate-jpa-2.1-api:1.0.2.Final"
    "javax.annotation:javax.annotation-api:1.3.2"
    "org.projectlombok:lombok"
```

```
annotationProcessor("org.springframework.boot:spring-boot-starter-data-jpa")
annotationProcessor 'org.projectlombok:lombok'
```

第二步：UserInfoRepository 继承 QuerydslPredicateExecutor 接口，就可以实现 Querydsl 的查询方法了，代码如下。

```
public interface UserInfoRepository extends JpaRepository<UserInfo, Long>,
   QuerydslPredicateExecutor<UserInfo> {}
```

第三步：Controller 里面直接利用 @QuerydslPredicate 注解接收 predicate 参数。

```
@GetMapping(value = "user/dsl")
Page<UserInfo> queryByDsl(@QuerydslPredicate(root = UserInfo.class) com.
   querydsl.core.types.Predicate predicate, Pageable pageable) {
// 这里用的是 userInfoRepository 中 QuerydslPredicateExecutor 里面的方法
   return userInfoRepository.findAll(predicate, pageable) ;
}
```

第四步：直接请求 user / dsl 即可，这里利用 Querydsl 语法，使 &ages=10 作为我们的请求参数。

```
GET http://127.0.0.1:8089/user/dsl?size=2&page=0&ages=10&sort=id%2Cdesc&ages=10
Content-Type: application/json
{
    "content": [
        {
            "id": 2,
            "version": 0,
            "ages": 10,
            "telephone": "123456789"
        },
        {
            "id": 1,
            "version": 0,
            "ages": 10,
            "telephone": "123456789"
        }
    ],
    "pageable": {
        "sort": {
            "sorted": true,
            "unsorted": false,
            "empty": false
        },
        "offset": 0,
        "pageNumber": 0,
        "pageSize": 2,
        "unpaged": false,
        "paged": true
```

```
        },
        "totalPages": 1,
        "totalElements": 2,
        "last": true,
        "size": 2,
        "number": 0,
        "sort": {
            "sorted": true,
            "unsorted": false,
            "empty": false
        },
        "numberOfElements": 2,
        "first": true,
        "empty": false
    }
```

Response code: 200; Time: 721ms; Content length: 425 bytes

现在我们可以得出结论：Querydsl 可以帮助我们省去创建 Predicate 的过程，简化了操作流程。但是它依然存在一些局限性，比如多了一些模糊查询、范围查询、大小查询，它对这些方面的支持不是特别友好。可能未来会更新、优化，不过在这里你只要关注一下就可以了。

此外，你还要注意这里讲解的 Querydsl 的参数处理方式与第 10 章讲的参数处理方式的区别，你可以自己感受一下，看看哪个使用起来更加方便。

16.4.2　原理分析

Querydsl 也是主要利用自定义 Spring MVC 的 HandlerMethodArgumentResolver 实现类，根据请求的参数字段，转化成 Controller 里面所需要的参数，请看一下源码。

```
public class QuerydslPredicateArgumentResolver implements HandlerMethod
    ArgumentResolver {
...
public Object resolveArgument(MethodParameter parameter, @Nullable ModelAnd
    ViewContainer mavContainer,
    NativeWebRequest webRequest, @Nullable WebDataBinderFactory binderFactory)
        throws Exception{
    ...// 有兴趣的话可以在图 16-8 中的关键节点打个断点看看效果
```

在实际开发中，关于 insert 和 update 接口我们是"逃不掉"的，但不是每次字段都会全部传递过来，那这个时候我们应该怎么做呢？这就涉及上述实例里面的两个注解 @DynamicUpdate 和 @DynamicInsert，下面详细介绍一下。

```
Gradle project sync failed. Basic functionality (e.g. editing, debugging) will not work properly. Try Again    Open 'Build' View    Show Log in Fin
03        @Override
04 @ @    public Object resolveArgument(MethodParameter parameter, @Nullable ModelAndViewContainer mavContainer,
05            NativeWebRequest webRequest, @Nullable WebDataBinderFactory binderFactory) throws Exception {
06
07        MultiValueMap<String, String> parameters = new LinkedMultiValueMap<>();
08
09        for (Entry<String, String[]> entry : webRequest.getParameterMap().entrySet()) {
10            parameters.put(entry.getKey(), Arrays.asList(entry.getValue()));
11        }
12
13        Optional<QuerydslPredicate> annotation = Optional
14            .ofNullable(parameter.getParameterAnnotation(QuerydslPredicate.class));
15        TypeInformation<?> domainType = extractTypeInfo(parameter).getRequiredActualType();
16
17        Optional<Class<? extends QuerydslBinderCustomizer<?>>> bindingsAnnotation = annotation //
18            .map(QuerydslPredicate::bindings) //
19            .map(CastUtils::cast);
20
21        QuerydslBindings bindings = bindingsAnnotation //
22            .map(it -> bindingsFactory.createBindingsFor(domainType, it)) //
23            .orElseGet(() -> bindingsFactory.createBindingsFor(domainType));
24
25        Predicate result = predicateBuilder.getPredicate(domainType, parameters, bindings);
26
27        if (!parameter.isOptional() && result == null) {
28            return new BooleanBuilder();
29        }
30
31        return OPTIONAL_OF_PREDICATE.isAssignableFrom(ResolvableType.forMethodParameter(parameter)) //
32            ? Optional.ofNullable(result) //
33            : result;
34    }
```

图 16-8　resolveArgument

16.5　@DynamicUpdate 和 @DynamicInsert 详解

16.5.1　通过语法快速了解

@DynamicInsert：这个注解表示执行 insert 的时候，会动态生成 insert SQL 语句。其生成 SQL 的规则是，只有非空的字段才能生成 SQL。代码如下。

```
@Target( TYPE )
@Retention( RUNTIME )
public @interface DynamicInsert {
    // 默认是 true，如果设置成 false，就表示空的字段也会生成 SQL 语句
    boolean value() default true;
}
```

这个注解主要用在 @Entity 的实体中，如果加上这个注解，就表示生成的 insert SQL 的 Columns 只包含非空的字段；如果实体中不加这个注解，默认的情况是空的，字段也会作为 insert 语句里面的 Columns。

@DynamicUpdate：与前面是一个意思，只不过这个注解指的是在执行 update 的时候，会动态生成 update SQL 语句。生成 SQL 的规则是：只有改变的字段才会生成到 update SQL

的 Columns 里面。请看代码。

```
@Target( TYPE )
@Retention( RUNTIME )
public @interface DynamicUpdate {
    // 默认 true, 如果设置成 false, 与不添加这个注解的效果一样
    boolean value() default true;
}
```

与上一个注解的原理类似，这个注解也是用在 @Entity 实体中，如果加上这个注解，就表示生成的 update SQL 的 Columns 只包含改变的字段；如果不加这个注解，默认的情况是所有的字段也会作为 update 语句里面的 Columns。目的是提高 SQL 的执行效率，默认更新所有字段，这样会导致一些索引到的字段也会更新，这样 SQL 的执行效率就比较低了。需要注意的是，这种注解生效的前提是 select-before-update 触发机制。

这是什么意思呢？我们看一个案例感受一下。

16.5.2　使用案例

第一步：为了方便测试，我们修改一下 User 实体，加上 @DynamicInsert 和 @Dynamic-Update 注解。

```
@DynamicInsert
@DynamicUpdate
public class User extends BaseEntity {
    private String name;
    private String email;
    @Enumerated(EnumType.STRING)
    private SexEnum sex;
    private Integer age;
...}// 其他不变的信息省略
```

第二步：UserInfo 实体还保持不变，即没有加上 @DynamicInsert 和 @DynamicUpdate 注解。

```
@Entity
@Data
@AllArgsConstructor
@NoArgsConstructor
public class UserInfo extends BaseEntity {
    @Id
    @GeneratedValue(strategy= GenerationType.AUTO)
    private Long id;
    private Integer ages;
    private String telephone;
}
```

第三步：我们在 UserController 里面添加如下方法，用来测试新增和更新 User。

```
@PostMapping("/user")
public User saveUser(@RequestBody User user) {
    return userRepository.save(user) ;
}
```

第四步：在 UserInfoController 里面添加如下方法，用来测试新增和更新 UserInfo。

```
@PostMapping("/user/info")
public UserInfo saveUserInfo(@RequestBody UserInfo userInfo) {
    return userInfoRepository.save(userInfo) ;
}
```

第五步：测试一下 UserController 的 post 请求 user 的情况，从而看一下 insert 情况。

```
#### 通过 post 测试 insert
POST /user HTTP/1.1
Host: 127.0.0.1:8089
Content-Type: application/json
Cache-Control: no-cache
Postman-Token: 56d8dc02-7f3e-7b95-7ff1-572a4bb7d102

{"age":10,"name":"jack"}
```

这时，我们发送一个 post 请求，只带 age 和 name 字段，而并没有带上 User 实体里面的其他字段，看一下生成的 SQL 是什么样的。

```
Hibernate: insert into user (create_time, last_modified_time, version, age,
    name, id) values (?, ?, ?, ?, ?, ?)
```

这时你会发现，除了 BaseEntity 里面的一些基础字段，其他字段并没有生成到 insert 语句里面。

第六步：我们再测试一下 user 的 update 情况。

```
#### 还是发生 post 请求，带上 ID 和 version 执行 update 操作
POST /user HTTP/1.1
Host: 127.0.0.1:8089
Content-Type: application/json
Cache-Control: no-cache
Postman-Token: 56d8dc02-7f3e-7b95-7ff1-572a4bb7d102

{name":"jack1","id":1,"version":0}
```

此时你会看到，update 和 insert 语句的区别有两点：

1）去掉了 age 字段，修改了 name 字段的值。

2）当 Entity 里面有 version 字段的时候，我们再带上 version 和 id 就会显示为 update。

再看一下调用完之后的 SQL：用一条 select 语句查询一下实体是否存在，代码如下。

```
Hibernate: select user0_.id as id1_1_0_, user0_.create_time as create_t2_1_0_,
    user0_.create_user_id as create_u3_1_0_, user0_.last_modified_time as last_
```

```
mod4_1_0_, user0_.last_modified_user_id as last_mod5_1_0_, user0_.version
as version6_1_0_, user0_.age as age7_1_0_, user0_.deleted as deleted8_1_0_,
user0_.email as email9_1_0_, user0_.name as name10_1_0_, user0_.sex as
sex11_1_0_ from user user0_ where user0_.id=?
```

其中一条 update 语句动态更新了我们传递的那些值，只更新有变化的字段，包括 Null 的字段也更新了，如 age 字段中我们传递的是 Null，所以 update 的 SQL 语句打印如下。

```
Hibernate: update user set last_modified_time=?, version=?, name=?, age=?
    where id=? and version=?
```

第七步：那么我们再看一下 UserInfo 的 insert 方法。

```
#### insert
POST /user/info HTTP/1.1
Host: 127.0.0.1:8089
Content-Type: application/json
Cache-Control: no-cache
Postman-Token: 56d8dc02-7f3e-7b95-7ff1-572a4bb7d102

{"ages":10}
```

发送一个 post 的 insert 操作，我们看一下 SQL 语句。

```
Hibernate: insert into user_info (create_time, create_user_id, last_modified_
    time, last_modified_user_id, version, ages, telephone, id) values (?, ?, ?,
    ?, ?, ?, ?, ?)
```

你会发现，无论你有没有传递值，每个字段都做了 insert 操作，没有传递的话会用 Null 代替。

第八步：我们再看一下 UserInfo 的 update 方法。

```
#### update
POST /user/info HTTP/1.1
Host: 127.0.0.1:8089
Content-Type: application/json
Cache-Control: no-cache
Postman-Token: 56d8dc02-7f3e-7b95-7ff1-572a4bb7d102

{"ages":10,"id":1,"version":0}
```

还是发送一个 post 的 update 操作，原理一样，也是带上 ID 和 version 即可。我们看一下 SQL 语句。

```
Hibernate: update user_info set create_time=?, create_user_id=?, last_modified_
    time=?, last_modified_user_id=?, version=?, ages=?, telephone=? where id=?
    and version=?
```

通过 update 的 SQL 语句可以看出，即使我们传递了 ages 的值，虽然没有变化，它也会把我们所有字段进行更新，包括将未传递的 telephone 更新成 Null。

通过上面的两个例子你应该能弄清楚 @DynamicInsert 和 @DynamicUpdate 注解是做什么的了，我们在写 API 的时候就要考虑一下是否需要对 Null 字段进行操作，因为 JPA 不知道字段为 Null 的时候是想更新还是不想更新，所以默认 JPA 会比较实例对象里面的所有包括 Null 字段，发现有变化就会更新。

而当我们做 API 开发的时候，有些场景是不期望更新未传递的字段的，例如，如果我们没有传递某些字段而不期望 Server 更新，那么我们应该怎么做呢？

16.5.3 只更新非 Null 的字段

在实际工作中，有时候我们只想更新非 Null 的字段，那么应该如何处理呢？我们通过下面的实例看一下。

第一步：新增一个 PropertyUtils 工具类，用来复制字段的属性值，代码如下。

```
package com.example.jpa.example1.util;

import com.google.common.collect.Sets;
import org.springframework.beans.BeanUtils;
import org.springframework.beans.BeanWrapper;
import org.springframework.beans.BeanWrapperImpl;

import java.util.Set;

public class PropertyUtils {

    /**
     * 只复制非 Null 字段
     *
     * @param source
     * @param dest
     */
    public static void copyNotNullProperty(Object source, Object dest) {
        // 利用 Spring 提供的工具类忽略为 Null 的字段
        BeanUtils.copyProperties(source, dest, getNullPropertyNames(source));
    }

    /**
     * get property name that value is null
     *
     * @param source
     * @return
     */
    private static String[] getNullPropertyNames(Object source) {
        final BeanWrapper src = new BeanWrapperImpl(source);
        java.beans.PropertyDescriptor[] pds = src.getPropertyDescriptors();

        Set<String> emptyNames = Sets.newHashSet();
        for (java.beans.PropertyDescriptor pd : pds) {
```

```
        Object srcValue = src.getPropertyValue(pd.getName());
        if (srcValue == null) {
            emptyNames.add(pd.getName());
        }
    }
    String[] result = new String[emptyNames.size()];
    return emptyNames.toArray(result);
}
```

第二步：我们的 User 实体保持不变，类里面还加上 @DynamicUpdate 注解，新增一个 Controller 方法，代码如下。

```
/**
 * @param user
 * @return
 */
@PostMapping("/user/notnull")
public User saveUserNotNullProperties(@RequestBody User user) {
    // 数据库里面取出最新的数据，当然，这一步严谨一点可以根据 ID 和 version 来取数据，如果没取到
    // 可以报乐观锁异常
    User userSrc = userRepository.findById(user.getId()).get();
    // 将不是 Null 的字段复制到 userSrc 里面，我们只更新不是 Null 的字段
    PropertyUtils.copyNotNullProperty(user,userSrc);
    return userRepository.save(userSrc);
}
```

第三步：调用 API，触发更新操作。

```
POST http://127.0.0.1:8089/user HTTP/1.1
Host: 127.0.0.1:8089
Content-Type: application/json
Cache-Control: no-cache
Postman-Token: 56d8dc02-7f3e-7b95-7ff1-572a4bb7d102

{
    "name": "jack1",
    "version": 1,
    "id":"1
}
```

发送一个更新请求，与上面的更新请求一样，还是 age 不传递，值传递改变了 name 属性，我们再看一下 SQL 的变化，代码如下。

```
update user set last_modified_time=?, version=?, name=? where id=? and version=?
```

你会发现，这个时候未传递的 age 字段就不会被更新了。实际工作中你也可以将 Controller 里面的逻辑放到 BaseService 里面，提供一个公共的 updateOnlyNotNull 的方法，以便与默认的 save 方法区分。

16.5.4 @DynamicUpdate 与 @LastModifiedDate 一起使用

当我们开启了 @EnableJpaAuditing 和 @LastModifiedDate 的时候，需要注意当产生 update 的 SQL 时，就会更新 @LastModifiedDate 所标注的时间字段，如图 16-9 所示。当没有产生 update 的 SQL 时，自然 @LastModifiedDate 所标注的最后更新时间字段也不会更新，如图 16-10 所示。

图 16-9 最后更新时间的更新

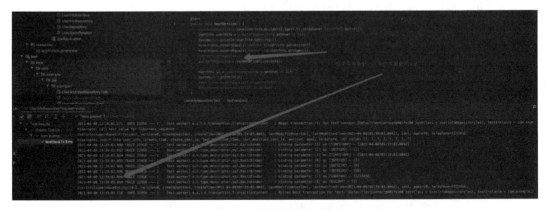

图 16-10 没有更新时间

我们既然做了 MVC，一定也免不了要对系统进行监控，那么，怎么看监控指标呢？

16.6 Spring Data 对系统监控的支持

对数据层面的系统进行监控，这里主要为你介绍两个方法。

方法一：/actuator/health 的支持，里面会检查 DB 的状态，如图 16-11 所示。

方法二：访问 ***/actuator/prometheus，里面会包含一些 Hibernate 和 Datasource 的指标，如图 16-12 所示。

图 16-11　方法一　　　　　　　　　图 16-12　方法二

这个方法在我们做 Grafana 图表的时候会很有用，不过需要注意的是：

1）若开启 prometheus，需要 Gradle 额外引入下面这个包。

```
implementation 'io.micrometer:micrometer-registry-prometheus'
```

2）开启 Hibernate 的 statistics 需要配置如下操作。

```
spring.jpa.properties.hibernate.generate_statistics=true
management.endpoint.prometheus.enabled=true
management.metrics.export.prometheus.enabled=true
```

16.7　本章小结

通过本章的讲解，你会发现 Spring Data 为我们做了不少支持 MVC 的工作，帮助我们提升了开发效率。并且通过原理分析，你也知道了自定义 HttpMessageConverter 和 HandlerMethodArgumentResolver 的方法。我根据自身经验总结了几个常见的 Web MVC 相关案例，当然也可能有我没有想到的地方。下一章学习如何自定义 HandlerMethod-ArgumentResolver，用来把请求参数结构化地传递到 Controller 的参数里面。

自定义 HandlerMethodArgumentResolver

上一章介绍了 SpringDataWebConfiguration 类的用法, 本章我们来看一下: 这个类是如何被加载的, PageableHandlerMethodArgumentResolver 和 SortHandlerMethodArgumentResolver 又是如何生效的, 以及如何定义自己的 HandlerMethodArgumentResolver 类, 还有没有其他 Web 场景需要我们自定义呢?

接下来我们一个一个进行详细讲解。

17.1 Page 和 Sort 参数

为了知道分页和排序参数的加载原理, 我们通过源码分析并发现是 @EnableSpringDataWebSupport 将这个类加载进去的, 其关键代码如图 17-1 所示。

其中, @EnableSpringDataWebSupport 注解是上一章讲解的核心, 即 Spring Data JPA 对 Web 支持需要开启的入口, 由于我们使用的是 Spring Boot, 所以 @EnableSpringDataWebSupport 不需要我们手动指定。

由于 Spring Boot 有自动加载的机制, 我们会发现 org.springframework.boot.autoconfigure. data.web.SpringDataWebAutoConfiguration 类里面引用了 @EnableSpringDataWebSupport 注解, 所以也不需要我们手动引用了。这里面的关键代码如图 17-2 所示。

而 Spring Boot 的自动加载的核心文件就是 spring.factories 文件, 那么我们打开 springboot-autoconfigure-2.3.3.jar 包, 看一下 spring.factories 文件内容, 可以找到 SpringDataWebAutoConfiguration 这个配置类, 如图 17-3 所示。

```
@Retention(RetentionPolicy.RUNTIME)
@Target({ ElementType.TYPE, ElementType.ANNOTATION_TYPE })
@Inherited
@Import({ EnableSpringDataWebSupport.SpringDataWebConfigurationImportSelector.class,
          EnableSpringDataWebSupport.QuerydslActivator.class })
public @interface EnableSpringDataWebSupport {

    /**
     * Import selector to import the appropriate configuration class depending on whether Spring HATEOAS is present on the
     * classpath. We need to register the HATEOAS specific class first as apparently only the first class implementing
     * {@link org.springframework.web.servlet.config.annotation.WebMvcConfigurationSupport} gets callbacks invoked (see
     * https://jira.springsource.org/browse/SPR-10565).
     *
     * @author Oliver Gierke
     * @author Jens Schauder
     */
    static class SpringDataWebConfigurationImportSelector implements ImportSelector, ResourceLoaderAware {

        private Optional<ClassLoader> resourceLoader = Optional.empty();

        /*
         * (non-Javadoc)
         * @see org.springframework.context.ResourceLoaderAware#setResourceLoader(org.springframework.core.io.ResourceLoader)
         */
        @Override
        public void setResourceLoader(ResourceLoader resourceLoader) {
            this.resourceLoader = Optional.of(resourceLoader).map(ResourceLoader::getClassLoader);
        }

        /*
         * (non-Javadoc)
         * @see org.springframework.context.annotation.ImportSelector#selectImports(org.springframework.core.type.AnnotationMetadata)
         */
        @Override
        public String[] selectImports(AnnotationMetadata importingClassMetadata) {

            List<String> imports = new ArrayList<>();

            imports.add(ProjectingArgumentResolverRegistrar.class.getName());

            imports.add(resourceLoader//
                    .filter(it -> ClassUtils.isPresent( className: "org.springframework.hateoas.Link", it))//
                    .map(it -> HateoasAwareSpringDataWebConfiguration.class.getName())//
                    .orElseGet(() -> SpringDataWebConfiguration.class.getName()));
```

图 17-1　@EnableSpringDataWebSupport

```
46          * @since 1.2.0
47          */
48         @Configuration(proxyBeanMethods = false)
49         @EnableSpringDataWebSupport
50         @ConditionalOnWebApplication(type = Type.SERVLET)
51         @ConditionalOnClass({ PageableHandlerMethodArgumentResolver.class, WebMvcConfigurer.class })
52         @ConditionalOnMissingBean(PageableHandlerMethodArgumentResolver.class)
53         @EnableConfigurationProperties(SpringDataWebProperties.class)
54         @AutoConfigureAfter(RepositoryRestMvcAutoConfiguration.class)
55         public class SpringDataWebAutoConfiguration {
56
```

图 17-2　SpringDataWebAutoConfiguration

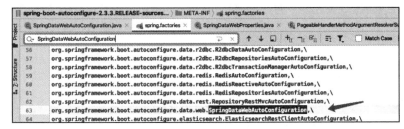

图 17-3　spring.factories

所以可以得出结论：只要是 Spring Boot 项目，我们什么都不需要做，它就会天然地让 Spring Data JPA 支持 Web 相关的操作，如图 17-4 所示引入 @SpringBootApplication 即可。

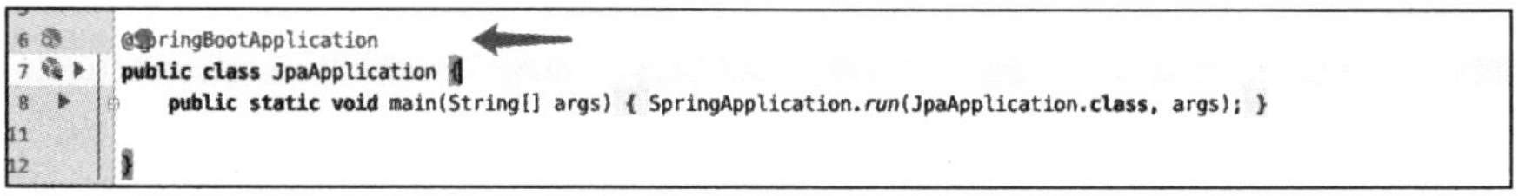

图 17-4　Spring Boot 项目

而 PageableHandlerMethodArgumentResolver 和 SortHandlerMethodArgumentResolver 两个类是通过 SpringDataWebConfiguration 加载进去的，所以我们基本可以知道 Spring Data JPA 的 Page 和 Sort 参数是因为 SpringDataWebConfiguration 里面 @Bean 的注入才生效的，如图 17-5 所示。

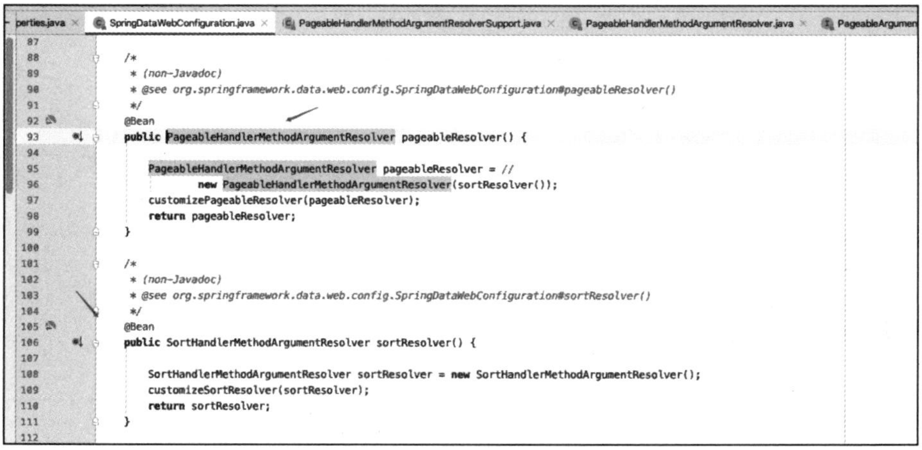

图 17-5　SpringDataWebConfiguration

如图 17-5 所示，通过 PageableHandlerMethodArgumentResolver 和 SortHandlerMethod ArgumentResolver 这两个类的源码，我们可以分析出它们分别实现了 Spring MVC Web 框架里面的 org.springframework.web.method.support.HandlerMethodArgumentResolver 这个接口，从而对 Request 里面的 Page 和 Sort 参数做了处理逻辑和解析逻辑。

那么在实际工作中可能需要对其进行扩展，比如 Page 参数可能需要支持多种 Key 的情况，那么我们应该怎么做呢？下面通过 HandlerMethodArgumentResolver 的用法来学习一下。

17.2　HandlerMethodArgumentResolver 的用法

17.2.1　HandlerMethodArgumentResolver 详解

熟悉 MVC 的人都知道，HandlerMethodArgumentResolver 在 Spring MVC 中的主要作

用是对 Controller 里面的方法参数做解析，即可以把 Request 里面的值映射到方法的参数中。
我们打开此类的源码会发现其中只有两个方法，如下所示。

```
public interface HandlerMethodArgumentResolver {
    // 检查方法的参数是否支持处理和转化
    boolean supportsParameter(MethodParameter parameter);
    // 根据请求上下文，解析方法的参数
    Object resolveArgument(MethodParameter parameter, @Nullable
        ModelAndViewContainer mavContainer,
        NativeWebRequest webRequest, @Nullable WebDataBinderFactory
            binderFactory) throws Exception;
}
```

此接口的应用场景非常广泛，我们可以看到其子类非常多，如图 17-6 所示。

图 17-6　HandlerMethodArgumentResolver 的实现类

其中几个类的作用如下。

❑ PathVariableMapMethodArgumentResolver 专门解析 @PathVariable 里面的值。

❑ RequestResponseBodyMethodProcessor 专门解析带 @RequestBody 注解的方法参数的值。

    ❑ RequestParamMethodArgumentResolver 专门解析 @RequestParam 注解参数的值，当方法的参数中没有任何注解的时候，默认是 @RequestParam。

    ❑ 以及我们上一章提到的 PageableHandlerMethodArgumentResolver 和 SortHandler-MethodArgumentResolver。

到这里你会发现，我们上一章还讲解了 HttpMessageConverter，那么它与 Handler-MethodArgumentResolver 是什么关系呢？

17.2.2　与 HttpMessageConverter 的关系

我们打开 RequestResponseBodyMethodProcessor 就会发现，这个类中主要处理的是方法里面带 @RequestBody 注解的参数。如图 17-7 所示。

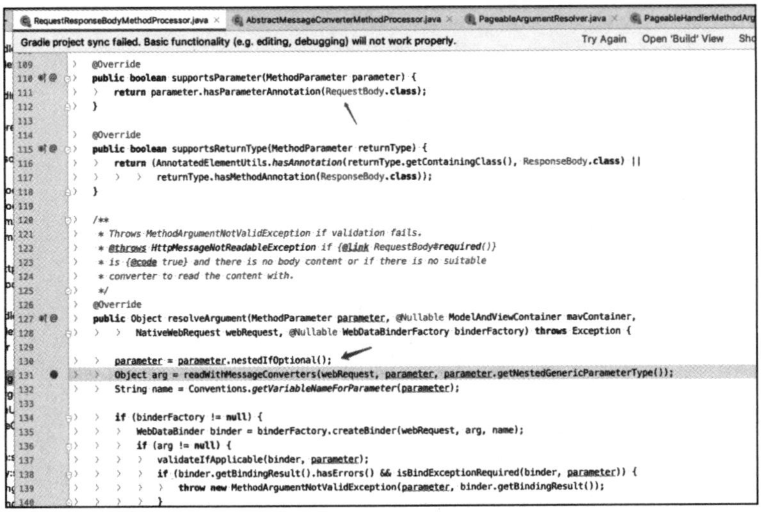

图 17-7　RequestResponseBodyMethodProcessor

而对于其中的 readWithMessageConverters(webRequest, parameter, parameter.getNested GenericParameterType()) 方法，如果我们点进去继续观察，会发现里面根据 HTTP 请求的 MediaType，选择不同的 HttpMessageConverter 进行转化。

所以，到这里你可以很清楚 HandlerMethodArgumentResolver 与 HttpMessageConverter 的关系了，即不同的 HttpMessageConverter 都是由 RequestResponseBodyMethodProcessor 进行调用的。

那么调用关系我们知道了，如此多的 HttpMessageConverter 之间是通过什么顺序执行的呢？

17.2.3　HttpMessageConverter 的执行顺序

当我们自定义 HandlerMethodArgumentResolver 时，通过下面的方法加载进去。

```
@Override
public void addArgumentResolvers(List<HandlerMethodArgumentResolver>
    resolvers) {
    resolvers.add(myPageableHandlerMethodArgumentResolver);
}
```

在 List<HandlerMethodArgumentResolver> 里面自定义的 Resolver 的优先级是最高的，也就是会优先执行 HandlerMethodArgumentResolver 之后，才会按照顺序执行系统里面自带的那一批 HttpMessageConverter，并按照 List 的循环顺序一个一个执行。

Spring 里面有执行效率问题，就是一旦一次执行找到了需要的 HandlerMethodArgument Resolver 的时候，利用 Spring 中的缓存机制，执行过程中就不会再遍历 List<HandlerMethod ArgumentResolver> 了，而是直接用上次找到的 HandlerMethodArgumentResolver，这样就提升了执行效率。

如果想要了解更多的 Resolver 可见图 17-8，我就不一一细说了。

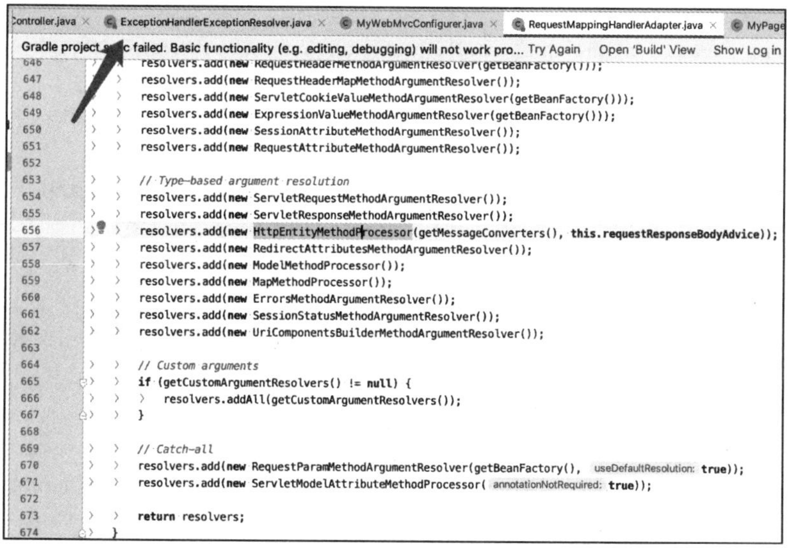

图 17-8　Resolver

了解了这么多，那么能否举个实战的例子呢？

17.3　HandlerMethodArgumentResolver 实战

在实际的工作中，你可能会遇到对老项目进行改版的工作，如果我们把旧的 API 接口改造成 JPA 的技术实现，那么可能会出现新、老参数的问题。假设在实际场景中，我们 page 的参数是 page[number]，而 page size 的参数是 page[size]，看看应该怎么做。

17.3.1 自定义 HandlerMethodArgumentResolver

第一步：新建 MyPageableHandlerMethodArgumentResolver。

这个类的作用有两个：

1）用来兼容 "?page[size]=2&page[number]=0" 的参数情况。

2）支持 JPA 新的参数形式 "?size=2&page=0"。

我们通过自定义的 MyPageableHandlerMethodArgumentResolver 来实现这个需求，请看下面这段代码。

```
/**
 * 通过 @Component 把此类加载到 Spring 的容器里面
 */
@Component
public class MyPageableHandlerMethodArgumentResolver extends PageableHandlerMe
   thodArgumentResolver implements HandlerMethodArgumentResolver {
   // 我们假设 sort 的参数没有发生变化，采用 PageableHandlerMethodArgumentResolver 里面
   // 的写法
   private static final SortHandlerMethodArgumentResolver DEFAULT_SORT_
      RESOLVER = new SortHandlerMethodArgumentResolver();
   // 给定两个默认值
   private static final Integer DEFAULT_PAGE = 0;
   private static final Integer DEFAULT_SIZE = 10;
   // 兼容新版，引入 JPA 的分页参数
   private static final String JPA_PAGE_PARAMETER = "page";
   private static final String JPA_SIZE_PARAMETER = "size";
   // 兼容原来老的分页参数
   private static final String DEFAULT_PAGE_PARAMETER = "page[number]";
   private static final String DEFAULT_SIZE_PARAMETER = "page[size]";
   private SortArgumentResolver sortResolver;
   // 模仿 PageableHandlerMethodArgumentResolver 里面的构造方法
   public MyPageableHandlerMethodArgumentResolver(@Nullable
      SortArgumentResolver sortResolver) {
      this.sortResolver = sortResolver == null ? DEFAULT_SORT_RESOLVER :
         sortResolver;
   }

   @Override
   public boolean supportsParameter(MethodParameter parameter) {
//    假设用我们自己的类 MyPageRequest 接收参数
      return MyPageRequest.class.equals(parameter.getParameterType());
      // 同时我们也可以支持通过 Spring Data JPA 里面的 Pageable 参数进行接收，两种效果是一
      // 样的
//    return Pageable.class.equals(parameter.getParameterType());
   }

   /**
    * 参数封装逻辑 page 和 sort，JPA 参数的优先级高于 page[number] 和 page[size] 参数
    */
```

```
//public Pageable resolveArgument(MethodParameter parameter,
    ModelAndViewContainer mavContainer, NativeWebRequest webRequest,
    WebDataBinderFactory binderFactory) { //这种是 Pageable 的方式
@Override
public MyPageRequest resolveArgument(MethodParameter parameter,
    ModelAndViewContainer mavContainer, NativeWebRequest webRequest,
    WebDataBinderFactory binderFactory) {
    String jpaPageString = webRequest.getParameter(JPA_PAGE_PARAMETER);
    String jpaSizeString = webRequest.getParameter(JPA_SIZE_PARAMETER);
    //我们分别取参数里面 page、sort 和 page[number]、page[size] 的值
    String pageString = webRequest.getParameter(DEFAULT_PAGE_PARAMETER);
    String sizeString = webRequest.getParameter(DEFAULT_SIZE_PARAMETER);
    //当两个都有值时候的优先级，及其默认值的逻辑
    Integer page = jpaPageString != null ? Integer.valueOf(jpaPageString) :
        pageString != null ? Integer.valueOf(pageString) : DEFAULT_PAGE;
    //在这里同时可以计算 page+1 的逻辑；如 page=page+1
    Integer size = jpaSizeString != null ? Integer.valueOf(jpaSizeString) :
        sizeString != null ? Integer.valueOf(sizeString) : DEFAULT_SIZE;

    //我们假设，sort 排序的取值方法先不发生改变
    Sort sort = sortResolver.resolveArgument(parameter, mavContainer,
        webRequest, binderFactory);
//      如果使用 Pageable 参数接收值，我们也可以不用自定义 MyPageRequest 对象，直接返回
//      PageRequest
//  return PageRequest.of(page,size,sort);
    //将 page 和 size 计算出来的结果封装到我们自定义的 MyPageRequest 类里面
    MyPageRequest myPageRequest = new MyPageRequest(page, size,sort);
    //返回 controller 里面的参数需要的对象
    return myPageRequest;
}
```

你可以通过代码里面的注释仔细看一下其中的逻辑，其实这个类并不复杂，就是取 Request 的 page 相关的参数，封装到对象中并返回给 Controller 的方法参数。其中 MyPageRequest 不是必需的，只是为了演示不同的做法。

第二步：新建 MyPageRequest。

```
/**
 * 继承父类，可以省掉很多计算 page 和 index 的逻辑
 */
public class MyPageRequest extends PageRequest {
    protected MyPageRequest(int page, int size, Sort sort) {
        super(page, size, sort);
    }
}
```

此类用来接收 page 相关的参数值，也不是必需的。

第三步：实现 WebMvcConfigurer 来加载 myPageableHandlerMethodArgumentResolver。

```
/**
```

```
 * 实现 WebMvcConfigurer
 */
@Configuration
public class MyWebMvcConfigurer implements WebMvcConfigurer {
    @Autowired
    private MyPageableHandlerMethodArgumentResolver myPageableHandlerMethodArgu
        mentResolver;

    /**
     * 覆盖这个方法，把我们自定义的 myPageableHandlerMethodArgumentResolver 加载到原始
       的 MVC 的 resolvers 里面
     * @param resolvers
     */
    @Override
    public void addArgumentResolvers(List<HandlerMethodArgumentResolver>
        resolvers) {
        resolvers.add(myPageableHandlerMethodArgumentResolver);
    }
}
```

这里我利用 Spring MVC 的机制加载自定义的 myPageableHandlerMethodArgumentRes-olver，由于自定义的优先级是最高的，所以用 MyPageRequest.class 和 Pageable.class 都是可以的。

第四步：我们看一下 Controller 里面的写法。

```
// 用 Pageable 这种方式也是可以的
@GetMapping("/users")
public Page<UserInfo> queryByPage(Pageable pageable, UserInfo userInfo) {
    return userInfoRepository.findAll(Example.of(userInfo),pageable);
}
// 用 MyPageRequest 进行接收
@GetMapping("/users/mypage")
public Page<UserInfo> queryByMyPage(MyPageRequest pageable, UserInfo
    userInfo) {
    return userInfoRepository.findAll(Example.of(userInfo),pageable);
}
```

你可以看到，这里利用 Pageable 和 MyPageRequest 两种方式都是可以的。

第五步：启动项目测试一下。

我们可以依次测试下面两种情况，发现都是可以正常工作的。

```
GET http://127.0.0.1:8089/users?page[size]=2&page[number]=0&ages=10&sort=id,
    desc
###
GET http://127.0.0.1:8089/users?size=2&page=0&ages=10&sort=id,desc
###
GET http://127.0.0.1:8089/users/mypage?page[size]=2&page[number]=0&ages=10&sor
    t=id,desc
###
```

```
GET http://127.0.0.1:8089/users/mypage?size=2&page=0&ages=10&sort=id,desc
```

其中，你应该可以注意到 Controller 方法里面有多个参数，每个参数都各司其职，找到自己对应的 HandlerMethodArgumentResolver，这正是 Spring MVC 框架的优雅之处。

那么除了上面的 Demo，自定义 HandlerMethodArgumentResolver 对我们的实际工作还有什么作用呢？

17.3.2　实际工作中的四种常见场景

自定义 HandlerMethodArgumentResolver 到底会对我们的实际工作起到哪些作用呢？可分为下述几个场景。

（1）场景一

当我们在 Controller 里面处理某些参数时，重复的步骤非常多，那么我们就可以考虑写一个自己的框架，来处理请求里面的参数，而 Controller 里面的代码就会变得非常优雅，我们不需要关心其他框架代码，只需要知道方法的参数有值就可以了。

（2）场景二

在实际工作中需要注意，默认 JPA 里面的 Page 是从 0 开始的，而我们可能有些老的代码也要维护，因为大多数老的代码的 Page 都会从 1 开始。如果我们不自定义 HandlerMethodArgumentResolver，那么在用到分页时，每个 Controller 方法都需要关心这个逻辑。这个时候你就应该想到上面列举的自定义 MyPageableHandlerMethodArgumentResolver 的 resolveArgument 方法的实现，使用这种方法我们只需要修改 Page 的计算逻辑即可。

（3）场景三

在实际的工作中，还经常遇到 "取当前用户" 的应用场景。此时，普通做法是当使用到当前用户的 UserInfo 时，每次都需要根据请求 header 的 token 获取用户信息，伪代码如下所示。

```
@PostMapping("user/info")
public UserInfo getUserInfo(@RequestHeader String token) {
    // 伪代码
    Long userId = redisTemplate.get(token);
    UserInfo useInfo = userInfoRepository.getById(userId);
    return userInfo;
}
```

如果我们使用 HandlerMethodArgumentResolver 接口来实现，代码就会变得优雅许多。伪代码如下。

```
// 1. 实现 HandlerMethodArgumentResolver 接口
@Component
public class UserInfoArgumentResolver implements HandlerMethodArgument
    Resolver {
    private final RedisTemplate redisTemplate;// 伪代码，假设 token 是放在 Redis 里面的
```

```java
    private final UserInfoRepository userInfoRepository;
    public UserInfoArgumentResolver(RedisTemplate redisTemplate,
        UserInfoRepository userInfoRepository) {
        this.redisTemplate = redisTemplate;// 伪代码，假设 token 是放在 Redis 里面的
        this.userInfoRepository = userInfoRepository;
    }

    @Override
    public boolean supportsParameter(MethodParameter parameter) {
        return UserInfo.class.isAssignableFrom(parameter.getParameterType());
    }

    @Override
    public Object resolveArgument(MethodParameter parameter, ModelAndViewContainer
        mavContainer,
            NativeWebRequest webRequest, WebDataBinderFactory binderFactory)
                throws Exception {
        HttpServletRequest nativeRequest = (HttpServletRequest) webRequest.
            getNativeRequest();
        String token = nativeRequest.getHeader("token");
        Long userId = (Long) redisTemplate.opsForValue().get(token);
            // 伪代码，假设我们 token 是放在 redis 里面的
        UserInfo useInfo = userInfoRepository.getOne(userId);
        return useInfo;
    }
}
// 2. 我们只需要在 MyWebMvcConfigurer 里面把 userInfoArgumentResolver 添加进去即可，关键
// 代码如下
@Configuration
public class MyWebMvcConfigurer implements WebMvcConfigurer {
    @Autowired
    private MyPageableHandlerMethodArgumentResolver myPageableHandlerMethodArgu
        mentResolver;
@Autowired
private UserInfoArgumentResolver userInfoArgumentResolver;
@Override
public void addArgumentResolvers(List<HandlerMethodArgumentResolver>
    resolvers) {
    resolvers.add(myPageableHandlerMethodArgumentResolver);
    // 我们只需要把 userInfoArgumentResolver 加入到 resolvers 中即可
    resolvers.add(userInfoArgumentResolver);
}
}
// 3. 在 Controller 中使用
@RestController
public class UserInfoController {
    // 获得当前用户的信息
    @GetMapping("user/info")
    public UserInfo getUserInfo(UserInfo userInfo) {
        return userInfo;
```

```
    }
// 对当前用户 "say hello"
@PostMapping("sayHello")
public String sayHello(UserInfo userInfo) {
    return "hello " + userInfo.getTelephone();
}
```

从上述代码可以看到，在 Contoller 层可以完全省掉根据 token 从 Redis 取当前用户信息的过程，优化了操作流程。

（4）场景四

有的时候我们会更改 Pageable 的默认值和参数的名字，这时也可以在 application. properties 的文件里面通过如下 Key 值对自定义进行配置，如图 17-9 所示。

图 17-9　Pageable 配置项

关于 Spring MVC 和 Spring Data 相关的参数处理，通过了解上面的内容并动手操作一下，基本上就可以掌握了。但是实际工作肯定不会这么简单，你还会遇到 WebMvcConfigurer 里面其他方法的需求，下面介绍一下。

17.4　思路拓展

17.4.1　WebMvcConfigurer 介绍

当我们做 Spring 的 MVC 开发的时候，可能会通过实现 WebMvcConfigurer 做一些公用的业务逻辑，下面列举几个常见的方法。

```
 /* 拦截器配置 */
void addInterceptors(InterceptorRegistry var1);
/* 视图跳转控制器 */
void addViewControllers(ViewControllerRegistry registry);
/**
  * 静态资源处理
**/
void addResourceHandlers(ResourceHandlerRegistry registry);
/* 默认静态资源处理器 */
void configureDefaultServletHandling(DefaultServletHandlerConfigurer
    configurer);
```

```
/**
 * 这里配置视图解析器
 **/
void configureViewResolvers(ViewResolverRegistry registry);
/* 配置内容裁决的一些选项 */
void configureContentNegotiation(ContentNegotiationConfigurer configurer);
/** 解决跨域问题 **/
void addCorsMappings(CorsRegistry registry) ;
/** 添加 contoller 的 Return 的结果的处理 **/
void addReturnValueHandlers(List<HandlerMethodReturnValueHandler> handlers);
```

当我们实现 RESTful 风格的 API 协议时，会经常看到其对 JSON 响应结果进行了统一的封装，我们也可以采用 HandlerMethodReturnValueHandler 来实现，再来看一个例子。

17.4.2 对 JSON 的返回结果进行统一封装

下面通过五个步骤来实现一个通过自定义注解，利用 HandlerMethodReturnValue-Handler 实现 JSON 结果封装的例子。

第一步：我们自定义一个注解 @WarpWithData，表示此注解包装的返回结果用 Data 进行包装，代码如下。

```
@Target({ElementType.TYPE, ElementType.METHOD})
@Retention(RetentionPolicy.RUNTIME)
@Documented
/**
 * 自定义一个注解对返回结果进行包装
 */
public @interface WarpWithData {
}
```

第二步：自定义 MyWarpWithDataHandlerMethodReturnValueHandler，并继承 Request-ResponseBodyMethodProcessor 来实现 HandlerMethodReturnValueHandler 接口，用来处理 Data 包装的结果，代码如下。

```
// 自定义 return 的处理类，我们直接继承 RequestResponseBodyMethodProcessor，这样我们直接
// 使用父类里面的方法就可以了
@Component
public class MyWarpWithDataHandlerMethodReturnValueHandler extends RequestResponse
    BodyMethodProcessor implements HandlerMethodReturnValueHandler {
    // 参考父类 RequestResponseBodyMethodProcessor 的做法
    @Autowired
    public MyWarpWithDataHandlerMethodReturnValueHandler(List<HttpMessage
        Converter<?>> converters) {
        super(converters);
    }
    // 只处理需要包装的注解的方法
    @Override
    public boolean supportsReturnType(MethodParameter returnType) {
```

```
            return returnType.hasMethodAnnotation(WarpWithData.class);
        }
        // 将返回结果包装一层 Data
        @Override
        public void handleReturnValue(Object returnValue, MethodParameter
            methodParameter, ModelAndViewContainer modelAndViewContainer,
            NativeWebRequest nativeWebRequest) throws IOException, HttpMediaTypeNot
            AcceptableException {
            Map<String,Object> res = new HashMap<>();
            res.put("data",returnValue);
            super.handleReturnValue(res,methodParameter,modelAndViewContainer,native
                WebRequest);
        }
    }
```

第三步：在 MyWebMvcConfigurer 里直接把 myWarpWithDataHandlerMethodReturn-
ValueHandler 加入 handlers 即可，也是通过覆盖父类 WebMvcConfigurer 里面的 addReturn-
ValueHandlers 方法完成的，关键代码如下。

```
@Configuration
public class MyWebMvcConfigurer implements WebMvcConfigurer {
    @Autowired
    private MyWarpWithDataHandlerMethodReturnValueHandler myWarpWithDataHandler
        MethodReturnValueHandler;
    // 把我们自定义的 myWarpWithDataHandlerMethodReturnValueHandler 加入到 handlers 即可
    @Override
    public void addReturnValueHandlers(List<HandlerMethodReturnValueHandler>
        handlers) {
        handlers.add(myWarpWithDataHandlerMethodReturnValueHandler);
    }

    @Autowired
    private RequestMappingHandlerAdapter requestMappingHandlerAdapter;
    // 由于 HandlerMethodReturnValueHandler 处理的优先级问题，我们通过如下方法，把我们自定义
    // 的 myWarpWithDataHandlerMethodReturnValueHandler 放到第一个
    @PostConstruct
    public void init() {
        List<HandlerMethodReturnValueHandler> returnValueHandlers = Lists.newArray
            List(myWarpWithDataHandlerMethodReturnValueHandler);
    // 取出原始列表，重新覆盖进去
        returnValueHandlers.addAll(requestMappingHandlerAdapter.
            getReturnValueHandlers());
        requestMappingHandlerAdapter.setReturnValueHandlers(returnValueHandlers);
    }
}
```

这里需要注意的是，我们利用 @PostConstruct 调整了一下 HandlerMethodReturnValue-
Handler 加载的优先级，使其生效。

第四步：Controller 方法中直接加上 @WarpWithData 注解，关键代码如下。

```
@GetMapping("/user/{id}")
@WarpWithData
public UserInfo getUserInfoFromPath(@PathVariable("id") Long id) {
    return userInfoRepository.getOne(id);
}
```

第五步：我们测试一下。

GET http://127.0.0.1:8089/user/1

得到如下结果，你会发现我们的 JSON 结果多了一个 Data 的包装。

```
{
    "data": {
        "id": 1,
        "version": 0,
        "createUserId": null,
        "createTime": "2020-10-23T00:23:10.185Z",
        "lastModifiedUserId": null,
        "lastModifiedTime": "2020-10-23T00:23:10.185Z",
        "ages": 10,
        "telephone": null,
        "hibernateLazyInitializer": {}
    }
}
```

我们通过以上五个步骤，利用 Spring MVC 的扩展机制，实现了对返回结果的格式进行统一处理。不知道你是否掌握了这种方法，希望你可以多多实践，将它运用得更好。

17.5 本章小结

通过本章的原理分析、语法讲解、实战经验分享等，帮助你掌握了 HandlerMethod-ArgumentResolver 的详细用法，并为你扩展了学习思路，了解了 HandlerMethodReturn-ValueHandler 的用法。

其实 Spring MVC 肯定远不止这些，这里我只介绍了一些与 Spring Data 相关的知识点。在工作和学习中，你要时刻保持好奇心和挖掘精神，以及以点带面的学习思路，不断地探究不理解的知识点。

DataSource 详解及其加载过程

最近几年虽然 DataSource 越来越成熟，但是我们在做开发的时候却对 DataSource 的关心越来越少，这是因为大多数情况下利用 application.properties 进行简单的数据源配置，项目就可以正常运行了。而当我们真正想要解决一些原理性问题的时候，就不得不用到 DataSource、连接池等基础知识。

那么这一章就将为大家揭开 DataSource 的"神秘面纱"，一起来了解它是什么、如何使用，以及它的最佳实践吧。

18.1 数据源是什么

当使用第三方工具连接数据库（如 MySQL、Oracle 等）的时候，一般都会让我们选择数据源，如图 18-1 所示。

我们以 MySQL 为例，当选择 MySQL 的时候就会弹出如图 18-2 所示界面。

其中，我们在选择了 Driver（驱动）和 Host、UserName、Password 等之后，就可以创建一个 Connection，然后连接到数据库里面了。

同样的道理，在 Java 里面我们也需要用 DataSource 去连接数据库，而 Java 定义了一套

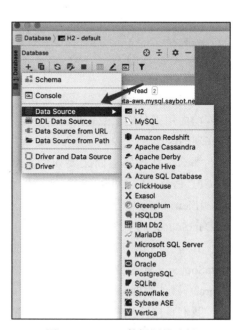

图 18-1 IDEA 数据源的选择

JDBC 的协议标准，其中有一个 javax.sql.DataSource 接口类，通过实现此类就可以进行数据库的连接，我们通过源码来分析一下。

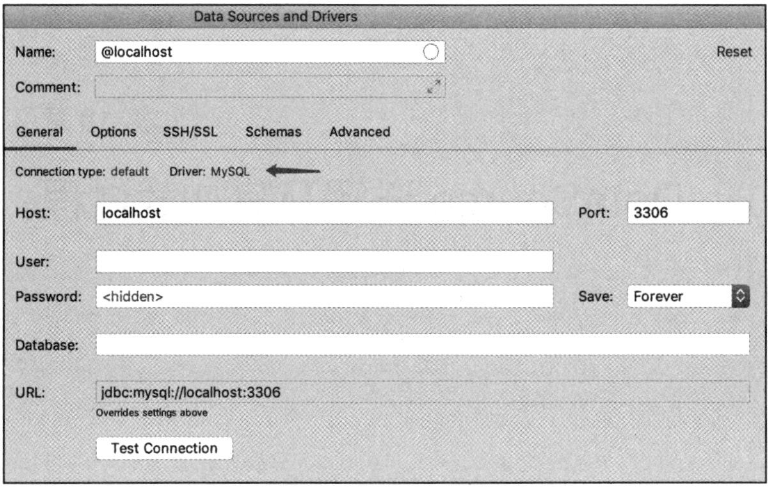

图 18-2　IDEA MySQL 数据源的创建

18.1.1　DataSource 源码分析

DataSource 接口里面主要的代码如下所示。

```
public interface DataSource  extends CommonDataSource, Wrapper {
Connection getConnection() throws SQLException;
Connection getConnection(String username, String password)
   throws SQLException;
}
```

通过源码我们可以很清楚地看到，DataSource 的主要目的就是获得数据库连接，就像我们前面用工具连接数据库一样，只不过工具是通过界面实现的，而 DataSource 是通过代码实现的。

那么，在程序里面又要如何实现呢？也有很多第三方的实现方式，常见的有 C3P0、BBCP、Proxool、Druid、Hikari 等，而目前 Spring Boot 里面是采用 Hikari 作为默认数据源。Hikari 的优点是开源、社区活跃、性能高、监控完整等。我们通过工具来看一看项目里面 DataSource 的实现类都有哪些，如图 18-3 所示。

其中，当我们采用默认数据源的时候，可以看到数据源的实现类有 H2 里面的 Jdbc-DataSource、MySQL 连接里面的 MysqlDataSource，以及今天要重点介绍的 HikariData-Source（默认数据源，也是 Spring 社区推荐的最佳数据源）。

我们直接打开 HikariDataSource 的源码看一下，它的关键代码如下。

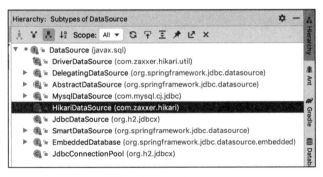

图 18-3　DataSource

```
public class HikariDataSource extends HikariConfig implements DataSource,
    Closeable{
    private volatile HikariPool pool;
    public HikariDataSource(HikariConfig configuration){

        configuration.validate();
        configuration.copyStateTo(this) ;

        LOGGER.info("{} - Starting...", configuration.getPoolName());
        pool = fastPathPool = new HikariPool(this) ;
        LOGGER.info("{} - Start completed.", configuration.getPoolName());

        this.seal();
    }
    // 这个是最主要的实现逻辑，即通过连接池获得连接的逻辑
    public Connection getConnection() throws SQLException{
        if (isClosed()) {
            throw new SQLException("HikariDataSource " + this + " has been closed.");
        }

        if (fastPathPool != null) {
            return fastPathPool.getConnection();
        }

        // See http://en.wikipedia.org/wiki/Double-checked_locking# Usage_in_Java
        HikariPool result = pool;
        if (result == null) {
            synchronized (this){
                result = pool;
                if (result == null) {
                    validate();
                    LOGGER.info("{} - Starting...", getPoolName());
                    try {
                        pool = result = new HikariPool(this) ;
                        this.seal();
                    }catch (PoolInitializationException pie) {
```

```
                         if (pie.getCause() instanceof SQLException) {
                             throw (SQLException) pie.getCause();
                         }
                         else {
                             throw pie;
                         }
                     }
                     LOGGER.info("{} - Start completed.", getPoolName());
                 }
             }
         }
         return result.getConnection();
     }
     ...
}
```

从上面的源码中可以看到如下关键的两点问题。

1）数据源的关键配置属性有哪些？

2）连接怎么获得？连接池的作用如何？

下面我们分别详解。

对于第 1 个问题，HikariConfig 里面描述了 Hikari 数据源主要的配置属性，我们打开看一看，如图 18-4 所示。

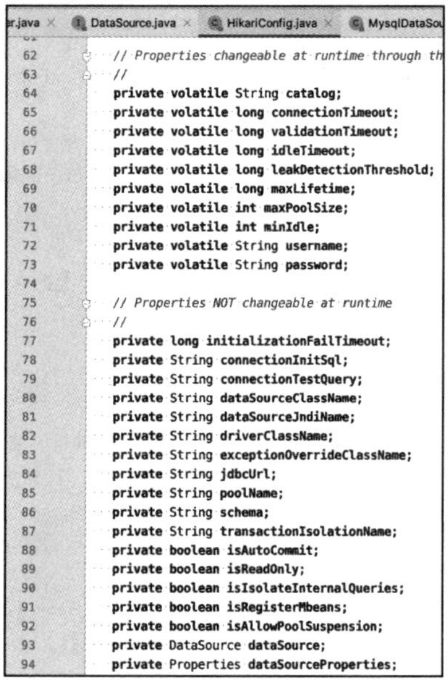

通过上面的源码，我们可以看到数据源的关键配置信息有用户名、密码、连接池的配置、jdbcUrl、驱动的名字等，这些字段你可以参考本书一开始时介绍过的工具，如果细心观察的话都可以找到对应关系，也就是创建数据源需要的一些配置项。

而对于上面提到的第 2 个问题，我们则需要通过 getConnection 方法里面的代码方可看到 HikariPool 的用法，也就是说，我们需要通过连接池来获得连接，这个连接用过之后没有断开，而是重新放回到连接池

图 18-4   HikariConfig

里面（这一点一定要谨记，它也说明了 Connection 是可以共享的）。

大家应该也知道连接池的用途，创建连接是非常昂贵的，所以需要用到连接池技术来共享现有的连接，以增加代码的执行效率。

而这个时候有一个问题是需要我们弄清楚并且牢记的，那就是数据源和驱动、连接、连接池之间到底是什么关系？

18.1.2   数据源、驱动、连接和连接池的关系

为了便于大家理解，可以分为如下四点。

1）数据源的作用是给应用程序提供不同 DB 的连接。

2）连接是通过连接池获取的，这主要是出于连接性能的考虑。

3）创建好连接之后，通过数据库的驱动来进行数据库操作。

4）而不同的 DB（MySQL/H2/Oracle），都有自己的驱动类和相应的驱动 jar 包。

我们用一个图来表示，如图 18-5 所示。

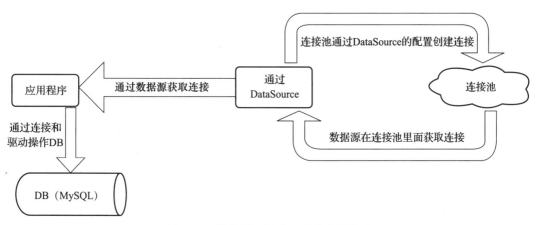

图 18-5　数据源、驱动、连接池的关系

而我们常说的 MySQL 驱动，其实就是 com.mysql.cj.jdbc.Driver，这个类主要存在于 mysql-connection-java:8.0* 里面，也就是我们经常说的不同的数据库所代表的驱动 jar 包。

这里我们用的是 Spring Boot 2.3.3 版本引用的 mysql-connection-java 8.0 版本驱动 jar 包，不同的数据库引用的 jar 包是不一样的。例如，在 H2 数据源中，我们用的驱动类是 org.h2.Driver，其就包含在 com.h2database:h2:1.4.*jar 包里面。

接下来我们通过源码分析 Spring 的加载原理，看一看 Hikari 都有哪些配置项。

18.2　数据源的加载原理和过程

我们通过 spring.factories 文件可以看到 JDBC 数据源相关的自动加载的类 DataSource-AutoConfiguration，那么我们就从这个类开始分析。

18.2.1　DataSourceAutoConfiguration 数据源的加载过程分析

DataSourceAutoConfiguration 的关键源码如下所示。

```
// 将 spring.datasource.** 的配置放到 DataSourceProperties 对象里面
@EnableConfigurationProperties(DataSourceProperties.class)
@Import({ DataSourcePoolMetadataProvidersConfiguration.class, DataSource
    InitializationConfiguration.class })
public class DataSourceAutoConfiguration {
```

```
// 默认集成的数据源, 一般指的是 H2, 方便我们快速启动和上手, 一般不在生产环境应用
@Configuration(proxyBeanMethods = false)
@Conditional(EmbeddedDatabaseCondition.class)
@ConditionalOnMissingBean({ DataSource.class, XADataSource.class })
@Import(EmbeddedDataSourceConfiguration.class)
protected static class EmbeddedDatabaseConfiguration {
}
// 加载不同的数据源的配置
@Configuration(proxyBeanMethods = false)
@Conditional(PooledDataSourceCondition.class)
@ConditionalOnMissingBean({ DataSource.class, XADataSource.class })
@Import({ DataSourceConfiguration.Hikari.class, DataSourceConfiguration.
    Tomcat.class,
    DataSourceConfiguration.Dbcp2.class, DataSourceConfiguration.Generic.
        class,
    DataSourceJmxConfiguration.class })
protected static class PooledDataSourceConfiguration {}
...
}
```

从源码中我们可以得到以下三点最关键的信息。

第一, 我们通过 @EnableConfigurationProperties(DataSourceProperties.class) 就可以看出来 spring.datasource 的配置项有哪些, 那么我们打开 DataSourceProperties 的源码看一下, 关键代码如下。

```
@ConfigurationProperties(prefix = "spring.datasource")
public class DataSourceProperties implements BeanClassLoaderAware,
    InitializingBean {
    private ClassLoader classLoader;
    private String name;
    private boolean generateUniqueName = true;
    private Class<? extends DataSource> type;
    private String driverClassName;
    private String url;
    private String username;
    private String password;
    // 计算确定 drivername 的值是什么
    public String determineDriverClassName() {
    if (StringUtils.hasText(this.driverClassName)) {
        Assert.state(driverClassIsLoadable(), () -> "Cannot load driver class: "
            + this.driverClassName) ;
        return this.driverClassName;
    }
    String driverClassName = null;
    // 此段逻辑是, 当我们没有配置自己的 drivername 的时候, 它会根据我们配置的 DB 的 url 自动计算
    // 出来 drivername 的值是什么, 所以我们现在很多 DataSource 里面的配置都省去了 drivername
    // 的配置, 这是 Spring Boot 的功劳
    if (StringUtils.hasText(this.url)) {
        driverClassName = DatabaseDriver.fromJdbcUrl(this.url).
```

```
        getDriverClassName();
    }
    if (!StringUtils.hasText(driverClassName)) {
        driverClassName = this.embeddedDatabaseConnection.getDriverClassName();
    }
    if (!StringUtils.hasText(driverClassName)) {
        throw new DataSourceBeanCreationException("Failed to determine a
            suitable driver class", this
            this.embeddedDatabaseConnection) ;
    }
    return driverClassName;
}
```

通过 DatabaseDriver 的源码我们可以看到，MySQL 的默认驱动 Spring Boot 是采用
com.mysql.cj.jdbc.Driver 来实现的，如图 18-6 所示。

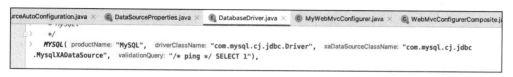

图 18-6　DatabaseDriver

同时，@ConfigurationProperties(prefix = "spring.datasource") 也告诉我们，application.
properties 里面的 datasource 相关的公共配置可以以 spring.datasource 开头，这样当启动的时
候，DataSourceProperties 就会将 datasource 的一切配置自动加载进来。正如我们前面所讲
解的在 application.properties 里面的配置一样，如图 18-7 所示。

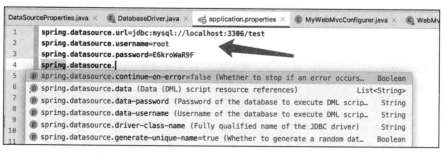

图 18-7　application.properties 的 datasource 配置

这里有 url、username、password、driver-class-name 等关键配置，不同数据源的公共配
置也不多。

第二，我们通过下面这一段代码也可以看出来，不同数据源的配置到底是什么样的。

```
@Import({ DataSourceConfiguration.Hikari.class, DataSourceConfiguration.
    Tomcat.class,
    DataSourceConfiguration.Dbcp2.class, DataSourceConfiguration.Generic.class,
```

```
DataSourceJmxConfiguration.class })
```

为了再进一步了解，我们打开 DataSourceConfiguration 的源码，如下所示。

```
abstract class DataSourceConfiguration {

    @SuppressWarnings("unchecked")
    protected static <T> T createDataSource(DataSourceProperties properties,
        Class<? extends DataSource> type) {
        return (T) properties.initializeDataSourceBuilder().type(type).build();

}

    /**
     * Tomcat 连接池数据源的配置，前提条件需要引入 tomcat-jdbc*.jar
     */
    @Configuration(proxyBeanMethods = false)
    @ConditionalOnClass(org.apache.tomcat.jdbc.pool.DataSource.class)
    @ConditionalOnMissingBean(DataSource.class)
    @ConditionalOnProperty(name = "spring.datasource.type", havingValue = "org.
        apache.tomcat.jdbc.pool.DataSource",
        matchIfMissing = true)
    static class Tomcat {

        @Bean
        @ConfigurationProperties(prefix = "spring.datasource.tomcat")
        org.apache.tomcat.jdbc.pool.DataSource dataSource(DataSourceProperties
            properties) {
            org.apache.tomcat.jdbc.pool.DataSource dataSource = createData
                Source(properties,
                    org.apache.tomcat.jdbc.pool.DataSource.class)
            DatabaseDriver databaseDriver = DatabaseDriver.fromJdbcUrl
                (properties.determineUrl());
            String validationQuery = databaseDriver.getValidationQuery();
            if (validationQuery != null) {
            dataSource.setTestOnBorrow(true);
            dataSource.setValidationQuery(validationQuery);

            return dataSource;

        }

}

    /**
     * Hikari 数据源的配置，默认 Spring Boot 加载的是 Hikari 数据源
     */
    @Configuration(proxyBeanMethods = false)
    @ConditionalOnClass(HikariDataSource.class)
    @ConditionalOnMissingBean(DataSource.class)
    @ConditionalOnProperty(name = "spring.datasource.type", havingValue = "com.
```

```
    zaxxer.hikari.HikariDataSource",
    matchIfMissing = true)
static class Hikari {

    @Bean
    @ConfigurationProperties(prefix = "spring.datasource.hikari")
    HikariDataSource dataSource(DataSourceProperties properties) {
        HikariDataSource dataSource = createDataSource(properties,
            HikariDataSource.class);
        if (StringUtils.hasText(properties.getName())) {
            dataSource.setPoolName(properties.getName());
        }
        return dataSource;

    }

}

/**
 * DBCP 数据源的配置，按照 Spring Boot 的语法，我们必须引入 CommonsDbcp**.jar 依赖才有用
 */
@Configuration(proxyBeanMethods = false)
@ConditionalOnClass(org.apache.commons.dbcp2.BasicDataSource.class)
@ConditionalOnMissingBean(DataSource.class)
@ConditionalOnProperty(name = "spring.datasource.type", havingValue = "org.
    apache.commons.dbcp2.BasicDataSource",
        matchIfMissing = true)
static class Dbcp2 {
    @Bean
    @ConfigurationProperties(prefix = "spring.datasource.dbcp2")
    org.apache.commons.dbcp2.BasicDataSource dataSource(DataSourceProperties
        properties) {
        return createDataSource(properties, org.apache.commons.dbcp2.
            BasicDataSource.class);
    }
}
}
```

我们通过上述源码可以看到最常见的三种数据源的配置。

❑ HikariDataSource。

❑ Tomcat 的 JDBC。

❑ Apache 的 DBCP。

而最终选择哪一个，就看当时引用了哪一个 DataSource 的 jar 包。不过，Spring Boot 2.0 之后就推荐使用 Hikari 数据源了。

第三，我们通过 @ConfigurationProperties(prefix = "spring.datasource.hikari") HikariData Source dataSource(DataSourceProperties properties) 可以知道, application.properties 里面 spring. datasource.hikari 开头的配置会被映射到 HikariDataSource 对象中，而开篇我们就提到了是

HikariDataSource 继承了 HikariConfig。

所以，我们就可以知道 Hikari 数据源的配置有哪些了，如图 18-8 所示。

Hikari 的配置比较多，如果在实际工作中想要了解更多的详细配置，可以查看官方文档：https://github.com/brettwooldridge/HikariCP。这里只说明我们最需要关心的配置，如下。

```
## 最小空闲连接数量
spring.datasource.hikari.minimum-
    idle=5
## 空闲连接存活最大时间，默认 600000（10
    分钟）
spring.datasource.hikari.idle-
    timeout=180000
## 连接池最大连接数，默认是 10
spring.datasource.hikari.maximum-
    pool-size=10
## 此属性控制从池中返回的连接的默认自动提
    交行为，默认值：true
spring.datasource.hikari.auto-
    commit=true
## 数据源连接池的名称
spring.datasource.hikari.pool-
    name=MyHikariCP
```

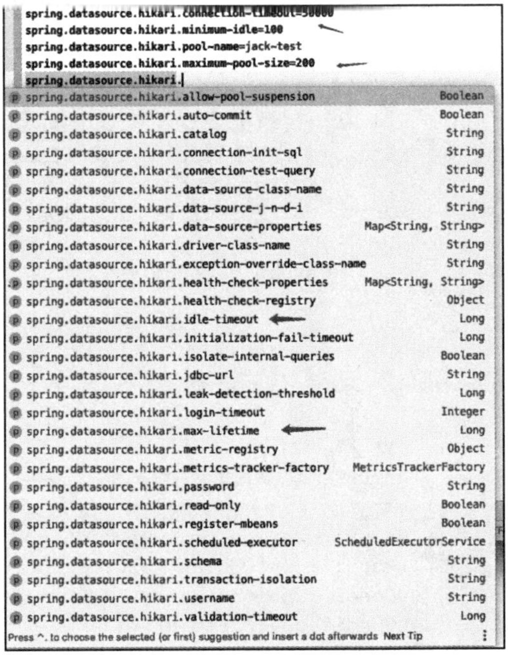

图 18-8　Hikari 的配置

```
## 此属性控制池中连接的最长生命周期，值 0 表示无限生命周期，默认为 1800000 即 30 分钟
spring.datasource.hikari.max-lifetime=1800000
## 数据库连接超时时间，默认为 30 秒，即 30000
spring.datasource.hikari.connection-timeout=30000
spring.datasource.hikari.connection-test-query=SELECT 1mysql
```

这里主要介绍的是连接池配置大小的问题，研究过线程池和连接池原理的读者应该都知道，连接池我们不能配置得太大，因为连接池太大的话，会有额外的 CPU 开销，处理连接池的线程切换反而会增加程序的执行时间，降低性能；相应地，连接池也不能配置得太小，太小的话可能会增加请求的等待时间，也会降低业务处理的吞吐量。

下面给大家推荐一个常见的配置项。

18.2.2　Hikari 数据源下的 MySQL 配置最佳实践

我们直接通过代码来看看。

```
## 数据源的配置：logger=Slf4JLogger&profileSQL=true 用来调试显示 SQL 的执行日志
spring.datasource.url=jdbc:mysql://localhost:3306/test?logger=Slf4JLogger&profile
    SQL=true
spring.datasource.username=root
spring.datasource.password=123456
```

```
## 采用默认的
# spring.datasource.hikari.connectionTimeout=30000
# spring.datasource.hikari.idleTimeout=300000
## 指定一个连接池的名字，方便我们分析线程问题
spring.datasource.hikari.pool-name=jpa-hikari-pool
## 最长生命周期，15 分钟足够
spring.datasource.hikari.maxLifetime=900000
spring.datasource.hikari.maximumPoolSize=8
## 最大和最小相等，从而减少创建线程池的消耗
spring.datasource.hikari.minimumIdle=8
spring.datasource.hikari.connectionTestQuery=select 1 from dual
## 当释放连接到连接池之后，采用默认的自动提交事务
spring.datasource.hikari.autoCommit=true
## 用来显示测试连接的 trace 日志
logging.level.com.zaxxer.hikari.HikariConfig=DEBUG
logging.level.com.zaxxer.hikari=TRACE
```

通过上面的日志配置，我们在启动的时候就可以看到连接池的配置结果和 MySQL 的执行日志。

1）如图 18-9 所展示的日志，显示了 Hikari 的 config 配置。

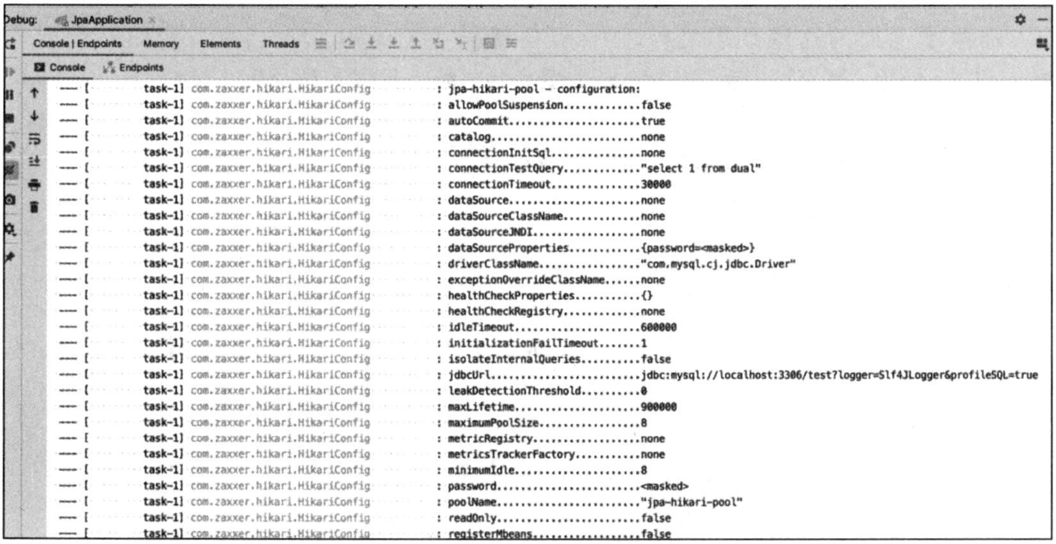

图 18-9　Hikari 的 config 配置日志

2）当我们执行一个方法的时候，到底要在一个 MySQL 的 connection 上面执行哪些 SQL 呢？通过如图 18-10 所展示的日志，我们可以看出来。

3）通过开启 com.zaxxer.hikari.pool.HikariPool 类的 debug 级别，可以实时看到连接池的使用情况，软件日志如下（图 18-10 也有体现）。

```
com.zaxxer.hikari.pool.HikariPool      : jpa-hikari-pool - Pool stats
   (total=8, active=1, idle=7, waiting=0)
```

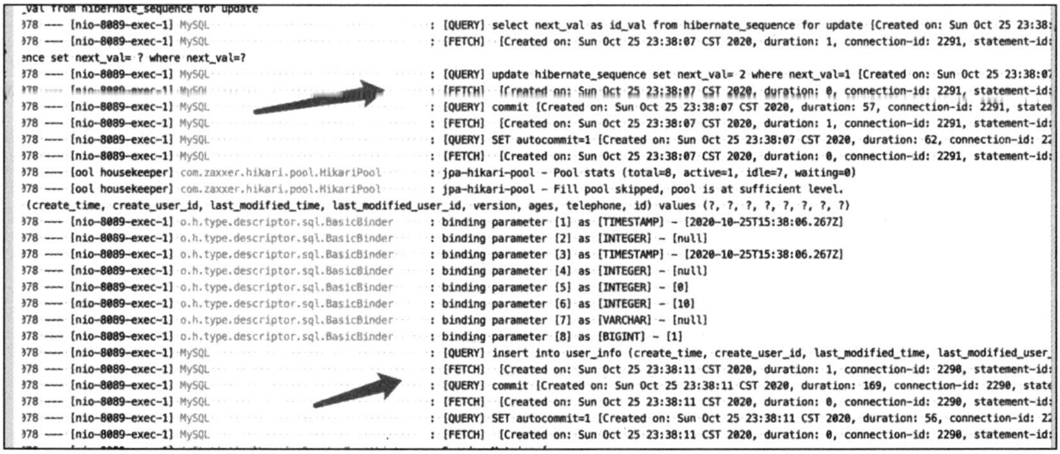

图 18-10 MySQL 驱动 SQL 日志

通过上面的监控日志，我们在实际工作中可以根据主机的 CPU 情况和业务处理的耗时情况，再对连接池进行适当的调整，但是注意差距不要太大，也不要将连接池一下配置几百个，那样都是错误的配置。

而除了上面的这些日志之外，Hikari 还提供了 Metrics 监控指标，我们一般配合 Prometheus 使用，甚至可以利用 Grafana 配置一些告警，我们来看一看。

18.2.3　Hikari 数据通过 Prometheus 的监控指标应用

就像我们日志里面打印的一样：

```
om.zaxxer.hikari.pool.HikariPool          : jpa-hikari-pool - Pool stats
   (total=8, active=0, idle=8, waiting=0)
```

Hikari 的 Metric 也为我们提供了 Prometheus 的监控指标，实现方法很简单，代码如下所示。

```
// gradle 依赖里面添加
implementation 'io.micrometer:micrometer-registry-prometheus'
// application.properties 里面添加
# Metrics related configurations
management.endpoint.metrics.enabled=true
management.endpoints.web.exposure.include=*
management.endpoint.prometheus.enabled=true
management.metrics.export.prometheus.enabled=true
```

然后我们启动项目，通过图 18-11 中的地址就可以看到，Prometheus 的 Metrics 里面多了很多 HikariCP 的指标。

当看到这些指标之后，就可以根据 Grafana 社区提供的 HikariCP 的监控 Dashboards 的配置文档地址：https://grafana.com/grafana/dashboards/6083，导入我们自己的 Grafana，可

以看到如图 18-12 所示界面。

```
127.0.0.1:8089/actuator/prometheus
jdbc_connections_max{name="dataSource",} 8.0
# HELP jdbc_connections_min Minimum number of idle connections in the pool.
# TYPE jdbc_connections_min gauge
jdbc_connections_min{name="dataSource",} 8.0
# HELP hikaricp_connections_creation_seconds_max Connection creation time
# TYPE hikaricp_connections_creation_seconds_max gauge
hikaricp_connections_creation_seconds_max{pool="jpa-hikari-pool",} 0.0
# HELP hikaricp_connections_creation_seconds Connection creation time
# TYPE hikaricp_connections_creation_seconds summary
hikaricp_connections_creation_seconds_count{pool="jpa-hikari-pool",} 54.0
hikaricp_connections_creation_seconds_sum{pool="jpa-hikari-pool",} 11.915
# HELP hibernate_entities_inserts_total The number of entity inserts
# TYPE hibernate_entities_inserts_total counter
hibernate_entities_inserts_total{entityManagerFactory="entityManagerFactory",} 3.0
# HELP hibernate_entities_deletes_total The number of entity deletes
# TYPE hibernate_entities_deletes_total counter
hibernate_entities_deletes_total{entityManagerFactory="entityManagerFactory",} 0.0
# HELP process_files_open_files The open file descriptor count
# TYPE process_files_open_files gauge
process_files_open_files 161.0
# HELP tomcat_sessions_created_sessions_total
# TYPE tomcat_sessions_created_sessions_total counter
tomcat_sessions_created_sessions_total 3.0
# HELP hibernate_optimistic_failures_total The number of StaleObjectStateExceptions that have occurr
# TYPE hibernate_optimistic_failures_total counter
hibernate_optimistic_failures_total{entityManagerFactory="entityManagerFactory",} 0.0
# HELP jvm_classes_loaded_classes The number of classes that are currently loaded in the Java virtua
# TYPE jvm_classes_loaded_classes gauge
jvm_classes_loaded_classes 11538.0
# HELP hibernate_query_executions_total The number of executed queries
# TYPE hibernate_query_executions_total counter
hibernate_query_executions_total{entityManagerFactory="entityManagerFactory",} 0.0
# HELP hikaricp_connections_acquire_seconds Connection acquire time
# TYPE hikaricp_connections_acquire_seconds summary
hikaricp_connections_acquire_seconds_count{pool="jpa-hikari-pool",} 8.0
hikaricp_connections_acquire_seconds_sum{pool="jpa-hikari-pool",} 21.044
# HELP hikaricp_connections_acquire_seconds_max Connection acquire time
# TYPE hikaricp_connections_acquire_seconds_max gauge
hikaricp_connections_acquire_seconds_max{pool="jpa-hikari-pool",} 0.0
```

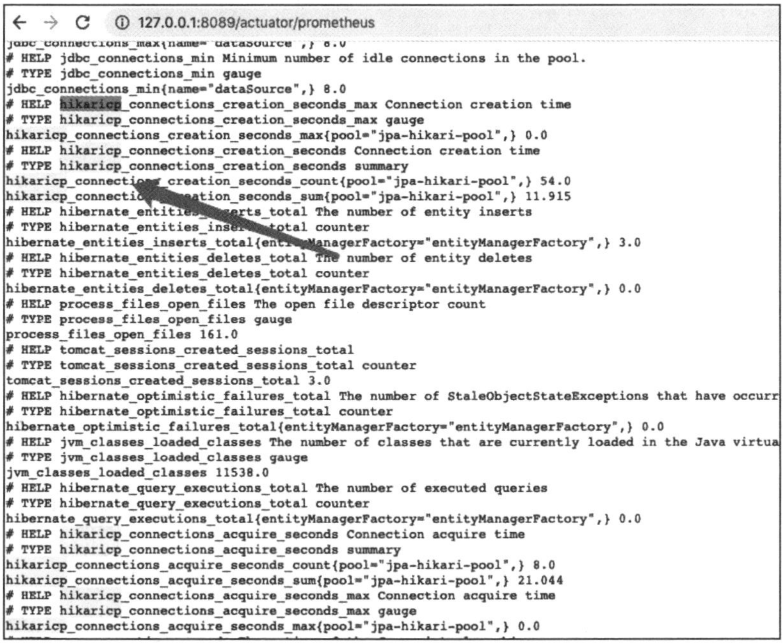

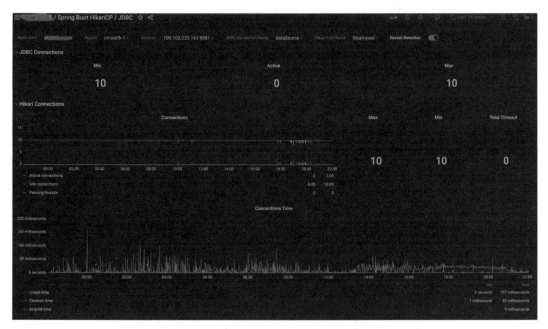

图 18-11　Prometheus 中 HikariCP 的指标

图 18-12　Grafana 的 Datasource 图表

我们通过这种标准的模板就可以知道 JDBC 的连接情况和 Hikari 的连接情况，以及每个连接的请求时间和使用时间。这样对我们诊断 DB 的性能问题非常有帮助。

下面对其中的一些关键指标做一下说明。

1）totalConnections：总连接数，包括空闲的连接和使用中的连接，即 totalConnections = activeConnection + idleConnections。

2）idleConnections：空闲连接数，也叫可用连接数，也就是连接池里面现成的 DB 连接数。

3）activeConnections：活跃连接数，非业务繁忙期一般都是 0，很快就会释放到连接池里面。

4）pendingThreads：正在等待连接的线程数量。排查性能问题时，这是一个重要的参考指标，如果正在等待连接的线程在相当长一段时间内数量较多，说明我们的连接没有利用好：是不是占用连接的时间过长了？此时可以发一个告警，查查原因，或者优化一下连接池。

5）maxConnections：最大连接数，统计指标，统计到目前为止连接的最大数量。

6）minConnections：最小连接数，统计指标，统计到目前为止连接的最小数量。

7）usageTime：每个连接使用的时间，当连接被回收的时候会记录此指标。一般都在 m、s 级别，一旦到 s 级别了可以发一个告警。

8）acquireTime：获取每个连接需要等待的时间，一个请求获取数据库连接后或者因为超时失败后，会记录此指标。

9）connectionCreateTime：连接创建时间。

在 Grafana 图表或者 Prometheus 中都可以配置一些邮件或者短信等告警，这样当我们的 DB 连接池发生问题的时候就能实时告知。

以上内容涉及一些运维知识，感兴趣的读者可以研究一下 Prometheus Operator：https://github.com/prometheus-operator/prometheus-operator。我们掌握了 Hikari 数据源的配置，那么会有读者问：数据源 AliDruid 是怎么配置的呢？

18.3 AliDruidDataSource 的配置与介绍

在实际工作中，由于 HikariCP 和 AliDruid 各有千秋，国内的很多开发者都使用 AliDruid 作为数据源，我们看看它是怎么配置的，事实上每一步都很简单。

第一步：引入 Gradle 依赖。

```
implementation 'com.alibaba:druid-spring-boot-starter:1.2.1'
```

第二步：配置数据源。

```
spring.datasource.druid.url= # 或 spring.datasource.url=
```

```
spring.datasource.druid.username= # 或 spring.datasource.username=
spring.datasource.druid.password= # 或 spring.datasource.password=
spring.datasource.druid.driver-class-name= # 或 spring.datasource.driver-class-
                                                name=
```

第三步：配置连接池。

```
spring.datasource.druid.initial-size=
spring.datasource.druid.max-active=
spring.datasource.druid.min-idle=
spring.datasource.druid.max-wait=
spring.datasource.druid.pool-prepared-statements=
spring.datasource.druid.max-pool-prepared-statement-per-connection-size=
spring.datasource.druid.max-open-prepared-statements= # 与上面的等价
spring.datasource.druid.validation-query=
spring.datasource.druid.validation-query-timeout=
spring.datasource.druid.test-on-borrow=
spring.datasource.druid.test-on-return=
spring.datasource.druid.test-while-idle=
spring.datasource.druid.time-between-eviction-runs-millis=
spring.datasource.druid.min-evictable-idle-time-millis=
spring.datasource.druid.max-evictable-idle-time-millis=
spring.datasource.druid.filters= # 配置多个英文逗号分隔
...// more
```

通过以上三步就可以完成 Druid 数据源的配置了。需要注意的是，我们需要把 HikariCP 数据源给排除掉，而其他 Druid 的配置，如监控等，官方的介绍还是挺详细的：https://github.com/alibaba/druid/tree/master/druid-spring-boot-starter。

其官方的源码也比较简单，按照我们上面分析 HikariCP 数据源的方法，可以找一下 AliDruid 的源码，其加载的入口类如下：https://github.com/alibaba/druid/blob/master/druid-spring-boot-starter/src/main/java/com/alibaba/druid/spring/boot/autoconfigure/DruidDataSourceAutoConfigure.java。感兴趣的读者可以一步一步查看。

接下来，我们看看数据表的字段，以及实体里面字段的映射策略都有哪些。

18.4　命名策略详解及其实践

我们在配置 @Entity 时，一定会有读者好奇：表名、字段名、外键名、实体字段、@Column 和数据库字段之间的映射关系是怎么样的？默认映射规则又是什么？如果与默认不一样又该如何扩展？

18.4.1　Hibernate 5 的命名策略

鉴于 H4 已经不推荐使用了，所以下面我们只介绍 Hibernate 5 的命名策略。

Hibernate 5 把实体和数据库的字段名和表名的映射分成了如下两个步骤。

第一步：通过 ImplicitNamingStrategy 先找到实例里面定义的逻辑的字段名。

这是通过 ImplicitNamingStrategy 的实现类指定逻辑字段查找策略，也就是当实体定义了 @Table、@Column 注解的时候，以注解指定名字返回；而当没有这些注解的时候，返回的是实体的字段名。

其中，org.hibernate.boot.model.naming.ImplicitNamingStrategy 是一个接口，ImplicitNamingStrategyJpaCompliantImpl 这个实现类兼容 JPA 2.0 的字段映射规范。除此之外，还有如下四个实现类。

❑ ImplicitNamingStrategyLegacyHbmImpl：兼容 Hibernate 老版本中的命名规范。

❑ ImplicitNamingStrategyLegacyJpaImpl：兼容 JPA 1.0 规范中的命名规范。

❑ ImplicitNamingStrategyComponentPathImpl：@Embedded 等注解标志的组件处理是通过 attributePath 完成的，因此如果我们在使用 @Embedded 注解的时候，如果要指定命名规范，可以直接继承这个类来实现。

❑ SpringImplicitNamingStrategy：默认的 Spring Data 2.2.3 的策略只是扩展了 ImplicitNamingStrategyJpaCompliantImpl 的 JoinTableName 方法，如图 18-13 所示。

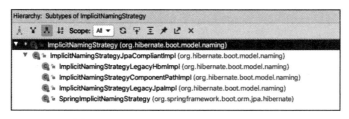

图 18-13　SpringImplicitNamingStrategy

这里我们只需要关心 SpringImplicitNamingStrategy 就可以了，其他的我们基本上用不到。那么 SpringImplicitNamingStrategy 效果如何呢？我们举个例子看一下 UserInfo 实体，代码如下。

```
@Entity
@Table(name = "userInfo")
public class UserInfo extends BaseEntity {
    @Id
    @GeneratedValue(strategy= GenerationType.AUTO)
    private Long id;
    private Integer ages;
    private String lastName;
    @Column(name = "myAddress")
    private String emailAddress;
}
```

通过第一步可以得到如下逻辑字段的映射结果。

```
UserInfo -> userInfo
```

```
id->id
ages->ages
lastName -> lastName
emailAddress -> myAddress
```

第二步：通过 PhysicalNamingStrategy 将逻辑字段转化成数据库的物理字段名。

它的实现类负责将逻辑字段转化成带下划线，或者统一给字段加上前缀，又或者加上双引号等格式的数据库字段名，其主要接口是 org.hibernate.boot.model.naming.Physical-NamingStrategy，而它的实现类也只有两个，如图 18-14 所示。

图 18-14　PhysicalNamingStrategy

1）PhysicalNamingStrategyStandardImpl：这个类什么都没干，即直接将第一个步骤得到的逻辑字段名当成数据库的字段名使用。这个主要的应用场景是，如果某些字段的命名格式不是下划线格式，我们想通过 @Column 的方式显式声明的话，可以把默认第二步的策略改成 PhysicalNamingStrategyStandardImpl。如果再套用第一步的例子，经过这个类的转化会变成如下形式。

```
userInfo -> userInfo
id->id
ages->ages
lastName -> lastName
myAddress -> myAddress
```

可以看出来逻辑名到物理名是保持不变的。

2）SpringPhysicalNamingStrategy：这个类是将第一步得到的逻辑字段名的大写字母前面加上下划线，并且全部转化成小写，将会标识出是否需要加上双引号。此种是默认策略。我们举个例子，第一步得到的逻辑字段就会变成如下映射：

```
userInfo -> user_info
id->id
ages->ages
lastName -> last_name
myAddress -> my_address
```

我们把刚才的实体执行一下，可以看到生成的表的结构如下。

```
Hibernate: create table user_info (id bigint not null, create_time timestamp,
    create_user_id integer, last_modified_time timestamp, last_modified_user_
    id integer, version integer, ages integer, my_address varchar(255), last_
    name varchar(255), telephone varchar(255), primary key (id));
```

也可以通过在 SpringPhysicalNamingStrategy 类里面设置断点，一步一步地验证我们的说法，如图 18-15 所示。

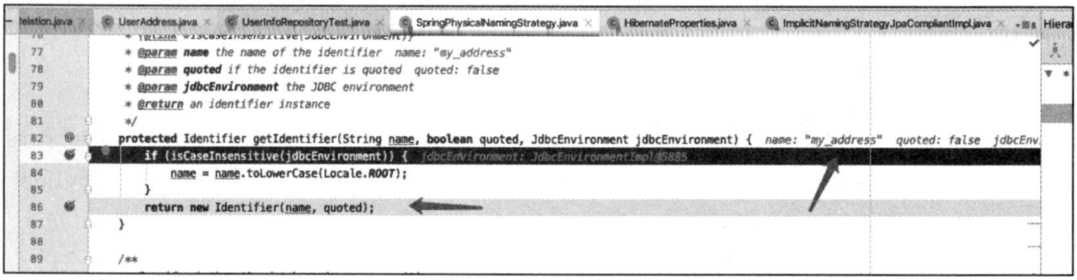

图 18-15　SpringPhysicalNamingStrategy 关键断点

以上就是命名策略的详解及其实践。下面我们了解一下它的加载原理。

18.4.2　加载原理与自定义方法

如果我们修改默认策略，只需要在 application.properties 里面修改下面所示代码的两个配置，换成自定义的类即可。

```
spring.jpa.hibernate.naming.implicit-strategy=org.springframework.boot.orm.
    jpa.hibernate.SpringImplicitNamingStrategy
spring.jpa.hibernate.naming.physical-strategy=org.springframework.boot.orm.
    jpa.hibernate.SpringPhysicalNamingStrategy
```

如果我们直接搜索 spring.jpa.hibernate 就会发现，其默认配置是在 org.springframework.boot.autoconfigure.orm.jpa.HibernateProerties 这个类里面的，在如图 18-16 所示的方法中进行加载即可。

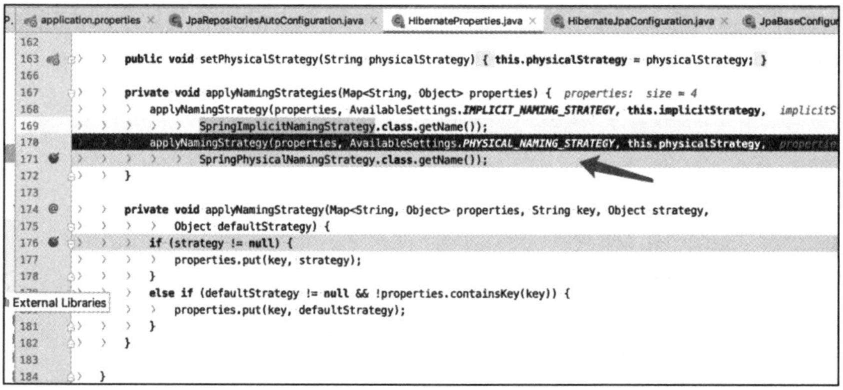

图 18-16　默认策略

其中，IMPLICIT_NAMING_STRATEGY 和 PHYSICAL_NAMING_STRATEGY 的值如下述代码所示，它是 Hibernate 5 的配置变量，用来改变 Hibernate 的命名策略。

```
String IMPLICIT_NAMING_STRATEGY = "hibernate.implicit_naming_strategy";
String PHYSICAL_NAMING_STRATEGY = "hibernate.physical_naming_strategy";
```

如果我们自定义的话，直接继承 SpringPhysicalNamingStrategy 这个类，然后覆盖需要实现的方法即可。那么它实际的应用场景都有哪些呢？

18.4.3　实际应用场景

有时候我们接触到的可能是旧的系统，表和字段的命名规范不一定是下划线形式，有可能是驼峰式命名法，也有可能是不同的业务中有不同的表名前缀。不管是哪一种，我们都可以通过修改第二阶段"物理映射的策略"，改成 PhysicalNamingStrategyStandardImpl 的形式，请看代码。

```
spring.jpa.hibernate.naming.physical-strategy=org.hibernate.boot.model.naming.
    PhysicalNamingStrategyStandardImpl
```

这样可以使 @Column/@Table 等注解的自定义值生效，或者改成自定义的 MyPhysicalNamingStrategy。不过在这里不建议大家修改 implicit-strategy，因为没有这个必要，只需在 physical-strategy 上做文章就足够了。

18.5　数据库的时区问题

在实际工作中，经常看到有人把数据库里面的时区弄错。由于不同数据库的时区实现方式不一样，我们就以 MySQL 为例，看一看我们的时区应该如何设置，才能保证数据库的数据时间都是对的。

18.5.1　MySQL 时间类型字段和时区的关系

我们先了解一下 MySQL 里面的时间字段，看看哪个与时区有关系。我们都知道，MySQL 只有 DATE、DATETIME 和 TIMESTAMP 这几种时间格式类型，我们通过表 18-1 来看一下其存储的值的区别。

表 18-1　MySQL 时间基本类型

类　　型	范　　围	说　　明
DATE	'1000-01-01' 至 '9999-12-31'	只有日期部分，没有时间部分
DATETIME	'1000-01-01 00:00:00' 至 '9999-12-31 23:59:59'	时间格式为 YYYY-MM-DD hh:mm:ss，默认精确到秒
TIMESTAMP	'1970-01-01 00:00:01' UTC 至 '2038-01-19 03:14:07'UTC	默认精确到秒

而其中 DATETIME 和 TIMESTAMP 最主要的区别是：

1）时间范围不一样，TIMESTAMP 要小很多，且快到期了。

2）对于 TIMESTAMP，它把客户端插入的时间从当前时区转化为 UTC（世界标准时间）进行存储。查询时，又将其转化为客户端当前时区进行返回。而 DATETIME 不做任何改变，基本上是原样输入和输出。

通过学习，我们可以了解到 MySQL 里面只有 TIMESTAMP 字段是与时区有关系的，也就是说，当字段设置成 TIMESTAMP 类型后，在执行 select 查询时，会根据我们当前 Connection 会话的时区显示不同的字符串。举例来看一下，我们新增一张表 time_test，如下，分别包含了不同的时间类型字段。

```
create table test.time_test
(
id int auto_increment
primary key,
date_type date null,
date_time_type datetime null,
time_stamp_type timestamp null,
time_type time null
);
```

我们设置当前会话为 0 时区，新增如图 18-17 所示的一条数据。

图 18-17　time_test 数据

然后我们再通过 select * from time_time 查看，发现所有的时间都是"2021-01-12 01:27:05"。我们再设置一下当前会话的时区，通过" set time_zone=' +08:00'"设置成北京时区，如图 18-18 所示，我们再查询的时候就会发现 time_stamp_type 对应字段的时间显示发生了变化。

图 18-18　时区的数据展示

我们了解了 MySQL 的时区基础知识，那么 Spring JPA 对时区又是如何处理的呢？

18.5.2　MySQL 驱动处理时区的原理

我们以 MySQL 8.0 版本的驱动、Java 的 Instant 类型的字段为例。查看源码和调试的时候就会知道，不同的 Java 类型会在 MySQL 驱动里面有不同 JdbcType 的实现类，我们可以很轻松地找到 Instant 的实现类 InstantType，如图 18-19 所示。

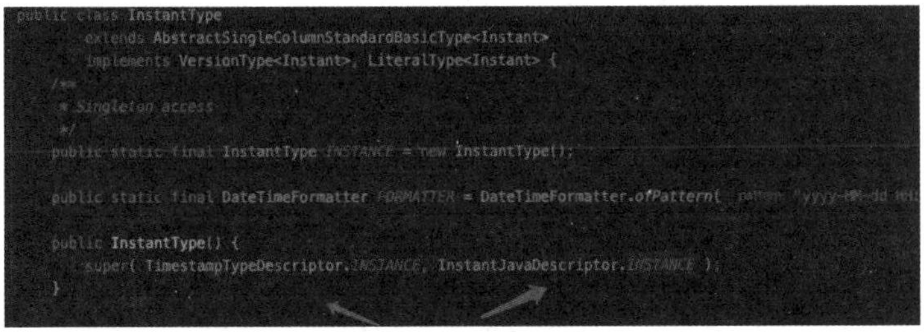

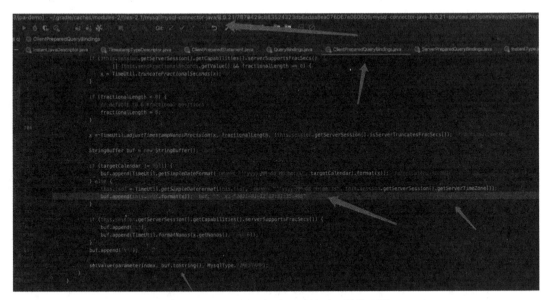

图 18-19　InstantType

然后我们通过断点也可以轻松地找到如下关键代码，即通过 TimeUtil 进行时间字符串的转化逻辑，如图 18-20 所示。

图 18-20　MySQL 驱动里面的时区转化逻辑

时间字符串的转化逻辑其实很简单，就是把 MySQL 服务器端返回的时间字符串，按照某个时区进行读取和转化，而这个时区就是我们当前会话的时区。而对于当前会话的时区，我们可以通过断点继续查看 serverTimeZone 怎么来的，总结如下。

❑ 可以通过 serverTimezone 改变当前连接的时区，如：

```
spring.datasource.url=jdbc:mysql://localhost:3306/test?serverTimezone=Asia/
    Ohanghai
```

❑ 可以通过 Hibernate 的配置 hibernate.jdbc.time_zone 来改变时区，如：

```
spring.jpa.properties. hibernate.jdbc.time_zone=utc
```

上面的顺序是：hibernate.jdbc.time_zone> serverTimezone >默认，默认情况下以 MySQL 服务器配置的 time_zone 和 system_time_zone 时区为准。

大家借此机会可以思考一下，你当前的 DB 连接的是哪个时区？有没有影响？

18.6 本章小结

本章主要介绍了 DataSource 是什么，讲解了数据源和 Connection 的关系，并且通过源码分析，让读者知道了不同的数据源应该怎么配置，以及最常见的数据源 Hikari 的配置和监控。此外，还介绍了与数据库相关的字段映射策略，以及如何通过源码和数据库的基础知识解决数据库时区的问题。

最后，在学习的同时可以多思考，因为不同的版本可能实现的代码不一样，但是思考方式是不变的，你可以举一反三，学会如何看源码，因为看源码可能要比查看文档资料更靠谱和快捷。下一章将为大家介绍多数据源的配置，以及它的最佳实践。

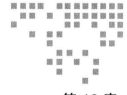

生产环境多数据源的处理方法

工作中我们时常会遇到跨数据库操作的情况，这时候就需要配置多数据源，那么如何配置呢？常用的方式及其背后的原理支撑又是什么呢？本章就来介绍一下多数据源的处理方法。

首先看看两种常见的配置方式，分别为通过多个 @Configuration 文件和利用 Abstract-RoutingDataSource 配置多数据源。

19.1　第一种方式：@Configuration 配置方法

这种方式的主要思路是，不同包下面的实体和 Repository 采用不同的数据源。所以我们改造一下 example 目录结构，来看看不同 Repository 的数据源是怎么处理的。

19.1.1　通过多个 @Configuration 的配置方法

第一步：规划实体和 Repository 的目录结构。为了方便配置多数据源，将 User 和 User-Address、UserRepository 和 UserAddressRepository 移动到 db1；将 UserInfo 和 UserInfoRepository 移动到 db2。如图 19-1 所示。

我们把实体和 Repository 分别放到了 db1 和 db2 两个目录里面，这时假设数据源 1 是 MySQL，User 和 UserAddress 在数据源 1 里面，那么我们需要配置一个 DataSource1 的 Configuration 类，并且在里面配置 DataSource、TransactionManager 和 EntityManager。

第二步：配置 DataSource1Config 类。

目录结构调整完之后，接下来我们开始配置数据源，完整代码如下。

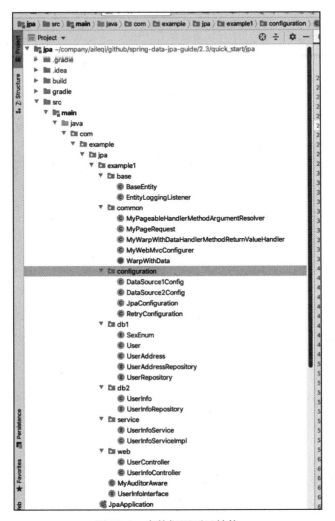

图 19-1 多数据源项目结构

```
@Configuration
@EnableTransactionManagement// 开启事务
// 利用 EnableJpaRepositories 配置哪些包下面的 Repository 采用哪个 EntityManagerFactory
// 和 trannsactionManager
@EnableJpaRepositories(
    basePackages = {"com.example.jpa.example1.db1"},
    // 数据源 1 的 Repository 的包路径
    entityManagerFactoryRef = "db1EntityManagerFactory",
    // 改变数据源 1 的 Entity ManagerFactory 的默认值，改为 db1Entity ManagerFactory
    transactionManagerRef = "db1TransactionManager"
    // 改变数据源 1 的 transaction Manager 的默认值，改为 db1 TransactionManager
    )
public class DataSource1Config {
```

```java
/**
 * 指定数据源 1 的 DataSource 配置
 * @return
 */
@Primary
@Bean(name = "db1DataSourceProperties")
@ConfigurationProperties("spring.datasource1")
// 数据源 1 的 db 配置前缀采用 spring.datasource1
public DataSourceProperties dataSourceProperties() {
    return new DataSourceProperties();
}

/**
 * 可以选择不同的数据源，这里用 HikariDataSource 举例，创建数据源 1
 * @param db1DataSourceProperties
 * @return
 */
@Primary
@Bean(name = "db1DataSource")
@ConfigurationProperties(prefix = "spring.datasource.hikari.db1")
// 配置数据源 1 所用的 hikari 配置 key 的前缀
public HikariDataSource dataSource(@Qualifier("db1DataSourceProperties")
    DataSourceProperties db1DataSourceProperties) {
    HikariDataSource dataSource = db1DataSourceProperties.
        initializeDataSourceBuilder().type(HikariDataSource.class).build();
    if (StringUtils.hasText(db1DataSourceProperties.getName())) {
        dataSource.setPoolName(db1DataSourceProperties.getName());
    }
    return dataSource;
}

/**
 * 配置数据源 1 的 entityManagerFactory 命名为 db1EntityManagerFactory，用来对实体
 * 进行一些操作
 * @param builder
 * @param db1DataSource entityManager 依赖 db1DataSource
 * @return
 */
@Primary
@Bean(name = "db1EntityManagerFactory")
public LocalContainerEntityManagerFactoryBean entityManagerFactory(Enti
    tyManagerFactoryBuilder builder, @Qualifier("db1DataSource") DataSource
    db1DataSource) {
    return builder.dataSource(db2DataSource)
.packages("com.example.jpa.example1.db1") // 数据 1 的实体所在的路径
.persistenceUnit("db1")// persistenceUnit 的名字采用 db1
.build();
}

/**
```

```
 * 配置数据源 1 的事务管理者，命名为 db1TransactionManager 依赖 db1EntityManager
   Factory
 * @param db1EntityManagerFactory
 * @return
 */
@Primary
@Bean(name = "db1TransactionManager")
public PlatformTransactionManager transactionManager(@Qualifier("db1Entity
    ManagerFactory") EntityManagerFactory db1EntityManagerFactory) {
    return new JpaTransactionManager(db1EntityManagerFactory);
}
```

到这里，数据源 1 我们就配置完了，下面再配置数据源 2。

第三步：配置 DataSource2Config 类，加载数据源 2。

```
@Configuration
@EnableTransactionManagement// 开启事务
// 利用 EnableJpaRepositories 配置哪些包下面的 Repository 采用哪个 EntityManagerFactory
// 和 trannsactionManager
@EnableJpaRepositories(
    basePackages = {"com.example.jpa.example1.db2"},
    // 数据源 2 的 Repository 的包路径
    entityManagerFactoryRef = "db2EntityManagerFactory",
    // 改变数据源 2 的 Entity ManagerFactory 的默认值，改为 db2Entity ManagerFactory
    transactionManagerRef = "db2TransactionManager"
    // 改变数据源 2 的 transaction Manager 的默认值，改为 db2 TransactionManager
)
public class DataSource2Config {
    /**
     * 指定数据源 2 的 DataSource 配置
     *
     * @return
     */
    @Bean(name = "db2DataSourceProperties")
    @ConfigurationProperties("spring.datasource2")
        // 数据源 2 的 db 配置前缀采用 spring.datasource2
    public DataSourceProperties dataSourceProperties() {
        return new DataSourceProperties();
    }

    /**
     * 可以选择不同的数据源，这里用 HikariDataSource 举例，创建数据源 2
     *
     * @param db2DataSourceProperties
     * @return
     */
    @Bean(name = "db2DataSource")
    @ConfigurationProperties(prefix = "spring.datasource.hikari.db2")
    // 配置数据源 2 的 hikari 配置 key 的前缀
    public HikariDataSource dataSource(@Qualifier("db2DataSourceProperties")
```

```
    DataSourceProperties db2DataSourceProperties) {
    HikariDataSource dataSource = db2DataSourceProperties.
        initializeDataSourceBuilder().type(HikariDataSource.class).build();
    if (StringUtils.hasText(db2DataSourceProperties.getName())) {
        dataSource.setPoolName(db2DataSourceProperties.getName());
    }
    return dataSource;
}

/**
 * 配置数据源 2 的 entityManagerFactory 命名为 db2EntityManagerFactory，用来对实体
 * 进行一些操作
 *
 * @param builder
 * @param db2DataSource entityManager 依赖 db2DataSource
 * @return
 */
@Bean(name = "db2EntityManagerFactory")
public LocalContainerEntityManagerFactoryBean entityManagerFactory(Entity
    ManagerFactoryBuilder builder, @Qualifier("db2DataSource") DataSource db2
    DataSource) {
    return builder.dataSource(db2DataSource)
        .packages("com.example.jpa.example1.db2") // 数据 2 的实体所在的路径
        .persistenceUnit("db2")// persistenceUnit 的名字采用 db2
        .build();
}

/**
 * 配置数据源 2 的事务管理者，命名为 db2TransactionManager 依赖 db2EntityManager
 * Factory
 *
 * @param db2EntityManagerFactory
 * @return
 */
@Bean(name = "db2TransactionManager")
public PlatformTransactionManager transactionManager(@Qualifier("db2Entity
    ManagerFactory") EntityManagerFactory db2EntityManagerFactory) {
    return new JpaTransactionManager(db2EntityManagerFactory);
}
}
```

这一步需要注意的是 DataSource1Config 和 DataSource2Config 不同，前者里面每个 @
Bean 都有 @Primary，而后者不是。

第四步：通过 application.properties 配置两个数据源的值。

application.properties 配置，代码如下。

```
########### datasource1 采用 MySQL 数据库
spring.datasource1.url=jdbc:mysql://localhost:3306/test2?logger=Slf4JLogger&
    profileSQL=true
```

```
spring.datasource1.username=root
spring.datasource1.password=root
## 数据源 1 的连接池的名字
spring.datasource.hikari.db1.pool-name=jpa-hikari-pool-db1
## 最长生命周期 15 分钟够了
spring.datasource.hikari.db1.maxLifetime=900000
spring.datasource.hikari.db1.maximumPoolSize=8
########### datasource2 采用 h2 内存数据库
spring.datasource2.url=jdbc:h2:~/test
spring.datasource2.username=sa
spring.datasource2.password=sa
## 数据源 2 的连接池的名字
spring.datasource.hikari.db2.pool-name=jpa-hikari-pool-db2
## 最长生命周期 15 分钟够了
spring.datasource.hikari.db2.maxLifetime=500000
## 最大连接池大小和数据源 1 区分开，我们配置成 6 个
spring.datasource.hikari.db2.maximumPoolSize=6
```

第五步：我们写一个 Controller 测试一下。

```java
@RestController
public class UserController {
    @Autowired
    private UserRepository userRepository;
    @Autowired
    private UserInfoRepository userInfoRepository;
    // 操作 user 的 Repository
    @PostMapping("/user")
    public User saveUser(@RequestBody User user) {
        return userRepository.save(user);
    }
    // 操作 userInfo 的 Repository
    @PostMapping("/user/info")
    public UserInfo saveUserInfo(@RequestBody UserInfo userInfo) {
        return userInfoRepository.save(userInfo);
    }
}
```

第六步：直接启动我们的项目，测试一下。

请看这一步的启动日志，如图 19-2、图 19-3 所示的日志里面的数据源。

从图 19-2、图 19-3 可以看到启动的是两个数据源，其对应的连接池的监控也是不一样的：数据源 1 有 8 个，数据源 2 有 6 个，如图 19-4 所示。

如果我们分别请求 Controller 的两个方法，也会分别插入不同的数据源。

通过上面的六个步骤你可以知道如何配置多数据源了，那么它的原理基础是什么呢？下面我们来看一看 DataSource 与 TransactionManager、EntityManagerFactory 的关系和职责分别是怎么样的。

```
main] com.zaxxer.hikari.HikariConfig       : jpa-hikari-pool-db1 - configuration:
main] com.zaxxer.hikari.HikariConfig       : allowPoolSuspension.............false
main] com.zaxxer.hikari.HikariConfig       : autoCommit......................true
main] com.zaxxer.hikari.HikariConfig       : catalog.........................none
main] com.zaxxer.hikari.HikariConfig       : connectionInitSql...............none
main] com.zaxxer.hikari.HikariConfig       : connectionTestQuery.............none
main] com.zaxxer.hikari.HikariConfig       : connectionTimeout...............30000
main] com.zaxxer.hikari.HikariConfig       : dataSource......................none
main] com.zaxxer.hikari.HikariConfig       : dataSourceClassName.............none
main] com.zaxxer.hikari.HikariConfig       : dataSourceJNDI..................none
main] com.zaxxer.hikari.HikariConfig       : dataSourceProperties............{password=<masked>}
main] com.zaxxer.hikari.HikariConfig       : driverClassName................."com.mysql.cj.jdbc.Driver"
main] com.zaxxer.hikari.HikariConfig       : exceptionOverrideClassName......none
main] com.zaxxer.hikari.HikariConfig       : healthCheckProperties...........{}
main] com.zaxxer.hikari.HikariConfig       : healthCheckRegistry.............none
main] com.zaxxer.hikari.HikariConfig       : idleTimeout.....................600000
main] com.zaxxer.hikari.HikariConfig       : initializationFailTimeout.......1
main] com.zaxxer.hikari.HikariConfig       : isolateInternalQueries..........false
main] com.zaxxer.hikari.HikariConfig       : jdbcUrl.........................jdbc:mysql://localhost:3306/test2?logger=Slf4JLogger&profileSQL=true
main] com.zaxxer.hikari.HikariConfig       : leakDetectionThreshold..........0
main] com.zaxxer.hikari.HikariConfig       : maxLifetime.....................900000
main] com.zaxxer.hikari.HikariConfig       : maximumPoolSize.................8
main] com.zaxxer.hikari.HikariConfig       : metricRegistry..................none
main] com.zaxxer.hikari.HikariConfig       : metricsTrackerFactory...........none
main] com.zaxxer.hikari.HikariConfig       : minimumIdle.....................8
main] com.zaxxer.hikari.HikariConfig       : password........................<masked>
main] com.zaxxer.hikari.HikariConfig       : poolName........................"jpa-hikari-pool-db1"
main] com.zaxxer.hikari.HikariConfig       : readOnly........................false
main] com.zaxxer.hikari.HikariConfig       : registerMbeans..................false
main] com.zaxxer.hikari.HikariConfig       : scheduledExecutor...............none
main] com.zaxxer.hikari.HikariConfig       : schema..........................none
main] com.zaxxer.hikari.HikariConfig       : threadFactory...................internal
main] com.zaxxer.hikari.HikariConfig       : transactionIsolation............default
main] com.zaxxer.hikari.HikariConfig       : username........................"root"
main] com.zaxxer.hikari.HikariConfig       : validationTimeout...............5000
main] com.zaxxer.hikari.HikariDataSource   : jpa-hikari-pool-db1 - Starting...
```

图 19-2　数据源 1 配置

```
com.zaxxer.hikari.HikariConfig       : jpa-hikari-pool-db2 - configuration:
com.zaxxer.hikari.HikariConfig       : allowPoolSuspension.............false
com.zaxxer.hikari.HikariConfig       : autoCommit......................true
com.zaxxer.hikari.HikariConfig       : catalog.........................none
com.zaxxer.hikari.HikariConfig       : connectionInitSql...............none
com.zaxxer.hikari.HikariConfig       : connectionTestQuery.............none
com.zaxxer.hikari.HikariConfig       : connectionTimeout...............30000
com.zaxxer.hikari.HikariConfig       : dataSource......................none
com.zaxxer.hikari.HikariConfig       : dataSourceClassName.............none
com.zaxxer.hikari.HikariConfig       : dataSourceJNDI..................none
com.zaxxer.hikari.HikariConfig       : dataSourceProperties............{password=<masked>}
com.zaxxer.hikari.HikariConfig       : driverClassName................."org.h2.Driver"
com.zaxxer.hikari.HikariConfig       : exceptionOverrideClassName......none
com.zaxxer.hikari.HikariConfig       : healthCheckProperties...........{}
com.zaxxer.hikari.HikariConfig       : healthCheckRegistry.............none
com.zaxxer.hikari.HikariConfig       : idleTimeout.....................600000
com.zaxxer.hikari.HikariConfig       : initializationFailTimeout.......1
com.zaxxer.hikari.HikariConfig       : isolateInternalQueries..........false
com.zaxxer.hikari.HikariConfig       : jdbcUrl.........................jdbc:h2:~/test
com.zaxxer.hikari.HikariConfig       : leakDetectionThreshold..........0
com.zaxxer.hikari.HikariConfig       : maxLifetime.....................500000
com.zaxxer.hikari.HikariConfig       : maximumPoolSize.................6
com.zaxxer.hikari.HikariConfig       : metricRegistry..................none
com.zaxxer.hikari.HikariConfig       : metricsTrackerFactory...........none
com.zaxxer.hikari.HikariConfig       : minimumIdle.....................6
com.zaxxer.hikari.HikariConfig       : password........................<masked>
com.zaxxer.hikari.HikariConfig       : poolName........................"jpa-hikari-pool-db2"
com.zaxxer.hikari.HikariConfig       : readOnly........................false
com.zaxxer.hikari.HikariConfig       : registerMbeans..................false
com.zaxxer.hikari.HikariConfig       : scheduledExecutor...............none
com.zaxxer.hikari.HikariConfig       : schema..........................none
com.zaxxer.hikari.HikariConfig       : threadFactory...................internal
com.zaxxer.hikari.HikariConfig       : transactionIsolation............default
com.zaxxer.hikari.HikariConfig       : username........................"sa"
com.zaxxer.hikari.HikariConfig       : validationTimeout...............5000
```

图 19-3　数据源 2 配置

```
com.zaxxer.hikari.pool.HikariPool    : jpa-hikari-pool-db1 - Pool stats (total=8, active=0, idle=8, waiting=0)
com.zaxxer.hikari.pool.HikariPool    : jpa-hikari-pool-db1 - Fill pool skipped, pool is at sufficient level.
com.zaxxer.hikari.pool.HikariPool    : jpa-hikari-pool-db2 - Pool stats (total=6, active=0, idle=6, waiting=0)
com.zaxxer.hikari.pool.HikariPool    : jpa-hikari-pool-db2 - Fill pool skipped, pool is at sufficient level.
```

图 19-4　连接池监控日志

19.1.2 DataSource 与 TransactionManager、EntityManagerFactory 的关系分析

我们通过一个类的关系图（如图 19-5 所示）分析一下。

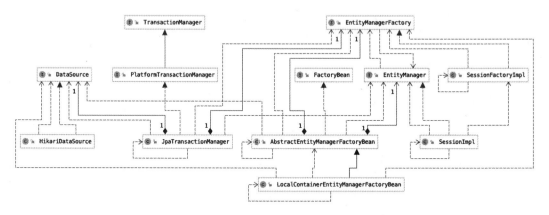

图 19-5　SessionImpl 类关系图

其中：

1）HikariDataSource 负责实现 DataSource，交给 EntityManager 和 TransactionManager 使用。

2）EntityManager 是利用 DataSouce 来操作数据库，而其实现类是 SessionImpl。

3）EntityManagerFactory 是用来管理和生成 EntityManager 的，而 EntityManager-Factory 的实现类是 LocalContainerEntityManagerFactoryBean，通过实现 FactoryBean<Entity-ManagerFactory> 接口实现，利用了 FactoryBean 的 Spring 中的 Bean 管理机制，所以需要我们在 Datasource1Config 里面配置 LocalContainerEntityManagerFactoryBean 的 Bean 注入方式。

4）JpaTransactionManager 是用来管理事务的，实现了 TransactionManager 并且通过 EntityFactory 和 DataSource 进行 DB 操作，所以我们要在 DataSourceConfig 里面告诉 JpaTransactionManager 用的 TransactionManager 是 db1EntityManagerFactory。

在上一章我们已经介绍过了 DataSource 的默认加载和配置方式，那么在默认情况下，DataSource 的 EntityManagerFactory 和 TransactionManager 是怎么加载和配置的呢？

19.1.3 默认的 JpaBaseConfiguration 的加载方式分析

上一章只简单地说明了 DataSource 的配置，其实我们还可以通过 HibernateJpa-Configuration 找到父类 JpaBaseConfiguration，如图 19-6 所示。

接着打开 JpaBaseConfiguration，就可以看到多数据源的参考原型，如图 19-7 所示。

图 19-6　HibernateJpaConfiguration

```
caches/modules-2/files-2.1/org.springframework.boot/spring-boot-autoconfigure/2.3.3.RELEASE/455ff01f4ad77513f96d14a6f84fc1bc68069ee9/sp
🖿 autoconfigure › 🖿 orm › 🖿 jpa › ⓒ JpaBaseConfiguration
⬚ HikariDataSource ×    ⓒ AbstractEntityManagerFactoryBean.java ×    ⓒ DataSource1Config.java ×    ⓒ JpaBaseConfiguration.java ×    ⓒ HibernateJpaConfiguration.ja
 93
 94        @Bean
 95        @ConditionalOnMissingBean
 96        public PlatformTransactionManager transactionManager(
 97                ObjectProvider<TransactionManagerCustomizers> transactionManagerCustomizers) {
 98            JpaTransactionManager transactionManager = new JpaTransactionManager();
 99            transactionManagerCustomizers.ifAvailable((customizers) -> customizers.customize(transactionManager));
100            return transactionManager;
101        }
102
103        @Bean
104        @ConditionalOnMissingBean
105        public JpaVendorAdapter jpaVendorAdapter() {
106            AbstractJpaVendorAdapter adapter = createJpaVendorAdapter();
107            adapter.setShowSql(this.properties.isShowSql());
108            if (this.properties.getDatabase() != null) {
109                adapter.setDatabase(this.properties.getDatabase());
110            }
111            if (this.properties.getDatabasePlatform() != null) {
112                adapter.setDatabasePlatform(this.properties.getDatabasePlatform());
113            }
114            adapter.setGenerateDdl(this.properties.isGenerateDdl());
115            return adapter;
116        }
117
118        @Bean
119        @ConditionalOnMissingBean
120        public EntityManagerFactoryBuilder entityManagerFactoryBuilder(JpaVendorAdapter jpaVendorAdapter,
121                ObjectProvider<PersistenceUnitManager> persistenceUnitManager,
122                ObjectProvider<EntityManagerFactoryBuilderCustomizer> customizers) {
123            EntityManagerFactoryBuilder builder = new EntityManagerFactoryBuilder(jpaVendorAdapter,
124                    this.properties.getProperties(), persistenceUnitManager.getIfAvailable());
125            customizers.orderedStream().forEach((customizer) -> customizer.customize(builder));
126            return builder;
127        }
128
129        @Bean
130        @Primary
131        @ConditionalOnMissingBean({ LocalContainerEntityManagerFactoryBean.class, EntityManagerFactory.class })
132        public LocalContainerEntityManagerFactoryBean entityManagerFactory(EntityManagerFactoryBuilder factoryBuilder) {
133            Map<String, Object> vendorProperties = getVendorProperties();
134            customizeVendorProperties(vendorProperties);
135            return factoryBuilder.dataSource(this.dataSource).packages(getPackagesToScan()).properties(vendorProperties)
136                    .mappingResources(getMappingResources()).jta(isJta()).build();
137        }
138
```

图 19-7　JpaBaseConfiguration

通过如图 19-7 所示代码，可以看到在单个数据源情况下的 EntityManagerFactory 和 TransactionManager 的加载方法，并且我们在多数据源的配置里面还加载了一个类：entityManagerFactoryBuilder，也正是从上面的方法加载进去的，看第 120 行代码即可。

那么除了上述配置多数据源的方式，还有没有其他方法呢？我们接着往下看。

19.2　第二种方式：利用 AbstractRoutingDataSource 配置

我们都知道 DataSource 的本质是获取数据库连接，而 AbstractRoutingDataSource 帮我

们实现了动态获取数据源的可能性。下面还是通过一个例子来看一看它是怎么使用的。

19.2.1 利用 AbstractRoutingDataSource 的配置方法

第一步：定一个数据源的枚举类，用来标示数据源有哪些。

```
/**
 * 定义一个数据源的枚举类
 */
public enum RoutingDataSourceEnum {
    DB1, // 实际工作中枚举的语义可以更加明确一点
    DB2;
    public static RoutingDataSourceEnum findbyCode(String dbRouting) {
        for (RoutingDataSourceEnum e : values()) {
            if (e.name().equals(dbRouting)) {
                return e;
            }
        }
        return db1;// 没找到的情况下，默认返回数据源 1
    }
}
```

第二步：新增 DataSourceRoutingHolder，用来存储当前线程需要采用的数据源。

```
/**
 * 利用 ThreadLocal 来存储，当前的线程使用的数据
 */
public class DataSourceRoutingHolder {
    private static ThreadLocal<RoutingDataSourceEnum> threadLocal = new
        ThreadLocal<>();
    public static void setBranchContext(RoutingDataSourceEnum dataSourceEnum) {
        threadLocal.set(dataSourceEnum);
    }
    public static RoutingDataSourceEnum getBranchContext() {
        return threadLocal.get();
    }
    public static void clearBranchContext() {
        threadLocal.remove();
    }
}
```

第三步：配置 RoutingDataSourceConfig，用来指定哪些 Entity 和 Repository 采用动态数据源。

```
@Configuration
@EnableTransactionManagement
@EnableJpaRepositories(
        // 数据源的 Repository 的包路径，这里我们覆盖 db1 和 db2 的包路径
        basePackages = {"com.example.jpa.example1"},
        entityManagerFactoryRef = "routingEntityManagerFactory",
```

```
        transactionManagerRef = "routingTransactionManager"
)
public class RoutingDataSourceConfig {
    @Autowired
    @Qualifier("db1DataSource")
    private DataSource db1DataSource;
    @Autowired
    @Qualifier("db2DataSource")
    private DataSource db2DataSource;

    /**
     * 创建 RoutingDataSource，引用我们之前配置的 db1DataSource 和 db2DataSource
     *
     * @return
     */
    @Bean(name = "routingDataSource")
    public DataSource dataSource() {
        Map<Object, Object> dataSourceMap = Maps.newHashMap();
        dataSourceMap.put(RoutingDataSourceEnum.DB1, db1DataSource);
        dataSourceMap.put(RoutingDataSourceEnum.DB2, db2DataSource);

        RoutingDataSource routingDataSource = new RoutingDataSource();
        // 设置 RoutingDataSource 的默认数据源
        routingDataSource.setDefaultTargetDataSource(db1DataSource);
        // 设置 RoutingDataSource 的数据源列表
        routingDataSource.setTargetDataSources(dataSourceMap);
        return routingDataSource;
    }

    /**
     * 类似 db1 和 db2 的配置，唯一不同的是，这里采用 routingDataSource
     * @param builder
     * @param routingDataSource entityManager 依赖 routingDataSource
     * @return
     */
    @Bean(name = "routingEntityManagerFactory")
    public LocalContainerEntityManagerFactoryBean entityManagerFactory(Entity
        ManagerFactoryBuilder builder, @Qualifier("routingDataSource") DataSource
        routingDataSource) {
        return builder.dataSource(routingDataSource).packages("com.example.jpa.
            example1") // 数据 routing 的实体所在的路径，这里我们覆盖 db1 和 db2 的路径
                .persistenceUnit("db-routing")
                // persistenceUnit 的名字采用 db-routing
                .build();
    }

    /**
     * 配置数据的事务管理者，命名为 routingTransactionManager 依赖 routtingEntity
       ManagerFactory
     *
```

```
   * @param routingEntityManagerFactory
   * @return
   */
  @Bean(name = "routingTransactionManager")
  public PlatformTransactionManager transactionManager(@Qualifier("routingEntity
      ManagerFactory") EntityManagerFactory routingEntityManagerFactory) {
      return new JpaTransactionManager(routingEntityManagerFactory);
```

路由数据源配置与 DataSource1Config 和 DataSource2Config 有相互覆盖的关系，这里我们直接覆盖 db1 和 db2 的包路径，以便我们的动态数据源生效。

第四步：写一个 MVC 拦截器，用来指定请求分别采用的数据源。

新建一个类 DataSourceInterceptor，用来在请求前后指定数据源，请看如下代码。

```
/**
 * 动态路由的实现逻辑，我们通过请求里面的db-routing，指定此请求采用什么数据源
 */
@Component
public class DataSourceInterceptor extends HandlerInterceptorAdapter {
    /**
     * 请求处理之前更改线程里面的数据源
     */
    @Override
    public boolean preHandle(HttpServletRequest request,
        HttpServletResponse response, Object handler) throws Exception {
        String dbRouting = request.getHeader("db-routing");

        DataSourceRoutingHolder.setBranchContext(RoutingDataSourceEnum.findByCode
            (dbRouting));
        return super.preHandle(request, response, handler);
    }
    /**
     * 请求结束之后清理线程里面的数据源
     */
    @Override
    public void afterCompletion(HttpServletRequest request, HttpServletResponse
        response, Object handler, Exception ex) throws Exception {
        super.afterCompletion(request, response, handler, ex);
        DataSourceRoutingHolder.clearBranchContext();
    }
}
```

同时，我们需要在实现 WebMvcConfigurer 的配置里面，把我们自定义的拦截器 dataSourceInterceptor 加载进去，代码如下。

```
/**
 * 实现 WebMvcConfigurer
 */
@Configuration
public class MyWebMvcConfigurer implements WebMvcConfigurer {
```

```
@Autowired
private DataSourceInterceptor dataSourceInterceptor;
// 添加自定义拦截器
@Override
public void addInterceptors(InterceptorRegistry registry) {
    registry.addInterceptor(dataSourceInterceptor).addPathPatterns("/**");
    WebMvcConfigurer.super.addInterceptors(registry);
}
...// 其他不变的代码省略 }
```

此处我们采用的是 MVC 的拦截器机制动态改变的数据配置，你也可以使用基于 AOP 的任意拦截器，如事务拦截器、Service 拦截器等。需要注意的是，要在开启事务之前配置完毕。

第五步：启动测试。

我们在 HTTP 请求头加上"db-routing：DB2"，那么本次请求就会采用数据源 2 进行处理，请求代码如下。

```
POST /user/info HTTP/1.1
Host: 127.0.0.1:8089
Content-Type: application/json
db-routing: DB2
Cache-Control: no-cache
Postman-Token: 56d8dc02-7f3e-7b95-7ff1-572a4bb7d102
{"ages":10}
```

通过上面五个步骤，我们可以利用 AbstractRoutingDataSource 实现动态数据源。实际工作中可能步骤更复杂，因为有的需要考虑多线程、线程安全等问题。

在实际工作中，对于多数据源问题的更多的思考，下面一并分享给大家。

19.2.2　微服务下多数据源的思考

通过上面的两种方式，我们可以分别实现同一个应用的多数据源配置，那么有什么注意事项呢？可以简单总结为如下几点。

多数据源实战注意事项：

1）此种方式利用了当前线程事务不变的原理，所以要注意异步线程的处理方式。

2）此种方式利用了 DataSource 的原理，动态地返回不同的 DB 连接，一般需要在开启事务之前使用，需要注意事务的生命周期。

3）比较适合读写操作分开的业务场景。

4）在多数据源的情况下，避免一个事务里面采用不同的数据源，这样会有意想不到的情况发生，比如死锁现象。

5）学会通过日志检查我们开启请求的方法和开启的数据源是否正确，可以通过 Debug 断点来观察数据源是否选择正确，如图 19-8 所示。

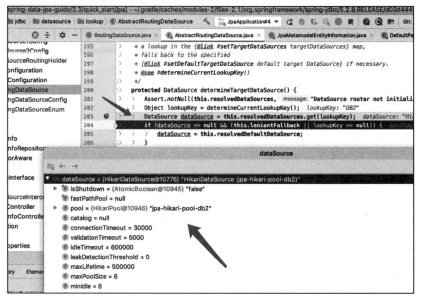

图 19-8　DataSource 断点视图

19.2.3　微服务下的实战建议

在实际工作中，为了便捷，往往更多的开发者喜欢配置多个数据源，强烈建议大家不要采用此做法，因为在对用户直接提供的 API 服务上配置多个数据源，将会出现令人措手不及的 Bug。

当然，如果是做供公司内部员工使用的后台管理界面，那么为了方便而使用多数据源是可取的。

在微服务的大环境下，服务越小，内聚越高，低耦合服务越健壮。所以，一般跨库之间一定是通过 RESTful API 协议进行内部服务之间的调用，这也是最稳妥的方式。原因有如下几点。

1）RESTful API 协议更容易监控，更容易实现事务的原子性。

2）DB 之间解耦，使业务领域代码职责更清晰，更容易各自处理各种问题。

3）只读和读写的 API 更容易分离和管理。

19.3　本章小结

多数据源配置是一件比较复杂的事情，本章通过自定义 entityManager 和 transaction-Manager 两种方式，实现了多数据源的配置。

此外，你需要掌握一个简单的基础知识，那就是线程、事务和数据源之间的关系。在下一章我们再详细分析事务中需要我们关心的内容。

事务、连接池之间的关系与配置

通过前两章的学习，我们了解了数据源的基本原理和工作方式，知道了数据源是创建数据连接的入口，数据源获得连接的时候也采用了连接池。在这一章我们学习事务在 JPA 和 Spring 中的详细配置和原理。

20.1 事务的基本原理

在学习 Spring 事务之前，首先需要了解数据库的事务原理，我们以 MySQL 5.7 为例，讲解一下数据库事务的基础知识。

我们都知道，当 MySQL 使用 InnoDB 数据库引擎的时候，数据库对事务是支持的。而事务最主要的作用就是保证数据 ACID 的特性，即原子性（Atomicity）、一致性（Consistency）、隔离性（Isolation）、持久性（Durability）。分别做如下解释。

❑ 原子性：是指一个事务（Transaction）中的所有操作，要么全部完成，要么全部回滚，而不会出现中间某个数据单独更新的操作。事务在执行过程中一旦发生错误，会被回滚（Rollback）到此次事务开始之前的状态，就像这个事务从来没有执行过一样。

❑ 一致性：是指事务操作开始之前，以及操作异常回滚以后，数据库的完整性没有被破坏。数据库事务提交之后，数据也是按照我们的预期正确执行的。即要通过事务保证数据的正确性。

❑ 隔离性：是指数据库允许多个连接，同时并发多个事务，又对同一个数据进行读写和修改的能力。隔离性可以防止在多个事务并发执行时，由于交叉执行而导致数据不一致的现象。而 MySQL 里面就有我们经常说的事务的四种隔离级别，即读未提交、读提交、可重读和可串行化。

❏ 持久性：是指事务处理结束后，对数据的修改进行了持久化的永久保存，即便系统故障也不会丢失，其实就是保存到硬盘。

由于隔离级别是事务知识点中最基础的部分，我们就简单介绍一下四种隔离级别。因为它特别重要，所以要好好掌握。

20.1.1 四种 MySQL 事务的隔离级别

Read Uncommitted（读取未提交内容）：此隔离级别表示所有正在进行的事务都可以看到其他未提交事务的执行结果。不同事务之间读取到其他事务中未提交的数据，通常这种情况也被称为脏读（Dirty Read），会造成数据的逻辑处理错误，也就是我们在多线程里面经常说的"数据不安全"了。在业务开发中，几乎很少见到使用的，因为它的性能并不比其他级别好。

Read Committed（读取提交内容）：此隔离级别是指，在一个事务相同的两次查询中可能产生的结果不一样，也就是第二次查询能读取到其他事务已经提交的最新数据。也就是我们常说的不可重复读（Nonrepeatable Read）的事务隔离级别。因为同一事务的其他实例在该实例处理期间，可能会对其他事务进行新的提交，所以在同一个事务中的同一查询上，多次执行可能返回不同结果。这是大多数数据库系统的默认隔离级别（但不是 MySQL 默认的隔离级别）。

Repeatable Read（可重读）：这是 MySQL 的默认事务隔离级别，它确保同一个事务多次查询能读到相同的数据。即使多个事务的修改已经提交，本事务如果没有结束，读到的永远是相同的数据，要注意它与 Read Committed 隔离级别的区别，它们是正好相反的。这会导致另一个棘手的问题——幻读（Phantom Read），即读到的数据可能不是最新的。这个是最常见的，我们举个例子来说明。

第一步：用工具打开一个数据库的 DB 连接，如图 20-1 所示。

执行 select @@tx_isolation，查看数据库的事务隔离级别，如图 20-2 所示。

图 20-1　DB Connection Console　　　　图 20-2　查看事务隔离级别

然后开启一个事务，查看一下 user_info 的数据，我们在 user_info 表里面插入了三条数据，如图 20-3 所示。

第二步：我们打开另外一个相同数据库的 DB 连接，删除一条数据，SQL 语句如图 20-4 所示。

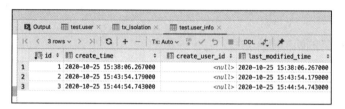

图 20-3　插入 3 条数据

当删除执行成功之后，我们可以开启第三个连接，看一下数据库里面确实少了一条 "ID=1" 的数据。那么这个时候我们再返回第一个连接，第二次执行 select * from user_info，如图 20-5 所示，查到的还是三条数据。这就是我们经常说的可重复读。

图 20-4　删除数据

图 20-5　测试可重复读

Serializable（可串行化）：这是最高的隔离级别，它保证了每个事务是串行执行的，即强制事务排序，所有事务之间不可能产生冲突，从而解决幻读问题。如果事务配置在这个级别，当处理时间比较长、并发比较大的时候，就会导致大量的 DB 连接超时现象和锁竞争，从而降低数据处理的吞吐量。也就是说这个隔离级别导致性能比较低，所以除了某些财务系统之外，用的人不是特别多。

至此，我们了解了数据库的隔离级别，它并不复杂。在这四种类型中，你能清楚地知道 Read Uncommitted 和 Read Committed 就可以了，一般这两个用得最多。

下面看一看数据事务和连接之间的关系。

20.1.2　MySQL 中事务与连接的关系

我们想要弄清楚事务和连接的关系，就必须要先知道二者存在的前提条件。

1）事务必须在同一个连接里面，离开连接没有事务可言。

2）MySQL 数据库默认 autocommit=1，即每一条 SQL 语句执行完自动提交事务。

3）数据库的每一条 SQL 语句在执行的时候必须有事务环境。

4）MySQL 创建连接的时候默认开启事务，关闭连接的时候如果存在事务没有提交的情况，则自动执行回滚操作。

5）不同的连接之间的事务是相互隔离的。

知道了这些条件，我们就可以继续探索二者的关系了。在连接当中，操作事务的方式只有两种。

1. MySQL 事务的两种操作方式

第一种：用 BEGIN、ROLLBACK、COMMIT 来实现。

❑ BEGIN：开始一个事务。

❑ ROLLBACK：事务回滚。

❑ COMMIT：事务确认。

第二种：直接用 SET 来改变 MySQL 的自动提交模式。

❑ SET AUTOCOMMIT=0：禁止自动提交。

❑ SET AUTOCOMMIT=1：开启自动提交。

2. MySQL 数据库的最大连接数

任何数据库的连接数都是有限的，受内存和 CPU 限制，既可以通过 show variables like 'max_connections' 查看此数据库的最大连接数，又可以通过 show global status like 'Max_used_connections' 查看正在使用的连接数，还可以通过 set global max_connections=1500 设置数据库的最大连接数。

除此之外，你可以在观察数据库的连接数的同时，通过观察 CPU 和内存的使用，来判断数据库中 Server 连接数的最佳大小。而既然是连接，那么肯定会有超时时间，默认是 8 小时。

这里只列举了 MySQL 数据库的事务处理原理，感兴趣的读者可以用相同的思考方式查看自己在用的数据源的事务机制。

学习完了数据库事务的基础知识，我们再来看一看 Spring 中事务的用法和配置。

20.2　Spring 事务的配置方法

由于我们使用的是 Spring Boot，所以会通过 TransactionAutoConfiguration.java 加载 @EnableTransactionManagement 注解以帮助我们默认开启事务，关键代码如图 20-6 所示。

Spring 事务有两种使用方式，常见的是直接通过 @Transactional 的方式进行配置，而我们打开 SimpleJpaRepository 源码类的话，会看到如下内容。

```
@Repository
@Transactional(readOnly = true)
public class SimpleJpaRepository<T, ID> implements JpaRepository
    Implementation<T, ID> {
...
@Transactional
@Override
public void deleteAll(Iterable<? extends T> entities) {
...
}}
```

```
80   ) >  }
81
82   )   }
83
84   >  @Configuration(proxyBeanMethods = false)
85   )  @ConditionalOnBean(TransactionManager.class)
86   )  @ConditionalOnMissingBean(AbstractTransactionManagementConfiguration.class)
87   )  public static class EnableTransactionManagementConfiguration {
88
89   )  >  @Configuration(proxyBeanMethods = false)
90   )  >  @EnableTransactionManagement(proxyTargetClass = false)
91   >  >  @ConditionalOnProperty(prefix = "spring.aop", name = "proxy-target-class", havingValue = "false",
92   )  >  >  >  matchIfMissing = false)
93   )  >  public static class JdkDynamicAutoProxyConfiguration {
94
95   )  >  }
96
97   )  >  @Configuration(proxyBeanMethods = false)
98   >  >  @EnableTransactionManagement(proxyTargetClass = true)
99   >  >  @ConditionalOnProperty(prefix = "spring.aop", name = "proxy-target-class", havingValue = "true",
100  )  >  >  matchIfMissing = true)
101  )  >  public static class CglibAutoProxyConfiguration {
102
103  )  >  }
104
105  )  >  }
106
107  )  }
```

图 20-6　@EnableTransactionManagement 注解

我们仔细看源码就会发现，默认情况下，所有 SimpleJpaRepository 的方法都是只读事务，而一些更新的方法都是读写事务。

所以每个 Repository 的方法都是有事务的，即使我们没有使用任何加 @Transactional 注解的方法，按照上面所讲的 MySQL 的事务开启原理，实际执行的时候也会有事务。那么我们就来看看 @Transactional 的具体用法。

20.2.1　默认 @Transactional 注解式事务

注解式事务又称显式事务，需要手动显式注解声明，那么我们看看如何使用。

按照惯例，我们打开 @Transactional 的源码，如下所示。

```
@Target({ElementType.METHOD, ElementType.TYPE})
@Retention(RetentionPolicy.RUNTIME)
@Inherited
@Documented
public @interface Transactional {
    @AliasFor("transactionManager")
    String value() default "";
    @AliasFor("value")
    String transactionManager() default "";
    Propagation propagation() default Propagation.REQUIRED;
    Isolation isolation() default Isolation.DEFAULT;
```

```
int timeout() default TransactionDefinition.TIMEOUT_DEFAULT;
boolean readOnly() default false;
Class<? extends Throwable>[] rollbackFor() default {};
String[] rollbackForClassName() default {};
Class<? extends Throwable>[] noRollbackFor() default {};
String[] noRollbackForClassName() default {};
}
```

针对 @Transactional 注解中常用的参数，整理如表 20-1 所示，以便大家对照查看。

表 20-1　@Transactional 属性有哪些

参数名称	功能描述
readOnly	该属性用于设置当前事务是否为只读事务，设置为 true 表示只读，false 则表示可读写，默认值为 false。例如，@Transactional(readOnly=true)
rollbackFor	该属性用于设置需要进行回滚的异常类数组，当方法中抛出指定异常数组中的异常时，则进行事务回滚。例如，指定单一异常类，@Transactional(rollbackFor=RuntimeException.class)；指定多个异常类，@Transactional(rollbackFor={RuntimeException.class, Exception.class})
rollbackForClassName	该属性用于设置需要进行回滚的异常类名称数组，当方法中抛出指定异常名称数组中的异常时，则进行事务回滚。例如，指定单一异常类名称：@Transactional(rollbackForClassName="RuntimeException")
noRollbackFor	该属性用于设置不需要进行回滚的异常类数组，当方法中抛出指定异常数组中的异常时，不进行事务回滚。例如，指定单一异常类，@Transactional(noRollbackFor=RuntimeException.class)；指定多个异常类，@Transactional(noRollbackFor={RuntimeException.class, Exception.class})
noRollbackForClassName	该属性用于设置不需要进行回滚的异常类名称数组，当方法中抛出指定异常名称数组中的异常时，不进行事务回滚。例如，指定单一异常类名称，@Transactional(noRollbackForClassName="RuntimeException")；指定多个异常类名称，@Transactional(noRollbackForClassName={"RuntimeException","Exception"})
propagation	该属性用于设置事务的传播行为，例如，@Transactional(propagation=Propagation.NOT_SUPPORTED,readOnly=true)
isolation	该属性用于设置底层数据库的事务隔离级别，事务隔离级别用于处理多事务并发的情况，通常使用数据库的默认隔离级别即可，基本不需要进行设置
timeout	该属性用于设置事务的超时秒数，默认值为 –1，表示永不超时
transactionManage	指定 transactionManager，当有多个 Datasource 的时候使用

相信大家基本上也可以知道其他属性是什么意思，下面重点说一说隔离级别和事务的传播机制。

Isolation isolation() default Isolation.DEFAULT：默认采用数据库的事务隔离级别。其中，Isolation 是一个枚举值，基本与我们上面讲解的数据库隔离级别是一样的，如图 20-7 所示。

propagation：代表的是事务的传播机制，这个是

```
DEFAULT: Isolation
READ_COMMITTED: Isolation
READ_UNCOMMITTED: Isolation
REPEATABLE_READ: Isolation
SERIALIZABLE: Isolation
```

图 20-7　Isolation

Spring 事务的核心业务逻辑，是 Spring 框架独有的，它与 MySQL 数据库没有一点关系。所谓事务的传播行为是指在同一线程中，在开始当前事务之前，需要判断一下当前线程中是否有另外一个事务存在，如果存在，提供了 7 个选项来指定当前事务的发生行为。我们可以看 org.springframework.transaction.annotation.Propagation 这类的枚举值来确定有哪些传播行为。7 个表示传播行为的枚举值如下：

```
public enum Propagation {
    REQUIRED(0),
    SUPPORTS(1),
    MANDATORY(2),
    REQUIRES_NEW(3),
    NOT_SUPPORTED(4),
    NEVER(5),
    NESTED(6);
}
```

1）REQUIRED：如果当前存在事务，则加入该事务；如果当前没有事务，则创建一个新的事务。这个值是默认的。

2）SUPPORTS：如果当前存在事务，则加入该事务；如果当前没有事务，则以非事务的方式继续运行。

3）MANDATORY：如果当前存在事务，则加入该事务；如果当前没有事务，则抛出异常。

4）REQUIRES_NEW：创建一个新的事务，如果当前存在事务，则把当前事务挂起。

5）NOT_SUPPORTED：以非事务方式运行，如果当前存在事务，则把当前事务挂起。

6）NEVER：以非事务方式运行，如果当前存在事务，则抛出异常。

7）NESTED：如果当前存在事务，则创建一个事务作为当前事务的嵌套事务来运行；如果当前没有事务，则该取值等价于 REQUIRED。

设置方法：通过使用 propagation 属性设置，例如下面这行代码。

```
@Transactional(propagation = Propagation.REQUIRES_NEW)
```

虽然用法很简单，但是也有使用 @Transactional 不生效的时候，那么在哪些场景中是不可用的呢？

20.2.2　@Transactional 的局限性

这里列举的是一个当前对象调用对象自己的方法不起作用的场景。

我们在 UserInfoServiceImpl 的 save 方法中调用了带事务的 calculate 方法，请看如下代码。

```
@Component
public class UserInfoServiceImpl implements UserInfoService {
```

```
@Autowired
private UserInfoRepository userInfoRepository;
/**
 * 根据 UserId 产生的一些业务计算逻辑
 */
@Override
@Transactional(transactionManager = "db2TransactionManager")
public UserInfo calculate(Long userId) {
    UserInfo userInfo = userInfoRepository.findById(userId).get();
    userInfo.setAges(userInfo.getAges()+1);
    // ... 一些复杂事务内的操作
    userInfo.setTelephone(Instant.now().toString());
    return userInfoRepository.saveAndFlush(userInfo);
}
/**
 * 此方法调用自身对象的方法，就会发现 calculate 方法上面的事务是失效的
 */
public UserInfo save(Long userId) {
    return this.calculate(userId);
}
}
```

当在 UserInfoServiceImpl 类的外部调用 save 方法的时候，此时 save 方法里面调用了自身的 calculate 方法，便不难发现 calculate 方法上面的事务是没有效果的，这个是 Spring 代理机制的问题。那么我们应该如何解决这个问题呢？可以引入一个类 TransactionTemplate，我们接着看看它的用法。

20.2.3　TransactionTemplate 的用法

此类是通过 TransactionAutoConfiguration 加载配置进去的，如图 20-8 所示。

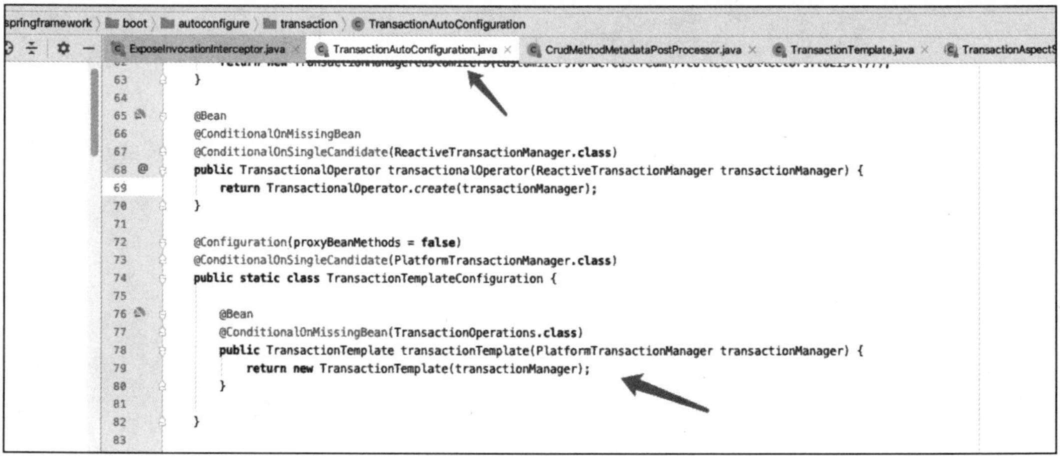

图 20-8　TransactionAutoConfiguration

我们通过源码可以看到此类提供了一个关键的 execute 方法，如图 20-9 所示。

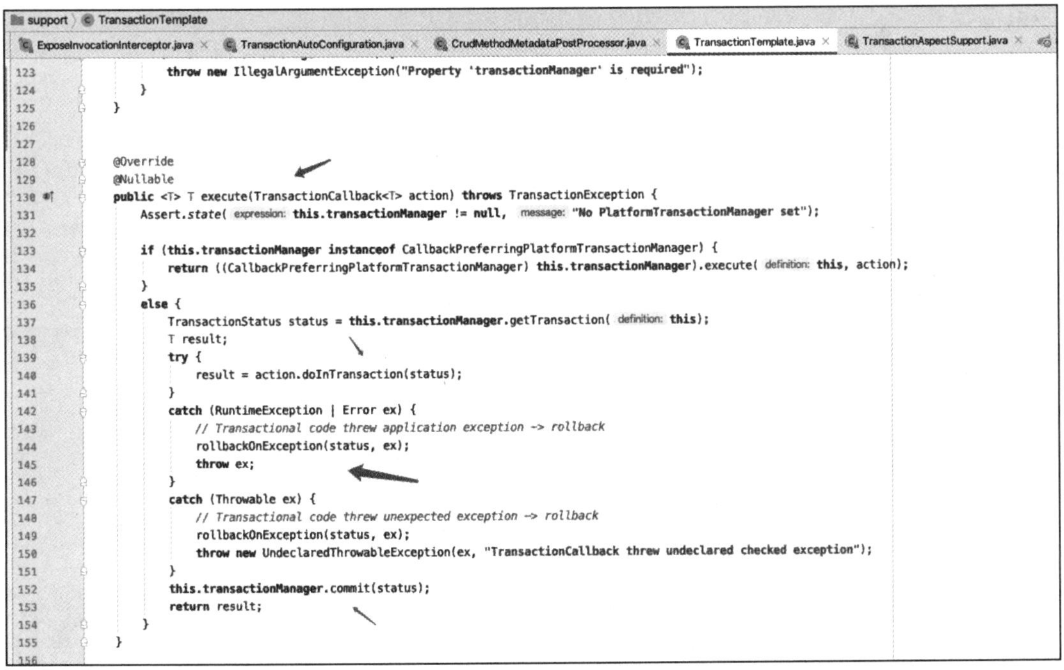


```
            throw new IllegalArgumentException("Property 'transactionManager' is required");
        }
    }


    @Override
    @Nullable
    public <T> T execute(TransactionCallback<T> action) throws TransactionException {
        Assert.state( expression: this.transactionManager != null,  message: "No PlatformTransactionManager set");

        if (this.transactionManager instanceof CallbackPreferringPlatformTransactionManager) {
            return ((CallbackPreferringPlatformTransactionManager) this.transactionManager).execute( definition: this, action);
        }
        else {
            TransactionStatus status = this.transactionManager.getTransaction( definition: this);
            T result;
            try {
                result = action.doInTransaction(status);
            }
            catch (RuntimeException | Error ex) {
                // Transactional code threw application exception -> rollback
                rollbackOnException(status, ex);
                throw ex;
            }
            catch (Throwable ex) {
                // Transactional code threw unexpected exception -> rollback
                rollbackOnException(status, ex);
                throw new UndeclaredThrowableException(ex, "TransactionCallback threw undeclared checked exception");
            }
            this.transactionManager.commit(status);
            return result;
        }
    }
```

图 20-9　TransactionTemplate 的 execute 方法

它会帮我们处理事务开始、回滚、提交的逻辑，所以我们用的时候就非常简单，把上面的方法做如下改动。

```
public UserInfo save(Long userId) {
    return transactionTemplate.execute(status -> this.calculate(userId));
}
```

此时外部再调用 save 方法，calculate 就会进入事务管理里面。当然，这里举的例子比较简单，也可以通过下面代码中的方法设置隔离级别、传播机制、超时时间和是否只读。

```
transactionTemplate = new TransactionTemplate(transactionManager);
//设置隔离级别
transactionTemplate.setIsolationLevel(TransactionDefinition.ISOLATION_
    REPEATABLE_READ);
//设置传播机制
transactionTemplate.setPropagationBehavior(TransactionDefinition.PROPAGATION_
    REQUIRES_NEW);
//设置超时时间
transactionTemplate.setTimeout(1000);
//设置是否只读
transactionTemplate.setReadOnly(true);
```

我们也可以根据 transactionTemplate 的实现原理，自定义一个 TransactionHelper，下面一起往下看。

20.2.4 自定义 TransactionHelper

第一步：新建一个 TransactionHelper 类，进行事务管理，请看如下代码。

```
/**
 * 利用 Spring 进行管理
 */
@Component
public class TransactionHelper {
    /**
     * 利用 Spring 的机制和 JDK8 的 Function 机制实现事务
     */
    @Transactional(rollbackFor = Exception.class)
    // 可以根据实际业务情况，指定明确的回滚异常
    public <T, R> R transactional(Function<T, R> function, T t) {
        return function.apply(t);
    }
}
```

第二步：直接在 Service 中就可以使用了，代码如下。

```
    @Autowired
    private TransactionHelper transactionHelper;
    /**
     * 调用外部的 transactionHelper 类，利用 transactionHelper 方法上面的 @Transactional
     * 注解使事务生效
     */
    public UserInfo save(Long userId) {
        return transactionHelper.transactional((uid)->this.calculate(uid),
            userId);
    }
```

上面介绍的都是围绕 @Transactional 的显式指定的事务，我们也可以利用 AspectJ 进行隐式事务配置。

20.2.5 AspectJ 事务配置

只需要在我们的项目中新增一个类 AspectjTransactionConfig 即可，代码如下。

```
@Configuration
@EnableTransactionManagement
public class AspectjTransactionConfig {
    public static final String transactionExecution = "execution (* com.
        example..service.*.*(..))";// 指定拦截器作用的包路径
    @Autowired
    private PlatformTransactionManager transactionManager;
```

```
@Bean
public DefaultPointcutAdvisor defaultPointcutAdvisor() {
    // 指定一般要拦截哪些类
    AspectJExpressionPointcut pointcut = new AspectJExpressionPointcut();
    pointcut.setExpression(transactionExecution)
    // 配置 advisor
    DefaultPointcutAdvisor advisor = new DefaultPointcutAdvisor();
        advisor.setPointcut(pointcut)
    // 根据正则表达式，指定上面包路径里面方法的事务策略
    Properties attributes = new Properties();
    attributes.setProperty("get*", "PROPAGATION_REQUIRED,-Exception");
    attributes.setProperty("add*", "PROPAGATION_REQUIRED,-Exception");
    attributes.setProperty("save*", "PROPAGATION_REQUIRED,-Exception");
    attributes.setProperty("update*", "PROPAGATION_REQUIRED,-Exception");
    attributes.setProperty("delete*", "PROPAGATION_REQUIRED,-Exception");
    // 创建 Interceptor
    TransactionInterceptor txAdvice = new TransactionInterceptor(transaction
        Manager, attributes);
        advisor.setAdvice(txAdvice)
    return advisor;
    }
}
```

在这种方式下，只要是符合上面正则表达式规则的 service 方法，就会自动添加事务了。如果我们在方法上添加 @Transactional，也可以覆盖上面的默认规则。

不过近两年使用这种方法的团队越来越少了，因为注解方式其实很方便，并且注解 @Transactional 的方式更容易理解，代码也更简单。

上面的方法到此介绍完了，那么一个方法经历的 SQL 和过程都有哪些呢？下面我们通过日志进行分析。

20.2.6　通过日志分析配置方法的过程

该过程大致可以分为以下几个步骤。

第一步：我们在数据连接中加上 logger=Slf4JLogger&profileSQL=true，用来显示 MySQL 执行的 SQL 日志，写法如下。

```
spring.datasource.url=jdbc:mysql://localhost:3306/test?logger=Slf4JLogger&profile
    SQL=true
```

第二步：打开 Spring 的事务处理日志，用来观察事务的执行过程，代码如下。

```
# Log Transactions Details
logging.level.org.springframework.orm.jpa=DEBUG
logging.level.org.springframework.transaction=TRACE
logging.level.org.hibernate.engine.transaction.internal.TransactionImpl=DEBUG
# 监控连接的情况
logging.level.org.hibernate.resource.jdbc=trace
```

```
logging.level.com.zaxxer.hikari=DEBUG
```

第三步：我们执行一个 saveOrUpdate 操作，看看详细的执行日志，如图 20-10 所示。

图 20-10 profileSQL 日志

通过日志可以发现，我们执行一个 saveUserInfo 的动作，由于在其中配置了一个事务，所以可以看到 JpaTransactionManager 获得事务的过程，图 20-10 上方框部分是同一个连接里面执行的 SQL 语句，其执行的整体过程如下。

1）get connection：从事务管理里面，获得连接就开始事务了。我们没有看到显式的 begin 的 SQL，基本上可以断定它利用了 MySQL 的 Connection 初始化事务的特性。

2）set autocommit=0：关闭自动提交模式，这个时候必须要在程序里面执行 commit 或者 rollback。

3）select user_info：看看 user_info 数据库里面是否存在我们要保存的数据。

4）update user_info：发现数据库里面存在，执行更新操作。

5）commit：执行提交事务。

6）set autocommit=1：事务执行完，改回 autocommit 的默认值，每条 SQL 是独立的事务。

这里采用的是数据库默认的隔离级别，如果通过下面这行代码，改变默认隔离级别，再观察我们的日志。

```
@Transactional(isolation = Isolation.READ_COMMITTED)
```

你会发现在开始事务之前，它会先改变默认的事务隔离级别，如图 20-11 所示。

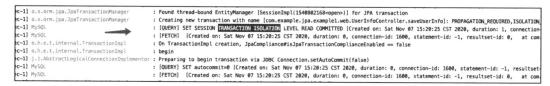

图 20-11　通过日志查看事务隔离级别

而在事务结束之后，它还会还原此连接的事务隔离级别，如图 20-12 所示。

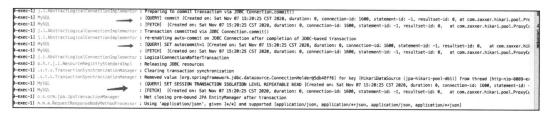

图 20-12　事务隔离级别

如果你明白了 MySQL 的事务原理，再通过日志分析就可以很容易地理解 Spring 的事务原理了。我们在日志里面能看到 MySQL 的事务执行过程，同样也能看到 Spring 的 TransactionImpl 的事务执行过程。这是什么原理呢？我们详细分析一下。

20.3　Spring 事务的实现原理

这里要重点介绍一下 @Transactional 的工作机制，其主要利用的是 Spring 的 AOP 原理，在加载所有类的时候，容器就会知道某些类需要对应地进行哪些 Interceptor 处理。

例如我们讲的 TransactionInterceptor，它在启动的时候是怎么设置事务的、是什么样的处理机制，以及默认的代理机制又是什么样的呢？

20.3.1　Spring 事务源码分析

我们在 TransactionManagementConfigurationSelector 里面设置一个断点，就会知道代理的加载类 ProxyTransactionManagementConfiguration 对事务的处理机制。关键源码如图 20-13 所示。

而我们打开 ProxyTransactionManagementConfiguration 的话，就会加载 TransactionInterceptor 的处理类，关键源码如图 20-14 所示。

如果继续加载的话，里面就会加载带有 @Transactional 注解的类或者方法。关键源码如图 20-15 所示。

加载期间，通过 @Transactional 注解确定哪些方法需要进行事务处理。

```
o.s.orm.jpa.JpaTransactionManager : Creating new transaction with name
```

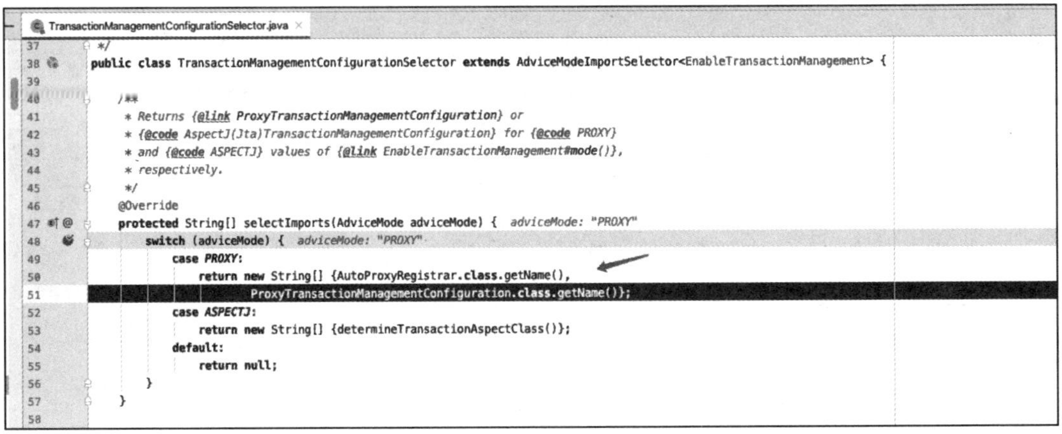

图 20-13　TransactionManagementConfigurationSelector

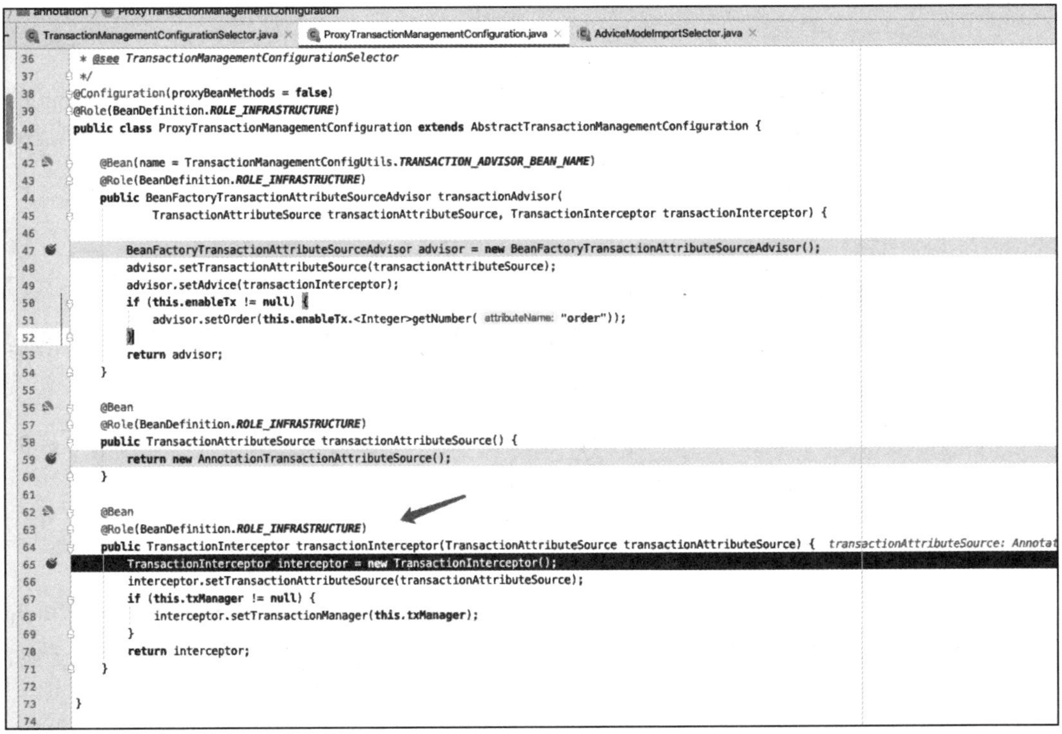

图 20-14　ProxyTransactionManagementConfiguration

　　而运行期间通过上面这条日志，就可以找到 JpaTransactionManager 里面通过 getTransaction 方法创建的事务，然后再通过 debuger 模式的 IDEA 线程栈进行分析，就能知道创建事务的整个过程。你可以一步一步地在断点处进行查看，如图 20-16 所示。

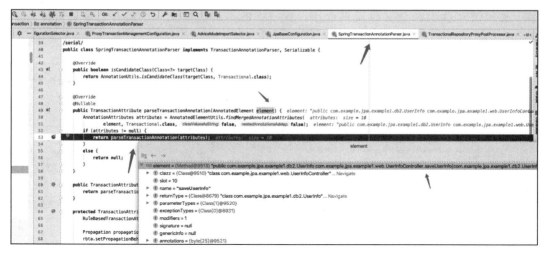

图 20-15　parseTransactionAnnotation

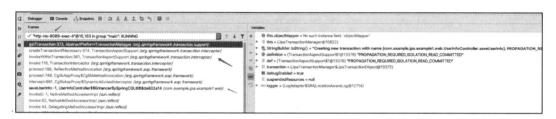

图 20-16　getTransaction

从图 20-16 中，我们也可以知道 createTransactionIfNecessary 是用来判断是否需要创建事务的，有兴趣的读者可以点击进去看看，如图 20-17 所示。

图 20-17　createTransactionIfNecessary

我们继续往下调试，就会找到创建事务的关键代码，它会通过调用 AbstractPlatform-TransactionManager 里面的 startTransaction 方法开启事务，如图 20-18 所示。

然后我们就可以继续往下进行断点分析了。断点走到最后时，就是开启事务的时候，必须要从我们的数据源获得连接。看一下断点的栈信息，这里有几个关键点。如图 20-19 所示。

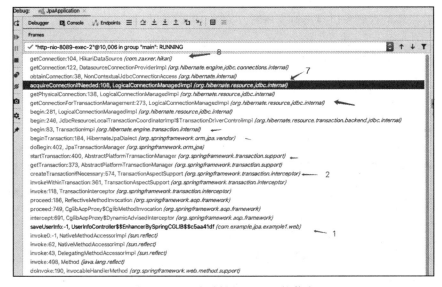

图 20-18　startTransaction

图 20-19　几个关键的 Debug 栈信息

在图 20-19 中：第一处是处理带 @Transactional 注解的方法，利用 CGLIB 进行事务拦截处理；第二处是根据 Spring 的事务传播机制，判断是用现有的事务，还是创建新的事务；第七处是用来判断是否有连接，如果有则直接用，如果没有就从第八处的数据源的连接池中获取连接，第七处的关键代码如图 20-20 所示。

到这里，我们就介绍完了事务获得连接的关键时机，但还需要知道它是在什么时间释放到连接池的。我们在 LogicalConnectionManagedImpl 的 releaseConnection 方法中设置一个断点，如图 20-21 所示。

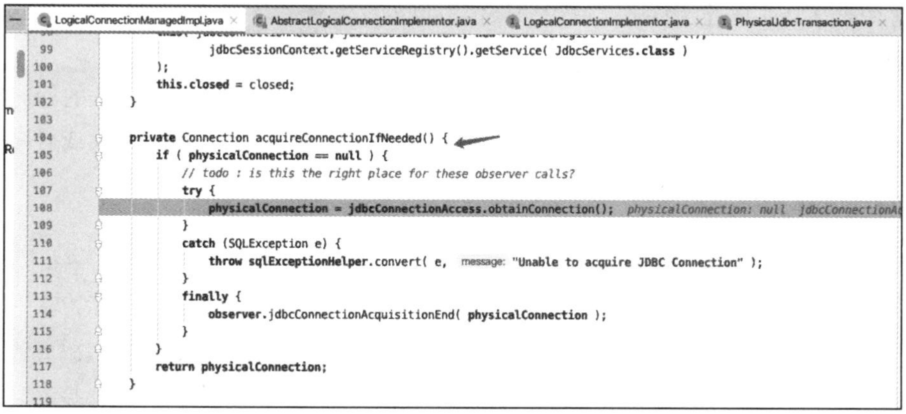

图 20-20　判断是否有连接

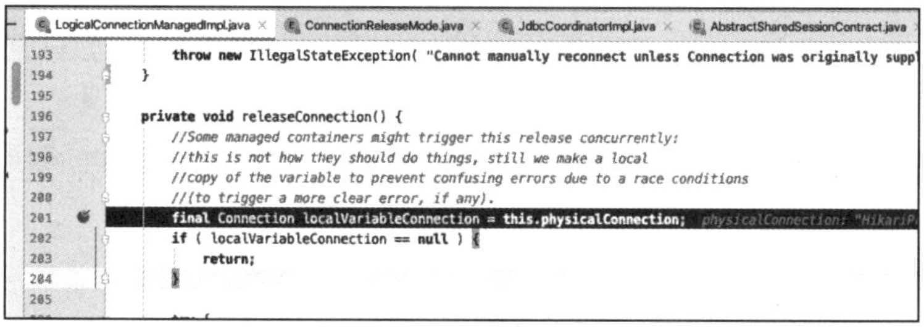

图 20-21　releaseConnection

然后观察断点线性的执行方法，你会发现，在事务执行之后它会将连接释放到连接池。

我们通过上面的 saveOrUpdate 的详细执行日志，可以观察出来事务是在什么时机开启的、数据库连接是在什么时机开启的、事务是在什么时机关闭的，以及数据库连接是在什么时机释放的等，如果没看出来，可以再仔细看一遍日志。

所以，Spring 中的事务和连接的关系是，开启事务的同时获取 DB 连接，事务完成的时候释放 DB 连接。通过 MySQL 的基础知识可以知道数据库连接是有限的，那么当我们给某些方法加事务的时候，都需要注意哪些内容呢？

20.3.2　事务和连接池在 JPA 中的注意事项

在第 18 章中对数据源进行介绍时，我说过数据源的连接池不能配置过大，否则连接之前的切换就会非常耗费应用内部的 CPU 和内存，从而降低应用对外提供 API 的吞吐量。

所以当我们使用事务的时候，需要注意如下几个事项：

1）事务内的逻辑执行时间不能太长，否则就会导致占用 DB 连接的时间过长，会造成数据库连接不够用的情况。

2）跨应用的操作，如 API 调用等，尽量不要在有事务的方法里面进行。

3）如果在真实业务场景中有耗时的操作，也需要带事务时（如扣款环节），那么请注意增加数据源配置的连接池数。

4）MVC 的应用场景需要根据请求连接池的数量、连接池的数量和事务的耗时情况灵活配置。而 Tomcat 默认的请求连接池数量是 200 个，可以根据实际情况增加或者减少请求的连接池数量，从而减少并发处理对事务的依赖。

20.4　本章小结

在本章中，我们通过 MySQL 的基本原理、Spring 的事务处理日志及其源码分析，知道了 Spring 处理事务的全过程，并且通过日志还学会了分析设置的事务和 SQL 是不是按照预期执行的。

同时，本章也讲述了连接和事务之间的关系，当需要设置连接池的时候，可以进行参考。并且在工作中，如果遇到报告连接池不够用的情况，也可以从容地知道原因，如是不是事务的方法执行比较耗时等。

此外，当事务不起作用的时候，本章为大家介绍了 TransactionTemplate 和 Transaction-Helper 方法，完全可以借鉴。

总之，希望这一章的内容可以帮助大家弄清楚事务、连接池之间的关系。

原理在实战中的应用

学贵精不贵博。知得十件而都不到地，
不如知得一件却到地也。

JPA 中的 Hibernate 加载过程与配置项

前面我们已经学习完了两个模块，不知道大家掌握得如何。从这一章开始，我们将进入模块三知识的学习。在这一模块，我将带大家了解 Hibernate 的加载过程、Session 和事务之间的关系，教会大家在遇到 LazyException 以及经典的 "N+1" SQL 问题时该如何解决，最后希望大家在以后的工作中可以灵活运用所学知识。

在本章，我们分析 Spring Data JPA 项目下面 Hibernate 的配置参数有哪些，首先分析 Hibernate 的整体架构。

21.1 Hibernate 架构分析

首先看一下官方提供的 Hibernate 5.2 版本架构图，如图 21-1 所示。

从架构图 21-1 中，我们可以知道 Hibernate 实现的 ORM 接口有两种，一种是 Hibernate 自己的 API 接口；一种是 Java Persistence API 的接口实现。

因为 Hibernate 其实是比 Java Persistence API 早几年发展的，后来才有了 Java 的持久化协议。从我个人的观点来看，随着时间的推移，Hibernate 的实现逻辑可能会被逐渐弱化，最终由 Java Persistence API 统一对外提供服务。

那么，我们研究 Hibernate 在 Spring Data JPA 里面的作用时，得出的结论就是：Hibernate 5.2 是 Spring Data

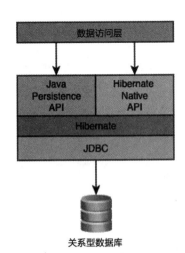

图 21-1 Hibernate 官方架构图

JPA 持久化操作的核心。我们再从类上面具体来看一看，关键类如图 21-2 所示。

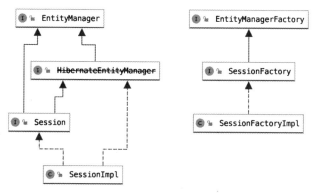

图 21-2　Spring Data JPA 关键实现类

结合类的关系图 21-2 来看，Session 接口和 SessionFactory 接口都是 Hibernate 的概念，而 EntityManger 和 EntityManagerFactory 都是 Java Persistence API 协议规定的接口。

不过 HibernateEntityManger 从 Hibernate 5.2 之后就不推荐使用了，而是建议直接使用 EntityManager 接口。那么接下来我们看看在 Spring Boot 里面 Hibernate 是如何被加载进去的。

21.2　Hibernate 5 在 Spring Boot 2 中的加载过程

对于不同的 Spring Boot 版本，加载类的实现逻辑可能是不一样的，但是分析过程都是相同的。我们先打开 spring.factories 文件，如图 21-3 所示，其中可以自动加载 Hibernate 的只有一个类，那就是 HibernateJpaAutoConfiguration。

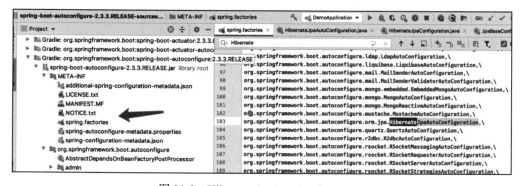

图 21-3　HibernateJpaAutoConfiguration

HibernateJpaAutoConfiguration 就是 Spring Boot 加载 Hibernate 的主要入口，所以可以直接打开这个类来看一看。

```
@Configuration(proxyBeanMethods = false)
```

```
@ConditionalOnClass({ LocalContainerEntityManagerFactoryBean.class,
    EntityManager.class, SessionImplementor.class })
@EnableConfigurationProperties(JpaProperties.class)    // JPAProperties 的配置
@AutoConfigureAfter({ DataSourceAutoConfiguration.class })
@Import(HibernateJpaConfiguration.class)               // hibernate 加载的关键类
public class HibernateJpaAutoConfiguration {
}
```

其中，第一个需要关注的就是 JpaProperties 类，因为通过这个类，我们可以间接知道 application.properties 可以配置的 spring.jpa 属性有哪些。

21.2.1 JpaProperties 属性

我们打开 JpaProperties 类看一下，如图 21-4 所示。

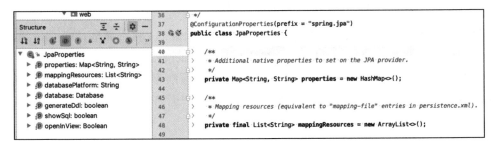

图 21-4 JpaProperties

通过这个类，我们可以在 application.properties 里面得到如下配置项。

```
# 可以配置 JPA 的实现者的原始属性的配置，如：这里我们用的 JPA 的实现者是 Hibernate
# 那么 Hibernate 里面的一些属性设置就可以通过如下方式实现，properties 里面具体有哪些，本章
  会详细介绍，我们先知道这里可以设置即可
spring.jpa.properties.hibernate.hbm2ddl.auto=none
# Hibernate 的 persistence.xml 文件有哪些，目前已经不推荐使用
# spring.jpa.mapping-resources=persistence.xml
# 指定数据源的类型，如果不指定，Spring Boot 加载 DataSource 的时候会根据 URL 协议自己判断
# 如通过 spring.datasource.url=jdbc:mysql://localhost:3306/test，可以明确知道是
  MySQL 数据源，所以这个不需要指定
# 另一个应用场景，当我们通过代理的方式，可能通过 datasource.url 无法判断数据源类型的时候，可
  以通过如下方式指定，可选的值有：DB2,H2,HSQL,INFORMIX,MYSQL,ORACLE,POSTGRESQL,SQL_
  SERVER,SYBASE
spring.jpa.database=mysql
# 是否在启动阶段根据实体初始化数据库的 schema，默认 false，当我们用内存数据库做测试的时候可以
  打开，很有用
spring.jpa.generate-ddl=false
# 与 spring.jpa.database 用法差不多，指定数据库的平台，默认会自己发现；一般不需要指定，
  database-platform 指定的必须是 org.hibernate.dialect.Dialect 的子类，如 MySQL
  默认是用下面的 platform
spring.jpa.database-platform=org.hibernate.dialect.MySQLInnoDBDialect
# 是否在 view 层打开 session，默认是 true，其实大部分场景不需要打开，我们可以设置成 false
```

```
# 后面我们再详细讲解
spring.jpa.open-in-view=false
# 是否显示 SQL, 当执行 JPA 的数据库操作的时候, 默认是 false, 在本地开发的时候我们可以把这个打
   开, 有助于分析 SQL 是不是我们预期的
# 在生产环境的时候建议将这个设置成 false, 改由 logging.level.org.hibernate.SQL=DEBUG
   代替, 这样的话日志默认是基于 logback 输出的
# 而不是直接打印到控制台的, 有利于增加 traceid 和线程 ID 等信息, 便于分析
spring.jpa.show-sql=true
```

其中，spring.jpa.show-sql=true 输出的 SQL 效果如下所示。

```
Hibernate: insert into user_info (create_time, create_user_id, last_modified_
   time, last_modified_user_id, version, ages, email_address, last_name,
   telephone, id) values (?, ?, ?, ?, ?, ?, ?, ?, ?, ?)
```

上面是孤立无援的 System.out.println 的效果，如果是线上环境、多线程的情况，就不知道是哪个线程输出来的，而 logging.level.org.hibernate.SQL=DEBUG 输出的 SQL 效果如下所示。

```
2020-11-08 16:54:22.275 DEBUG 6589 --- [nio-8087-exec-1] org.hibernate.SQL:
   insert into user_info (create_time, create_user_id, last_modified_time,
   last_modified_user_id, version, ages, email_address, last_name, telephone,
   id) values (?, ?, ?, ?, ?, ?, ?, ?, ?, ?)
```

这样我们就可以轻易知道线程 ID 和执行时间，甚至可以用 tranceID 和 spanID 进行日志跟踪，方便分析是哪个线程打印的。

了解完了 JpaProperties，下面我们再看另外一个关键类 HibernateJpaConfiguration，它也是 HibernateJpaAutoConfiguration 导入加载的。

21.2.2　HibernateJpaConfiguration 分析

我们通过上述 HibernateJpaAutoConfiguration 里面的 @Import(HibernateJpaConfiguration.class)，打开 HibernateJpaConfiguration.class 看看是什么情况。

```
@Configuration(proxyBeanMethods = false)
@EnableConfigurationProperties(HibernateProperties.class)
@ConditionalOnSingleCandidate(DataSource.class)
class HibernateJpaConfiguration extends JpaBaseConfiguration {
...// 其他我们暂不关心的代码可以先省略
}
```

通过源码我们可以得到 Hibernate 在 JPA 中配置的三个重要线索，下面详细说明。

第一个线索：HibernatePropertes 这个配置类对应的是 spring.jpa.hibernate 的配置。

我们通过源码可以看出，@EnableConfigurationProperties(HibernateProperties.class) 启用了 HibernateProperties 的配置类，如图 21-5 所示。

其中可以看到 application.properties 的配置项，如下所示。

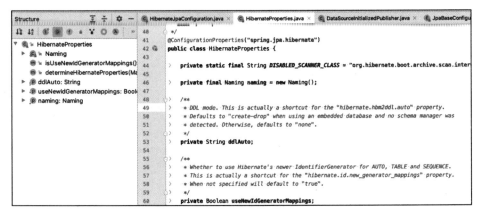

图 21-5　HibernateProperties

正如我们之前讲到的，nameing 的物理策略值有：org.springframework.boot.orm.jpa.
  hibernate.SpringPhysicalNamingStrategy（默认）和 org.hibernate.boot.model.
  naming.PhysicalNamingStrategyStandardImpl
spring.jpa.hibernate.naming.physical-strategy=org.springframework.boot.orm.
  jpa.hibernate.SpringPhysicalNamingStrategy
ddl 的生成策略，默认为 none；如果我们没有指定任何数据源的 URL，采用的是 Spring 的集成数据源，
  也就是内存数据源 H2 的时候，默认值是 create-drop
所以你会发现当我们每次用 H2 的时候，它就会自动帮助我们创建表等，采用内存数据库和写测试用例
  的时候，
  create-drop 就非常方便了
spring.jpa.hibernate.ddl-auto=none
当我们的 @Id 配置成 @GeneratedValue(strategy= GenerationType.AUTO) 的时候是否采用
  Hibernate 的 Id-generator-mappings（即会默认帮我们创建一张表 hibernate_sequence，
  以存储和生成 ID），默认值是 true
spring.jpa.hibernate.use-new-id-generator-mappings=true

第二个线索：通过源码我们还可以看出，HibernateJpaConfiguration 的父类 JpaBase-
Configuration 也会优先加载，此类就是 Spring Boot 加载 JPA 的核心逻辑。

那么我们打开 JpaBaseConfiguration 类来看一看源码。

```
@Configuration(proxyBeanMethods = false)
@EnableConfigurationProperties(JpaProperties.class)
// DataSourceInitializedPublisher 用来进行数据源的初始化操作
@Import(DataSourceInitializedPublisher.Registrar.class)
public abstract class JpaBaseConfiguration implements BeanFactoryAware {
protected JpaBaseConfiguration(DataSource dataSource, JpaProperties
properties,
    ObjectProvider<JtaTransactionManager> jtaTransactionManager) {
  this.dataSource = dataSource;
  this.properties = properties;
  // jtaTransactionManager 赋值，正常情况下我们用不到，一般用来解决分布式事务的场景
```

```
        this.jtaTransactionManager = jtaTransactionManager.getIfAvailable();
    }
    // 加载 JPA 的实现方式
    @Bean
    @ConditionalOnMissingBean
    public JpaVendorAdapter jpaVendorAdapter() {
        // createJpaVendorAdapter 是由子类 HibernateJpaConfiguration 实现的, 创建 JPA 的实现类
        AbstractJpaVendorAdapter adapter = createJpaVendorAdapter();
        adapter.setShowSql(this.properties.isShowSql());
        if (this.properties.getDatabase() != null) {
            adapter.setDatabase(this.properties.getDatabase());
        }
        if (this.properties.getDatabasePlatform() != null) {
        adapter.setDatabasePlatform(this.properties.getDatabasePlatform());
        }
        adapter.setGenerateDdl(this.properties.isGenerateDdl());
        return adapter;
    }
    ...// 我们暂时不关心的其他代码先省略
}
```

我们从上面的源码可以看到，@Import(DataSourceInitializedPublisher.Registrar.class) 是用来初始化数据的；从构造函数中我们也可以看到其是否用到 jtaTransactionManager（分布式事务才会用到）。而 createJpaVendorAdapter() 是在 HibernateJpaConfiguration 里面实现的，这个要重点说一下，关键代码如下。

```
class HibernateJpaConfiguration extends JpaBaseConfiguration {
// 这里是 Hibernate 和 JPA 的结合, 可以看到使用的 HibernateJpaVendorAdapter 是作为 JPA
// 的实现者, 感兴趣的读者可以打开 HibernateJpaVendorAdapter, 设置一些断点, 这样就会知道
// Spring Boot 是如何一步一步加载 Hibernate 的了
@Override
protected AbstractJpaVendorAdapter createJpaVendorAdapter() {
    return new HibernateJpaVendorAdapter();
}
...}
```

现在我们知道了 HibernateJpaVendorAdapter 的加载逻辑，而 HibernateJpaVendor-Adapter 里面实现了 Hibernate 的初始化逻辑，在这里就不多说了，读者过后可以仔细调试看一看，基本上就是 Hibernate 5.2 官方的加载逻辑。那么 Hibernate JPA 对应的原始配置有哪些呢？

第三个线索：spring.jpa.properties 配置项有哪些？

我们如果接着在 HibernateJpaConfiguration 类里面通过 Debug 查看关键代码的话，可以找到如下代码，如图 21-6 所示。

如图 21-6 中的代码显示，JpaProperties 类里面的 properties 属性，也就是 spring.jpa.properties 的配置加载到了 vendorProperties（即 Hibernate 5.2）里面。而 properties 里面是 HashMap 结构，那么它都可以支持哪些配置呢？

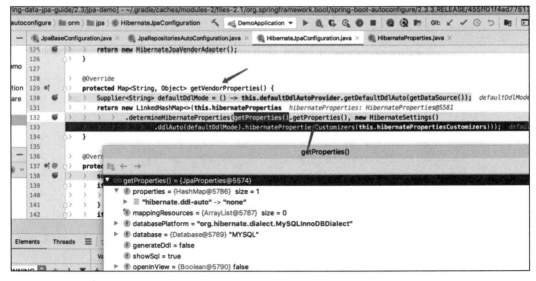

图 21-6　vendorProperties

我们打开 org.hibernate.cfg.AvailableSettings 可以看到，Hibernate 大概有 100 多条配置信息，例如[○]：

```
String JPA_PERSISTENCE_PROVIDER = "javax.persistence.provider";
String JPA_TRANSACTION_TYPE = "javax.persistence.transactionType";
String JPA_JTA_DATASOURCE = "javax.persistence.jtaDataSource";
String JPA_NON_JTA_DATASOURCE = "javax.persistence.nonJtaDataSource";
String JPA_JDBC_DRIVER = "javax.persistence.jdbc.driver";
String JPA_JDBC_URL = "javax.persistence.jdbc.url";
String JPA_JDBC_USER = "javax.persistence.jdbc.user";
String JPA_JDBC_PASSWORD = "javax.persistence.jdbc.password";
```

大家可以大概了解一下，做到心中有数。

那么接下来我们看看该怎么使用 AvailableSettings 里面的配置。

我们只需要将 AvailableSettings 变量的值放到 spring.jpa.properties 里面即可，如下这些是我们常用的。

```
## 开启 Hibernate statistics 的信息，如 session、连接等日志
spring.jpa.properties.hibernate.generate_statistics=true
# 格式化 SQL
spring.jpa.properties.hibernate.format_sql: true
# 显示 SQL
spring.jpa.properties.hibernate.show_sql: true
# 添加 HQL 相关的注释信息
spring.jpa.properties.hibernate.use_sql_comments: true
# hbm2ddl 的策略有 validate、update、create、create-drop、none，建议配置成
# validate，这样在我们启动项目的时候就可以知道生产数据库的表结构是否正确了，而不用等到运行期
```

○　具体内容可通过华章网站（www.hzbook.com）下载查看。

间才发现问题

```
spring.jpa.properties.hibernate.hbm2ddl.auto=validate
# 关联关系的时候取数据的深度，默认是 3 级，我们可以设置成 2 级，防止其他开发乱用，提高 SQL 性能
spring.jpa.properties.hibernate.max_fetch_depth=2
# 批量 fetch 大小默认为 -1
spring.jpa.properties.hibernate.default_batch_fetch_size= 100
# 事务完成之前是否进行 flush 操作，即同步到 DB 里面，默认是 true
spring.jpa.properties.hibernate.transaction.flush_before_completion=true
# 事务结束之后是否关闭 session，默认为 false
spring.jpa.properties.hibernate.transaction.auto_close_session=false
# 开启 Hibernate Session 监控
spring.jpa.properties.hibernate.generate_statistics=true
# 批量 insert/update 特殊说明如下
# 有的时候不止要批量查询，也会批量更新，我们可以根据实际情况自由调整，可以提高批量更新的效率
spring.jpa.properties.hibernate.jdbc.batch_size=100
# 批量执行 insert 或者 update 的时候需要注意的是：批量操作是 insert 的时候还需要如下配置
spring.jpa.properties.hibernate.order_inserts=true # 开启按需 insert SQL 重新组合
# 批量更新的时候需要设置 order_update=true
spring.jpa.properties.hibernate.order_update=true
# 同时批量 insert 或者 update 的时候，如果是 MySQL，需要设置 rewriteBatchedStat
  ements=true，如下数据源的配置方式
spring.datasource.url=jdbc:mysql://localhost:3306/test?rewriteBatchedStatement
  s=true&logger=Slf4JLogger&profileSQL=true
# 当批量设置成功之后，批量执行如下代码
UserInfo userInfo = UserInfo.builder().name("new name").build();
   UserInfo u2 = UserInfo.builder().name("jack1").version(1).build();
   UserInfo u3 = UserInfo.builder().name("jack2").version(1).build();
   List<UserInfo> list = Lists.newArrayList(userInfo,u2,u3);
   userInfoRepository.saveAll(list);
# 会得到如下执行的 SQL 日志
2021-01-25 23:25:19.266  INFO 17478 --- [nio-8087-exec-1]
MySQL:                  [QUERY] insert into user_info (create_time, create_user_
   id, deleted, last_modified_time, last_modified_user_id, version, ages, last_
   name, name, telephone, id) values ('2021-041-25 10:25:18.913199', 1, null,
   '2021-01-25 10:25:18.913199', 1, 0, null, null, 'new name', null, 1),('2021-
   01-25 10:25:19.150263', 1, null, '2021-01-25 10:25:19.150263', 1, 1, null,
   null, 'jack1', null, 2),('2021-01-25 10:25:19.172188', 1, null, '2021-01-25
   10:25:19.172188', 1, 1, null, null, 'jack2', null, 3)
# 会变成 insert into ...values()()() 这种格式，可以大大地提高执行效率。而 session 的
  statistics 也能监控到如下日志
  i.StatisticalLoggingSessionEventListener : Session
  Metrics {
31830440 nanoseconds spent executing 2 JDBC batches;
} # 表示有批量的 SQL 执行
```

　　其他的配置不经常用，我们就不需要关心了，实际用到时，发现哪些是没有举例的，直接看源码即可。

　　这里为什么要强调 Hibernate 的配置类呢？因为我们遇到问题时通常都会在网上搜索解决方案，发现别人给的配置可能不对时，就可以从源码中进行查看，并从中找到解决办法。

　　在本章我们只关心 JpaVendorAdapter 和 properties 的创建逻辑，前面在讲数据源的

时候也说过这个类，里面有我们关心的 PlatformTransactionManager transactionManager 和 LocalContainerEntityManagerFactoryBean entityManagerFactory 的创建逻辑，而 JpaBase Configuration 这个类实现的逻辑还有很多，在后文介绍 Session 的配置 open-in-view 时还会再详细介绍这个类。

21.2.3 自动加载过程类之间的关系

说了这么多加载的类，那么它们之间是什么关系呢？我们通过图 21-7 来知晓。

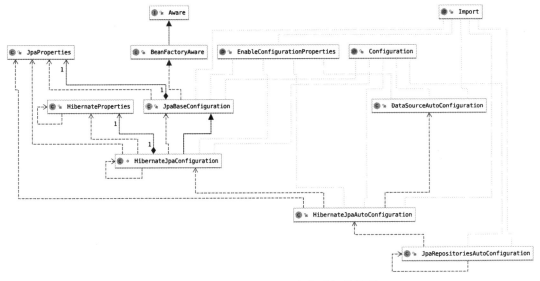

图 21-7　Spring Data JPA 中自动加载类图

从图 21-7 中，我们可以看出以下几点内容。

❏ JpaBaseConfiguration 是 JPA 和 Hibernate 被加载的基石，通过 BeanFactoryAware 接口的 Bean 加载的生命周期来实现一些逻辑。

❏ HibernateJpaConfiguration 是 JpaBaseConfiguration 的子类，覆盖了一些父类里面配置的相关特殊逻辑，并且引用了 JpaProperties 和 HibernateProperties 的配置项。

❏ HibernateJpaAutoConfiguration 是 Spring Boot 自动加载 HibernateJpaConfiguration 的桥梁，起到了导入 importHibernateJpaConfiguration 和加载 HibernateJpaConfiguration 的作用。

❏ JpaRepositoriesAutoConfiguration 和 HibernateJpaAutoConfiguration、DataSource-AutoConfiguration 分别加载 JpaRepositories 的逻辑和 HibernateJPA、数据源，都是被 spring.factories 自动装配进入到 Spring Boot 里面的，而三者之间有加载的先后顺序。

❏ 图 21-7 的 UML 还展示了几个 Configuration 类的加载顺序和依赖关系，顺序是从上到下进行加载，其中 DataSourceAutoConfiguration 最先加载，HibernateJpaAuto-Configuration 第二加载，JpaRepositoriesAutoConfiguration 最后加载。

了解完 Hibernate 5 在 Spring Boot 里面的加载过程，我们再来看一看 JpaRepositories-AutoConfiguration 的主要作用。

21.3　Repositories 的加载模式

通过上面分享的整个加载过程可以发现，DataSourceAutoConfiguration 完成了数据源的加载，HibernateJpaAutoConfiguration 完成了 Hibernate 的加载，而 JpaRepositoriesAuto-Configuration 要做的就是解决我们之前定义的 Repositories 相关的实体和接口的加载初始化过程，这是 Spring Data JPA 的主要实现逻辑，与 Hibernate、数据源没什么关系。

我们还可以通过 JpaRepositoriesAutoConfiguration 的源码发现其主要职责和实现方式，利用异步线程池初始化 repositories，关键源码如图 21-8 所示。

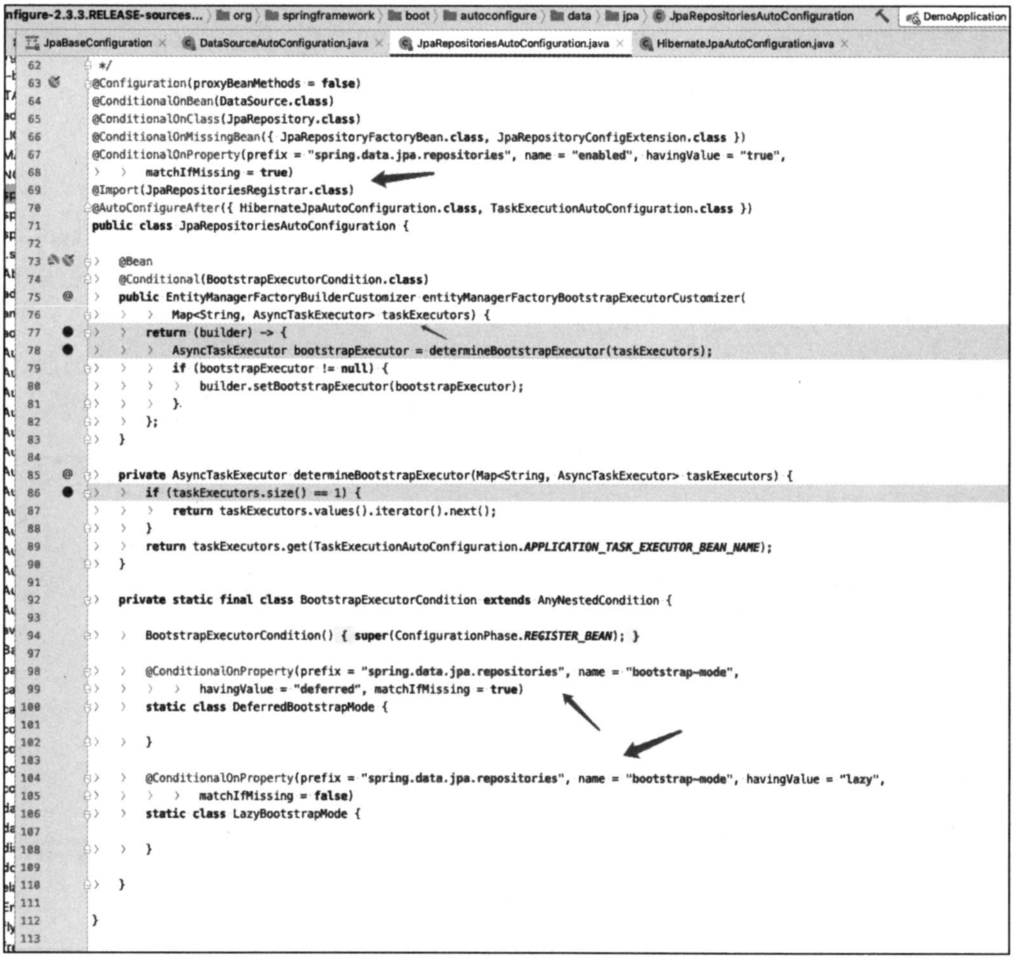

```
nfigure-2.3.3.RELEASE-sources... 〉org 〉springframework 〉boot 〉autoconfigure 〉data 〉jpa 〉JpaRepositoriesAutoConfiguration    DemoApplication
JpaBaseConfiguration × DataSourceAutoConfiguration.java × JpaRepositoriesAutoConfiguration.java × HibernateJpaAutoConfiguration.java ×

 */
@Configuration(proxyBeanMethods = false)
@ConditionalOnBean(DataSource.class)
@ConditionalOnClass(JpaRepository.class)
@ConditionalOnMissingBean({ JpaRepositoryFactoryBean.class, JpaRepositoryConfigExtension.class })
@ConditionalOnProperty(prefix = "spring.data.jpa.repositories", name = "enabled", havingValue = "true",
        matchIfMissing = true)
@Import(JpaRepositoriesRegistrar.class)
@AutoConfigureAfter({ HibernateJpaAutoConfiguration.class, TaskExecutionAutoConfiguration.class })
public class JpaRepositoriesAutoConfiguration {

    @Bean
    @Conditional(BootstrapExecutorCondition.class)
    public EntityManagerFactoryBuilderCustomizer entityManagerFactoryBootstrapExecutorCustomizer(
            Map<String, AsyncTaskExecutor> taskExecutors) {
        return (builder) -> {
            AsyncTaskExecutor bootstrapExecutor = determineBootstrapExecutor(taskExecutors);
            if (bootstrapExecutor != null) {
                builder.setBootstrapExecutor(bootstrapExecutor);
            }
        };
    }

    private AsyncTaskExecutor determineBootstrapExecutor(Map<String, AsyncTaskExecutor> taskExecutors) {
        if (taskExecutors.size() == 1) {
            return taskExecutors.values().iterator().next();
        }
        return taskExecutors.get(TaskExecutionAutoConfiguration.APPLICATION_TASK_EXECUTOR_BEAN_NAME);
    }

    private static final class BootstrapExecutorCondition extends AnyNestedCondition {

        BootstrapExecutorCondition() { super(ConfigurationPhase.REGISTER_BEAN); }

        @ConditionalOnProperty(prefix = "spring.data.jpa.repositories", name = "bootstrap-mode",
                havingValue = "deferred", matchIfMissing = true)
        static class DeferredBootstrapMode {

        }

        @ConditionalOnProperty(prefix = "spring.data.jpa.repositories", name = "bootstrap-mode", havingValue = "lazy",
                matchIfMissing = false)
        static class LazyBootstrapMode {

        }

    }

}
```

图 21-8　bootstrap-mode

如图 21-8 中的 repositories 加载方式有三种，即 spring.data.jpa.repositories.bootstrap-mode 的三个值，分别为 deferred、lazy、default，下面详细说明。

❑ deferred：是默认值，表示在启动的时候会进行数据库字段的检查，而 repositories 相关实例的初始化是 lazy 模式，也就是在第一次用到 repositories 实例的时候再进行初始化。这个比较适合用在测试环境和生产环境中，因为测试不可能覆盖所有场景，万一多加了一个字段或者少一个字段，在启动阶段就可以及时发现问题，不会等到在生产环境中才暴露。

❑ lazy：表示启动阶段不会进行数据库字段的检查，也不会初始化 repositories 相关的实例，而是在第一次用到 repositories 实例的时候再进行初始化。这个比较适合用在开发阶段，可以加快应用的启动速度。如果生产环境中，我们为了提高业务高峰期间水平来扩展应用的启动速度，也可以采用这种模式。

❑ default：默认加载方式，但从 Spring Boot 2.0 之后就不是默认值了，表示立即验证、立即初始化 repositories 实例，这种方式启动的速度最慢，但是最保险，运行期间的请求也最快，因为避免了第一次请求初始化 repositories 实例的过程。

我们通过在 application.properties 里面修改一行代码，来测试一下 lazy 加载方式。

```
spring.data.jpa.repositories.bootstrap-mode=lazy
```

然后启动项目，就会发现在 Tomcat 容器加载完之后，没有用到 UserInfoRepository 之前，这个 UserInfoRepository 是不会进行初始化的。而当我们发送一个请求并用到了 UserInfoRepository 时，就进行了初始化。

通过日志我们也可以看到，启动的线程和初始化的线程是不一样的，初始化的线程是 NIO 线程的名字，表示一个请求，即 HTTP 线程池里面的线程，具体如图 21-9 所示。

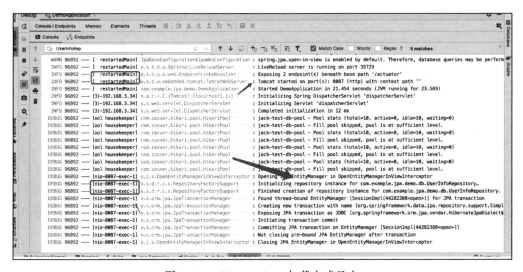

图 21-9　Hibernate lazy 加载方式日志

我们在分析 Hibernate 加载方式的时候，会发现日志的重要性。那么，哪些日志可以供我们观察，又如何开启呢？

21.4　在调试时需要的日志配置

在平时调试源码或者解决一些复杂问题的时候，笔者推荐一些 application.properties 里面的配置，如下。

```
### 日志级别的灵活运用
## Hibernate 相关
# 显示 SQL 的执行日志，如果开了这个 ,show_sql 就可以不用了
logging.level.org.hibernate.SQL=debug
# Hibernate ID 的生成日志
logging.level.org.hibernate.id=debug
# Hibernate 所有的操作都是 PreparedStatement，把 SQL 的执行参数显示出来
logging.level.org.hibernate.type.descriptor.sql.BasicBinder=TRACE
# SQL 执行完提取的返回值
logging.level.org.hibernate.type.descriptor.sql=trace
# 请求参数
logging.level.org.hibernate.type=debug
# 缓存相关
logging.level.org.hibernate.cache=debug
# 统计 Hibernate 的执行状态
logging.level.org.hibernate.stat=debug
# 查看所有的缓存操作
logging.level.org.hibernate.event.internal=trace
logging.level.org.springframework.cache=trace
# Hibernate 的监控指标日志
logging.level.org.hibernate.engine.internal.StatisticalLoggingSessionEventList
    ener=DEBUG

### 连接池的相关日志
## Hikari 连接池的状态日志，以及连接池是否完好
## 连接池的日志效果: HikariCPPool - Pool stats (total=20, active=0, idle=20, waiting=0)
logging.level.com.zaxxer.hikari=TRACE
# 开启 Debug 可以看到 AvailableSettings 默认配置的值都有哪些，会输出类似下面的日志格式
# org.hibernate.cfg.Settings                    : Statistics: enabled
# org.hibernate.cfg.Settings                    : Default batch fetch size: -1
logging.level.org.hibernate.cfg=debug
# Hikari 数据的配置项日志
logging.level.com.zaxxer.hikari.HikariConfig=TRACE

### 查看事务相关的日志，事务获取，释放日志
logging.level.org.springframework.orm.jpa=DEBUG
logging.level.org.springframework.transaction=TRACE
logging.level.org.hibernate.engine.transaction.internal.TransactionImpl=DEBUG

### 分析 connect 以及 orm 和 data 的处理过程的更全的日志
```

```
logging.level.org.springframework.data=trace
logging.level.org.springframework.orm=tra
### 数据库连接上，例如 MySQL 驱动的配置方法配置 logger=Slf4JLogger&profileSQL=true，可
   以清楚地看到真正到 MySQL 里面执行的 SQL 是什么样的。例如配置了如下 mysql 链接带上了 logge
   r=Slf4JLogger&profileSQL=true
 spring.datasource.url=jdbc:mysql:// localhost:3306/test?rewriteBatchedStatemen
   ts=true&logger=Slf4JLogger&profileSQL=true
# 就可以得到如下执行日志
## Hibernate 里面打印的 SQL
2021-04-25 23:25:19.607 DEBUG 17478 --- [nio-8087-exec-1]
org.hibernate.SQL                          : update user_info set
create_time=?, create_user_id=?, deleted=?, last_modified_time=?,
last_modified_user_id=?, version=?, ages=?, last_name=?, name=?, telephone=?
where id=? and version=?
## 而真正到 MySQL 里面执行的 SQL 是什么？这样其实很方便我们洞察 Hibernate 的很多 SQL 转化和执
   行过程
2021-04-25 23:25:19.653 TRACE 17478 --- [nio-8087-exec-1]
o.h.type.descriptor.sql.BasicBinder        : binding parameter [12] as
[INTEGER] - [1]
2021-04-25 23:25:19.663  INFO 17478 --- [nio-8087-exec-1]
MySQL                                      : [QUERY] update user_info set
create_time='2021-04-25 10:25:18.913199', create_user_id=1, deleted=null,
   last_modified_time='2021-04-25 10:25:19.53804', last_modified_user_id=1,
   version=1, ages=null, last_name=null, name='new name', telephone='1' where
   id=1 and version=0 [Created on: Sun Apr 25 23:25:19 CST 2021, duration: 1,
   connection-id: 547, statement-id: 0, resultset-id: 0,      at com.zaxxer.
   hikari.pool.ProxyStatement.executeBatch(ProxyStatement.java:128)]
### 分析查看 Hibernate 的 Session 执行日志
spring.jpa.properties.hibernate.generate_statistics=true
# hibernate.generate_statistics，打开这个会得到如下日志
2021-04-25 23:25:19.764  INFO 17478 --- [nio-8087-exec-1] i.StatisticalLogging
   SessionEventListener : Session Metrics {
   30330806 nanoseconds spent acquiring 4 JDBC connections;
   810282 nanoseconds spent releasing 3 JDBC connections;
   52582649 nanoseconds spent preparing 9 JDBC statements;
   52243753 nanoseconds spent executing 7 JDBC statements;
   31830440 nanoseconds spent executing 2 JDBC batches;
   0 nanoseconds spent performing 0 L2C puts;
   0 nanoseconds spent performing 0 L2C hits;
   0 nanoseconds spent performing 0 L2C misses;
   218909225 nanoseconds spent executing 3 flushes (flushing a total of 9
      entities and 0 collections);
   33657 nanoseconds spent executing 1 partial-flushes (flushing a total of 0
      entities and 0 collections)
}
```

通过上面的日志可以清楚地知道在一个 Session 中执行了几次 flush，执行了几次 performings，执行了几次 batch 操作，执行了几次 statements，已经获取了几次 connection，以及花了多少时间。

上面是我在分析复杂问题和原理的时候常用的日志配置项目，这里给大家提供一个技巧，当我们分析一个问题的时候，如果不知道日志具体在哪个类，通过设置 logging.level.root=trace，日志又非常多，几乎没有办法看，那么我们就可以缩小范围，事实上我们分析的是 Hikari 包里面相关的问题。

我们可以把整个日志级别 logging.level.root 设置成 info，把其他所有的日志都关闭，并把 logging.level.com.zaxxer=trace 设置成最大的，确保日志不受干扰，然后观察日志，再逐渐减少查看范围。

21.5　本章小结

在本章我们通过源码分析，帮助大家了解了 JpaRepositoriesAutoConfiguration、Hibernate-JpaAutoConfiguration、DataSourceAutoConfiguration 的主要作用和加载顺序的依赖，还介绍了 Spring Hibernate 的配置项。

大家可以在工作中举一反三，通过 Debug 断点一步一步分析这一章没有涉及的内容。比如可以自己做一个项目，跟着我的步骤操作，你会对这部分的内容有更深刻的体会。这样当遇到一些问题，并且网上没有合适的资料时，可以试着采用本章中我分享给大家的思路来解决。

下一章就为大家介绍一个 Hibernate 实现的 JPA 概念：Persistence Context。

理解 Persistence Context 的核心概念

在上一章，我们介绍了 Hibernate 和 JPA 在 Spring Boot 里面的配置项的相关内容，那么这一章其实是对前一章内容的延续，我们再介绍一下 Hibernate 和 JPA 的一个核心概念 Persistence Context。

JPA 入门者或者初中级开发人员最容易用错这个概念，在这一章我们就来弄清楚它的来龙去脉，分析其原理及用法，帮助大家更好地掌握，以便熟练运用。我们先从它的核心概念开始。

22.1 Persistence Context 相关核心概念

22.1.1 EntityManagerFactory 和 Persistence Unit

按照 JPA 协议里面的定义：Persistence Unit 是一些持久化配置的集合，里面包含了数据源、EntityManagerFactory 的配置，Spring 3.1 之前主要是通过 persistence.xml 的方式来配置一个 Persistence Unit。

而 Spring 3.1 之后已经不再推荐这种方式了，但还是保留了 Persistence Unit 的概念，我们只需要在配置 LocalContainerEntityManagerFactory 的时候，指定 Persistence Unit 的名字即可，正如在第 19 章讲解多数据源的时候一样。

请看下面的代码，我们直接指定 persistenceUnit 的名字即可。

```
@Bean(name = "db2EntityManagerFactory")
public LocalContainerEntityManagerFactoryBean entityManagerFactory(En
```

```
tityManagerFactoryBuilder builder, @Qualifier("db2DataSource")
DataSource db2DataSource) {
return builder.dataSource(db2DataSource)
    .packages("com.example.jpa.example1.db2")    // 数据 2 的实体所在的路径
    .persistenceUnit("db2")         // persistenceUnit 的名字采用 db2
    .build();
}
```

EntityManagerFactory 的用途就比较明显了，即根据不同的数据源来管理 Entity 和创建 EntityManager，在整个应用的生命周期中是单例状态。所以在 Spring 的 application 里面获得 EntityManagerFactory 有两种方式。

第一种：通过 Spring 的 Bean 的方式注入。

```
@Autowired
@Qualifier(value="db2EntityManagerFactory")
private EntityManagerFactory entityManagerFactory;
```

这种方式是我比较推荐的，它利用了 Spring 自身的 Bean 的管理机制。

第二种：利用 java.persistence.PersistenceUnit 注解的方式获取。

```
@PersistenceUnit("db2")
private EntityManagerFactory entityManagerFactory;
```

22.1.2　EntityManager 和 PersistenceContext

按照 JPA 协议的规范，我们先理解一下 PersistenceContext，它用于管理会话里面 Entity 状态的一个上下文环境，可以使 Entity 的实例具备不同的状态，也就是我们所说的实体实例的生命周期。

而这些实体在 PersistenceContext 中的不同状态都是通过 EntityManager 提供的一些方法进行管理的。如下。

1）PersistenceContext 是持久化上下文，是 JPA 协议定义的，而 Hibernate 的实现是通过 Session 创建和销毁的，也就是说，一个 Session 有且仅有一个 PersistenceContext。

2）PersistenceContext 里面管理的是 Entity 的状态。

3）EntityManager 是通过 PersistenceContext 创建的，是用来管理 PersistenceContext 中 Entity 状态的方法，离开 PersistenceContext 持久化上下文，EntityManager 就没有意义。

4）EntityManager 是操作对象的唯一入口，一个请求里面可能会有多个 EntityManager 对象。

下面看一看 PersistenceContext 是怎么创建的。直接打开 SessionImpl 的构造方法，就可以知道 PersistenceContext 是与 Session 的生命周期绑定的，关键代码如下。

```
// session 实例初始化的入口
public SessionImpl(SessionFactoryImpl factory, SessionCreationOptions options) {
```

```
      super( factory, options ) ;
      // Session 里面创建了 persistenceContext，每次 session 都是新对象
      this.persistenceContext = createPersistenceContext();
...// 省略 些了重要的代码
protected StatefulPersistenceContext createPersistenceContext() {
      return new StatefulPersistenceContext( this );
}
// StatefulPersistenceContext 就是 PersistenceContext 的实现类
public class StatefulPersistenceContext implements PersistenceContext {......}
```

通过上面的讲述，我们知道了 PersistenceContext 的创建和销毁机制，那么 Entity-Manager 如何获得呢？需要通过 @PersistenceContext 的方式进行获取，代码如下。

```
@PersistenceContext
private EntityManager em;
而其中 @PersistenceContext 的属性配置如下。
public @interface PersistenceContext {
      String name() default "";
      // PersistenceContextUnit 的名字，多数据源的时候有用
      String unitName() default "";
      // 是指创建的 EntityManager 的生命周期是存在事务内还是可以跨事务，默认为生命周期与事务一样
      PersistenceContextType type() default PersistenceContextType.TRANSACTION;
      // 同步的类型：只有 SYNCHRONIZED 和 UNSYNCHRONIZED 两个值来表示，但开启事务的时候是
      // 否自动加入到已开启的事务里面，默认值 SYNCHRONIZED 表示自动加入，不创建新的事务。而
      // UNSYNCHRONIZED 表示不自动加入上下文已经有的事务，自动开启新的事务。这里你使用的时
      // 候需要注意看一下事务的日志
      SynchronizationType synchronization() default SynchronizationType.SYNCHRONIZED;
      // 持久化的配置属性，这里指我们前面讲过的 Hibernate 中 AvailableSettings 里面的值
      PersistenceProperty[] properties() default {};
}
```

一般情况下保持默认即可，也可以根据实际情况自由组合，下面我们再来举一个复杂一点的例子。

```
@PersistenceContext(
      unitName = "db2",// 采用数据源 2 的名字
      // 可以跨事务的 EntityManager
      type = PersistenceContextType.EXTENDED
      properties ={
            // 通过 properties 改变一下自动 Flush 机制
            @PersistenceProperty(
                  name="org.hibernate.flushMode",
                  value= "MANUAL"// 改成手动刷新方式
            )
      }
)
private EntityManager entityManager;
```

以上就是 Persistence Context 的相关基础概念。其中，实体的生命周期指的是什么呢？我们来了解一下。

22.2　实体对象的生命周期

既然 PersistenceContext 是存储 Entity 的，那么 Entity 在 PersistenceContext 里面肯定有不同的状态。对此，JPA 协议定义了四种状态：New、Managed、Detached、Removed。我们通过图 22-1 来整体认识一下。

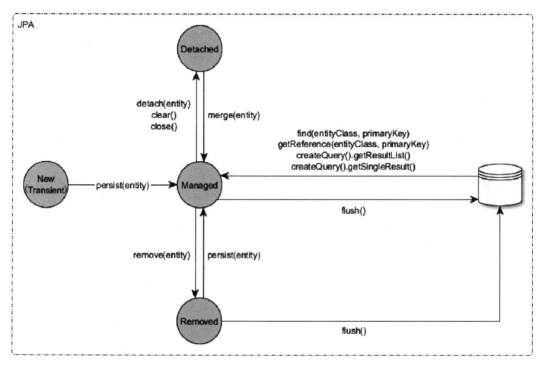

图 22-1　Entity 生命周期

22.2.1　第一种：New 状态

当我们使用关键字 new 创建实体对象的时候，Entity 对象称为 New 状态。它需要同时满足两个条件：New 状态的实体 ID 和 Version 字段都是 Null；New 状态的实体没有在 PersistenceContext 中出现过。

如果我们要把 New 状态的 Entity 放到 PersistenceContext 里面，那么有两种方法：执行 entityManager.persist(entity) 方法；通过关联关系的实体关系配置 cascade=PERSIST or cascade=ALL 这种类型，并且关联关系的一方也执行了 entityManager.persist(entity) 方法。

我们使用一个案例来说明一下。

```
@Test
public void testPersist() {
    UserInfo userInfo = UserInfo.builder().lastName("jack").build();
```

```
// 通过 contains 方法可以验证对象是否在 PersistenceContext 里面，此时不在
Assertions.assertFalse(entityManager.contains(userInfo)) ;
// 通过 persist 方法把对象放到 PersistenceContext 里
entityManager.persist(userInfo) ;
// 通过 contains 方法可以验证对象是否在 PersistenceContext 里面，此时在
Assertions.assertTrue(entityManager.contains(userInfo)) ;
Assertions.assertNotNull(userInfo.getId());
}
```

这就是 New 状态的实体对象，我们再来看一看与它类似的 Deteched 状态的对象。

22.2.2 第二种：Detached 状态

Detached（游离）状态的对象表示与 PersistenceContext 脱离关系的 Entity 对象。它与 New 状态对象的不同点在于：

❏ Detached 是 New 状态的实体对象没有持久化 ID（即没有 ID 和 Version）。

❏ 变成持久化对象需要进行 merger 操作，merger 操作会复制一个新的实体对象，然后把新的实体对象变成 Managed 状态。

而 Detached 和 New 状态对象的相同点也有如下两个方面。

❏ 都与 PersistenceContext 脱离了关系。

❏ 当执行 flush 操作或者 commit 操作的时候，不会进行数据库同步。

如果想让 Managed（persist）状态的对象从 PersistenceContext 里面游离出来变成 Detached 状态，可以通过 EntityManager 的 detach 方法实现，如下面这行代码。

```
entityManager.detach(entity);
```

当执行完 entityManager.clear()、entityManager.close()，或者 commit()、rollback() 之后，所有曾经在 PersistenceContext 里面的实体都会变成 Detached 状态。而游离状态的对象想回到 PersistenceContext 里面变成 Managed 状态的话，只能执行 entityManager 的 merge 方法，也就是下面这行代码。

```
entityManager.merge(entity);
```

游离状态的实体执行 EntityManager 中 persist 方法的时候就会报异常，我们举个例子：

```
@Test
public void testMergeException() {
    // 通过 new 的方式构建一个游离状态的对象
    UserInfo userInfo = UserInfo.builder().id(1L).lastName("jack").version(1).build();
    // 验证是否存在于 PersistenceContext 里面，new 的肯定不存在
    Assertions.assertFalse(entityManager.contains(userInfo)) ;
    // 当执行 persist 方法的时候就会报异常
    Assertions.assertThrows(PersistentObjectException.class,()->entityManager.
        persist(userInfo)) ;
    // Detached 状态的实体通过 merge 方式保存在了 Persistence Context 里面
```

```
    UserInfo user2 = entityManager.merge(userInfo) ;
    // 验证一下存在于持久化上下文里
    Assertions.assertTrue(entityManager.contains(user2)) ;
}
```

以上就是 New 和 Detached 状态的实体对象，我们再来看第三种——Managed 状态的实体又是什么样的呢？

22.2.3　第三种：Managed 状态

Managed（persist）状态的实体，顾名思义，是指在 PersistenceContext 里面管理的实体。此种状态的实体会在我们执行事务 commit()，或者 entityManager 的 flush 方法的时候，进行数据库的同步操作。也就是说与数据库的数据有映射关系。

New 状态如果要变成 Managed 状态，需要执行 persist 方法；Detached 状态的实体如果想要变成 Managed 状态，则需要执行 merge 方法。在 Session 的生命周期中，任何从数据库里面查询到的 Entity 都会自动成为 Managed 状态，如 entityManager.findById(id)、entityManager.getReference 等方法。

而 Managed 状态的 Entity 要同步到数据库里面，必须执行 EntityManager 的 flush 方法。也就是说，我们对 Entity 对象做的任何增删改查，必须通过 entityManager.flush() 执行之后才会变成 SQL 同步到 DB 里面。什么意思呢？我们接着来看一个例子。

```
@Test
@Rollback(value = false)
public void testManagerException() {
    UserInfo userInfo = UserInfo.builder().lastName("jack").build();
    entityManager.persist(userInfo) ;
    System.out.println(" 没有执行 flush() 方法，产生 insert sql");
    entityManager.flush();
    System.out.println(" 执行了 flush() 方法，产生了 insert sql");
    Assertions.assertTrue(entityManager.contains(userInfo)) ;
}
```

执行完之后，我们可以看到如下输出。

```
// 没有执行 flush() 方法，产生 insert sql
  Hibernate: insert into user_info (create_time, create_user_id, last_
  modified_time, last_modified_user_id, version, ages, email_address, last_
  name, telephone, id) values (?, ?, ?, ?, ?, ?, ?, ?, ?, ?)
// 执行了 flush() 方法，产生了 insert sql
```

那么这个时候有读者可能会有疑问了：我们在之前写的 Repository 例子里面并没有看到手动执行过任何 flush() 操作？那么请大家带着这个问题继续往下看。

22.2.4　第四种：Removed 状态

Removed 状态，顾名思义，就是指删除了的实体，但是此实体还在 PersistenceContext

里面，只是在其中表示为 Removed 状态，它与 Detached 状态的实体最主要的区别就是不在 PersistenceContext 里面，但都有 ID 属性。

而当我们执行 entityManager.flush() 方法的时候，Removed 状态的实体就会生成一条 delete 语句到数据库里面。Removed 状态的实体在执行 flush() 方法之前，如果执行了 entityManger.persist(removedEntity) 方法，就会去掉删除的状态，变成 Managed 状态的实例。我们还是接着来看一个例子。

```
@Test
public void testDelete() {
    UserInfo userInfo = UserInfo.builder().lastName("jack").build();
    entityManager.persist(userInfo) ;
    entityManager.flush();
    System.out.println("执行了 flush() 方法，产生了 insert sql");
    entityManager.remove(userInfo) ;
    entityManager.flush();
    System.out.println("执行了 flush() 方法之后，又产生了 delete sql");
}
```

执行完之后可以看到如下日志。

```
Hibernate: insert into user_info (create_time, create_user_id, last_modified_
    time, last_modified_user_id, version, ages, email_address, last_name,
    telephone, id) values (?, ?, ?, ?, ?, ?, ?, ?, ?, ?)
// 执行了 flush() 方法，产生了 insert sql
Hibernate: delete from user_info where id=? and version=?
// 执行了 flush() 方法之后，又产生了 delete sql
```

到这里四种实体对象的状态就全部介绍完了，通过上面的详细解释，大家知道了 Entity 不同状态的时机、不同状态直接的转化方式，并且知道了实体状态的任何变化都是在 PersistenceContext 中进行的，与数据一点关系都没有。

这仅仅是 JPA 和 Hibernate 为了提高方法执行的性能而设计的缓存实体机制，也是 JPA 和 MyBatis 的主要区别之处。

MyBatis 是对数据库操作所见即所得的模式。而使用 JPA，你的任何操作都不会产生 DB 的 SQL。那么什么时间才能进行 DB 的 SQL 操作呢？我们来看一看 Flush 的实现机制。

22.3　解密 EntityManager 的 flush() 方法

flush() 方法的用法很简单，就是在需要 DB 同步 SQL 执行的时候，执行 entity-Manager. flush() 即可，它的作用如下所示。

22.3.1　Flush 的作用

Flush 重要的、唯一的作用就是将 PersistenceContext 中变化的实体转化成 SQL 语句，同步执行到数据库里面。换句话说，如果我们不执行 flush() 方法的话，通过

EntityManager 操作的任何 Entity 过程都不会同步到数据库里面。

而 flush() 方法很多时候不需要我们手动操作，这里我直接通过 entityManager 操作 flush() 方法，仅仅是为了向大家演示执行过程。实际工作中很少这样操作，而是会直接利用 JPA 和 Hibernate 底层框架帮我们实现 Flush 的自动机制。

22.3.2 Flush 机制

JPA 协议规定了 EntityManager 可以通过如下方法修改 FlushMode。

```
// EntityManager 里面提供修改 FlushMode 的方法
public void setFlushMode(FlushModeType flushMode);
// FlushModeType 只有两个值，自动和事务提交之前
public enum FlushModeType {
    // 事务提交之前
    COMMIT,
    // 自动规则，默认
    AUT;
}
```

而 Hibernate 还提供了一种手动触发的机制，可以通过如下代码的方式进行修改。

```
@PersistenceContext(properties = {@PersistenceProperty(
    name = "org.hibernate.flushMode"
    value = "MANUAL"// 手动 flush
)})
private EntityManager entityManager;
```

手动的时候很好理解，就是手动执行 flush() 方法，像我们案例中的写法一样。COMMIT 就是代码在执行事务 commit 的时候，必须要执行 flush() 方法，否则怎么将 PersistenceContext 中变化了的对象同步到数据库里面呢？下面我重点说一下 Flush 的自动机制。

默认情况下，JPA 和 Hibernate 都采用 Flush 的自动机制，自动触发的规则如下。

1）事务提交之前，即执行 transactionManager.commit() 之前都会触发 Flush，这个很好理解。

2）执行任何 JPQL 或者 Native SQL（代替直接操作 Entity 的方法）都会触发 Flush。这句话怎么理解呢？我们举个例子。

```
@Test
public void testPersist() {
    UserInfo userInfo = UserInfo.builder().lastName("jack").build();
    // 通过 contains 方法可以验证对象是否在 PersistenceContext 里面，此时不在
    Assertions.assertFalse(entityManager.contains(userInfo));
    // 通过 persist 方法把对象放到 PersistenceContext 里面
    entityManager.persist(userInfo);       // 是直接操作 Entity 的，不会触发 flush 操作
    // entityManager.remove(userInfo);     // 是直接操作 Entity 的，不会触发 flush 操作
    System.out.println("## 没有执行 flush() 方法，产生 insert sql");
    UserInfo userInfo2 = entityManager.find(UserInfo.class,2L);
    // 是直接操作 Entity 的，这个就不会触发 flush 操作
```

```
//        userInfoRepository.queryByFlushTest();//是操作JPQL的，这个就会先触发flush操作
         System.out.println("##flush()方法，产生insert sql");
         //通过contains方法可以验证对象是否在PersistenceContext里面，此时在
         Assertions.assertTrue(entityManager.contains(userInfo));
         Assertions.assertNotNull(userInfo.getId());
}
```

当我们执行 entityManager 的相应方法的时候，没有触发 Flush 的日志输出是如下格式，其中没有 insert 语句。

```
Hibernate: select userinfo0_.id as id1_0_0_,
userinfo0_.create_time as create_t2_0_0_,
userinfo0_.create_user_id as create_u3_0_0_,
userinfo0_.last_modified_time as last_mod4_0_0_,
userinfo0_.last_modified_user_id as last_mod5_0_0_,
userinfo0_.version as version6_0_0_, userinfo0_.ages as
ages7_0_0_, userinfo0_.email_address as email_ad8_0_0_,
userinfo0_.last_name as last_nam9_0_0_,userinfo0_.telephone as
telepho10_0_0_ from user_info userinfo0_ where userinfo0_.id=?
```

而我们把上面代码中 " userInfoRepository.queryByFlushTest() " 的注释符去掉，执行类似 .queryByFlushTest() 这个方法时才会触发 Flush，因为它是用 JPQL 机制执行的。上面的方法就会触发 Flush 的日志，输出如下格式，你可以看到这里多了一个 insert 语句。

```
Hibernate: insert into user_info (create_time, create_user_id,
last_modified_time, last_modified_user_id, version, ages, email_address,
last_name, telephone, id) values (?, ?, ?, ?, ?, ?, ?, ?, ?, ?)
Hibernate: select userinfo0_.id as id1_0_, userinfo0_.create_time as
create_t2_0_, userinfo0_.create_user_id as create_u3_0_,
userinfo0_.last_modified_time as last_mod4_0_,
userinfo0_.last_modified_user_id as last_mod5_0_, userinfo0_.version as
version6_0_, userinfo0_.ages as ages7_0_, userinfo0_.email_address as
email_ad8_0_, userinfo0_.last_name as last_nam9_0_,
userinfo0_.telephone as telepho10_0_ from user_info userinfo0_ where
userinfo0_.id=2
```

我们仅了解 Flush 的自动触发机制还不够，因为该机制还会改变 Update、Insert、Delete 的执行顺序。

22.3.3　Flush 会改变 SQL 的执行顺序

调用 flush() 方法之后，同一个事务内，SQL 的执行顺序会变成如下模式：Insert 先执行、Delete 第二个执行、Update 第三个执行。我们举个例子，方法如下。

```
entityManager.remove(u3);
UserInfo userInfo = UserInfo.builder().lastName("jack").build();
entityManager.persist(userInfo);
```

看一下执行的 SQL 会变成如下模样，即先 Insert 后 Delete。

```
Hibernate: insert into user_info ○○○○○○
Hibernate: delete from user_info where id=? and version=?
```

这种会改变顺序的现象，主要是由 Persistence Context 的实体状态机制导致的，所以在 Hibernate 的环境中，顺序会变成如下 ActionQueue 模式：

1）`OrphanRemovalAction`

2）`EntityInsertAction` or `EntityIdentityInsertAction`

3）`EntityUpdateAction`

4）`CollectionRemoveAction`

5）`CollectionUpdateAction`

6）`CollectionRecreateAction`

7）`EntityDeleteAction`

大家已经知道了 Flush 的作用，它会把 SQL 同步执行到数据库。但需要注意的是，虽然 SQL 在数据库中执行了，但最终数据是不是持久化了，是不是被其他事务看到了，Flush 与事务提交的关系又如何？

22.3.4　Flush 与事务提交的关系

大概有以下几点。

1）在当前的事务执行 commit 的时候，会触发 flush 方法。

2）在当前事务执行完 commit 的时候，如果隔离级别是可重复读的话，那么 Flush 之后执行 Update、Insert、Delete 操作，最新结果会被其他的新事务看到。

3）假设当前的事务是可重复读的，当我们手动执行 flush 方法之后，没有执行事务 commit 方法，那么其他事务是看不到最新值变化的，但是最新值变化对当前没有提交的事务是有效的。

4）如果执行了 Flush 之后，当前事务发生了 Rollback 操作，那么数据会被回滚（数据库的机制）。

5）当我们执行 flush() 方法之后，即使我们的 SQL 执行到数据库里面了，但是当前的事务不会进行提交；反过来，当我们当前的 Spring 事务执行了 commit，一定会先执行 flush。

总结：也就是说执行 flush，相当于是 JPA 通过 Connection 把 SQL 发送到 MySQL 的 Server 端执行了，而什么时间提交是业务逻辑说了算，如果不进行 flush，相当于所有的 SQL 只是在 Java 应用里面而不是 MySQL 的服务端执行。执行 flush 了却不一定执行 commit，也可能执行 rollback，而执行 commit 或者 rollback，一定会在此之前执行 commit；我们可以写一个测试用例简单测试一下。如图 22-2 所示，我们执行了一个测试方法，测试方法上面写的 @Rollback=true，也就是不提交，我们可以通过图 22-2 观察日志，insert 的 SQL 是通过 persist 之后执行了 flush 进行触发的，而 update 的 SQL 是通过第二次 flush 触发的，但是当方法执行完之后并没有执行 commit，而是执行了 rollback，回滚了事务操作。

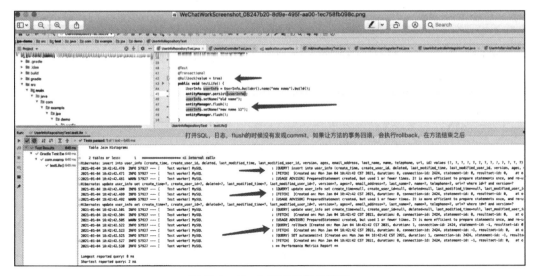

图 22-2　Flush 没有提交的情况

我们修改一下，设置 @Rollback = false，如图 22-3 所示，会看到 persist 之后，由于 Flush 机制，使得在 MySQL 服务端执行了一次 insert SQL，更新 name 字段后调用了 flush，在 MySQL 服务端执行了一次 update SQL，而方法执行完才会执行一次 commit 操作，从而提交整个事务。

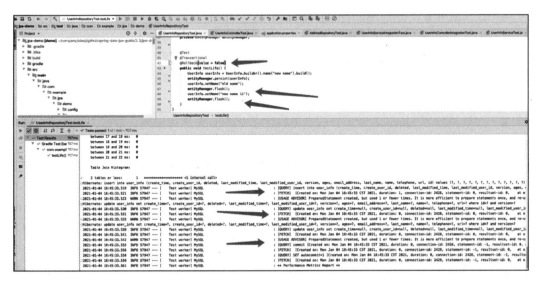

图 22-3　Flush Commit 日志

22.3.5　Flush 与乐观锁的关系

首先，我们知道乐观锁利用了 MySQL 的 Version 机制，也就是说，谁先更改了这条数据，就会以谁的为准，第二次更新就会失败。而同时操作同一条数据是有同步锁机制的，也就是说，当并发更新同一条数据的时候，MySQL 内部有排队机制，而排队的队列就是 Flush 到 MySQL 服务端的先后顺序。所以 Flush 的先后决定了乐观锁是否被触发。

22.3.6　saveAndFlush 和 save 的区别

细心的读者会发现 **Repository 里面有一个 saveAndFlush(entity) 方法，我们通过查看可以发现如下内容。

```
@Transactional
@Override
public <S extends T> S saveAndFlush(S entity) {
  //执行了 save 方法之后，调用了 flush() 方法
   S result = save(entity);
   flush();
   return result;
}
```

而另一个 **Repository 里面的 save 方法的源码如下。

```
//没有做 flush 操作，只是执行了 persist 或者 merge 的操作
@Transactional
@Override
public <S extends T> S save(S entity) {
   if (entityInformation.isNew(entity)) {
      em.persist(entity) ;
      return entity;
   } else {
      return em.merge(entity) ;
   }
}
```

所以这个时候我们应该很清楚 Repository 提供的 saveAndFlush 和 save 的区别，有如下几点。

1）saveAndFlush 执行完再执行 Flush，会刷新整个 PersistenceContext 里面的实体并进入数据库，那么当我们频繁调用 saveAndFlush 时就失去了 Cache 的意义，这个时候就与执行 MyBbatis 的 saveOrUpdate 是一样的效果。

2）当多次调用相同的 save 方法时，最终 Flush 执行只会产生一条 SQL，在性能上会比 saveAndFlush 高一点。

3）不管是 saveAndFlush 还是 save，都受当前事务控制，事务在没有提交之前，都只会影响当前事务的操作。

综上，它们的本质区别就是 flush 执行的时机不一样，对数据库中数据的事务一致性没有任何影响。然而有的时候，即使我们调用了 flush 方法也是一条 SQL 都没有，为什么呢？我们再来了解一个概念：Dirty。

22.4 Dirty 判断逻辑及其作用

在 PersistenceContext 中还有一个重要概念，就是当实体不是 Dirty 状态，也就是没有任何变化的时候，是不会进行任何 DB 操作的。所以若实体没有变化，就没有必要执行 flush 和 commit，这也能大大减少数据库的压力。

下面通过一个例子，认识一下 Dirty 的效果。

22.4.1 Dirty 效果的例子

```
// 假设数据库存在一条 id=1 的数据，我们不做任何改变执行 save 或者 saveAndFlush，除了 select
// 之外，不会产生任何 SQL 语句
@Test
@Transactional
@Rollback(value = false)
public void testDirty() {
    UserInfo userInfo = userInfoRepository.findById(1L).get();
    userInfoRepository.saveAndFlush(userInfo) ;
    userInfoRepository.save(userInfo) ;
}
```

当我们尝试改变一下 userInfo 里面的值，执行如下方法的时候就会产生 update 的 SQL 语句。

```
@Test
@Transactional
@Rollback(value = false)
public void testDirty() {
    UserInfo userInfo = userInfoRepository.findById(1L).get();
    userInfo.setLastName("jack_test_dirty");
    userInfoRepository.saveAndFlush(userInfo) ;
}
```

那么，实体的 Dirty 判断过程是怎么样的呢？我们通过源码来看一看。

22.4.2 Entity 判断 Dirty 的过程

如果我们通过 Debug 一步一步分析的话，可以找到 DefaultFlushEntityEventListener 源码里面 isUpdateNecessary 的关键方法，如图 22-4 所示。

我们进一步 Debug 以查看 dirtyCheck 的实现，可以看到如图 22-5 所示的关键方法，从而找出发生变化的 Properties。

我们再仔细看 persister.findDirty(values、loadedState、entity、session)，可以看出源码中是通过一个字段一个字段进行比较的，所以可以知道 PersistenceContext 中的前后两个 Entity 的哪些字段发生了变化。因此当我们执行完 save 之后，没有产生任何 SQL（因为没有变化）。大家知道了这个原理之后，就不用再为此"大惊小怪"了。

总结起来就是，在执行 Flush 的时候，Hibernate 会依次判断实体的前后对象中哪个属性发生了变化，如果没有发生变化，则不产生 update 的 SQL 语句；只有发生变化才会产生 update 的 SQL 语句，并且可以做到同一个事务里面的多次 update 的合并，从而在一定程度上减轻 DB 的压力。

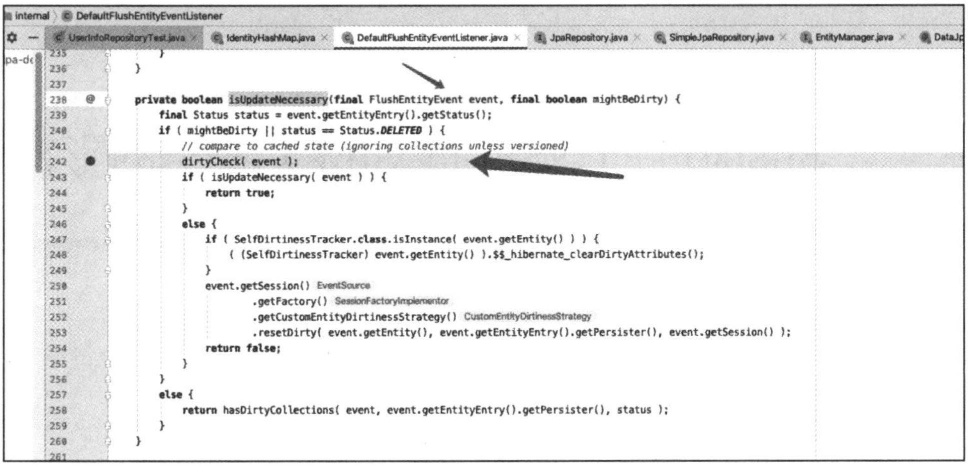

图 22-4　dirtyCheck

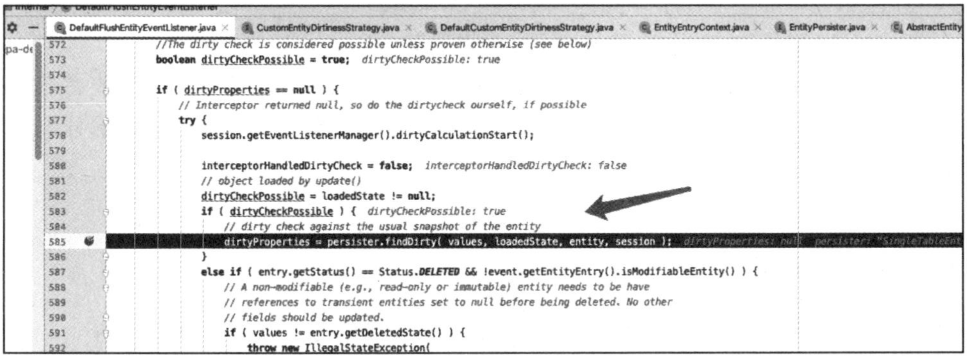

图 22-5　persister.findDirty

22.5　本章小结

这一章介绍了 PersistenceContext 的概念、EntityManager 的作用，以及 Flush 操作的时机、它和事务的关系，等等。其中也夹杂了一些实战工作经验的分享，希望大家可以从头到尾学下来。如果你能完全理解这一章的内容，那么对于 JPA 和 Hibernate 的核心原理你算是掌握了一大半了。

下一章会为大家介绍 PersistenceContext 的容器 Session 相关概念。

Session 的 open-in-view 对事务的影响

在本章，我们来学习 Session 的相关内容。当我们使用 Spring Boot+JPA 的时候，会发现 Spring 帮我们新增了一个 spring.jpa.open-in-view 配置。Hibernate 本身没有这个配置，但它与 Hibernate 中的 Session 相关，因此还是很重要的。

由于 Session 不是 JPA 协议规定的，所以官方在这方面的资料比较少，从业者只能根据个人经验和源码来分析它的本质，那么接下来我就以个人的经验为大家介绍这部分概念。首先了解 Session 是什么。

23.1 Session 是什么

我们通过图 23-1 来回顾一下，看看 Session 在一个什么样的位置上。

其中，SessionImpl 是 Hibernate 实现 JPA 协议的 Entity Manager 的一种方式，即实现类。而 Session 是 Hibernate 中的概念，完全符合 EntityManager 的接口协议，同时又完成了 Hibernate 的特殊实现。

23.1.1 对 Session 的理解

在 Spring Data JPA 框架中，我们可以狭隘地把 Session 理解为 EntityManager，因为它对于 JPA 的任何操作都是通过 EntityManager 接口进行的，我们可以把 Session 里面的

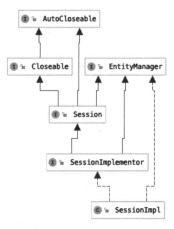

图 23-1 SessionImpl

复杂逻辑当成一个黑盒子。即使 SessionImpl 能够实现 Hibernate 的 Session 接口，但如果我们使用的是 Spring Data JPA，那么实现再多的接口也与我们没有任何关系。

除非你不用 JPA 的接口，直接用 Hibernate 的 Navite 来实现，但是不建议这么做，因为过程太复杂了。那么对使用 JPA 体系的人来说，SessionImpl 主要解决了什么问题呢？

23.1.2　SessionImpl 解决了什么问题

我们通过源码来看一看，如图 23-2 所示。

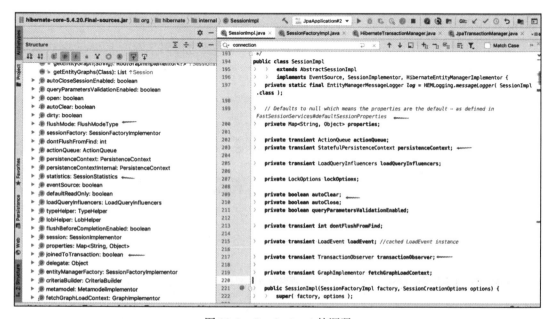

图 23-2　SessionImpl 的源码

通过 SessionImpl 的源码和 Structure 视图，我们可以"简单粗暴"地得出如下结论。

1）SessionImpl 是 EntityManager 的实现类，那么肯定实现了 JPA 协议规定的 Entity-Manager 的所有功能。比如，我们前面讲解的 Persistence Context 里面 Entity 状态的所有操作，即管理了 Entity 的生命周期；EntityManager 暴露的 flushModel 的设置；EntityManager 对 Transaction 做了"是否开启新事务""是否关闭当前事务"的逻辑等。

2）如图 23-2 所示，实现 PersistenceContext 对象实例化的过程，使得 Persistence-Context 生命周期就是 Session 的生命周期。所以我们可以抽象地理解为，Session 是对一些数据库的操作，需要放在同一个上下文的集合中，就是我们常说的一级缓存。

3）Session 有 Open 功能的话，那么肯定有 Close 功能。Open 的时候做了"是否开启事务""是否获取连接"等逻辑；Close 的时候做了"是否关闭事务""释放连接"等动作。

4）Session 的任何操作都离不开事务和连接，那么肯定用当前线程保存了这些资源。

当我们清楚了 SessionImpl、EntityManager 的这些基础概念之后，那么接着来看看 open-in-view 是什么，以及它都做了哪些事情。

23.2 open-in-view 是做什么的

open-in-view 是 Spring Boot 为自动加载 Spring Data JPA 提供的一个配置，全称为 spring. jpa.open-in-view，它只有 true 和 false 两个值，默认是 true。那么它到底有什么威力呢？

23.2.1 open-in-view 的作用

我们可以在 JpaBaseConfiguration 中找到关键源码，通过源码来看一下 open-in-view 都做了哪些事情，如下所示。

```
public abstract class JpaBaseConfiguration implements BeanFactoryAware {

@Configuration(proxyBeanMethods = false)
@ConditionalOnWebApplication(type = Type.SERVLET)
@ConditionalOnClass(WebMvcConfigurer.class)
// 这个提供了一种自定义注册 OpenEntityManagerInViewInterceptor 或者
// OpenEntityManagerInViewFilter 的可能，同时我们可以看到在 Web 的 MVC 层打开 Session
// 的两种方式，一种是 Interceptor，另外一种是 Filter。这两个类任选其一即可，默认用的是 OpenE
// ntityManagerInViewInterceptor.class
 @ConditionalOnMissingBean({ OpenEntityManagerInViewInterceptor.class,
 OpenEntityManagerInViewFilter.class })
 @ConditionalOnMissingFilterBean(OpenEntityManagerInViewFilter.class)
// 这里使用了 spring.jpa.open-in-view 的配置，只有为 true 的时候才会执行这个配置类，当什么都
// 没配置的时候，默认就是 true，也就是默认此配置文件会自动加载；我们可以设置成 false，关闭加载
@ConditionalOnProperty(prefix = "spring.jpa", name = "open-in-view",
   havingValue = "true", matchIfMissing = true)
protected static class JpaWebConfiguration {
   private static final Log logger = LogFactory.getLog(JpaWebConfiguration.class);
   private final JpaProperties jpaProperties;
   protected JpaWebConfiguration(JpaProperties jpaProperties) {
      this.jpaProperties = jpaProperties;

// 关键逻辑在 OpenEntityManagerInViewInterceptor 类里面；加载 OpenEntityManagerInVi
// ewInterceptor 用来在 MVC 的拦截器里面打开 EntityManager，而当我们没有配置 spring.jpa.
// open-in-view 的时候，看下面的代码，Spring 容器会打印 warn 日志警告我们，默认开启了 open-
// in-view，提醒我们需要注意的影响面，具体有哪些影响面，希望大家可以在这里找到答案，并欢迎留言
   @Bean
   public OpenEntityManagerInViewInterceptor openEntityManagerInViewInterceptor() {
      if (this.jpaProperties.getOpenInView() == null) {
         logger.warn("spring.jpa.open-in-view is enabled by default. "
         + "Therefore, database queries may be performed during view "
         + "rendering. Explicitly configure spring.jpa.open-in-view to
            disable this warning");
```

```
        return new OpenEntityManagerInViewInterceptor();
    }
    // 利用 WebMvcConfigurer 加载上面的 OpenEntityManagerInViewInterceptor 拦截器进入 MVC
    @Bean
    public WebMvcConfigurer
openEntityManagerInViewInterceptorConfigurer(  Open EntityManagerInView
    Interceptor interceptor) {
        return new WebMvcConfigurer() {
            @Override
            public void addInterceptors(InterceptorRegistry registry) {
                registry.addWebRequestInterceptor(interceptor);
            }
        }
    }
}
...// 其他不重要的代码省略
}
```

通过上面的源码我们可以看到，spring.jpa.open-in-view 的主要作用就是加载 OpenEntityManagerInViewInterceptor 类，那么再打开这个类的源码，看看它帮助我们实现的主要功能是什么。

23.2.2　OpenEntityManagerInViewInterceptor 源码分析

打开源码后，可以看到如图 23-3 所示界面。

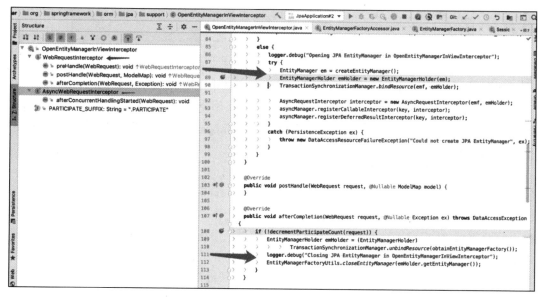

图 23-3　OpenEntityManagerInViewInterceptor

我们可以发现，OpenEntityManagerInViewInterceptor 实现了 WebRequestInterceptor 接

口中的两个方法。

1）preHandle(WebRequest request) 方法，里面实现了在每次 Web MVC 请求之前，通过 createEntityManager 方法创建 EntityManager 和 EntityManagerHolder 的逻辑。

2）afterCompletion(WebRequest request, @Nullable Exception ex) 方法，里面实现了在每次 Web MVC 请求结束之后，关闭 EntityManager 的逻辑。

如果我们继续看 createEntityManager 方法的实现，还会找到如图 23-4 所示的关键代码。

```
583        private transient PersistenceContextType persistenceContextType;
584
585
586        @Override
587        public Session createEntityManager() {  ◄───
588            validateNotClosed();
589            return buildEntityManager( SynchronizationType.SYNCHRONIZED,  map: null );
590        }
591
592        private <K,V> Session buildEntityManager(final SynchronizationType synchronizationType, final Map<K,V> map) {
593            assert !isClosed;
594
595            SessionBuilderImplementor builder = withOptions();
596            if ( synchronizationType == SynchronizationType.SYNCHRONIZED )  ◄───
597                builder.autoJoinTransactions( true );
598            }
599            else {
600                builder.autoJoinTransactions( false );
601            }
602
603            final Session session = builder.openSession();  ◄───
604            if ( map != null ) {
605                for ( Map.Entry<K, V> o : map.entrySet() ) {
606                    final K key = o.getKey();
607                    if ( key instanceof String ) {
608                        final String sKey = (String) key;
609                        session.setProperty( sKey, o.getValue() );
610                    }
611                }
612            }
613            return session;
614        }
```

图 23-4　createEntityManager

从图 23-4 中可以看到，通过 SessionFactoryImpl 中的 createEntityManager() 方法，创建了一个 EntityManager 的 Session 实现；通过拦截器创建了 EntityManager 事务处理逻辑，默认是 Join 类型（即有事务存在会加入）；而 builder.openSession() 逻辑就是 new SessionImpl(sessionFactory, this)。

我们可以知道，通过 open-in-view 配置的拦截器，会为每个请求创建一个 SessionImpl 实例；而 SessionImpl 里面存储了整个 PersistenceContext 和各种事务连接状态，可以判断出 Session 的实例对象比较大。

打开 spring.jap.open-in-view=true 会发现，如果一个请求处理的逻辑比较耗时，牵涉到的对象比较多，这个时候就比较考验我们对 JVM 内存的配置策略了，如果配置不好就会经常出现内存溢出的现象。因此当处理比较耗时的请求和批量处理请求的时候，需要考虑到这一点。

到这里，经常看源码的读者就又应该好奇了：都有哪些时候需要调用 openSession 呢？那是不是也可以知道 EntityManager(Session) 的开启时机了？

23.2.3　EntityManager 的开启时机及扩展场景

在 IDEA 开发者工具中，直接点击右键查找 public Session createEntityManager() 方法被使用到的地方即可。如图 23-5 所示。

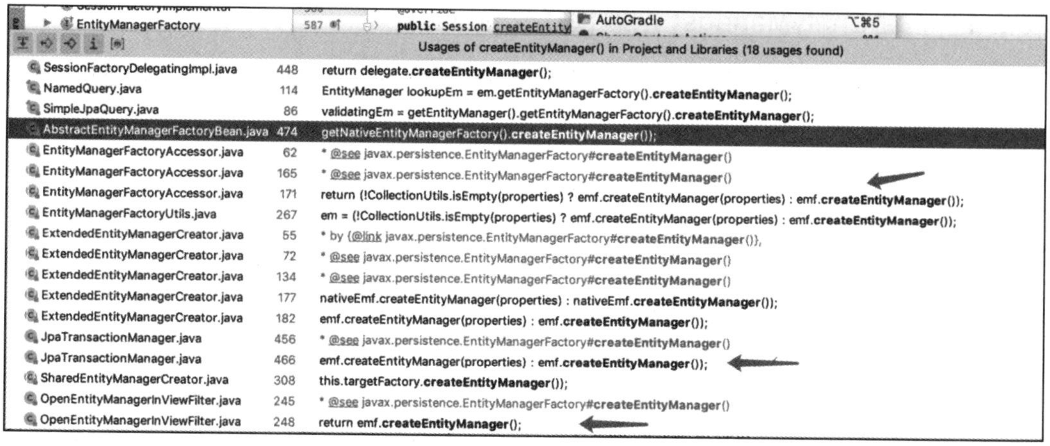

图 23-5　createEntityManager 调用处

其中，EntityManagerFactoryAccessor 是 OpenEntityManagerInViewInterceptor 的父类，从图 23-5 中我们可以看出，对于 Session（也可以说是 EntityManager）的创建时机，目前有三种。

第一种：Web View Interceptor，通过 spring.jpa.open-in-view 控制。

第二种：Web Filter，这种方式是 Spring 给我们提供的另外一种应用场景。比如有些耗时的、批量处理的请求，我们不想在请求的时候开启 Session，而是想在处理简单逻辑后，需要用到延迟加载机制的请求时开启 Session。因为开启 Session 后，我们写框架代码的时候可以利用 LAZY 机制。而这个时候我们就可以考虑使用 OpenEntityManagerInViewFilter，配置请求 Filter 的过滤机制，以实现不同的请求以及不同开启 Session 的逻辑了。

第三种：JPA Transaction，这种方式就是利用 JpaTransactionManager，在事务开启的时候打开 Session，在事务结束的时候关闭 Session。

所以在默认情况下，Session 的创建时机有两个：每个请求之前、新的事务开启之前。而 Session 的关闭时机也是两个：每个请求结束之后、事务关闭之后。

此外，EntityManager(Session) 打开之后，资源存储在当前线程（ThreadLoacal）里面，所以一个 Session 中即使开启了多个事务，也不会创建多个 EntityManager 或者 Session。

而事务在关闭之前，也会检查一下此 EntityManager/Session 是不是我这个事务创建的，如果是就关闭，如果不是就不关闭，不过它不会关闭在事务范围之外创建的 EntityManager/Session。

这个机制其实还给了我们一些额外思考：是不是可以自由选择开启 / 关闭 Session 呢？

不一定是 view/filter/ 事务，任何多事务组合的代码模块都可以。只要我们知道什么时间开启，保证一定能关闭就没有问题。

下面我们通过日志来看一看两种打开、关闭 EntityManager 的时机。

23.2.4 验证 EntityManager 创建和释放的日志

第一步：新建一个 UserController 方法，用来模拟请求两段事务的情况，代码如下所示。

```
@PostMapping("/user/info")
public UserInfo saveUserInfo(@RequestBody UserInfo userInfo) {
   UserInfo u2 = userInfoRepository.findById(1L).orElse(null) ;
   if (u2!=null) {
       u2.setLastName("jack"+userInfo.getLastModifiedTime());
       // 更新 u2，新开启一个事务
       userInfoRepository.save(u2) ;
   }
   // 更新 userInfo，新开启一个事务
   return userInfoRepository.save(userInfo) ;
}
```

可以看到，里面调用了两个 save 操作，没有指定事务。但是我之前讲过，因为 userInfoRepository 的实现类 SimpleJpaRepository 的 save 方法上面有 @Transactional 注解，所以每个 userInfoRepository.save() 方法都会开启新的事务。我们利用这个机制在上面的 Controller 里面模拟了两个事务。

第二步：打开 open-in-view，同时修改一些日志级别，以便进行观察，配置如下述代码所示。

```
## 打开 open-in-view
spring.jpa.open-in-view=true
## 修改日志级别
logging.level.org.springframework.orm.jpa.JpaTransactionManager=trace
logging.level.org.hibernate.internal=trace
logging.level.org.hibernate.engine.transaction.internal=trace
```

第三步：启动项目，发送如下请求。

```
#### update
POST /user/info HTTP/1.1
Host: 127.0.0.1:8087
Content-Type: application/json
Cache-Control: no-cache

{"ages":10,"id":3,"version":0}
```

然后我们查看一下日志，关键日志如图 23-6 所示。

可以看到，我们请求 user/info 之后就开启了 Session，然后在 Controller 方法执行的过

程中开启了两段事务，每个事务结束之后都没有关闭 Session，而是等两个事务都结束，并且 Controller 方法执行完毕之后，才关闭 Session。中间过程只创建了一次 Session。

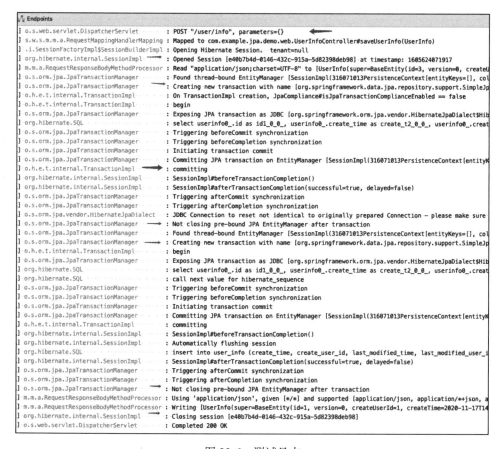

图 23-6　测试日志

第四步：在其他都不变的前提下，我们把 open-in-view 改成 false，如下面这行代码所示。

```
spring.jpa.open-in-view=false
```

我们再次执行刚才的请求，会得到如图 23-7 所示的日志。

通过日志可以看到，其中开启了两次事务，每个事务创建之后都会创建一个 Session，即开启两个 Session，且每个 Session 的 ID 是不一样的；在每个事务结束之后关闭 Session，也就关闭了 EntityManager。

通过上面的事例和日志，我们可以看到 spring.jpa.open-in-view 对 Session 和事务的影响，那么，它对数据库的连接又有什么影响呢？我们来看一看 hibernate.connection.handling_mode 配置。

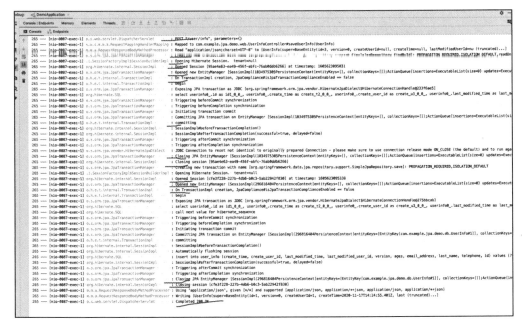

图 23-7 事务开启、关闭日志

23.3 hibernate.connection.handling_mode 详解

通过之前讲解的类 AvailableSettings，可以找到如下三个关键配置。

```
// 指定获得 DB 连接的方式，Hibernate5.2 之后已经不推荐使用，改用 hibernate.connection.
// handling_mode 配置形式
String ACQUIRE_CONNECTIONS = "hibernate.connection.acquisition_mode";

// 释放连接的模式，Hibernate5.2 之后也不推荐使用，改用 hibernate.connection.handling_
// mode 配置形式
String RELEASE_CONNECTIONS = "hibernate.connection.release_mode";
// 指定获取连接和释放连接的模式，Hibernate 5.2 之后新增的配置项，代替上面两个旧的配置
String CONNECTION_HANDLING = "hibernate.connection.handling_mode"
```

那么，hibernate.connection.handling_mode 对应的配置有哪些呢？ Hibernate 5.2 一共提供了五种模式，下面我们来详细看一下。

23.3.1 PhysicalConnectionHandlingMode 的五种模式

在 Hibernate 5.2 里面，hibernate.connection.handling_mode 这个 Key 对应的值在 Physical-ConnectionHandlingMode 枚举类里面有定义，核心代码如下所示。

```
public enum PhysicalConnectionHandlingMode {
    IMMEDIATE_ACQUISITION_AND_HOLD( IMMEDIATELY, ON_CLOSE ),
```

```
DELAYED_ACQUISITION_AND_HOLD( AS_NEEDED, ON_CLOSE ),
DELAYED_ACQUISITION_AND_RELEASE_AFTER_STATEMENT( AS_NEEDED, AFTER_STATEMENT ),
DELAYED_ACQUISITION_AND_RELEASE_BEFORE_TRANSACTION_COMPLETION( AS_NEEDED,
    BEFORE_TRANSACTION_COMPLETION ),
DELAYED_ACQUISITION_AND_RELEASE_AFTER_TRANSACTION( AS_NEEDED, AFTER_
    TRANSACTION ;

private final ConnectionAcquisitionMode acquisitionMode;
private final ConnectionReleaseMode releaseMode;
PhysicalConnectionHandlingMode(
    ConnectionAcquisitionMode acquisitionMode
    ConnectionReleaseMode releaseMode) {
    this.acquisitionMode = acquisitionMode;
    this.releaseMode = releaseMode;
}
...// 不重要代码先省略
}
```

我们可以看到一共有五组值，也就是把原来的 ConnectionAcquisitionMode 和 Connection-ReleaseMode 分开配置的模式进行了组合配置管理，下面我们分别了解一下。

IMMEDIATE_ACQUISITION_AND_HOLD：立即获取，一直保持连接到 Session 关闭。可以代表如下几层含义。

❑ Session 一旦打开就会获取连接。

❑ Session 关闭的时候会释放连接。

❑ 如果 open-in-view=true，也就是说，即使我们的请求里面没有做任何操作，或者有一些耗时操作，会导致数据库的连接释放不及时，从而导致 DB 连接不够用，如果请求频繁的话，会产生不必要的 DB 连接的上下文切换，浪费 CPU 性能。

❑ 容易产生 DB 连接获取时间过长的现象，从而导致请求响应的时间变长。

DELAYED_ACQUISITION_AND_HOLD：延迟获取，一直保持连接到 Session 关闭。可以代表如下几层含义。

❑ 需要的时候再获取连接，需要的时候是指进行 DB 操作的时候，这里主要是指事务打开的时候就需要获取连接了（因为开启事务的时候要执行 " AUTOCOMMIT=0" 操作，所以这里的按需就是指开启事务；如果在事务开启的时候没有改变 AUTOCOMMIT 的行为，那么这个时候的按需就是指执行 DB 操作的时候，不一定开启事务就会获得 DB 连接）。

❑ 关闭连接的时机是 Session 关闭的时候。

❑ 一个 Session 里面只有一个连接，而一个连接里面可以有多段事务，比较适合一个请求有多段事务的场景。

❑ 这个配置解决了当没有 DB 操作的时候，即没有事务的时候不会获取数据库连接的问题，从而可以减少不必要的 DB 连接切换。

❑ 但是一旦一个 Session 在进行了 DB 操作之后，又做了一些耗时的操作才关闭，那么也会导致 DB 连接释放不及时，从而导致 DB 连接的利用率低、高并发的时候请求性能下降。

DELAYED_ACQUISITION_AND_RELEASE_AFTER_STATEMENT：延迟获取，Statement 执行完释放。可以代表如下几层含义。

☐ 等需要的时候再获取连接，而不是 Session 一打开就会获取连接。

☐ 在每个 Statement 的 SQL 执行完后就释放连接，一旦每个 SQL 都是独立事务，执行完释放连接，就满足不了业务逻辑，我们常用的事务模式就不生效了。

☐ 这种方式适合没有事务的情景，工作中不常见，可能分布式事务中会有场景需要。

DELAYED_ACQUISITION_AND_RELEASE_AFTER_TRANSACTION：延迟获取，事务执行之后释放。可以代表如下几层含义。

☐ 等需要的时候再获取连接，不是一打开 Session 就会获取连接。

☐ 在事务执行完之后释放连接，同一个事务共享一个连接。

☐ 这种情况下 open-in-view 模式对 DB 连接的持有和事务是一样的，比较适合一个请求里面事务模块不多的情况。

☐ 如果事务都控制在 Service 层，这个配置就非常好用，它对 Connection 的利用率比较高，基本上可以做到不浪费。

☐ 这个配置不适合一个 Session 生命周期里面有很多独立事务的业务模块，因为这样就会使一个请求里面产生大量没必要的获取连接、释放连接的过程。

DELAYED_ACQUISITION_AND_RELEASE_BEFORE_TRANSACTION_COMPLETION：延迟获取，事务执行之前释放。可以代表如下几层含义。

☐ 等需要的时候再获取连接，不是一打开 Session 就会获取连接。

☐ 在事务执行完之前释放连接，这种不保险，也比较少用。

现在你知道了这五种模式，那么通常会默认用哪一种呢？

23.3.2　默认模式及其修改

打开源码 HibernateJpaVendorAdapter 类，可以看到如图 23-8 所示的加载方式。

Hibernate 5.2 以上使用的是 DELAYED_ACQUISITION_AND_HOLD 模式，即按需获取、Session 关闭时释放，如下面这段代码所示。

```
jpaProperties.put("hibernate.connection.handling_mode", "DELAYED_ACQUISITION_
    AND_HOLD");
```

而 Hibernate 5.1 以前是通过设置 release_mode 为 ON_CLOSE 的方式，也是 Session 关闭时释放，如下面这段代码所示。

```
jpaProperties.put("hibernate.connection.release_mode", "ON_CLOSE");
```

那么，如何修改默认值呢？直接在 application.properties 文件里面做如下修改即可。

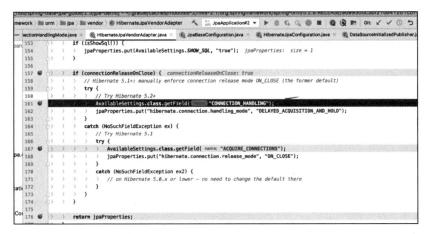

图 23-8　HibernateJpaVendorAdapter

```
## 我们可以修改成按需获取连接，事务执行完之后释放连接
spring.jpa.properties.hibernate.connection.handling_mode=DELAYED_ACQUISITION_
    AND_RELEASE_AFTER_TRANSACTION
```

下面我们通过日志来看一看常用的两个配置对数据库连接的影响。

23.3.3　handling_mode 的配置对连接的影响

第一步：验证一下 DELAYED_ACQUISITION_AND_HOLD，即默认情况下连接池的情况是什么样的。

我们对配置文件做如下配置。

```
## 在拦截 MVC 层开启 Session，模拟默认情况，这条不需要配置，这样做只是为了演示更清晰
spring.jpa.open-in-view=true
## 采用默认情况 DELAYED_ACQUISITION_AND_HOLD，这条也不需要配置
spring.jpa.properties.hibernate.connection.handling_mode=DELAYED_ACQUISITION_
    AND_HOLD
## 开启 Hikari 数据库连接池的监控
logging.level.com.zaxxer.hikari=TRACE
```

在 UserInfoController 的如下方法里面，通过 Thread.sleep（2 分钟）模拟耗时操作，代码如下。

```java
@PostMapping("/user/info")
public UserInfo saveUserInfo(@RequestBody UserInfo userInfo) throws
    InterruptedException {
  UserInfo u2 = userInfoRepository.findById(1L).orElse(null) ;
  if (u2!=null) {
    u2.setLastName("jack"+userInfo.getLastModifiedTime());
    userInfoRepository.save(u2) ;
    System.out.println(" 模拟事务执行完之后耗时操作 ........") ;
    Thread.sleep(1000*60*2L) ;
```

```
        System.out.println("耗时操作执行完毕.......") ;
    }
    return userInfoRepository.save(userInfo) ;
}
```

项目启动，我们做如下请求。

```
#### update
POST /user/info HTTP/1.1
Host: 127.0.0.1:8087
Content-Type: application/json
Cache-Control: no-cache

{"ages":10,"id":3,"version":0}
```

这个时候打开日志控制台，可以看到如图 23-9 所示的日志。

图 23-9 HikariPool 监控

可以看到，我们在执行 save 之后，即事务提交之后，HikariPool 里面的数据库连接一直没有归还，而如果继续等待的话，在整个 Session 关闭之后，数据库连接才会归还到连接池里面。

试想一下，如果我们在实际工作中有这样的耗时操作，是不是只要几个这样的请求，连接池就不够用了？但其实数据库连接没做任何 DB 相关操作，等于白白被浪费了。

第二步：验证一下 DELAYED_ACQUISITION_AND_RELEASE_AFTER_TRANSACTION模式。

我们只需要对配置文件做如下修改。

```
spring.jpa.properties.hibernate.connection.handling_mode=DELAYED_ACQUISITION_
    AND_RELEASE_AFTER_TRANSACTION
```

其他代码都不变，我们再次请求刚才的 API 请求，这个时候可以得到如图 23-10 所示的日志。

从图 23-10 所示日志可以看到，当执行完 save(u2)，即事务提交之后做一些耗时操作时，会发现整个 Session 生命周期是没有持有数据库连接的，也就是事务结束之后就释放了，这样大大提高了数据库连接的利用率，即使是大量请求也不会造成数据库连接不够用。

下面是 Hikari 数据源连接池下 DB 连接获得的时间参考值。其中，对连接池的持有情况如图 23-11 所示，这是正常情况，几乎监控不到 DB 连接不够用的情况。

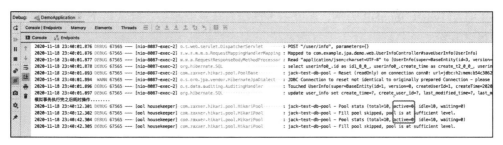

图 23-10　连接池监控日志

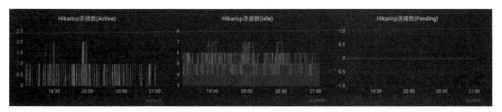

图 23-11　Grafana Hikaricp 连接数监控

对 DB 连接利用率的监控如图 23-12 所示，连接的 Creation、Acquire 基本上是正常的，但是连接的 Usage（>500ms）就有些不正常了，说明里面有一些耗时操作。

图 23-12　Grafana Hikaricp 耗时监控

所以，在一般实际工作中，我们会在 DELAYED_ACQUISITION_AND_HOLD 和 DELAYED_ACQUISITION_AND_RELEASE_AFTER_TRANSACTION 之间做选择。通过日志和监控，我们也可以看出 DELAYED_ACQUISITION_AND_HOLD 比较适合一个 Session 里面有大量事务的业务场景，这样就不用频繁地切换数据库连接。而 DELAYED_ACQUISITION_AND_RELEASE_AFTER_TRANSACTION 比较适合日常的 API 业务请求，即没有大量的事务、事务结束就释放连接的场景。

下面再结合我们前几章的基础知识，总结一下 Session 需要关心的关键关系。

23.4　Session、EntityManager、Connection 和 Transaction 之间的关系

23.4.1　Connection 和 Transaction

1）事务是建立在 Connection 之上的，没有连接就没有事务。

2）以 MySQL InnoDB 为例，新开一个连接默认开启事务，默认每个 SQL 执行完之后自动提交事务。

3）一个连接里面可以有多次串行的事务段，但一个事务只能属于一个 Connection。

4）事务与事务之间是相互隔离的，那么自然不同连接的不同事务也是相互隔离的。

23.4.2　EntityManager、Connection 和 Transaction

1）EntityManager 里面有 DataSource，当 EntityManager 开启事务的时候，先判断当前线程是否有数据库连接，如果有则直接使用。

2）开启事务之前先开启连接；关闭事务，不一定关闭连接。

3）开启 EntityManager，不一定立马获得连接；获得连接，不一定立马开启事务。

4）关闭 EntityManager，一定关闭事务，释放连接；反之则不然。

23.4.3　Session、EntityManager、Connection 和 Transaction

1）Session 是 EntityManager 的子类，SessionImpl 是 Session 和 EntityManager 的实现类。那么自然 EntityManager 和 Connection、Transaction 的关系同样适用 Session、Entity-Manager、Connection 和 Transaction 的关系。

2）Session 的生命周期决定了 EntityManager 的生命周期。

23.4.4　Session 和 Transaction

1）在 Hibernate 的 JPA 实现里面，在开启 Transaction 之前，必须要先开启 Session。

2）默认情况下，Session 的生命周期由 open-in-view 决定是请求之前开启，还是事务之前开启。

3）事务关闭了，Session 不一定关闭。

4）Session 关闭了，事务一定关闭。

23.5　本章小结

在本章中我们通过源码分析了 spring.jpa.open-in-view 是什么、有什么用，以及它对事务、连接池、EntityManager 和 Session 的影响。

到这一章你应该已经掌握了 Spring Data JPA 的核心原理里面最重要的五个时机，即 Session（EntityManager）的 Open 和 Close 时机、数据库连接的获取和释放时机、事务的开启和关闭时机，以及上一章介绍的 PersistenceContext 的创建和销毁时机、Flush 的触发时机等。希望你可以好好地掌握并牢记其中的要点。

而在下一章我会通过一个实际案例，与大家一起基于原理分析一些疑难杂症。

如何在 CompletableFuture 异步线程中正确使用 JPA

通过前面几章对 Session 核心原理的学习，相信大家已经可以解决实际工作中的一些疑难杂症了。这一章再举一个复杂一点的例子，继续深度剖析如何利用 Session 原理解决复杂问题。那么，都有哪些问题呢？我们来看一个例子。

24.1 CompletableFuture 的实际使用案例

在我们的实际开发过程中，难免会用到异步方法，这里列举一个异步方法的例子，经典地还原在异步方法里面经常会犯的错误。

24.1.1 CompletableFuture 的常见写法

我们模拟一个 Service 方法，通过异步操作，更新 UserInfo 信息，并且这个方法里面可能有不同的业务逻辑，会多次更新 UserInfo 信息。模拟的代码如下。

```
@RestController
public class UserInfoController {
    // 异步操作必须要建立线程池，这个不多说了，因为不是本章的重点，有兴趣的话大家可以了解一下线程
    // 池的原理，Demo 采用的是 Spring 异步框架字段的异步线程池
    @Autowired
    private  Executor executor;
    /**
     * 模拟一个业务 Service 方法，里面有一些异步操作，一些业务方法里面可能修改了两次用户信息
```

```
    * @param name
    * @return
    */
@PostMapping("test/async/user")
@Transactional //模拟一个 Service 方法，期待是一个事务
public String testSaveUser(String name) {
CompletableFuture<Void> cf = CompletableFuture.runAsync(() -> {
    UserInfo user = userInfoRepository.findById(1L).get();
    //... 此处模拟一些业务操作，第一次改变 UserInfo 里面的值
    try {
        Thread.sleep(200L);//加上复杂业务耗时 200 毫秒
    } catch (InterruptedException e) {
        e.printStackTrace();
    }
    user.setName(RandomUtils.nextInt(1,100000)+ "_first"+name);
    //模拟一些业务操作，改变了 UserInfo 里面的值
    userInfoRepository.save(user);
    //... 此处模拟一些业务操作，第二次改变 UserInfo 里面的值
    try {
        Thread.sleep(300L);//加上复杂业务耗时 300 毫秒
    } catch (InterruptedException e) {
        e.printStackTrace();
    }
    user.setName(RandomUtils.nextInt(1,100000)+ "_second"+name);
    //模拟一些业务操作，改变了 UserInfo 里面的值
    userInfoRepository.save(user) ;
}, executor).exceptionally(throwable -> {
    throwable.printStackTrace();
    return null;
})
//... 实际业务中可能还会有其他异步方法，我们举这一个例子已经可以说明问题了
cf.isDone();
return "Success";
}
}
```

为了便于测试，我们在 UserInfoController 中模拟了一个复杂点的 Service 方法，上面的代码很多是为了方便演示和做测试，实际工作中代码可能会不一样，但是通过实质分析，你会发现解决思路是一样的。

我们在 testSaveUser 方法中开启了一个异步线程，异步线程采用 CompletableFuture 方法，执行了两次 UserInfo 的 Save 操作，实际工作中可能不会有像这个 Demo 那么简单的 Save 操作，因为中间的业务计算省去了，但这不影响我们分析问题。

那么，上面代码问题的表象是什么呢？

24.1.2　案例中表现出来的问题现状

在实际工作中，如果我们写出类似的代码，会发生什么样的问题呢？

1）整个请求非常正常，永远都是 200；也没有任何报错信息，但是发现数据库里面第二次的 save(user) 永远不生效，永远不会出现 name 包含 "_second" 的记录，这个是必现的。

2）整个请求非常正常，永远都是 200；也没有任何报错信息，有的时候会发现数据库里面没有任何变化，甚至第一次 save(user) 都没有生效，但是这个是偶发的。

在实际工作中我们发现以上现象就会感觉非常奇怪，那么，我们分步骤拆解一下，看看怎么解决。

24.2　异步方法步骤拆解

有一定经验的开发者，在遇到类似问题时，第一步应该考虑是不是发生了什么异常？日志信息去哪里了？那么我们需要先看一下 CompletableFuture 的用法，是不是发生异常的时候我们漏掉了什么环节？

24.2.1　CompletableFuture 最佳实践

CompletableFuture 的主要功能是实现了 Future 和 CompletionStage 的接口，主要方法如下述代码所示。

```
// 通过给定的线程池，异步执行 Runnable 方法，不带返回结果
public static CompletableFuture<Void>  runAsync(Runnable runnable, Executor
    executor) ;
// 通过给定的线程池，异步执行 Runnable 方法，带返回结果
public static <U> CompletableFuture<U> supplyAsync(Supplier<U> supplier,
    Executor executor) ;
// 当上面的异步方法执行完之后需要执行的回调方法
public CompletableFuture<Void>  thenAccept(Consumer<? super T> action) ;
// 阻塞等待 future 执行完结果
boolean isDone();
// 阻塞获取结果
V get();
// 当异步操作发生异常时执行的方法
public CompletionStage<T> exceptionally(Function<Throwable, ? extends T> fn);
```

以上只是列举了一些与案例相关的关键方法，而 CompletableFuture 还有更多方法，其功能也非常强大，所以一般开发过程中用此类的场景还是非常多的。

其实上面的 Demo 只是利用 runAsync 做了异步操作，并利用 isDone 做了阻塞等待的动作，而没有使用 exceptionally 处理异常信息。

所以，如果我们想打印异常信息，基本上可以利用 exceptionally。我们改进一下 Demo 代码，打印异常信息，看看是否发生了异常。变动的代码如下所示。

```
CompletableFuture<Void> cf = CompletableFuture.runAsync(() -> {
    ...// 这里的代码不变
```

```
}, executor).exceptionally(e -> {
    log.error(e);// 把异常信息打印出来
    return null;
}));
```

那么，我们再请求上面的 Controller 方法的时候，发现控制台就会打印出如下所示的 Error 信息。

```
java.util.concurrent.CompletionException: org.springframework.orm.Object
    OptimisticLockingFailureException: Object of class [com.example.jpa.demo.
    db.UserInfo] with identifier [1]: optimistic locking failed; nested
    exception is org.hibernate.StaleObjectStateException: Row was updated or
    deleted by another transaction (or unsaved-value mapping was incorrect) :
    [com.example.jpa.demo.db.UserInfo#1]
    at java.base/java.util.concurrent.CompletableFuture.encodeThrowable(Complet
        ableFuture.java:314)
    at java.base/java.util.concurrent.CompletableFuture.completeThrowable(Compl
        etableFuture.java:319)
    at java.base/java.util.concurrent.CompletableFuture$AsyncRun.
        run$$$capture(CompletableFuture.java:1739)
    at java.base/java.util.concurrent.CompletableFuture$AsyncRun.
        run(CompletableFuture.java)
    at java.base/java.util.concurrent.ThreadPoolExecutor.
        runWorker(ThreadPoolExecutor.java:1167)
    at java.base/java.util.concurrent.ThreadPoolExecutor$Worker.
        run(ThreadPoolExecutor.java:641)
    at java.base/java.lang.Thread.run(Thread.java:844)
Caused by: org.springframework.orm.ObjectOptimisticLockingFailureExcept
    ion: Object of class [com.example.jpa.demo.db.UserInfo] with identifier
    [1]: optimistic locking failed; nested exception is org.hibernate.
    StaleObjectStateException: Row was updated or deleted by another
    transaction (or unsaved-value mapping was incorrect) : [com.example.jpa.
    demo.db.UserInfo# 1]
    at org.springframework.orm.jpa.vendor.HibernateJpaDialect.convertHibernateA
        ccessException(HibernateJpaDialect.java:337)
    at org.springframework.orm.jpa.vendor.HibernateJpaDialect.translateExceptio
        nIfPossible(HibernateJpaDialect.java:255)
    at org.springframework.aop.framework.ReflectiveMethodInvocation.proceed(Ref
        lectiveMethodInvocation.java:186)
    at org.springframework.aop.framework.JdkDynamicAopProxy.
        invoke(JdkDynamicAopProxy.java:212)
    at com.sun.proxy.$Proxy116.save(Unknown Source)
    at com.example.jpa.demo.web.UserInfoController.lambda$testSaveUser$0(UserIn
        foController.java:57)
    at java.base/java.util.concurrent.CompletableFuture$AsyncRun.
        run$$$capture(CompletableFuture.java:1736)
    ... 4 more
```

通过报错信息可以发现，其实就是发生了乐观锁异常，导致上面实例中的第二次 save(user) 必然失败；而第一次 save(user) 的失败，主要是因为在并发的情况下有其他请求线程改变了 UserInfo 的值，也就是改变了 Version。

我们来看一看完整的 UserInfo 对象实体。

```
@Entity
@Data
@SuperBuilder
@AllArgsConstructor
@NoArgsConstructor
@ToString(callSuper = true)
@Table
@EntityListeners({AuditingEntityListener.class})
public class UserInfo{
    @Id
    @GeneratedValue(strategy= GenerationType.AUTO)
    private Long id;
    @Version
    private Integer version;
    @CreatedBy
    private Integer createUserId;
    @CreatedDate
    private Instant createTime;
    @LastModifiedBy
    private Integer lastModifiedUserId;
    @LastModifiedDate
    private Instant lastModifiedTime;
    private String name;
    private Integer ages;
    private String lastName;
    private String emailAddress;
    private String telephone;
}
```

看过前面内容的读者应该知道，我们利用 @Version 乐观锁机制就是为了防止数据被覆盖，而在实际生产过程中其实很难发现类似问题。

所以当我们使用任何异步线程处理框架的时候，一定要想好在异常情况下怎么打印日志，否则处理过程就像黑洞一样，完全不知道发生了什么。

那么，既然知道发生了乐观锁异常，这里就有一个疑问了：我们不是在 UserInfo-Controller 的 testSaveUser 方法上加 @Transactional 注解了吗？为什么事务没有回滚？

24.2.2　通过日志查看事务的执行过程

我们看看在异步请求的情况下，事务应该怎么做呢？先打开事务的日志，看看上面方法的事务执行过程是什么样的。

```
## 我们在 DB 的连接中开启 logger=Slf4JLogger&profileSQL=true，看一下每个事务里执行的 SQL
   有哪些
spring.datasource.url=jdbc:mysql:// localhost:3306/test?logger=Slf4JLogger&prof
```

```
    ileSQL=true
## 打开下面这些类的日志级别，观察一下事务的开启和关闭时机
logging.level.org.springframework.orm.jpa=DEBUG
logging.level.org.springframework.transaction=DEBUG
logging.level.org.springframework.orm.jpa.JpaTransactionManager=trace
logging.level.org.hibernate.engine.transaction.internal.TransactionImpl=DEBUG
```

再请求一下刚才的测试接口：http://127.0.0.1:8087/test/async/user?name=jack，就会产生如图 24-1 所示的日志。

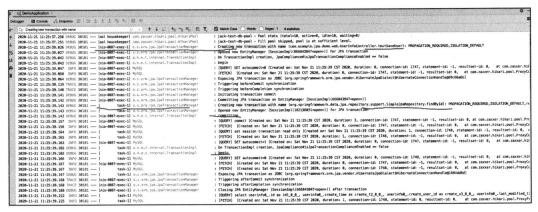

图 24-1　task 日志

先看一下上半部分，通过日志我们可以看到，首先执行这个方法的时候开启了两个事务，分别做如下解释。

线程 1：[nio-8087-exec-1]，开启了 UserInfoController.testSaveUser 方法上面的事务，也就是 HTTP 的请求线程，开启了一个 Controller 请求事务。这是因为我们在 testSaveUser 的方法上面加了 @Transactional 注解，所以开启了一个事务。

而通过日志我们也可以发现，事务 1 什么都没有做，随后就进行了 Commit 操作，所以我们可以看出，在默认不做任何处理的情况下事务是不能跨线程的。每个线程里面的事务相互隔离、互不影响。

线程 2：[task-1]，通过异步线程池开启了 SimpleJpaRepository.findById 方法上面的只读事务。这是默认的 SimpleJpaRepository 类上面加了 @Transaction(readOnly=true) 产生的结果。而我们通过 MySQL 日志也可以看得出来，此次事务只做了与代码相关的 select user_info 操作。

我们再看一下后半部分的日志，如图 24-2 所示。

通过后半部分的日志，我们可以看到两次 save(user) 方法也分别开启了各自的事务，这是因为 SimpleJpaRepository.save 方法上面的 @Transactional 注解起了作用，而对于第二次事务，因为 JPA 的实现方法判断数据库这条数据的 Version 与 UserInfo 对象中的 Version 不一致，从而第二次进行了回滚操作。

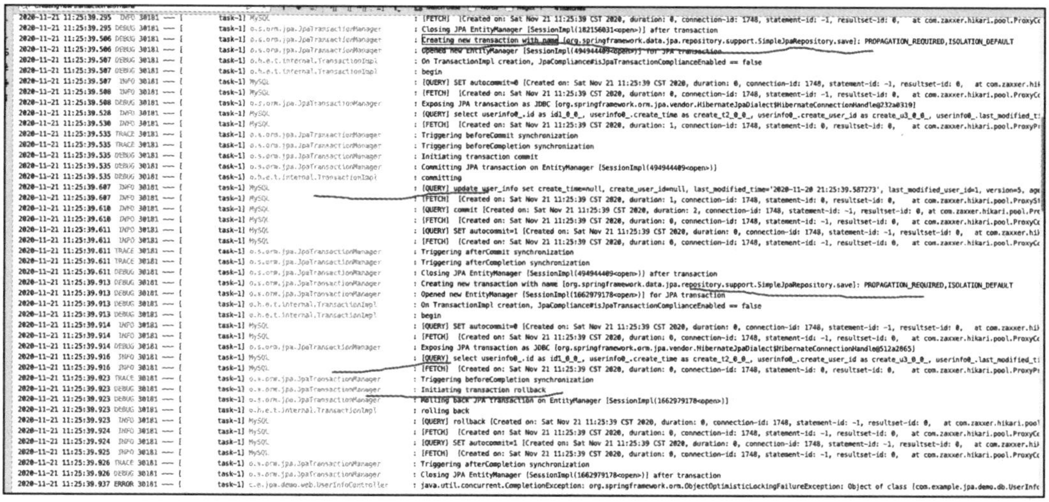

图 24-2　SQL 日志

两次 save(user) 操作分别有一次 Select 和 Update 语义，这正是我们之前所说的 save 方法的原理。两次事务分别开启了两个 Session，所以对于这两次 Session 来说分别是对象从游离态（Detached）转成持久态（Persistent）的过程，所以在两个独立的事务里面，一次执行 Select，一次执行 Update。

通过日志可以看到，在上面一个简单的方法中一共发生了四次事务，都是采用的默认隔离级别和传播机制。那么，如果我们想让异步方法里面只有一个事务应该怎么做呢？

24.2.3　异步事务的正确使用方法

既然我们知道异步方法里面的事务是独立的，那么直接把异步代码块用独立的事务包装起来即可，做法有如下几种。

第一种处理方法：把其中的异步代码块移到一个外部类里面。我们这里放到 UserInfoService 中，同时在方法中加上 @Transactional 注解以开启事务，加上 @Retryable 注解进行乐观锁重试，代码如下。

```
// 加上事务，这样可以做到原子性，解决事务加到异常方法之外没有任何作用的问题
@Transactional
// 加上重试机制，这样当我们发生乐观锁异常的时候，重新尝试下面的逻辑，减少请求的失败次数
@Retryable(value = ObjectOptimisticLockingFailureException.class,backoff =
    @Backoff(multiplier = 1.5,random = true))
public void businessUserMethod(String name) {
    UserInfo user = userInfoRepository.findById(1L).get();
    // ... 此处模拟一些业务操作，第一次改变 UserInfo 里面的值
    try {
        Thread.sleep(200L);// 加上复杂业务耗时 200 毫秒
    } catch (InterruptedException e) {
```

```
            e.printStackTrace();
    }
    user.setName(RandomUtils.nextInt(1,100000)+ "_first"+name);
    //模拟一些业务操作，改变了 UserInfo 里面的值
    userInfoRepository.save(user) ;

    // ... 此处模拟一些业务操作，第二次改变 UserInfo 里面的值
    try {
        Thread.sleep(300L);//加上复杂业务耗时 300 毫秒
    } catch (InterruptedException e) {
        e.printStackTrace();

    }
    user.setName(RandomUtils.nextInt(1,100000)+ "_second"+name);
    //模拟一些业务操作，改变了 UserInfo 里面的值
    userInfoRepository.save(user);
}
```

那么，Controller 里面只需要变成如下写法即可。

```
/**
 * 模拟一个业务 service 方法，里面有一些异步操作，一些业务方法里面可能修改了两次用户信息
 * @param name
 * @return
 */
@PostMapping("test/async/user")
@Transactional            //模拟一个 service 方法，期待是一个事务
public String testSaveUser(String name) {
    CompletableFuture<Void> cf = CompletableFuture.runAsync(() -> {
        userInfoService.businessUserMethod(name);
    }, executor).exceptionally(e -> {
        log.error(e);        //把异常信息打印出来
        return null;
    });

    // ... 实际业务中可能还有其他异步方法，我们举这个例子已经可以说明问题了
    cf.isDone();
    return "Success";
}
```

我们再次发起请求，看一下日志，如图 24-3 所示。

通过日志，我们可以知道如下两个重要信息。

1）这个时候只有 UserInfoServiceImpl.businessUserMethod 开启了一个事务，这是因为 findById 和 save 方法中，事务的传播机制都是基于"如果存在事务就利用当前事务"的原理，所以就不会像我们上面一样创建四次事务了。

2）而此时两次 save(user) 只产生一个 Update 的 SQL 语句，并且也很难出现乐观锁异常，因为这是 Session 的机制，将两次对 UserInfo 实体的操作进行了合并，所以当我们使用

JPA 的时候某种程度上也会降低 DB 的压力，增加代码的执行性能。

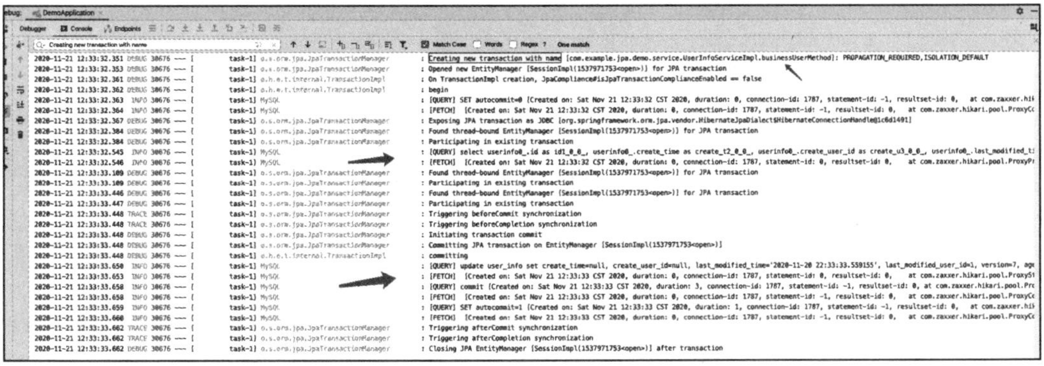

图 24-3　businessUserMethod SQL 日志

而另外一个结论就是，当事务的生命周期执行越快，发生异常的概率就会越低，因为可以减少并发处理的机会。

第二种处理方法：可以利用前文讲过的 TransactionTemplate 方法开启事务，这里不再重复讲述。

第三种处理方法：我们可以创建一个自己的 TransanctionHelper，并带上重试机制，代码如下。

```java
/**
 * 利用 Spring 进行管理
 */
@Component
public class TransactionHelper {
    /*
     * 利用 Spring 机制和 JDK8 的 Consumer 机制实现只消费的事务
     */
    @Transactional(rollbackFor = Exception.class)
    // 可以根据实际业务情况，指定明确的回滚异常
    @Retryable(value = ObjectOptimisticLockingFailureException.class,backoff =
        @Backoff(multiplier = 1.5,random = true))
    public void transactional(Consumer consumer,Object o) {
        consumer.accept(o);
    }
}
```

那么 Controller 里面的写法变成如下方式，也可以达到同样的效果。

```java
@PostMapping("test/async/user")
public String testSaveUser(String name) {
    CompletableFuture<Void> cf = CompletableFuture.runAsync(() -> {
        transactionHelper.transactional((param)->{ // 通过 Lambda 实现事务管理
            UserInfo user = userInfoRepository.findById(1L).get();
```

```
            // ... 此处模拟一些业务操作, 第一次改变 UserInfo 里面的值
            try {
                Thread.sleep(200L);          // 加上复杂业务耗时 200 毫秒
            } catch (InterruptedException e) {
                e.printStackTrace();
            }

            user.setName(RandomUtils.nextInt(1,100000)+ "_first"+name);
            //模拟一些业务操作, 改变了 UserInfo 里面的值
            userInfoRepository.save(user);

            // ... 此处模拟一些业务操作, 第二次改变 UserInfo 里面的值
            try {
                Thread.sleep(300L);          // 加上复杂业务耗时 300 毫秒
            } catch (InterruptedException e) {
                e.printStackTrace();
            }

            user.setName(RandomUtils.nextInt(1,100000)+ "_second"+name);
            //模拟一些业务操作, 改变了 UserInfo 里面的值
            userInfoRepository.save(user) ;
        },name) ;
    }, executor).exceptionally(e -> {
        log.error(e);                        // 把异常信息打印出来
        return null;
    });

    // ... 实际业务中, 可能还有其他异步方法, 我们举一个例子已经可以说明问题了
     cf.isDone();
    return "Success;
}
```

这主要是通过 Lambda 表达式解决事务问题。

总之, 不管是以上哪种方法, 都可以解决我们所说的异步事务的问题。所以弄清楚事务背后的实现逻辑, 就很容易解决类似问题了。

还有一个问题就是, 为什么当异步方法中是同一个事务的时候, 第二次 save(user) 就成功了? 而异步代码块里面的两个 save(user) 分别在两个事务里面, 第二次就不成功呢? 我们利用前两章讲过的 Persistence Context 和实体的状态来分析一下。

24.2.4 Session 机制与 Repository.save(entity) 的关系

我们在学习 Persistence Context 的时候, 知道 Entity 有不同的状态。

在一个 Session 里面, 如果我们通过 findById(id) 得到一个 Entity, 它就会变成持久态。那么同一个 Session 里面, 同一个 Entity 多次操作 Hibernate 就会进行 Merge 操作。

　　所以在上面的实例中，当我们在 businessUserMethod 方法上面加 @Transactional 的时候，会造成异步代码的整块逻辑处于同一个事务里面，而按照我们介绍的 Session 原理，同一个事务就会共享同一个 Session，所以同一个事务里面的 findById、save、save 的多次操作都是针对同一个实例。

　　什么意思呢？我们可以通过设置 Debug 断点，查看一下对象的内存对象地址是否一样，就可以看出来。如图 24-4 所示，findById 之后和两次 save 之后都是同一个对象。

```
@Transactional
//加上重试机制，这样当我们发生乐观锁异常的时候，重新重试下面的逻辑，减少请求的失败次数
// @Retryable(value = ObjectOptimisticLockingFailureException.class,backoff = @Backoff(multiplier = 1.5,random = true))
public void businessUserMethod(String name) { name: "jack"
    UserInfo user = userInfoRepository.findById(1L).get(); user: "UserInfo(name=2044_secondjack, ages=null, lastName
    //..... 此处模拟一些业务操作，第一次改变UserInfo里面的值；
    try {
        Thread.sleep( mills: 200L);// 加上复杂业务耗时200毫秒
    } catch (InterruptedException e) {
        e.printStackTrace();
    }

    user.setName(RandomUtils.nextInt(1,100000)+ "_first"+name); //模拟一些业务操作，改变了UserInfo里面的值

    UserInfo u2 = userInfoRepository.save(user); u2: "UserInfo(name=2044_secondjack, ages=null, lastName=null, emailA

    //..... 此处模拟一些业务操作，第二次改变UserInfo里面的值；
    try {
        Thread.sleep( mills: 300L);// 加上复杂业务耗时300毫秒
    } catch (InterruptedException e) {
        e.printStackTrace();
    }

    user.setName(RandomUtils.nextInt(1,100000)+ "_second"+name); //模拟一些业务操作，改变了UserInfo里面的值 name: "jack"
    UserInfo u3 = userInfoRepository.save(user); u3: "UserInfo(name=2044_secondjack, ages=null, lastName=null, emailA
```

```
Variables
▶ ⊞ this = {UserInfoServiceImpl@10906}
▶ ⓟ name = "jack"
▶ ⊞ user = {UserInfo@10851} "UserInfo(name=2044_secondjack, ages=null, lastName=null, emailAddress=null, telephone=null)"
▶ ⊞ u2 = {UserInfo@10851} "UserInfo(name=2044_secondjack, ages=null, lastName=null, emailAddress=null, telephone=null)"
▶ ⊞ u3 = {UserInfo@10851} "UserInfo(name=2044_secondjack, ages=null, lastName=null, emailAddress=null, telephone=null)"
▶ ∞ userInfoRepository = {$Proxy119@10908} "org.springframework.data.jpa.repository.support.SimpleJpaRepository@2c669009"
```

图 24-4　Session 中的实体

　　如果我们跨 Session 传递实体对象，那么在一个 Session 里面是持久态的对象，对于另外一个 Session 来说就是一个游离态的对象。

　　而根据 Session 里面的 Persistenc Context 原理，一旦这个游离态的对象进行 DB 操作，Session 会复制一个新的实体对象。也就是说，当我们不在异步代码中加事务的时候，即去掉异步代码块 businessUserMethod 方法中的 @Transactional 注解，执行 findById 之后就会产生一个新的事务、新的 Session，那么返回的就是对象 1；第一次 Save 操作之后，由于又是一个新的事务、新的 Session，那么返回的实体 u2 就是对象 2。

　　我们知道了这个原理之后，可以对代码做如下改动。

```
// @Transactional 去掉事务
   public void businessUserMethod(String name) {
      UserInfo user = userInfoRepository.findById(1L).get();
```

```
                user.setName(RandomUtils.nextInt(1,100000)+ "_first"+name);
// 模拟一些业务操作，改变了 UserInfo 里面的值
                UserInfo u2 = userInfoRepository.save(user) ;
                user.setName(RandomUtils.nextInt(1,100000)+ "_second"+name);
// 模拟一些业务操作，改变了 UserInfo 里面的值
                UserInfo u3 = userInfoRepository.save(u2);
// 第二次 save 采用第一次 save 的返回结果，这样里面带有了最新的 version 的值，所以也就会保存成功
}
```

异步里面调用这个方法也是成功的，因为乐观锁的原理是只要 Version 变了，我们用最新的对象，也就是最新的 Version 就可以了。

我们设置一个断点，看到 user、u2、u3 在不同的 Session 作用域之后就变成不同的实例了，如图 24-5 所示。

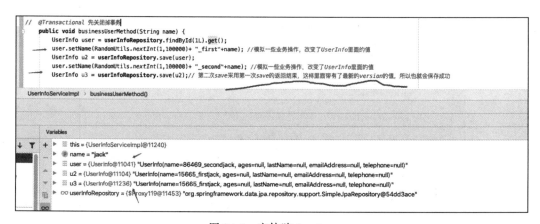

图 24-5　实体跨 Session

问题分析完了，那么这些内容带给我们哪些思考呢？

24.3　异步场景下的思考

在上面 Demo 中的异步场景下设置 open-in-view 等于 true/false，会对测试结果有影响吗？

答案是肯定没有影响，spring.jpa.open-in-view 的本质还是开启 Session，而保持住 Session 的本质还是利用 ThreadLocal，也就是必须在同一个线程的情况下才适用。所以异步场景不受 spring.jpa.open-in-view 控制。

如果是大量的异步操作，那么 DB 连接的持有模式应该配置成哪一种比较合适？

答案是 DELAYED_ACQUISITION_AND_RELEASE_AFTER_TRANSACTION，因为这样可以做到对 DB 连接最大的利用率。用的时候就获取，事务提交完就释放，这样就不用关心业务逻辑执行多长时间了。

24.4　本章小结

上面的例子折射出来的是 JPA 初学者最容易犯的一些错误，我们通过在前几章对原理知识的学习，解决了工作中最常见、最容易犯的错，如异步问题和事务问题。大家一定要好好思考其中关键的几个问题，尤其是在开发业务代码的时候。

1）我们的一个请求开启了几次事务？在什么时机开启的？

2）我们的一个请求开启了几次 Session？在什么时机开启的？

3）事务和 Session 分别会对实体的状态造成什么影响？

上面的几个问题是对一个高级 Java 工程师最基础的要求，如果想晋级成为资深开发工程师，还需要知道：

1）我们的一个请求对 DB 连接池里面的连接持有时间是多久？

2）对于我们的一个请求，性能指标都存在哪些决定因素？

针对以上问题，大家可以回过头在文中找答案，也希望大家深入钻研，这样遇到问题时才能做到心中有数。

本章内容就到这里了，在下一章我们来聊聊 LAZY 异常的核心原理。

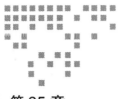

## Chapter 23

第 25 章

为什么总会遇到 LAZY 异常

在实际的工作中，我们经常会遇到 LAZY 异常，所谓的 LAZY 异常具体一点就是 LazyInitializationException。我经常看到有些同事会遇到这一问题，而他们的处理方式都很复杂，并非最佳实践。那么在这一章，我们就来剖析一下这一概念的原理以及解决方式。

我们先从一个案例入手，看一下什么是 LazyInitializationException。

25.1 什么是 LazyInitializationException

这是一个重现 LAZY 异常的例子，下面将通过 4 个步骤带领大家一起看一看什么是 LAZY 异常。

第一步：为了方便测试，我们把 spring.jpa.open-in-view 设置成 false，代码如下。

```
spring.jpa.open-in-view=false
```

第二步：新建一个一对多的关联实体——UserInfo 用户信息，一个用户有多个地址。代码如下所示。

```
@Entity
@Data
@SuperBuilder
@AllArgsConstructor
@NoArgsConstructor
@Table
public class UserInfo extends BaseEntity {
    private String name;
```

```
    private Integer ages;
    private String lastName;
    private String emailAddress;
    private String telephone;
    // 假设一个用户有多个地址，取数据的方式用 LAZY 的模式（默认也是 LAZY）；采用 CascadeType.
    // PERSIST 方便插入演示数据
    @OneToMany(mappedBy = "userInfo",cascade = CascadeType.PERSIST,fetch =
        FetchType.LAZY)
    private List<Address> addressList;
}
@Entity
@Table
@Data
@SuperBuilder
@AllArgsConstructor
@NoArgsConstructor
public class Address extends BaseEntity {
    private String city;
        // 维护关联关系的一方，默认都是 LAZY 模式
    @ManyToOne
        private UserInfo userInfo;
}
```

第三步：我们再新建一个 Controller，取用户的基本信息，并且查看一下地址信息，代码如下。

```
@GetMapping("/user/info/{id}")
public UserInfo getUserInfoFromPath(@PathVariable("id") Long id) {
    UserInfo u1 =  userInfoRepository.findById(id).get();
    // 触发 lazy 加载，取 userInfo 里面的地址信息
    System.out.println(u1.getAddressList().get(0).getCity());
    return u1;
}
```

第四步：启动项目，我们直接发起如下请求。

```
### get user info 的接口
GET /user/info/1 HTTP/1.1
Host: 127.0.0.1:8087
Content-Type: application/json
Cache-Control: no-cache
```

然后我们就可以如期得到 LAZY 异常，如下述代码所示。

```
org.hibernate.LazyInitializationException: failed to lazily initialize a
    collection of role: com.example.jpa.demo.db.UserInfo.addressList, could
    not initialize proxy - no Session
    at org.hibernate.collection.internal.AbstractPersistentCollection.throwLa
        zyInitializationException(AbstractPersistentCollection.java:606)
        ~[hibernate-core-5.4.20.Final.jar:5.4.20.Final]
    at org.hibernate.collection.internal.AbstractPersistentCollection.withT
```

```
      emporarySessionIfNeeded(AbstractPersistentCollection.java:218)
      ~[hibernate-core-5.4.20.Final.jar:5.4.20.Final]
   at org.hibernate.collection.internal.AbstractPersistentCollection.initi
      alize(AbstractPersistentCollection.java:585) ~[hibernate-core-5.4.20.
      Final.jar:5.4.20.Final]
   at org.hibernate.collection.internal.AbstractPersistentCollection.read(Abs
      tractPersistentCollection.java:149) ~[hibernate-core-5.4.20.Final.jar:
      5.4.20.Final]
   at org.hibernate.collection.internal.PersistentBag.get(PersistentBag.
      java:561) ~[hibernate-core-5.4.20.Final.jar:5.4.20.Final]
   at com.example.jpa.demo.web.UserInfoController.getUserInfoFromPath(UserInfo
      Controller.java:29) ~[main/:na]
```

通过上面的异常信息基本可以看到，我们的 UserInfo 实体对象加载 Address 的时候，产生了 LAZY 异常，是因为 No Session。那么，发生异常的根本原因是什么呢？它的加载原理又是什么样的呢？我们接着分析。

25.2　LAZY 加载机制的原理分析

我们都知道 JPA 有 LAZY 机制，所谓的 LAZY 就是指，当我们使用关联关系的时候，只有用到被关联关系的一方才会请求数据库去加载数据，也就是说，关联关系的真实数据不是立马加载的，只有用到的时候才会加载。

而 Hibernate 的实现机制中提供了 PersistentCollection 机制，利用代理机制改变了关联关系的集合类型，从而实现了 LAZY（懒）加载机制，下面我们详细看一看。

25.2.1　PersistentCollection 集合类

PersistentCollection 是一个集合类的接口，实现类包括如下几种，如图 25-1 所示。

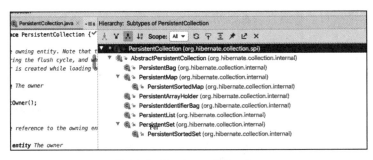

图 25-1　PersistentCollection

也就是说，Hibernate 通过 PersistentCollection 的实现类 AbstractPersistentCollection 的所有子类，对 JDK 里面提供的 List、Map、SortMap、Array、Set、SortedSet 进行了扩展，从而实现了具有"懒"加载的特性，所以在 Hibernate 里面支持的关联关系的类型只有下面五种。

❏ java.util.List

❏ java.util.Set

❏ java.util.Map

❏ java.util.SortedSet

❏ java.util.SortedMap

关于这几种类型，Hibernate 官方也提供了扩展 AbstractPersistentCollection 的方法，不是本章的重点，这里就不多介绍了。

下面我们以 PersistentBag 为例，介绍 LAZY 原理的关键之处。

25.2.2　以 PersistentBag 为例详解原理

通过 PersistentBag 的关键源码，我们来看一看集合类 List 是怎么实现的，代码如下所示。

```
// PersistentBag 继承 AbstractPersistentCollection，从而继承了 PersistenceCollection
// 的一些公共功能、Session 的持有、LAZY 的特性、Entity 的状态转化等功能；同时 PersistentBag
// 也实现了 java.util.List 的所有方法，即对 List 进行读写的时候包装 LAZY 逻辑
public class PersistentBag extends AbstractPersistentCollection implements List {
    // PersistentBag 构造方法，当初始化实体对象对集合初始化的时候，把当前的 Session 保持住
    public PersistentBag(SessionImplementor session) {
        this( (SharedSessionContractImplementor) session );
    }
    // 从这个方法可以看出其对 List 和 ArrayList 的支持
    @SuppressWarnings("unchecked")
    public PersistentBag(SharedSessionContractImplementor session, Collection coll) {
        super( session );
        providedCollection = coll;
        if ( coll instanceof List ) {
            bag = (List) coll;
        }
        else {
            bag = new ArrayList( coll );
        }
        setInitialized();
        setDirectlyAccessible( true );
    }
    // 以下是一些关键的 List 的实现方法，基本上都是在原有 List 功能的基础上增加调用父类
    // AbstractPersistentCollection 里面的 read() 和 write() 方法
    @Override
    @SuppressWarnings("unchecked")
    public Object remove(int i) {
        write();
        return bag.remove( i );
    }
    @Override
    @SuppressWarnings("unchecked")
    public Object set(int i, Object o) {
        write();
        return bag.set( i, o );
```

```
    }
    @Override
    @SuppressWarnings("unchecked")
    public List subList(int start, int end) {
        read();
        return new ListProxy( bag.subList( start, end ) );
    }
    @Override
    public boolean entryExists(Object entry, int i) {
        return entry != null;
    }
    // toString 被调用的时候会触发 read()
    @Override
    public String toString() {
        read();
        return bag.toString();
    }
    ...// 其他方法类似，就不一一举例了
}
```

那么，我们再来看一看 AbstractPersistentCollection 的关键实现，在 AbstractPersistent-Collection 中会有大量通过 Session 来初始化关联关系的方法，这些方法基本是利用当前 Session 和当前 Session 中持有的 Connection 来重新操作 DB，从而取到数据库里面的数据。

所以 LazyInitializationExcetion 基本都是从这个类里面抛出来的，从源码可以看到其严重依赖当前的 Session，关键源码如图 25-2 所示。

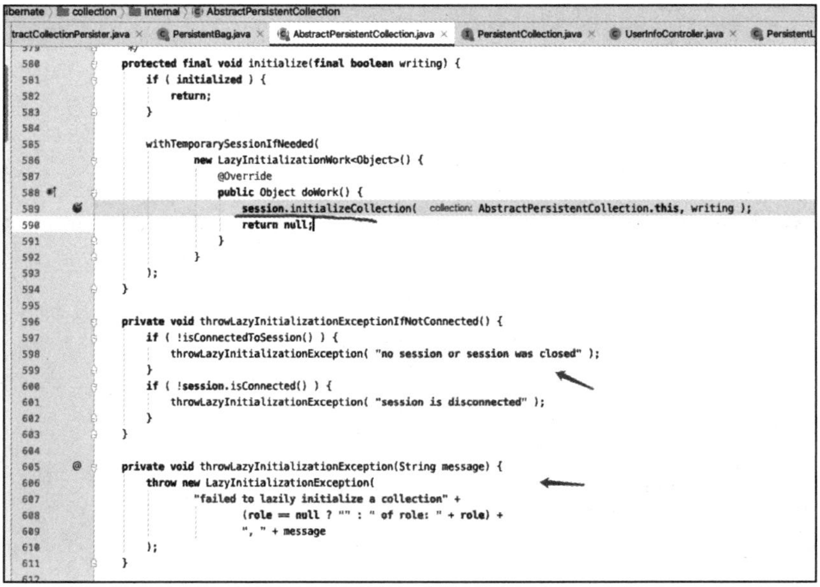

图 25-2　AbstractPersistentCollection

所以在默认的情况下，如果我们把 Session 关闭了，想利用 LAZY 机制加载管理关系，就会发生异常。我们通过实例看一看，在上面例子的 Controller 上加一个 Debug 断点，可以看到如图 25-3 所示的内容——我们的 Address 指向了 PersistentBag 代理实例类。

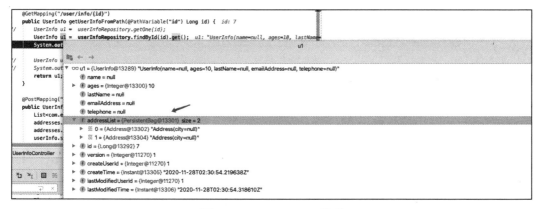

图 25-3　PersistentBag 代理

同时，我们再设置断点的话也可以看到，PersistentBag 被初始化的时候会传进 Session 的上下文，即包含 DataSource 和需要执行 LAZY 的 SQL。

而对于需要执行 LAZY 的 SQL，我们通过 Debug 视图的栈信息可以看到其中有一个 instantiate，有兴趣的读者可以调试一下，关键断点信息如图 25-4 所示。

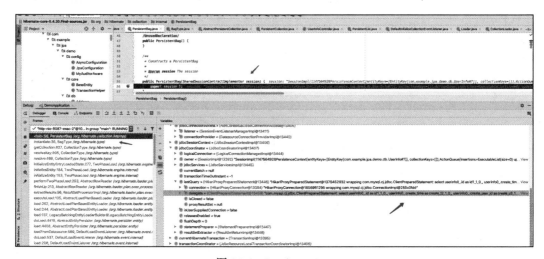

图 25-4　PersisntenBag

再继续调试的话，也会看到调用 AbstractPersistentCollection 的初始化 LAZY 的方法，如图 25-5 所示。

图 25-5　Initialize

通过源码分析和实例讲解，大家已经基本上知道了 LAZY 的原理，也就是需要 LAZY 的关联关系会初始化成 PersistentCollection，并且依赖持有的 Session。而当操作 List、Map 等集合类的一些基本方法的时候会触发 read()，并利用当前的 Session 进行"懒"加载。

那么在实际工作中，哪些场景可能会产生 LAZY 异常呢？

25.3　LAZY 异常的常见场景与解决方法

25.3.1　场景一：跨事务或事务之外

我们在前面讲过 Session 和事务之间的关系，当 spring.jpa.open-in-view=false 的时候，每个事务就会独立持有 Session。那么当我们在事务之外操作 LAZY 的关联关系的时候，就容易发生 LAZY 异常。

正如上面列举的 Demo 一样，一开始我就将 open-in-view 设置成 false，而 userInfo-Repository.findById(id) 又是一个独立事务，方法操作结束之后事务结束，事务结束之后 Session 关闭。所以当我们再次操作 UserInfo 中的 Address 对象时，就发生了 LAZY 异常。

在实际工作中这种情况比较多见，应该如何解决呢？

第一种方式：spring.jpa.open-in-view=true。

通过上面的分析，我们可以知道无非就是 Session 的关闭导致了 LAZY 异常，所以简单粗暴的办法就是加大 Session 的生命周期，将 Session 的生命周期和请求的生命周期设置成一样的。但是对于 open-in-view 可能会带来的副作用大家必须要牢记于心，有以下几点。

1）它对 Connection 的影响是什么？连接池有没有被很好地监控？利用率是怎么样的？

2）实体的状态在整个 Session 的生命周期的变更都是有效的，那么数据的更新是不是预期的？你要心里有数。

3）"N+1"SQL 是不是我们期望的？（这个在下一章会详细介绍）性能有没有影响？等等。

第二种方式：也是简单粗暴地改成 Eager 模式。

我们直接采用 Eager 模式，这样也不会有 LAZY 异常的问题。如下述代码所示。

```
public class UserInfo extends BaseEntity {
    private String name;
    // 直接采用 Eager 模式
    @OneToMany(mappedBy = "userInfo",cascade = CascadeType.PERSIST,fetch =
    FetchType.EAGER)
    private List<Address> addressList;
}
```

但是我不推荐这种做法，因为本来我不想查 Address 信息，这样就会白白地触发对 Address 的查询，导致性能浪费。

第三种方式：将可能发生 LAZY 的操作和取数据放在同一个事务里面。

这种方式怎么理解呢？我们改造一下上面 Demo 中 Controller 的写法，代码如下所示。

```
@RestController
@Log4j2
public class UserInfoController {
    @Autowired
    private UserInfoService userInfoService;
    @GetMapping("/user/info/{id}")
    public UserInfo getUserInfoFromPath(@PathVariable("id") Long id) {
        // controller 里面改调用 service 方法，这个 service 明确地返回了 UserInfo 和 Address 信息
        UserInfo u1 = userInfoService.getUserInfoAndAddress(id);
        System.out.println(u1.getAddressList().get(0).getCity());
        return u1;
    }
}
```

Service 的实现如下所示，我们在里面用事务包装。利用事务，让可能触发 LAZY 的操作提前在事务中发生。

```
/**
 * 我们把逻辑封装在 Service 方法里面，方法名字语义要清晰，就是说这个方法会取 UserInfo 的信息
   和 Address 的信息
 * @param id
 */
@Override
@Transactional
public UserInfo getUserInfoAndAddress(Long id) {
    UserInfo u1 = userInfoRepository.findById(id).get();
    u1.getAddressList().size();
    // 在同一个事务里面触发 LAZY；不需要查询 Address 的地方就不需要触发了
    return u1;
}
```

这个时候就要求我们对方法名的语义和注释应该比较清晰，这个方法还有一个缺点，就是 Service 返回的依然还是 UserInfo 的实体，如果在关联关系多的情况下，依然有犯错的可能性。

第四种方式：Service 层之外都用 DTO 或者其他 POJO，而不是 Entity。

这种是最复杂的，但却是最有效的、不会出问题的方式，我们在 Service 层返回 DTO，改造一下 Service 方法，代码如下所示。

```
@Transactional
public UserInfoDto getUserInfoAndAddress(Long id) {
    UserInfo u1 =  userInfoRepository.findById(id).get();
    // 按照业务要求，需要什么就返回什么，让实体在 Service 层之外是不可见的
    return UserInfoDto.builder().name(u1.getName()).addressList(u1.
        getAddressList()).build();
}
```

而 UserInfoDto 也就是根据我们的业务需要创建不同的 DTO 即可。例如，我们只需要 name 和 address 的时候，代码如下。

```
@Data
@Builder
public class UserInfoDto {
    private String name;
    private List<Address> addressList;
}
```

除了 DTO，我们还可以采用任何语义的 POJO，宗旨就是 Entity 对 Service 层之外是不可见的。也可以采用前文讲过的 Projection 方式，返回接口类型的 POJO，这样控制的力度更细，读写都可以分开。

将 Entity 控制在 Service 层还有一个好处就是，有的时候我们会使用各种 RPC 框架进行远程方法调度，可以直接通过 TCP 调用 Service 方法，如 Dubbo，这样也就天然支持了。

25.3.2　场景二：异步线程

既然跨事务容易发生问题，那么异步线程的时候更容易发生 LAZY 异常，大家可以先自己想一想该怎么解决。

对于异步线程，我们再套用上面的四种方式，你会发现其中的第一种就不适用了，因为异步开启的事务和 DB 操作默认是不受 open-in-view 控制的。所以我们可以明确地知道：开启的异步方法会用到实体参数的哪些关联关系，是否需要按照上面的第三种和第四种方式进行提前处理呢？这些都是需要我们心中有数的，而不是简单地开启异步就完事了。

25.3.3　场景三：Controller 直接返回实体

在工作中我们为了省事，经常直接在 Contoller 里面返回 Entity，这个时候很容易发生 LAZY 异常，例如下面这个场景。

```
@GetMapping("/user/info/{id}")
```

```
public UserInfo getUserInfoFromPath(@PathVariable("id") Long id) {
    return userInfoRepository.findById(id).get();
    // Controller 层直接将 UserInfo 返回给 View 层了
}
```

类似上面的 Contoller，我们直接将 UserInfo 实体对象当成 VO 对象，且直接当成返回结果了，当我们请求上面的 API 的时候也会发生 LAZY 异常，我们看下面的代码。

```
o.hibernate.LazyInitializationException: failed to lazily initialize a
    collection of role: com.example.jpa.demo.db.UserInfo.addressList, could
    not initialize proxy - no Session
    org.hibernate.LazyInitializationException: failed to lazily initialize a
        collection of role: com.example.jpa.demo.db.UserInfo.addressList, could
            not initialize proxy - no Session
```

此 VO 发生的异常与其他 LAZY 异常不同的时候，我们仔细观察，会发现如下信息。

```
Resolved [org.springframework.http.converter.HttpMessageNotWritableException:
    Could not write JSON:  failed to lazily initialize a collection of role:
    com.example.jpa.demo.db.UserInfo.addressList
```

通过日志可以知道，此时发生 LAZY 异常的主要原因是 JSON 系列化的时候会触发 LAZY 加载。这个时候就有了解决 LAZY 异常的第五种方式，即利用 @JsonIgnoreProperties ("addressList") 排除我们不想序列化的属性。

但是这种方式的弊端是只能用这个集合的全局配置，没有特例配置。因此最佳实践还是采用上面所说的第一种方式和第四种方式。

25.3.4　场景四：自定义的拦截器和 Filter 中无意的 toString 操作

第四个 LAZY 异常的场景就是，当我们打印一些日志或者无意间触发 toString 操作时也会发生 LAZY 异常，这种处理方法也很简单（处理 LAZY 异常的第六种方式）：在 toString 里面排除掉不需要 LAZY 加载的关联关系即可。如果我们用 Lombok 的话，直接通过 @ToString(exclude = "addressList") 排除掉就好了，完整例子如下所示。

```
@ToString(exclude = "addressList")
@JsonIgnoreProperties("addressList")
public class UserInfo extends BaseEntity {
...}
```

对于以上介绍的四个 LAZY 异常的场景和六种处理方式，大家在实际工作中可以灵活运用，其中最主要的是要知道背后的原理和触发 LAZY 产生的性能影响是什么（意外的 SQL 执行）。

Hibernate 官方还提供了第七种处理 LAZY 异常的方式：利用 Hibernate 的配置。我们来了解一下。

25.4　hibernate.enable_lazy_load_no_trans 配置

Hibernate 官方提供了 hibernate.enable_LAZY_load_no_trans 配置，是否允许在关闭之后依然支持 LAZY 加载，此非 JPA 标准，所以大家在用的时候需要关注版本变化。

其使用方法很简单，我们直接在 application.properties 里面增加如下配置即可，请看下面的代码。

```
## 运行在 Session 关闭之后，重新触发 LAZY 操作
spring.jpa.properties.hibernate.enable_LAZY_load_no_trans=true
```

此时我们不需要做任何其他修改，当在事务之外，甚至是 Session 之外，触发 LAZY 操作的时候也不会报错，也会正常地进行取数据。

但是我建议大家不要用这个方法，因为一旦开启了，对 LAZY 操作就不可控了，会发生预期之外的 LAZY 异常，然后就只能通过我们上面所说的处理 LAZY 异常的第三种和第四种方式解决成预期之内的，否则还会带来很多预期之外的 SQL 执行。这就会造成一种误解，即使用 Hibernate 或者 JPA 也会导致性能变差，其实本质原因是我们不了解原理，未能正确使用。

所以到目前为止，Spring Data JPA 中，hibernate.enable_LAZY_load_no_trans 默认是 false，这与 spring.jpa.open-in-view 默认是 true 是相同的道理。所以如果我们都采用 Spring Boot 的默认配置，一般是没有任何问题的；而有的时候为了更优的配置，我们需要知道底层原理，这样才能判断业务场景的最佳实践是什么。

以上重点介绍了 LAZYInitializationException，其实 JPA 里面的异常类型还非常多，下面简单介绍一下。

25.5　Javax.persistence.PersistenceException 异常类型

我们顺藤摸瓜，可以看到 LAZYInitializationException 在 HibernateException 里面，也可以看到 HibernateException 的父类 Javax.persistence.PersistenceException 下面有很多细分的异常，如图 25-6 所示。

当我们遇到异常的时候不要慌张，仔细看日志，基本就能知道是什么问题了。

另外需要注意的是，当我们遇到这些异常的时候，不同的异常有不同的处理方式，比如 OptimisticLockException 就需要进行重试；而针对 NoSuchBeanException 异常，就要检查我们的实体配置是否妥当。

通过异常的 Hierarchy 视图做到心中有数就好了，遇到实际情况再实际分析即可。

图 25-6　PersistenceException

25.6　本章小结

所以为什么我们总会遇到 LAZY 异常呢？当我们知道原理之后，应对起来是不是就游刃有余了呢？而 spring.jpa.open-in-view 设置 true/false 是一个权衡性问题，没有绝对的对和错，就看我们的使用场景是什么样的。

总之，遇到问题不要慌，看一看源码，想一想我们讲的原理知识，或许你就能找到答案。在下一章我们来聊聊经典的"N+1"SQL 问题。

如何正确解决经典的 "N+1" SQL 问题

在 JPA 的使用过程中，"N+1" SQL 问题是很常见的，相信很多程序员都遇到过这一问题，且大多对此束手无策，那么它真的有那么麻烦吗？在这一章我会帮助大家梳理思路，看看到底如何解决这个经典问题。

26.1　什么是 "N+1" SQL 问题

想要解决一个问题，必须要知道它是什么、如何产生的。下面通过一个例子来看一下什么是 "N+1" SQL 问题。

首先，假设一个 UserInfo 实体对象和 Address 是一对多的关系，即一个用户有多个地址，我们首先看一看一般实体里面的关联关系会怎么写。两个实体对象如下述代码所示。

```
// UserInfo 实体对象如下
@Entity
@Data
@SuperBuilder
@AllArgsConstructor
@NoArgsConstructor
@Table
@ToString(exclude = "addressList")// 防止 toString 在打印日志的时候死循环
public class UserInfo extends BaseEntity {
    private String name;
    private String telephone;
    // UserInfo 实体对象的关联关系由 Address 对象里面的 userInfo 字段维护，默认是 LAZY 加载模式，
    // 为了方便演示，fetch 取 EAGER 模式。此处是一对多的关联关系
```

```
    @OneToMany(mappedBy = "userInfo",fetch = FetchType.EAGER)
    private List<Address> addressList;
}
// Address 对象如下
@Entity
@Table
@Data
@SuperBuilder
@AllArgsConstructor
@NoArgsConstructor
@ToString(exclude = "userInfo")
public class Address extends BaseEntity {
    private String city;
    // 维护 UserInfo 和 Address 的外键关系，为了方便演示，也采用 EAGER 模式
    @ManyToOne(fetch = FetchType.EAGER)
    @JsonBackReference    // 此注解防止 JSON 死循环
    private UserInfo userInfo;
}
```

其次，我们假设数据库有三条 UserInfo 数据，ID 分别为 3、6、9，如图 26-1 所示。

图 26-1　3 条 UserInfo 数据

其中，每个 UserInfo 分别有两条 Address 数据，也就是一共 6 条 Address 数据，如图 26-2 所示。

图 26-2　6 条 Address 数据

然后，我们请求通过 UserInfoRepository 查询所有的 UserInfo 信息，方法如下面这行代码所示。

```
userInfoRepository.findAll()
```

现在，我们的控制台将会得到四个 SQL，如下所示。

```
org.hibernate.SQL                          :
select userinfo0_.id                       as id1_1_,
       userinfo0_.create_time              as create_t2_1_,
       userinfo0_.create_user_id           as create_u3_1_,
       userinfo0_.last_modified_time       as last_mod4_1_,
       userinfo0_.last_modified_user_id    as last_mod5_1_,
       userinfo0_.version                  as version6_1_,
       userinfo0_.ages                     as ages7_1_,
       userinfo0_.email_address            as email_ad8_1_,
       userinfo0_.last_name                as last_nam9_1_,
       userinfo0_.name                     as name10_1_,
       userinfo0_.telephone                as telepho11_1_
from user_info userinfo0_  org.hibernate.SQL                          :
select addresslis0_.user_info_id          as user_inf8_0_0_,
       addresslis0_.id                     as id1_0_0_,
       addresslis0_.id                     as id1_0_1_,
       addresslis0_.create_time            as create_t2_0_1_,
       addresslis0_.create_user_id         as create_u3_0_1_,
       addresslis0_.last_modified_time     as last_mod4_0_1_,
       addresslis0_.last_modified_user_id  as last_mod5_0_1_,
       addresslis0_.version                as version6_0_1_,
       addresslis0_.city                   as city7_0_1_,
       addresslis0_.user_info_id           as user_inf8_0_1_
from address addresslis0_
where addresslis0_.user_info_id = ? org.hibernate.SQL                          :
select addresslis0_.user_info_id          as user_inf8_0_0_,
       addresslis0_.id                     as id1_0_0_,
       addresslis0_.id                     as id1_0_1_,
       addresslis0_.create_time            as create_t2_0_1_,
       addresslis0_.create_user_id         as create_u3_0_1_,
       addresslis0_.last_modified_time     as last_mod4_0_1_,
       addresslis0_.last_modified_user_id  as last_mod5_0_1_,
       addresslis0_.version                as version6_0_1_,
       addresslis0_.city                   as city7_0_1_,
       addresslis0_.user_info_id           as user_inf8_0_1_
from address addresslis0_
where addresslis0_.user_info_id = ? org.hibernate.SQL                          :
select addresslis0_.user_info_id          as user_inf8_0_0_,
       addresslis0_.id                     as id1_0_0_,
       addresslis0_.id                     as id1_0_1_,
       addresslis0_.create_time            as create_t2_0_1_,
       addresslis0_.create_user_id         as create_u3_0_1_,
       addresslis0_.last_modified_time     as last_mod4_0_1_,
       addresslis0_.last_modified_user_id  as last_mod5_0_1_,
       addresslis0_.version                as version6_0_1_,
       addresslis0_.city                   as city7_0_1_,
       addresslis0_.user_info_id           as user_inf8_0_1_
from address addresslis0_
where addresslis0_.user_info_id = ?
```

通过 SQL 我们可以看出，当取 UserInfo 的时候，有多少条 UserInfo 数据就会触发多少条查询 Address 的 SQL。

那么，所谓的"N+1"SQL，代表的是一条 SQL 查询 UserInfo 信息；N 条 SQL 查询 Address 信息。大家可以想象一下，如果有 100 条 UserInfo 信息，可能会触发 100 条查询 Address 的 SQL，性能多差呀！

很简单，这就是我们常说的"N+1"SQL 问题。我们这里使用的是 EAGER 模式，当使用 LAZY 的时候也是一样的道理，只是生成 N 条 SQL 的时机是不一样的。

上面演示了 @OneToMany 的情况，那么我们再来看一看 @ManyToOne 的情况。利用 AddressRepository 查询所有的 Address 信息，方法如下面这行代码所示。

```
addressRepository.findAll();
```

这个时候我们再看一下控制台，会产生如下 SQL。

```
org.hibernate.SQL                               :
select address0_.id                      as id1_0_,
       address0_.create_time             as create_t2_0_,
       address0_.create_user_id          as create_u3_0_,
       address0_.last_modified_time      as last_mod4_0_,
       address0_.last_modified_user_id   as last_mod5_0_,
       address0_.version                 as version6_0_,
       address0_.city                    as city7_0_,
       address0_.user_info_id            as user_inf8_0_
from address address0_
org.hibernate.SQL                               :
select userinfo0_.id                     as id1_1_0_,
       userinfo0_.create_time            as create_t2_1_0_,
       userinfo0_.create_user_id         as create_u3_1_0_,
       userinfo0_.last_modified_time     as last_mod4_1_0_,
       userinfo0_.last_modified_user_id  as last_mod5_1_0_,
       userinfo0_.version                as version6_1_0_,
       userinfo0_.ages                   as ages7_1_0_,
       userinfo0_.email_address          as email_ad8_1_0_,
       userinfo0_.last_name              as last_nam9_1_0_,
       userinfo0_.name                   as name10_1_0_,
       userinfo0_.telephone              as telepho11_1_0_,
       addresslis1_.user_info_id         as user_inf8_0_1_,
       addresslis1_.id                   as id1_0_1_,
       addresslis1_.id                   as id1_0_2_,
       addresslis1_.create_time          as create_t2_0_2_,
       addresslis1_.create_user_id       as create_u3_0_2_,
       addresslis1_.last_modified_time   as last_mod4_0_2_,
       addresslis1_.last_modified_user_id as last_mod5_0_2_,
       addresslis1_.version              as version6_0_2_,
       addresslis1_.city                 as city7_0_2_,
       addresslis1_.user_info_id         as user_inf8_0_2_
from user_info userinfo0_
        left outer join address addresslis1_ on userinfo0_.id = addresslis1_.
```

```
                    user_info_id
where userinfo0_.id = ?
org.hibernate.SQL                             :
select userinfo0_.id                          as id1_1_0_,
        userinfo0_.create_time                as create_t2_1_0_,
        userinfo0_.create_user_id             as create_u3_1_0_,
        userinfo0_.last_modified_time         as last_mod4_1_0_,
        userinfo0_.last_modified_user_id      as last_mod5_1_0_,
        userinfo0_.version                    as version6_1_0_,
        userinfo0_.ages                       as ages7_1_0_,
        userinfo0_.email_address              as email_ad8_1_0_,
        userinfo0_.last_name                  as last_nam9_1_0_,
        userinfo0_.name                       as name10_1_0_,
        userinfo0_.telephone                  as telepho11_1_0_,
        addresslis1_.user_info_id             as user_inf8_0_1_,
        addresslis1_.id                       as id1_0_1_,
        addresslis1_.id                       as id1_0_2_,
        addresslis1_.create_time              as create_t2_0_2_,
        addresslis1_.create_user_id           as create_u3_0_2_,
        addresslis1_.last_modified_time       as last_mod4_0_2_,
        addresslis1_.last_modified_user_id    as last_mod5_0_2_,
        addresslis1_.version                  as version6_0_2_,
        addresslis1_.city                     as city7_0_2_,
        addresslis1_.user_info_id             as user_inf8_0_2_
from user_info userinfo0_
        left outer join address addresslis1_ on userinfo0_.id = addresslis1_.
                user_info_id
where userinfo0_.id = ?
org.hibernate.SQL                             :
select userinfo0_.id                          as id1_1_0_,
        userinfo0_.create_time                as create_t2_1_0_,
        userinfo0_.create_user_id             as create_u3_1_0_,
        userinfo0_.last_modified_time         as last_mod4_1_0_,
        userinfo0_.last_modified_user_id      as last_mod5_1_0_,
        userinfo0_.version                    as version6_1_0_,
        userinfo0_.ages                       as ages7_1_0_,
        userinfo0_.email_address              as email_ad8_1_0_,
        userinfo0_.last_name                  as last_nam9_1_0_,
        userinfo0_.name                       as name10_1_0_,
        userinfo0_.telephone                  as telepho11_1_0_,
        addresslis1_.user_info_id             as user_inf8_0_1_,
        addresslis1_.id                       as id1_0_1_,
        addresslis1_.id                       as id1_0_2_,
        addresslis1_.create_time              as create_t2_0_2_,
        addresslis1_.create_user_id           as create_u3_0_2_,
        addresslis1_.last_modified_time       as last_mod4_0_2_,
        addresslis1_.last_modified_user_id    as last_mod5_0_2_,
        addresslis1_.version                  as version6_0_2_,
        addresslis1_.city                     as city7_0_2_,
        addresslis1_.user_info_id             as user_inf8_0_2_
```

```
from user_info userinfo0_
        left outer join address addresslis1_ on userinfo0_.id = addresslis1_.
            user_info_id
where userinfo0_.id = ?
```

这里通过 SQL 可以看出，当取 Address 的时候，Address 里面有多少个 user_info_id，就会触发多少条查询 UserInfo 的 SQL。

那么所谓的"N+1"SQL，此时就代表一条 SQL 查询 Address 信息；N 条 SQL 查询 UserInfo 信息。同样，大家可以想象一下，如果我们有 100 条 Address 信息，不同的 user_info_id 可能会触发 100 条查询 UserInfo 的 SQL，性能依然很差。

这也是我们常说的"N+1"SQL 问题，我只是给大家演示了 @OneToMany 和 @ManyToOne 的情况，@ManyToMany 和 @OneToOne 也是同样的道理，都是当我们查询主体信息时，1 条 SQL 会衍生出来关联关系的 N 条 SQL。

现在大家认识了这个问题，下一步应该思考：怎么解决才更合理，有没有什么办法可以减少 SQL 语句条数呢？

26.2　减少 N 对应的 SQL 语句的条数

最容易想到的就是，有没有什么机制可以减少 N 对应的 SQL 语句条数呢？从原理分析会知道，不管是 LAZY 还是 EAGER 都是没有用的，因为这两个只是决定了 N 条 SQL 语句的触发时机，而不能减少 SQL 语句的条数。

不知道大家是否还记得在第 21 章中我们介绍过的 Hibernate 的配置项有哪些，如果你回过头去看，会发现有一个配置可以改变每次批量取数据的大小。

26.2.1　hibernate.default_batch_fetch_size 配置

hibernate.default_batch_fetch_size 配置在 AvailableSettings.class 里面，指的是批量获取数据的大小，默认是 –1，表示默认没有批量取数据。那么我们把这个值改成"20"看一下效果，只需要在 application.properties 里面增加如下配置即可。

```
# 更改批量取数据的大小为 20
spring.jpa.properties.hibernate.default_batch_fetch_size= 20
```

在实体类不发生任何改变的前提下，我们再执行如下两个方法，分别看一看 SQL 的生成情况。首先执行一个方法：

```
userInfoRepository.findAll();
```

还是先查询所有的 UserInfo 信息，看一看 SQL 的执行情况，代码如下所示。

```
org.hibernate.SQL                                    :
```

```
select userinfo0_.id                      as id1_1_,
       userinfo0_.create_time             as create_t2_1_,
       userinfo0_.create_user_id          as create_u3_1_,
       userinfo0_.last_modified_time      as last_mod4_1_,
       userinfo0_.last_modified_user_id   as last_mod5_1_,
       userinfo0_.version                 as version6_1_,
       userinfo0_.ages                    as ages7_1_,
       userinfo0_.email_address           as email_ad8_1_,
       userinfo0_.last_name               as last_nam9_1_,
       userinfo0_.name                    as name10_1_,
       userinfo0_.telephone               as telepho11_1_
from user_info userinfo0_ org.hibernate.SQL                          :
select addresslis0_.user_info_id          as user_inf8_0_1_,
       addresslis0_.id                    as id1_0_1_,
       addresslis0_.id                    as id1_0_0_,
       addresslis0_.create_time           as create_t2_0_0_,
       addresslis0_.create_user_id        as create_u3_0_0_,
       addresslis0_.last_modified_time    as last_mod4_0_0_,
       addresslis0_.last_modified_user_id as last_mod5_0_0_,
       addresslis0_.version               as version6_0_0_,
       addresslis0_.city                  as city7_0_0_,
       addresslis0_.user_info_id          as user_inf8_0_0_
from address addresslis0_
where addresslis0_.user_info_id in (?, ?, ?)
```

我们可以看到 SQL 直接减少到两条了，其中查询 Address 的查询条件变成了 in(?, ?, ?)。

想象一下，如果我们有 20 条 UserInfo 信息，那么产生的 SQL 也是两条，此时要比"20+1"条 SQL 性能高太多了。

接着我们再执行另一个方法，看一下 @ManyToOne 的情况，代码如下所示。

```
addressRepository.findAll();
```

关于执行的 SQL 情况如下所示。

```
2020-11-29 23:11:27.381 DEBUG 30870 --- [nio-8087-exec-5] org.hibernate.SQL       :
select address0_.id                       as id1_0_,
       address0_.create_time              as create_t2_0_,
       address0_.create_user_id           as create_u3_0_,
       address0_.last_modified_time       as last_mod4_0_,
       address0_.last_modified_user_id    as last_mod5_0_,
       address0_.version                  as version6_0_,
       address0_.city                     as city7_0_,
       address0_.user_info_id             as user_inf8_0_
from address address0_
2020-11-29 23:11:27.383 DEBUG 30870 --- [nio-8087-exec-5] org.hibernate.SQL       :
select userinfo0_.id                      as id1_1_0_,
       userinfo0_.create_time             as create_t2_1_0_,
       userinfo0_.create_user_id          as create_u3_1_0_,
       userinfo0_.last_modified_time      as last_mod4_1_0_,
```

```
        userinfo0_.last_modified_user_id   as last_mod5_1_0_,
        userinfo0_.version                 as version6_1_0_,
        userinfo0_.ages                    as ages7_1_0_,
        userinfo0_.email_address           as email_ad8_1_0_,
        userinfo0_.last_name               as last_nam9_1_0_,
        userinfo0_.name                    as name10_1_0_,
        userinfo0_.telephone               as telepho11_1_0_,
        addresslis1_.user_info_id          as user_inf8_0_1_,
        addresslis1_.id                    as id1_0_1_,
        addresslis1_.id                    as id1_0_2_,
        addresslis1_.create_time           as create_t2_0_2_,
        addresslis1_.create_user_id        as create_u3_0_2_,
        addresslis1_.last_modified_time    as last_mod4_0_2_,
        addresslis1_.last_modified_user_id as last_mod5_0_2_,
        addresslis1_.version               as version6_0_2_,
        addresslis1_.city                  as city7_0_2_,
        addresslis1_.user_info_id          as user_inf8_0_2_
from user_info userinfo0_
        left outer join address addresslis1_ on userinfo0_.id = addresslis1_.
            user_info_id
where userinfo0_.id in (?, ?, ?)
```

从代码中可以看到，我们查询的所有 Address 信息也只产生了两条 SQL；当我们查询 UserInfo 的时候，SQL 最后的查询条件也变成了 in(?, ?, ?)，同样的道理，这样也会提升不少 SQL 性能。

而 hibernate.default_batch_fetch_size 的经验参考值，可以设置成 20、30、50、100 等，太高了也没有意义。一个请求执行一次，产生的 SQL 数量为 3～5 条基本上都算合理情况，这样通过设置 default_batch_fetch_size 就可以很好地避免在大部分业务场景下的"N+1"SQL 的性能问题了。

此时，大家还需要注意的一点就是，在实际工作中，一定要知道我们一次操作会产生多少条 SQL，以及有没有预期之外的 SQL 参数，这是需要关注的重点，在这种情况下可以利用我们之前说过的如下配置来开启打印 SQL，请看代码。

```
## 显示 SQL 的执行日志，如果开了这个 ,show_sql 就可以不用了，show_sql 没有上下文，多线程情况
   下分不清楚是谁打印的，推荐如下配置项
logging.level.org.hibernate.SQL=debug
```

但是这种配置也有一个缺陷，就是只能全局配置，没办法针对不同的实体管理关系配置不同的 Fetch Size 的值。

而与之类似，Hibernate 也提供了一个注解 @BatchSize，可以解决此问题。

26.2.2　@BatchSize 注解

@BatchSize 注解是 Hibernate 提供的用来解决查询关联关系的批量处理大小的，默认为无，可以配置在实体上，也可以配置在关联关系上面。此注解里面只有一个属性 size，用来

指定关联关系 LAZY 或者是 EAGER 一次性取数据的大小。

我们还是将上面例子中的 UserInfo 实体做一下改造，在里面增加两次 @BatchSize 注解，代码如下所示。

```
@Entity
@Data
@SuperBuilder
@AllArgsConstructor
@NoArgsConstructor
@Table
@ToString(exclude = "addressList")
@BatchSize(size = 2)
// 实体类上加 @BatchSize 注解，用来设置当被关联关系的时候一次查询的大小，我们设置成 2，方便演示
// Address 关联 UserInfo 时候的效果
public class UserInfo extends BaseEntity {
    private String name;
    private String telephone;
    @OneToMany(mappedBy = "userInfo",cascade = CascadeType.PERSIST,fetch =
        FetchType.EAGER)
    @BatchSize(size = 20)
// 关联关系的属性上加 @BatchSize 注解，用来设置当通过 UserInfo 加载 Address 的时候一次取数据
// 的大小
    private List<Address> addressList;
}
```

通过改造 UserInfo 实体，可以直接演示 @BatchSize 应用在实体类和属性字段上的效果，所以 Address 实体可以不做任何改变，hibernate.default_batch_fetch_size 还改成默认值 "–1"，我们再分别执行一下两个 findAll 方法，看一下效果。

第一种：查询所有 UserInfo，代码如下面这行所示。

```
userInfoRepository.findAll();
```

我们看一下 SQL 控制台。

```
org.hibernate.SQL                              :
select userinfo0_.id                  as id1_1_,
       userinfo0_.create_time          as create_t2_1_,
       userinfo0_.create_user_id       as create_u3_1_,
       userinfo0_.last_modified_time   as last_mod4_1_,
       userinfo0_.last_modified_user_id as last_mod5_1_,
       userinfo0_.version              as version6_1_,
       userinfo0_.ages                 as ages7_1_,
       userinfo0_.email_address        as email_ad8_1_,
       userinfo0_.last_name            as last_nam9_1_,
       userinfo0_.name                 as name10_1_,
       userinfo0_.telephone            as telepho11_1_
from user_info userinfo0_ org.hibernate.SQL              :
select addresslis0_.user_info_id         as user_inf8_0_1_,
       addresslis0_.id                   as id1_0_1_,
```

```
      addresslis0_.id                      as id1_0_0_,
      addresslis0_.create_time             as create_t2_0_0_,
      addresslis0_.create_user_id          as create_u3_0_0_,
      addresslis0_.last_modified_time       as last_mod4_0_0_,
      addresslis0_.last_modified_user_id as last_mod5_0_0_,
      addresslis0_.version                 as version6_0_0_,
      addresslis0_.city                    as city7_0_0_,
      addresslis0_.user_info_id            as user_inf8_0_0_
from address addresslis0_
where addresslis0_.user_info_id in (?, ?, ?)
```

与刚才设置 hibernate.default_batch_fetch_size=20 的效果一模一样，所以我们可以利用 @ BatchSize 这个注解，针对不同的关联关系配置不同的大小，从而提升"N+1"SQL 的性能。

第二种：查询所有 Address，如下面这行代码所示。

```
addressRepository.findAll();
```

我们看一看控制台的 SQL 情况，如下所示。

```
org.hibernate.SQL                        :
select address0_.id                      as id1_0_,
       address0_.create_time             as create_t2_0_,
       address0_.create_user_id          as create_u3_0_,
       address0_.last_modified_time       as last_mod4_0_,
       address0_.last_modified_user_id as last_mod5_0_,
       address0_.version                 as version6_0_,
       address0_.city                    as city7_0_,
       address0_.user_info_id            as user_inf8_0_
from address address0_
org.hibernate.SQL                        :
select userinfo0_.id                     as id1_1_0_,
       userinfo0_.create_time            as create_t2_1_0_,
       userinfo0_.create_user_id         as create_u3_1_0_,
       userinfo0_.last_modified_time      as last_mod4_1_0_,
       userinfo0_.last_modified_user_id as last_mod5_1_0_,
       userinfo0_.version                as version6_1_0_,
       userinfo0_.ages                   as ages7_1_0_,
       userinfo0_.email_address          as email_ad8_1_0_,
       userinfo0_.last_name              as last_nam9_1_0_,
       userinfo0_.name                   as name10_1_0_,
       userinfo0_.telephone              as telepho11_1_0_,
       addresslis1_.user_info_id         as user_inf8_0_1_,
       addresslis1_.id                   as id1_0_1_,
       addresslis1_.id                   as id1_0_2_,
       addresslis1_.create_time          as create_t2_0_2_,
       addresslis1_.create_user_id       as create_u3_0_2_,
       addresslis1_.last_modified_time    as last_mod4_0_2_,
       addresslis1_.last_modified_user_id as last_mod5_0_2_,
       addresslis1_.version              as version6_0_2_,
       addresslis1_.city                 as city7_0_2_,
       addresslis1_.user_info_id         as user_inf8_0_2_
```

```
from user_info userinfo0_
        left outer join address addresslis1_ on userinfo0_.id = addresslis1_.
            user_info_id
where userinfo0_.id in (?, ?)
org.hibernate.SQL                                   :
select userinfo0_.id                      as id1_1_0_,
        userinfo0_.create_time            as create_t2_1_0_,
        userinfo0_.create_user_id         as create_u3_1_0_,
        userinfo0_.last_modified_time     as last_mod4_1_0_,
        userinfo0_.last_modified_user_id  as last_mod5_1_0_,
        userinfo0_.version                as version6_1_0_,
        userinfo0_.ages                   as ages7_1_0_,
        userinfo0_.email_address          as email_ad8_1_0_,
        userinfo0_.last_name              as last_nam9_1_0_,
        userinfo0_.name                   as name10_1_0_,
        userinfo0_.telephone              as telepho11_1_0_,
        addresslis1_.user_info_id         as user_inf8_0_1_,
        addresslis1_.id                   as id1_0_1_,
        addresslis1_.id                   as id1_0_2_,
        addresslis1_.create_time          as create_t2_0_2_,
        addresslis1_.create_user_id       as create_u3_0_2_,
        addresslis1_.last_modified_time   as last_mod4_0_2_,
        addresslis1_.last_modified_user_id as last_mod5_0_2_,
        addresslis1_.version              as version6_0_2_,
        addresslis1_.city                 as city7_0_2_,
        addresslis1_.user_info_id         as user_inf8_0_2_
from user_info userinfo0_
        left outer join address addresslis1_ on userinfo0_.id = addresslis1_.
            user_info_id
where userinfo0_.id = ?
```

这里可以看到，由于我们在 UserInfo 的实体上设置了 @BatchSize(size = 2)，表示关联到 UserInfo 的时候一次取两条数据，所以就会发现这次查询 Address 加载 UserInfo 的时候，产生了 3 条 SQL。

其中，通过关联关系查询 UserInfo 产生了 2 条 SQL，由于 UserInfo 在数据库里面有三条数据，所以第一条 UserInfo 的 SQL 受 @BatchSize(size = 2) 的控制，从而 in(?, ?) 只支持两个参数，同时也产生了第二条查 UserInfo 的 SQL。

从上面的例子中，我们可以看到 @BatchSize 和 hibernate.default_batch_fetch_size 的效果是一样的，只不过一个是全局配置、一个是局部设置，这是可以减少 "N+1" SQL 条数最直接、最方便的两种方式。

注意：@BatchSize 的使用具有局限性，不能作用于 @ManyToOne 和 @OneToOne 的关联关系上，此时代码是不起作用的，如下所示。

```
public class Address extends BaseEntity {
    private String city;
    @ManyToOne(cascade = CascadeType.PERSIST,fetch = FetchType.EAGER)
```

```
    @BatchSize(size = 30) // 由于是 @ManyToOne 的关联关系，所有没有起作用
    private UserInfo userInfo;
}
```

因此，需要注意的是，@BatchSize 只能作用在 @ManyToMany、@OneToMany、实体类这三个地方。

此外，Hibernate 中还提供了一种 FetchMode 策略，包含三种模式，分别为 FetchMode.SELECT、FetchMode.JOIN，以及 FetchMode.SUBSELECT。

26.3　Hibernate 中获取数据的策略

Hibernate 提供了一个 @Fetch 注解，用来改变获取数据的策略。我们研究一下这一注解的语法，代码如下所示。

```
// 该注解只能用在方法和字段上面
@Target({ElementType.METHOD, ElementType.FIELD})
@Retention(RetentionPolicy.RUNTIME)
public @interface Fetch {
    // 在注解里面，只有一个获取数据的模式属性
    FetchMode value();
}
// 其中 FetchMode 的值有如下几种
public enum FetchMode {
    // 默认模式，会有 "N+1" SQL 的问题
    SELECT,
    // 通过 JOIN 模式，用一个 SQL 把主体数据和关联关系数据查出来
    JOIN,
    // 通过子查询模式，查询关联关系的数据
    SUBSELECT
}
```

需要注意的是，不要把这个注解和 JPA 协议的 FetchType.EAGER、FetchType.LAZY 混淆了，在 JPA 协议的关联关系中 FetchType 解决的是取关联关系数据时机的问题。也就是说，EAGER 代表的是立即获得关联关系的数据，而 LAZY 是在需要的时候再获得关联关系的数据。

这与 Hibernate 的 FetchMode 是两回事，FetchMode 解决的是获得数据的策略问题。也就是说，获得关联关系数据的策略有三种模式：SELECT（默认）、JOIN、SUBSELECT。下面就通过例子来分别介绍一下这三种模式有什么区别，以及分别起到什么作用等。

26.3.1　FetchMode.SELECT

我们直接更改一下 UserInfo 实体，将 @Fetch(value = FetchMode.SELECT) 作为获取数据的策略，使用 FetchType.EAGER 作为获取数据的时机，代码如下所示。

```
@Entity
@Data
@SuperBuilder
@AllArgsConstructor
@NoArgsConstructor
@Table
@ToString(exclude = "addressList")
public class UserInfo extends BaseEntity {
    private String name;
    private String telephone;
    @OneToMany(mappedBy = "userInfo",cascade = CascadeType.PERSIST,fetch =
        FetchType.EAGER)
    @Fetch(value = FetchMode.SELECT)
    private List<Address> addressList;
}
```

然后执行 userInfoRepository.findAll() 这个方法，看一看打印的 SQL 有哪些。

```
org.hibernate.SQL                            :
select userinfo0_.id                  as id1_1_,
       userinfo0_.create_time         as create_t2_1_,
       userinfo0_.create_user_id       as create_u3_1_,
       userinfo0_.last_modified_time   as last_mod4_1_,
       userinfo0_.last_modified_user_id as last_mod5_1_,
       userinfo0_.version              as version6_1_,
       userinfo0_.ages                 as ages7_1_,
       userinfo0_.email_address         as email_ad8_1_,
       userinfo0_.last_name             as last_nam9_1_,
       userinfo0_.name                 as name10_1_,
       userinfo0_.telephone             as telepho11_1_
from user_info userinfo0_
org.hibernate.SQL                            :
select addresslis0_.user_info_id       as user_inf8_0_0_,
       addresslis0_.id                 as id1_0_0_,
       addresslis0_.id                 as id1_0_1_,
       addresslis0_.create_time         as create_t2_0_1_,
       addresslis0_.create_user_id       as create_u3_0_1_,
       addresslis0_.last_modified_time   as last_mod4_0_1_,
       addresslis0_.last_modified_user_id as last_mod5_0_1_,
       addresslis0_.version             as version6_0_1_,
       addresslis0_.city               as city7_0_1_,
       addresslis0_.user_info_id         as user_inf8_0_1_
from address addresslis0_
where addresslis0_.user_info_id = ?
org.hibernate.SQL                            :
select addresslis0_.user_info_id       as user_inf8_0_0_,
       addresslis0_.id                 as id1_0_0_,
       addresslis0_.id                 as id1_0_1_,
       addresslis0_.create_time         as create_t2_0_1_,
       addresslis0_.create_user_id       as create_u3_0_1_,
       addresslis0_.last_modified_time   as last_mod4_0_1_,
```

```
        addresslis0_.last_modified_user_id as last_mod5_0_1_,
        addresslis0_.version              as version6_0_1_,
        addresslis0_.city                 as city7_0_1_,
        addresslis0_.user_info_id         as user_inf8_0_1_
from address addresslis0_
where addresslis0_.user_info_id = ?
org.hibernate.SQL                                  :
select addresslis0_.user_info_id         as user_inf8_0_0_,
        addresslis0_.id                   as id1_0_0_,
        addresslis0_.id                   as id1_0_1_,
        addresslis0_.create_time          as create_t2_0_1_,
        addresslis0_.create_user_id       as create_u3_0_1_,
        addresslis0_.last_modified_time   as last_mod4_0_1_,
        addresslis0_.last_modified_user_id as last_mod5_0_1_,
        addresslis0_.version              as version6_0_1_,
        addresslis0_.city                 as city7_0_1_,
        addresslis0_.user_info_id         as user_inf8_0_1_
from address addresslis0_
where addresslis0_.user_info_id = ?
```

从上述的 SQL 中可以看出，这依然是"N+1"SQL 问题，FetchMode.SELECT 是默认策略，加与不加是同样的效果，代表获取关系的时候新开一个 SQL 进行查询。

26.3.2　FetchMode.JOIN

FetchMode.JOIN 的意思是主表信息和关联关系通过 JOIN 的方式查出来，我们看一个例子。

首先，将 UserInfo 里面的 FetchMode 改成 JOIN 模式，关键代码如下。

```
public class UserInfo extends BaseEntity {
    private String name;
    private String telephone;
    @OneToMany(mappedBy = "userInfo",cascade = CascadeType.PERSIST,fetch =
        FetchType.EAGER)
    @Fetch(value = FetchMode.JOIN) //唯一变化的地方采用 JOIN 模式
    private List<Address> addressList;
}
```

然后调用 userInfoRepository.findAll() 这个方法，发现依然是这三条 SQL，如图 26-3 所示。

```
10_1_, userinfo0_.telephone as telepho11_1_ from user_info userinfo0_
ddresslis0_.user_info_id as user_inf8_0_1_ from address addresslis0_ where addresslis0_.user_info_id=?
ddresslis0_.user_info_id as user_inf8_0_1_ from address addresslis0_ where addresslis0_.user_info_id=?
ddresslis0_.user_info_id as user_inf8_0_1_ from address addresslis0_ where addresslis0_.user_info_id=?
```

图 26-3　JOIN 模式 SQL

这是因为 FetchMode.JOIN 只支持通过 ID 或者联合唯一键获取数据才有效，这正是

JOIN 策略模式的局限性所在。

那么我们再调用一下 userInfoRepository.findById(id)，看看控制台的 SQL 执行情况，代码如下。

```
select userinfo0_.id                          as id1_1_0_,
       userinfo0_.create_time                 as create_t2_1_0_,
       userinfo0_.create_user_id              as create_u3_1_0_,
       userinfo0_.last_modified_time          as last_mod4_1_0_,
       userinfo0_.last_modified_user_id       as last_mod5_1_0_,
       userinfo0_.version                     as version6_1_0_,
       userinfo0_.ages                        as ages7_1_0_,
       userinfo0_.email_address               as email_ad8_1_0_,
       userinfo0_.last_name                   as last_nam9_1_0_,
       userinfo0_.name                        as name10_1_0_,
       userinfo0_.telephone                   as telepho11_1_0_,
       addresslis1_.user_info_id              as user_inf8_0_1_,
       addresslis1_.id                        as id1_0_1_,
       addresslis1_.id                        as id1_0_2_,
       addresslis1_.create_time               as create_t2_0_2_,
       addresslis1_.create_user_id            as create_u3_0_2_,
       addresslis1_.last_modified_time        as last_mod4_0_2_,
       addresslis1_.last_modified_user_id     as last_mod5_0_2_,
       addresslis1_.version                   as version6_0_2_,
       addresslis1_.city                      as city7_0_2_,
       addresslis1_.user_info_id              as user_inf8_0_2_
from user_info userinfo0_
        left outer join address addresslis1_ on userinfo0_.id = addresslis1_.
            user_info_id
where userinfo0_.id = ?
```

这时我们会发现，当查询 UserInfo 的时候，它会通过 left outer join 把 Address 信息也查询出来，虽然 SQL 上会有冗余信息，但是你会发现我们之前的 "N+1" SQL 直接变成 1 条 SQL 了。

此时我们修改 UserInfo 里面的 @OneToMany，这个 @Fetch(value = FetchMode.JOIN) 同样适用于 @ManyToOne；然后再改一下 Address 实例，用 @Fetch(value = FetchMode. JOIN) 把 Adress 里面的 UserInfo 关联关系改成 JOIN 模式；接着我们采用 LAZY 获取数据的时机，会发现其对获取数据的策略没有任何影响。

这里只是给大家演示获取数据时机的不同情况，关键代码如下。

```
@Entity
@Table
@Data
@SuperBuilder
@AllArgsConstructor
@NoArgsConstructor
@ToString(exclude = "userInfo")
```

```
public class Address extends BaseEntity {
    private String city;
    @ManyToOne(cascade = CascadeType.PERSIST,fetch = FetchType.LAZY)
    @JsonBackReference
    @Fetch(value = FetchMode.JOIN)
    private UserInfo userInfo;
}
```

同样的道理，JOIN 对列表性的查询是没有效果的，我们调用一下 addressRepository. findById(id)，产生的 SQL 如下所示。

```
org.hibernate.SQL                              :
select address0_.id                    as id1_0_0_,
       address0_.create_time           as create_t2_0_0_,
       address0_.create_user_id        as create_u3_0_0_,
       address0_.last_modified_time    as last_mod4_0_0_,
       address0_.last_modified_user_id as last_mod5_0_0_,
       address0_.version               as version6_0_0_,
       address0_.city                  as city7_0_0_,
       address0_.user_info_id          as user_inf8_0_0_,
       userinfo1_.id                   as id1_1_1_,
       userinfo1_.create_time          as create_t2_1_1_,
       userinfo1_.create_user_id       as create_u3_1_1_,
       userinfo1_.last_modified_time   as last_mod4_1_1_,
       userinfo1_.last_modified_user_id as last_mod5_1_1_,
       userinfo1_.version              as version6_1_1_,
       userinfo1_.ages                 as ages7_1_1_,
       userinfo1_.email_address        as email_ad8_1_1_,
       userinfo1_.last_name            as last_nam9_1_1_,
       userinfo1_.name                 as name10_1_1_,
       userinfo1_.telephone            as telepho11_1_1
from address address0_
        left outer join user_info userinfo1_ on address0_.user_info_id =
            userinfo1_.id
where address0_.id = ?
```

我们发现此时只会产生一个 SQL，即通过 from address left outer join user_info 一次性把所有信息都查出来了，然后 Hibernate 再根据查询出来的结果组合到不同的实体里面。

也就是说 FetchMode.JOIN 对于关联关系的查询，LAZY 是不起作用的，因为 JOIN 模式是通过一条 SQL 查出所有信息，所以 FetchMode.JOIN 会忽略 FetchType。

那么，我们再来看第三种模式。

26.3.3　FetchMode.SUBSELECT

这种模式很简单，就是将关联关系通过子查询的形式查询出来，我们还是结合例子来理解。

首先，将 UserInfo 里面的关联关系改成 @Fetch(value = FetchMode.SUBSELECT)，关

键代码如下。

```
public class UserInfo extends BaseEntity {
    @OneToMany(mappedBy = "userInfo",cascade = CascadeType.PERSIST,fetch =
        FetchType.LAZY)              // 我们这里测试一下 LAZY 情况
    @Fetch(value = FetchMode.SUBSELECT) // 唯一变化之处
    private List<Address> addressList;
}
```

接着像上面的做法一样，执行 userInfoRepository.findAll() 方法，看一下控制台的 SQL 情况，如下所示。

```
org.hibernate.SQL                              :
select userinfo0_.id                  as id1_1_,
       userinfo0_.create_time         as create_t2_1_,
       userinfo0_.create_user_id      as create_u3_1_,
       userinfo0_.last_modified_time  as last_mod4_1_,
       userinfo0_.last_modified_user_id as last_mod5_1_,
       userinfo0_.version             as version6_1_,
       userinfo0_.ages                as ages7_1_,
       userinfo0_.email_address       as email_ad8_1_,
       userinfo0_.last_name           as last_nam9_1_,
       userinfo0_.name                as name10_1_,
       userinfo0_.telephone           as telepho11_1_
from user_info userinfo0_
org.hibernate.SQL                              :
select addresslis0_.user_info_id      as user_inf8_0_1_,
       addresslis0_.id                as id1_0_1_,
       addresslis0_.id                as id1_0_0_,
       addresslis0_.create_time       as create_t2_0_0_,
       addresslis0_.create_user_id    as create_u3_0_0_,
       addresslis0_.last_modified_time as last_mod4_0_0_,
       addresslis0_.last_modified_user_id as last_mod5_0_0_,
       addresslis0_.version           as version6_0_0_,
       addresslis0_.city              as city7_0_0_,
       addresslis0_.user_info_id      as user_inf8_0_0_
from address addresslis0_
where addresslis0_.user_info_id in (select userinfo0_.id from user_info userinfo0_)
```

这个时候会发现，查询 Address 信息是直接通过 addresslis0_.user_info_id in(select userinfo0_.id from user_info userinfo0_) 子查询的方式进行的，也就是说 "N+1" SQL 变成了 "1+1" SQL，这有点类似我们配置 @BatchSize 的效果。

FetchMode.SUBSELECT 支持 ID 查询和各种条件查询，唯一的缺点是只能配置在 @OneToMany 和 @ManyToMany 关联关系上，不能配置在 @ManyToOne 和 @OneToOne 关联关系上，所以我们在 Address 关联 UserInfo 的时候就没有办法做实验了。

总之，@Fetch 的不同模型都有各自的优缺点：FetchMode.SELECT 默认与不配置的效果一样；FetchMode.JOIN 只支持类似 findById(id) 的方法，只能根据 ID 查询才有效果；

FetchMode.SUBSELECT 虽然不限制使用方式，但是只支持"**ToMany"的关联关系。

所以，大家在使用 @Fetch 的时候需要注意一下它的局限性，我个人是比较推荐 @BatchSize 方式。

除了上面的处理方式，我们也可以采用之前写 MyBatis 的思路来查询关联关系，下面看一看该如何转变思路。

26.4　转变解决问题的思路

这时需要我们在思想上进行转变，利用 JPA 的优势，摒弃它的缺陷。想想我们没有用 JPA 的时候是怎么做的，难道一定要用实体之间的关联关系吗？如果用的是 MyBatis，在给前端返回关联关系数据的时候一般怎么写呢？

答案肯定是写成"1+1"SQL 的形式，也就是一条主 SQL、一条查询关联关系的 SQL。我们还用 UserInfo 和 Address 实体来演示，代码如下。

```
@Entity
@Data
@SuperBuilder
@AllArgsConstructor
@NoArgsConstructor
@Table
public class UserInfo extends BaseEntity {
    private String name;
    private String telephone;
    @Transient
// 在 UserInfo 实体中，我们不利用 JPA 来关联实体的关联关系了，而是把它设置成 @Transisent,
// 只维护 Java 对象的关系，不维护 DB 之间的关联关系
    private List<Address> addressList;
}

@Entity
@Table
@Data
@SuperBuilder
@AllArgsConstructor
@NoArgsConstructor
@ToString(exclude = "userInfo")
public class Address extends BaseEntity {
    private String city;
    private String userId;
    @Transient // 同样 Address 里面也可以不维护 UserInfo 的关联关系
    private UserInfo userInfo;
}
```

当我们查询所有 UserInfo 信息的时候，又想把每个 UserInfo 的 Address 信息都带上，应该怎么做呢？请看如下代码。

```
/**
 * 自己实现一套 Batch fetch 的逻辑
 */
@Transactional
public List<UserInfo> getAllUserWithAddress() {
    // 先查出所有的 UserInfo 信息
    List<UserInfo> userInfos = userInfoRepository.findAll();
    // 再查出上面 userInfos 里面的所有 userId 列表，然后再查询上面的查询结果所对应的所有 Address 信息
    List<Address> addresses = addressRepository.findByUserIdIn(userInfos.
        stream().map(userInfo -> userInfo.getId()).collect(Collectors.toList()));
    // 我们自己再写一个转化逻辑，把各自 user info 的 address 信息放置到相应的 UserInfo 实例里面
    Map<Long,List<Address>> addressMaps = addresses
        .stream()
        .collect(Collectors.groupingBy(Address::getUserId)); // Map 结构方便获取
    return userInfos.stream().map(userInfo -> {
        userInfo.setAddressList(addressMaps.get(userInfo.getId()));
        return userInfo;
    }).collect(Collectors.toList());
}
```

不难发现，这要比原来的方式稍微复杂一点，但是如果我们做框架的话，上面有些逻辑可以抽取到一个 Util 类里面。

不过需要注意的是，实际工作中我们肯定不是采用 findAll()，而是会根据一些业务逻辑查询一个 UserInfo 的 List 信息，然后再根据查询出来的 userInfo 的 ID 列表二次查询 Address 信息，这样最多只需要两个 SQL 就可以完成实际业务逻辑。

那么反向思考，我们通过 Address 对象查询 UserInfo 也是同样的道理，可以先查询出 List<Address>，再查询出 List<Address> 里面包含的所有 UserInfoId 列表，然后再查询 UserInfo 信息，通过 Map 组装到 Address 里面。

> 💡提示　实体里面如果关联关系非常多，想维护关联关系是一件非常难的事情。我们可以利用 MyBatis 的思想、JPA 的快捷查询语法，来组装想要的任何关联关系的对象。这样的代码虽然比原生的 JPA 语法复杂，但是比起 MyBatis 还是要简单很多，理解起来也更容易，问题反倒会更少一点。

上面我们介绍完了 Hibernate 中的做法，其实 JPA 协议也提供了另外一种解题思路：利用 @EntityGraph 注解来解决。我们详细地看一看。

26.5　@NamedEntityGraph 和 @EntityGraph 使用详解

众所周知，实体与实体之间的关联关系错综复杂，就像一个网图一样，网状分布交叉引用。而 JPA 协议在 2.1 版本之后就企图用 Entity Graph 的方式，描绘出一个实体与实体之

间的关联关系。

普通做法为，通过 @ManyToOne/@OneToMany/@ManyToMany/@OneToOne 这些关联
关系注解表示它们之间的关系时，只能配置 EAGER 或者 LAZY，无法根据不同的配置、不
同的关联关系加载时机。

而 JPA 协议企图通过 @NamedEntityGraph 注解来描述实体之间的关联关系，当查询方
法使用 @EntityGraph 的时候，会进行 EAGER 加载，以减少 "N+1" SQL，我们来看一看
具体用法。

26.5.1　@NamedEntityGraph 和 @EntityGraph 的用法

还是直接通过一个例子来说明，请看下面的代码。

```
// 可以被 @NamedEntityGraphs 注解重复使用，只能配置在类上面，用来声明不同的 EntityGraph
@Repeatable(NamedEntityGraphs.class)
@Target({TYPE})
@Retention(RUNTIME)
public @interface NamedEntityGraph {
    // 指定一个名字
    String name() default "";
    // 哪些关联关系属性可以被 EntityGraph 包含进去，默认一个没有。可以配置多个
    NamedAttributeNode[] attributeNodes() default {};

    // 是否所有的关联关系属性自动包含在内，默认为 false
    boolean includeAllAttributes() default false;

    // 配置 subgraphs，即子实体图（可以理解为关联关系实体图，即如果涉及层级，可以配置第二层级），
    // 可以被 NamedAttributeNode 引用
    NamedSubgraph[] subgraphs() default {};

    // 配置 subclassSubgraphs 的 namedSubgraph。即如果涉及层级，可以配置第三层级
    NamedSubgraph[] subclassSubgraphs() default {};
}
```

从上述代码中可以看到，@NamedEntityGraphs 能够配置多个 NamedEntityGraph。我们
接着往下看。

```
// 只能使用在实体类上面
@Target({TYPE})
@Retention(RUNTIME)
public @interface NamedEntityGraphs{
    NamedEntityGraph[] value();// 可以同时指定多个 NamedEntityGraph
}
```

在上面这段代码中，NamedSubgraph 用来指定关联关系的策略，也就是关联关系有两层。
我们再看一看 @NamedEntityGraph 里面的 NamedAttributeNode 属性有哪些值，代码如下。

```
// 用来进行属性节点的描述
```

```
@Target({})
@Retention(RUNTIME)
public @interface NamedAttributeNode {
    // 要包含的关联关系的属性的名字, 必填
    String value();
    // 如果我们在 @NamedEntityGraph 里面配置了子关联关系, 这个是配置 subgraph 的名字
    String subgraph() default "";
    // 当关联关系是被 Map 结构引用的时候, 我们可以指定 key 的方式, 一般很少用
    String keySubgraph() default "";
}
```

上面就是对 @NamedAttributeNode 的介绍, 我们再看一看 @EntityGraph 里面的 @NamedSubgraph 的结构, 代码如下。

```
@Target({})
@Retention(RUNTIME)
public @interface NamedSubgraph {
    // 指定一个名字
    String name();
    // 子关联关系的类的 class
    Class type() default void.class;
    // 二层关联关系的要包含的关联关系属性的名字
    NamedAttributeNode[] attributeNodes();
}
```

其中, @NamedEntityGraph 注解都是配置在实体本身上面的, 而 @EntityGraph 是用在 ***Repository 接口的方法中的。

接着, 我们再来了解一下 @EntityGraph 注解的语法, 如下所示。

```
@Retention(RetentionPolicy.RUNTIME)
@Target({ ElementType.METHOD, ElementType.ANNOTATION_TYPE })
// EntityGraph 作用在 Repository 接口的方法上
public @interface EntityGraph {
    // 指 @EntityGraph 注解引用的 @NamedEntityGraph 里面定义的 name, 如果是空 EntityGraph
    // 就不会起作用, 如果为空相当于没有配置
    String value() default "";
    // EntityGraph 的类型, 默认是 EntityGraphType.FETCH 类型, 我们接着往下看 EntityGraphType
    // 一共有几个值
    EntityGraphType type() default EntityGraphType.FETCH;
    // 可以指定 attributePaths 来覆盖 @NamedEntityGraph 里面的 attributeNodes 的配置, 默
    // 认配置是空, 以 @NamedEntityGraph 里面的为准
    String[] attributePaths() default {};
    // JPA 2.1 支持的 EntityGraphType 对应的枚举值
    public enum EntityGraphType {
        // LOAD 模式, 当被指定了这种模式, 被 @EntityGraph 管理的 attributes 原来的 FetchType
        // 类型直接忽略, 变成 EAGER 模式, 而不被 @EntityGraph 管理的 attributes 还是保持默认的
        // FetchType
        LOAD("javax.persistence.loadgraph"),
        // FETCH 模式, 当被指定了这种模式, 被 @EntityGraph 管理的 attributes 原来的
```

```
// FetchType 类型直接忽略，变成 EAGER 模式，而不被 @EntityGraph 管理的 attributes
// 将会变成 LAZY 模式
FETCH("javax.persistence.fetchgraph");

private final String key;

private EntityGraphType(String value) {
    this.key = value;
}
public String getKey() {
    return key;
}
}
```

现在大家知道这个注解的基本用法了，下面我们通过实例来具体操作一下。

26.5.2　@NamedEntityGraph 和 @EntityGraph 使用实例

我们通过改造 Address 和 UserInfo 实体，分别测试一下 @NamedEntityGraph 和 @Entity-Graph 的用法。

第一步：在实体里面配置 @EntityGraph，关键代码如下。

```
@Entity
@Table
@Data
@SuperBuilder
@AllArgsConstructor
@NoArgsConstructor
@ToString(exclude = "userInfo")
// 这里我们直接使用 @NamedEntityGraph，因为只需要配置一个 @NamedEntityGraph，我们指定一个
// 名字 getAllUserInfo，指定被这个名字的实体试图关联的关联关系属性是 userInfo
@NamedEntityGraph(name = "getAllUserInfo",attributeNodes = @NamedAttribute
    Node(value = "userInfo"))
public class Address extends BaseEntity {
    private String city;
    @JsonBackReference // 防止 JSON 死循环
    @ManyToOne(cascade = CascadeType.PERSIST,fetch = FetchType.LAZY)
// 采用默认的 LAZY 模式
    private UserInfo userInfo;
}


@Entity
@Data
@SuperBuilder
@AllArgsConstructor
@NoArgsConstructor
@Table
@ToString(exclude = "addressList")
// UserInfo 对应的关联关系，我们利用 @NamedEntityGraphs 配置了两个，一个是针对 Address 的关
```

```
// 联关系，一个是 name 为 rooms 的实体图包含了 rooms 属性；我们在 UserInfo 里面增加了两个关联关系
@NamedEntityGraphs(value = {@NamedEntityGraph(name =
"addressGraph",attributeNodes
    = @NamedAttributeNode(value = "addressList")),@NamedEntityGraph(name = "rooms",
    attributeNodes = @NamedAttributeNode(value = "rooms"))})
public class UserInfo extends BaseEntity {
    private String name;
    private String telephone;
    private Integer ages;
    // 默认 LAZY 模式
    @OneToMany(mappedBy = "userInfo",cascade = CascadeType.PERSIST,fetch =
        FetchType.LAZY)
    private List<Address> addressList;
    // 默认 EAGER 模式
    @OneToMany(cascade = CascadeType.PERSIST,fetch = FetchType.EAGER)
    private List<Room> rooms;
}
```

第二步：在我们需要的 *****Repository** 的方法上面直接使用 @EntityGraph，关键代码如下。

```
// 因为要用 findAll() 做测试，所以可以覆盖 JpaRepository 里面的 findAll() 方法，加上 @EntityGraph
// 注解
public interface UserInfoRepository extends JpaRepository<UserInfo, Long>{
    @Override
    // 我们指定 EntityGraph 引用的是，在 UserInfo 实例里面配置的 name 为 addressGraph 的
    // NamedEntityGraph
    // 这里采用的是 LOAD 类型，也就是说被 addressGraph 配置的实体图属性 address 采用的 fetch
    // 会变成 FetchType.EAGER 模式，而没有被 addressGraph 实体图配置的关联关系属性 room 还是
    // 采用默认的 EAGER 模式
@EntityGraph(value = "addressGraph",type = EntityGraph.EntityGraphType.LOAD)
    List<UserInfo> findAll();
}}
```

同样，其对于 AddressRepository 也是适用的，代码如下。

```
public interface AddressRepository extends JpaRepository<Address, Long>{
@Override // 可以覆盖原始方法，添加不同的 @EntityGraph 策略
// 使用 @EntityGraph 查询所有 Address 的时候，指定 name = "getAllUserInfo" 的 @Named
// EntityGraph，采用默认的 EntityGraphType.FETCH，如果 Address 里面有多个关联关系，只有
// 在 name = "getAllUserInfo" 的实体图配置的 userInfo 属性上采用 Eager 模式，其他关联关系
// 属性没有指定，默认采用 LAZY 模式
@EntityGraph(value = "getAllUserInfo")
List<Address> findAll();
}
```

第三步：看一下上面两个方法执行的 SQL。

当我们再次执行 userInfoRepository.findAll() 这个方法的时候会发现，被配置 Entity-Graph 的 Address 和 user_info 通过"left join"一条 SQL 就把所有信息都查出来了，SQL 如下所示。

```
org.hibernate.SQL                            :
select userinfo0_.id                         as id1_2_0_,
       addresslis1_.id                       as id1_0_1_,
       userinfo0_.create_time                as create_t2_2_0_,
       userinfo0_.create_user_id             as create_u3_2_0_,
       userinfo0_.last_modified_time         as last_mod4_2_0_,
       userinfo0_.last_modified_user_id      as last_mod5_2_0_,
       userinfo0_.version                    as version6_2_0_,
       userinfo0_.ages                       as ages7_2_0_,
       userinfo0_.email_address              as email_ad8_2_0_,
       userinfo0_.last_name                  as last_nam9_2_0_,
       userinfo0_.name                       as name10_2_0_,
       userinfo0_.telephone                  as telepho11_2_0_,
       addresslis1_.create_time              as create_t2_0_1_,
       addresslis1_.create_user_id           as create_u3_0_1_,
       addresslis1_.last_modified_time       as last_mod4_0_1_,
       addresslis1_.last_modified_user_id    as last_mod5_0_1_,
       addresslis1_.version                  as version6_0_1_,
       addresslis1_.city                     as city7_0_1_,
       addresslis1_.user_info_id             as user_inf8_0_1_,
       addresslis1_.user_info_id             as user_inf8_0_0_,
       addresslis1_.id                       as id1_0_0__
from user_info userinfo0_
    left outer join address addresslis1_ on userinfo0_.id = addresslis1_.user_
       info_id
```

而我们没有配置 rooms 这个关联关系的属性时，rooms 的查询还是会触发"N+1"SQL。

从中可以看到，@EntityGraph 的效果有点类似 Hibernate 提供的 FetchModel.JOIN 模式，但不同的是，@EntityGraph 可以搭配任何查询情况，只需要我们在查询方法上直接添加 @EntityGraph 注解即可。

这种方法还有一个优势就是，@EntityGraph 和 @NamedEntityGraph 是 JPA 协议规定的，这样可以对 Hibernate 无感。

那么，我们再来看一看 @ManyToOne 的模式是否同样奏效，访问 addressRepository. findAll() 这个方法看一看 SQL，如下所示。

```
org.hibernate.SQL                            :
select address0_.id                          as id1_0_0_,
       userinfo1_.id                         as id1_2_1_,
       address0_.create_time                 as create_t2_0_0_,
       address0_.create_user_id              as create_u3_0_0_,
       address0_.last_modified_time          as last_mod4_0_0_,
       address0_.last_modified_user_id       as last_mod5_0_0_,
       address0_.version                     as version6_0_0_,
       address0_.city                        as city7_0_0_,
       address0_.user_info_id                as user_inf8_0_0_,
       userinfo1_.create_time                as create_t2_2_1_,
```

```
        userinfo1_.create_user_id        as create_u3_2_1_,
        userinfo1_.last_modified_time     as last_mod4_2_1_,
        userinfo1_.last_modified_user_id  as last_mod5_2_1_,
        userinfo1_.version                as version6_2_1_,
        userinfo1_.ages                   as ages7_2_1_,
        userinfo1_.email_address          as email_ad8_2_1_,
        userinfo1_.last_name              as last_nam9_2_1_,
        userinfo1_.name                   as name10_2_1_,
        userinfo1_.telephone              as telepho11_2_1_
from address address0_
        left outer join user_info userinfo1_ on address0_.user_info_id =
            userinfo1_.id
```

可以看到通过 address left join 的方式，一个 SQL 把所有的 address 和 user_info 都查询出来了。

综上所述，@EntityGraph 可以用在任何 ***Repository 的查询方法上，针对不同的场景，配置不同的关联关系策略，就可以减少"N+1"SQL，成为一条 SQL。

26.6 本章小结

通过本章的介绍，你可以知道关联关系在 Hibernate 的 JPA 中的优点就是使用方便、效率高；而缺点就是需要了解很多知识，才能知道最佳实践是什么。

关于这四种处理"N+1"SQL 的方法，大家在使用的时候可以根据实际情况自由选择，不局限于某一种解决方式。

在介绍的内容中，有一些方法不是 JPA 协议的标准，而是 Hibernate 的语法，所以大家在使用的时候要看一下注解或者配置的源码注释，看看是否有变化，再根据实际情况自由调整。不过，思路上的转换可以不需要关心版本的变化。

SpEL 在 Spring 中的使用方法

在实际工作中，我们经常会在一些注解中使用 SpEL 表达式，当然在 JPA 里也不例外。那么在这一章，我们就来聊聊 SpEL 的相关知识。

27.1 SpEL 基础

27.1.1 SpEL 的主要语法

SpEL 的全称为 Spring Expression Language，即 Spring 表达式语言，是 Spring framework 里面的核心项目。我们先来看一下 spring-expression 的 jar 包的引用关系，如图 27-1 所示。

从图 27-1 的核心引用来看，SpEL 贯穿所有 Spring 的核心功能。当然，SpEL 可以脱离 Spring 工程独立使用，其项目里有三个重要的接口：ExpressionParser、Expression、EvaluationContext，关系如图 27-2 所示。

（1）ExpressionParser

它是 SpEL 的处理接口，默认实现类是 SpelExpressionParser，对外提供的只有两个方法，如下述代码所示。

```
public interface ExpressionParser {
    // 根据传入的表达式生成 Expression
    Expression parseExpression(String expressionString) throws ParseException;
    // 根据传入的表达式和 ParserContext 生成 Expression 对象
    Expression parseExpression(String expressionString, ParserContext context)
        throws ParseException;
}
```

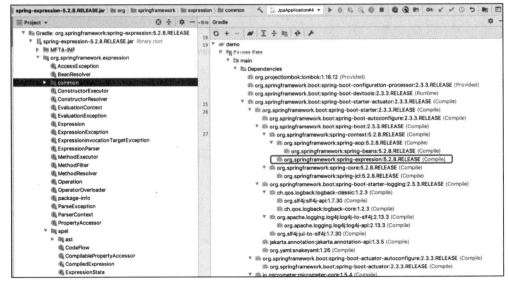

图 27-1　SpEL 的 jar 包依赖

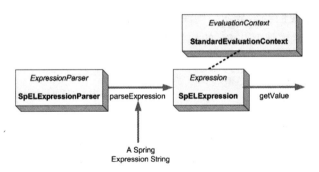

图 27-2　SpEL 关键

我们可以看到，这两个方法的目的都是生成 Expression。

（2）Expression

它默认的实现是 SpELExpression，主要对外提供的接口就是根据表达式获得表达式响应的结果，如图 27-3 所示。

而它的这些方法中，最重要的一个参数就是 EvaluationContext。

（3）EvaluationContext

它表示解析 String 表达式所需要的上下文，如寻找 ROOT 是谁，反射解析

▼ 🔲 Expression	234
ⓜ ⓘ getValue(Class<T>): T	235
ⓜ ⓘ getValue(Object): Object	236
ⓜ ⓘ getValue(Object, Class<T>): T	237
ⓜ ⓘ getValue(EvaluationContext): Object	
ⓜ ⓘ getValue(EvaluationContext, Object): Object	238
ⓜ ⓘ getValue(EvaluationContext, Class<T>): T	239
ⓜ ⓘ getValue(EvaluationContext, Object, Class<T>): T	240
ⓜ ⓘ getValueType(Object): Class<?>	241
ⓜ ⓘ getValueType(EvaluationContext): Class<?>	242
ⓜ ⓘ getValueType(EvaluationContext, Object): Class<?>	243
ⓜ ⓘ getValueTypeDescriptor(Object): TypeDescriptor	244
ⓜ ⓘ getValueTypeDescriptor(EvaluationContext): TypeDescriptor	245
ⓜ ⓘ getValueTypeDescriptor(EvaluationContext, Object): TypeDescriptor	246
ⓜ ⓘ isWritable(Object): boolean	247
ⓜ ⓘ isWritable(EvaluationContext): boolean	248
ⓜ ⓘ isWritable(EvaluationContext, Object): boolean	249
ⓜ ⓘ setValue(Object, Object): void	250
ⓜ ⓘ setValue(EvaluationContext, Object): void	252
ⓜ ⓘ setValue(EvaluationContext, Object, Object): void	253

图 27-3　Expression

的 Method、Field、Constructor 的解析器和取值所需要的上下文。我们看一下其接口提供的方法，如图 27-4 所示。

现在对这三个接口有了初步的认识之后，我们通过实例来看一看其基本用法。

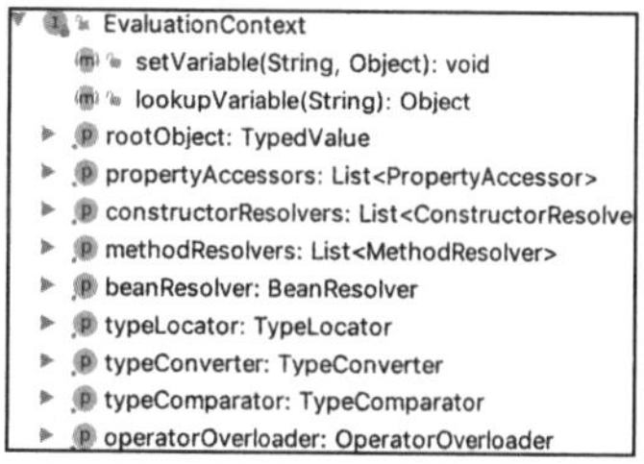

图 27-4　EvaluationContext

27.1.2　SpEL 的基本用法

下面是一个 SpEL 基本用法的例子，大家可以结合注释来理解。

```
// ExpressionParser 是操作 SpEL 的总入口，创建一个接口 ExpressionParser 对应的实例
// SpelExpressionParser
ExpressionParser parser = new SpelExpressionParser();
// 通过上面我们讲的 parser.parseExpression 方法获得一个 Expression 的实例，里面实现的就是
// 新建一个 SpelExpression 对象；而 parseExpression 的参数就是 SpEL 的使用重点，即各种表达
// 式的字符串
// 1.简单的 string 类型用 '' 引用
Expression exp = parser.parseExpression("'Hello World'");
// 2.SpEL 支持很多功能特性，如调用方法、访问属性、调用构造函数，我们可以直接调用 String 对象里
// 面的 concat 方法进行字符串拼接
Expression exp = parser.parseExpression("'Hello World'.concat('!')");
// 通过 getValue 方法可以得到经过 Expresion 计算 parseExpression 方法的字符串参数（符合 SpEL
// 语法的表达式）的结果
String message = (String) exp.getValue();
```

而访问属性值如下所示。

```
// 3.invokes getBytes() 方法
Expression exp = parser.parseExpression("'Hello World'.bytes");
byte[] bytes = (byte[]) exp.getValue(); // 得到 byte[] 类型的结果
```

SpEL 字符串表达式还支持使用 "." 进行嵌套属性 prop1.prop2.prop3 访问，代码如下。

```
// invokes getBytes().length
Expression exp = parser.parseExpression("'Hello World'.bytes.length");
int length = (Integer) exp.getValue();
```

访问构造方法，例如字符串的构造方法，如下所示。

```
Expression exp = parser.parseExpression("new String('hello world').toUpperCase()");
String message = exp.getValue(String.class);
```

我们也可以通过 EvaluationContext 来配置一些根元素，代码如下。

```
// 我们通过一个 Expression 表达式取 name 属性对应的值
ExpressionParser parser = new SpelExpressionParser();
Expression exp = parser.parseExpression("name");
// 我们通过 EvaluationContext 设置 rootObject 等于我们新建的 UserInfo 对象
UserInfo rootUserInfo = UserInfo.builder().name("jack").build();
EvaluationContext context = new StandardEvaluationContext(rootUserInfo);
```

```
// getValue 根据我们设置 context 取值得到 jack 字符串
String name = (String) exp.getValue(context);
// 我们也可以利用 SpEL 的表达式进行运算，判断名字是否等于字符串 Nikola
Expression exp2 = parser.parseExpression("name -- 'Nikola'")；
boolean result2 = exp2.getValue(context, Boolean.class);
// 根据我们 UserInfo 的 rootObject 得到 false
```

我们在看 SpelExpressionParser 的构造方法时，会发现其还支持一些配置，如我们经常遇到空指针异常和下标越界的问题，就可以通过 SpelParserConfiguration 配置：当 Null 的时候自动初始化，当 Collection 越界的时候自动扩容增加。我们来看一个例子，如下所示。

```
// 构造一个类，方便测试
class MyUser {
    public List<String> address;
}
// 开启自动初始化 Null 和自动扩容 Collection
SpelParserConfiguration config = new SpelParserConfiguration(true,true);
// 利用 config 生成 ExpressionParser 的实例
ExpressionParser parser = new SpelExpressionParser(config);
// 我们通过表达式取这个用户的第三个地址
Expression expression = parser.parseExpression("address[3]");
MyUser demo = new MyUser();
// 新建一个对象，但是没有初始化 MyUser 里面的 address，由于我们配置了自动初始化和扩容，所以
// 通过下面的计算，没有得到异常，o 可以得到一个空的字符串
Object o = expression.getValue(demo);// 空字符串
```

通过上面的介绍，大家应该知道 SpEL 是什么了，也知道了怎么单独使用它，其实这些不难理解。不过 SpEL 的功能远不止这么简单，我们通过在 Spring 中常见的应用场景，看一看它还有哪些功能。

27.2　SpEL 在 Spring 中的常见使用场景

SpEL 在 @Value 里面的用法最常见，我们先通过 @Value 来了解一下 SpEL 的常用语法。

27.2.1　@Value 中的应用场景

新建一个 DemoProperties 对象，用 Spring 装载、测试两个语法点。

第一个语法：通过 @Value 展示 SpEL 支持的各种运算符的写法。如表 27-1 所示。

表 27-1　SpEL 运算符

类　型	操作符
逻辑运算	+, -, *, /, %, ^, div, mod
逻辑比较符号	<, >, ==, !=, <=, >=, lt, gt, eq, ne, le, ge
逻辑关系	and, or, not, &&, ||, !
三元表达式	?:
正则表达式	matches

我们通过四部分代码展示一下 SpEL 支持的各种运算符，用法如下所示。

```
@Data
@ToString
@Component  // 通过 @Value 使用 SpEL，一定要将此对象交由 Spring 进行管理
public class DemoProperties {
// 第一部分：逻辑运算操作
    @Value("# {19 + 1}")                          // 20
    private double add;
    @Value("# {'String1 ' + 'string2'}")          // "String1 string2"
    private String addString;
    @Value("# {20 - 1}")                          // 19
    private double subtract;
    @Value("# {10 * 2}")                          // 20
    private double multiply;
    @Value("# {36 / 2}")                          // 19
    private double divide;
    @Value("# {36 div 2}")  // 18, the same as for / operator
    private double divideAlphabetic;
    @Value("# {37 % 10}")                          // 7
    private double modulo;
    @Value("# {37 mod 10}")  // 7, the same as for % operator
    private double moduloAlphabetic;
// 第二部分：逻辑比较符号
    @Value("# {1 == 1}")                          // true
    private boolean equal;
    @Value("# {1 eq 1}")                          // true
    private boolean equalAlphabetic;
    @Value("# {1 != 1}")                          // false
    private boolean notEqual;
    @Value("# {1 ne 1}")                          // false
    private boolean notEqualAlphabetic;
    @Value("# {1 < 1}")                          // false
    private boolean lessThan;
    @Value("# {1 lt 1}")                          // false
    private boolean lessThanAlphabetic;
    @Value("# {1 <= 1}")                          // true
    private boolean lessThanOrEqual;
    @Value("# {1 le 1}")                          // true
    private boolean lessThanOrEqualAlphabetic;
    @Value("# {1 > 1}")                          // false
    private boolean greaterThan;
    @Value("# {1 gt 1}")                          // false
    private boolean greaterThanAlphabetic;
    @Value("# {1 >= 1}")                          // true
    private boolean greaterThanOrEqual;
    @Value("# {1 ge 1}")                          // true
    private boolean greaterThanOrEqualAlphabetic;
```

```java
// 第三部分: 逻辑关系运算符
    @Value("#{250 > 200 && 200 < 4000}")          // true
    private boolean and;
    @Value("#{250 > 200 and 200 < 4000}")          // true
    private boolean andAlphabetic;
    @Value("#{400 > 300 || 150 < 100}")            // true
    private boolean or;
    @Value("#{400 > 300 or 150 < 100}")            // true
    private boolean orAlphabetic;
    @Value("#{!true}")                             // false
    private boolean not;
    @Value("#{not true}")                          // false
    private boolean notAlphabetic;

// 第四部分: 三元表达式 & Elvis 运算符
    @Value("#{2 > 1 ? 'a' : 'b'}") // "b"
    private String ternary;
    // demoProperties 就是我们通过 Spring 加载的当前对象
    // 我们取 Spring 容器里面的某个 bean 的属性
    // 这里我们取的是 demoProperties 对象里面的 someProperty 属性
    // 如果不为 null 就直接用, 如果为 null 返回 'default' 字符串
    @Value("#{demoProperties.someProperty != null ? demoProperties.
        someProperty : 'default'}")
    private String ternaryProperty;
    /**
     * Elvis 运算符是三元表达式的简写方式, 与上面一样的结果。如果 someProperty 为 null 则返
         回 default 值
     */
    @Value("#{demoProperties.someProperty ?: 'default'}")
    private String elvis;
    /**
     * 取系统环境的属性, 如果系统属性 pop3.port 已定义会直接注入, 如果未定义, 则返回默认值 25。
         systemProperties 是 Spring 容器里面的 systemProperties 实体
     */
    @Value("#{systemProperties['pop3.port'] ?: 25}")
    private Integer port;
    /**
     * 还可以用于安全引用运算符, 主要为了避免空指针, 源于 Groovy 语言
     * 很多时候你引用一个对象的方法或者属性时都需要做非空校验
     * 为了避免此类问题, 使用安全引用运算符只会返回 null 而不是抛出一个异常
     */
    // @Value("#{demoPropertiesx?:someProperty}")
    // 如果 demoPropertiesx 不为 null, 则返回 someProperty 值
    private String someProperty;

// 第五部分: 正则表达式的支持
    @Value("#{'100' matches '\\d+' }")                      // true
```

```
    private boolean validNumericStringResult;
    @Value("# {'100fghdjf' matches '\\d+' }")                // false
    private boolean invalidNumericStringResult;
    // 利用 matches 匹配正则表达式, 返回 true
    @Value("# {'valid alphabetic string' matches '[a-zA-Z\\s]+' }")
    private boolean validAlphabeticStringResult;
    @Value("# {'invalid alphabetic string # $1' matches '[a-zA-Z\\s]+' }") // false
    private boolean invalidAlphabeticStringResult;
    // 如果 someValue 只有数字
    @Value("# {demoProperties.someValue matches '\\d+'}")        // true
    private boolean validNumericValue;
    // 新增一个空的 someValue 属性以便测试
    private String someValue="";
}
```

我们可以通过 @Value 测试各种 SpEL 表达式, 这与放在 parser.parseExpression("SpEL 的表达式字符串 ") 里面的效果是一样的。我们可以写一个测试用例来看一看, 如下所示。

```
@ExtendWith(SpringExtension.class)
@Import(TestConfiguration.class)
@ComponentScan(value = "com.example.jpa.demo.config.DemoProperties")
public class DemoPropertiesTest {
    @Autowired(required = false)
    private DemoProperties demoProperties;
    @Test
    public void testSpel() {
        // 通过测试用例就可以测试 @Value 里面不同表达式的值了
        System.out.println(demoProperties.toString());
    }
    @TestConfiguration
    static class TestConfig {
        @Bean
        public DemoProperties demoProperties () {
            return new DemoProperties();
        }
    }
}
```

或者大家可以启动一下项目, 也能看到结果。

下面我们通过源码来分析一下 @Value 的解析原理。启动 Spring 项目的时候会根据 @Value 注解, 加载 SpelExpressionResolver 及需要的 StandardEvaluationContext, 然后再调用 Expression 方法进行 getValue 操作, 其中计算 StandardEvaluationContext 的关键源码如图 27-5、图 27-6 所示。

第二个语法: @Value 展示了 SpEL 可以直接读取 Map 和 List 里面的值, 代码如下所示。

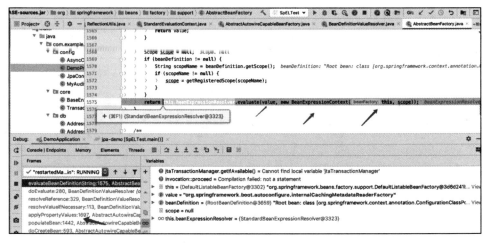

图 27-5 AbstractBeanFactory

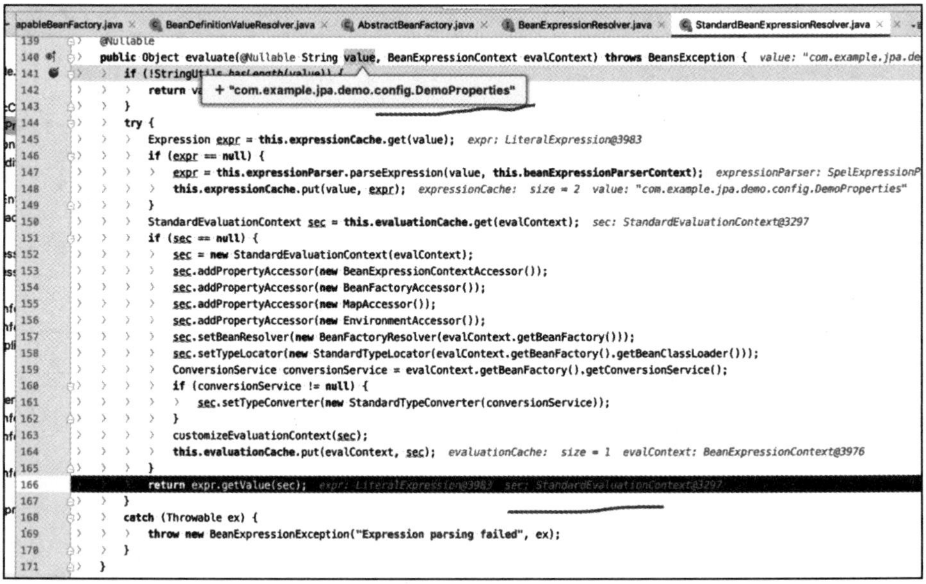

图 27-6 StandardBeanExpressionResolver

```java
// 我们通过 @Component 加载一个类，并且给其中的 List 和 Map 附上值
@Component("workersHolder")
public class WorkersHolder {
    private List<String> workers = new LinkedList<>();
    private Map<String, Integer> salaryByWorkers = new HashMap<>();
    public WorkersHolder() {
        workers.add("John");
        workers.add("Susie");
```

```
        workers.add("Alex");
        workers.add("George");
        salaryByWorkers.put("John", 35000);
        salaryByWorkers.put("Susie", 47000);
        salaryByWorkers.put("Alex", 12000);
        salaryByWorkers.put("George", 14000);
    }
    // Getters and setters ...
}
// SpEL 直接读取 Map 和 List 里面的值
@Value("# {workersHolder.salaryByWorkers['John']}")   // 35000
private Integer johnSalary;
@Value("# {workersHolder.salaryByWorkers['George']}") // 14000
private Integer georgeSalary;
@Value("# {workersHolder.salaryByWorkers['Susie']}")  // 47000
private Integer susieSalary;
@Value("# {workersHolder.workers[0]}")                // John
private String firstWorker;
@Value("# {workersHolder.workers[3]}")                // George
private String lastWorker;
@Value("# {workersHolder.workers.size()}")            // 4
private Integer numberOfWorkers;
```

以上就是 SpEL 的运算符和对 Map、List、SpringBeanFactory 的 Bean 的调用情况，不知道大家是否掌握了？那么，使用 @Value 都有哪些注意事项呢？

SpEL 表达式默认以 "#" 开始，以大括号括起来，如 #{expression}。默认规则在 ParserContext 里面设置，如图 27-7 所示。我们也可以自定义，但是一般建议不要动。

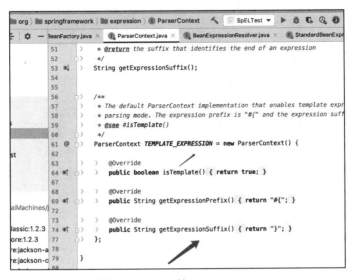

图 27-7　SpEL 的 ParserContext

这里注意要与 Spring 中的 Properties 进行区分，Properties 相关表达式是以"＄"开始的，如 ＄{property.name}。

也就是说，@Value 的值有两类：

❑ ＄{ property : default_value }

❑ # { obj.property? : default_value }

第一个注入的是外部参数对应的 Property，第二个则是 SpEL 表达式对应的内容。

而 Property placeholders 不能包含 SpEL 表达式，但是 SpEL 表达式可以包含 Property 的引用。如 #{＄{someProperty}+2}。如果 someProperty=1，那么效果将是 #{1+2}，最终的结果将是 3。

上面我们通过 @Value 的应用场景讲解了一部分 SpEL 的语法，此外，它同样适用于 @Query 注解，那么我们通过 @Query 再学习一些 SpEL 的其他语法。

27.2.2 @Query 中的应用场景

SpEL 除了能在 @Value 里面使用外，也能在 @Query 里使用，而在 @Query 里还有一个特殊之处，就是它可以用来取方法的参数。

（1）通过 SpEL 取被 @Query 注解的方法参数

在 @Query 注解中使用 SpEL 的主要目的是取方法的参数，主要有三种用法。如下所示。

```
//用法一：根据下标取方法里面的参数
@Query("select u from User u where u.age = ?# {[0]}")
List<User> findUsersByAge(int age);
//用法二：用 # customer 取 @Param("customer") 里面的参数
@Query("select u from User u where u.firstname = :# {# customer.firstname}")
List<User> findUsersByCustomersFirstname(@Param("customer") Customer customer);
//用法三：用 JPA 约定的变量 entityName 取得当前实体的实体名字
@Query("from # {# entityName}")
List<UserInfo> findAllByEntityName();
```

其中：

❑ 方法一可以通过"[0]"的方式，根据下标取到方法的参数。

❑ 方法二通过 # customer 并根据 @Param 注解的参数的名字取到参数，必须通过"?#{}"和":#{}"来触发 SpEL 的表达式语法。

❑ 方法三通过 #{# entityName} 取约定的实体的名字。

大家要注意区别我们在前面所讲的取 @Param 的用法中 lastname 这种方式。

下面我们再来看一个更复杂一点的例子，代码如下。

```
public interface UserInfoRepository extends JpaRepository<UserInfo, Long> {
    //JPA 约定的变量 entityName 取得当前实体的实体名字
    @Query("from # {# entityName}")
    List<UserInfo> findAllByEntityName();
```

```java
// 一个查询中既可以支持 SpEL，也可以支持普通的 :ParamName 方式
@Modifying
@Query("update # {# entityName} u set u.name = :name where u.id =:id")
void updateUserActiveState(@Param("name") String name, @Param("id") Long id);

// 演示 SpEL 根据数组下标取参数，或者根据普通的 Param 的名字 name 取参数
@Query("select u from UserInfo u where u.lastName like %:# {[0]} and u.name
    like %:name%")
List<UserInfo> findContainingEscaped(@Param("name") String name);

// SpEL 取 Param 的名字 customer 里面的属性
@Query("select u from UserInfo u where u.name = :# {# customer.name}")
List<UserInfo> findUsersByCustomersFirstname(@Param("customer") UserInfo
    customer);

// 利用 SpEL，用一个写死的 'jack' 字符串作为参数
@Query("select u from UserInfo u where u.name = ?# {'jack'}")
List<UserInfo> findOliverBySpELExpressionWithoutArgumentsWithQuestionmark();

// 同时 SpEL 支持特殊函数 escape 和 escapeCharacter
@Query("select u from UserInfo u where u.lastName like %?# {escape([0])}%
    escape ?# {escapeCharacter()}")
List<UserInfo> findByNameWithSpelExpression(String name);

// # entityName 和 # [] 同时使用
@Query("select u from # {# entityName} u where u.name = ?# {[0]} and
    u.lastName = ?# {[1]}")
List<UserInfo> findUsersByFirstnameForSpELExpressionWithParameterIndexOnlyW
    ithEntityExpression(String name, String lastName);
// 对于 native SQL 同样适用，并且同样支持取 pageable 分页里面的属性值
@Query(value = "select * from (" //
    + "select u.*, rownum() as RN from (" //
    + "select * from user_info ORDER BY ucase(firstname)" //
    + ") u" //
    + ") where RN between ?# { # pageable.offset +1 } and ?# {# pageable.
        offset + # pageable.pageSize}", //
        countQuery = "select count(u.id) from user_info u", //
        nativeQuery = true)
Page<UserInfo> findUsersInNativeQueryWithPagination(Pageable pageable);
}
```

我个人比较推荐使用 @Param 的方式，这样语义清晰，参数换位置了也不影响执行结果。

关于源码的实现，大家可以继续研究 ExpressionBasedStringQuery.class，关键代码如图 27-8 所示。

好了，以上就是 @Query 支持的 SpEL 的基本语法，其他场景就不多列举了。其实 JPA 还支持自定义 rootObject，我们接着来看一看。

```java
79        * @param parser Must not be {@literal null}.
80        * @return
81        */
82 @      private static String renderQueryIfExpressionOrReturnQuery(String query, JpaEntityMetadata<?> metada
83               SpelExpressionParser parser) {
84
85            Assert.notNull(query,    message: "query must not be null!");
86            Assert.notNull(metadata, message: "metadata must not be null!");
87            Assert.notNull(parser,   message: "parser must not be null!");
88
89            if (!containsExpression(query)) {
90                return query;
91            }
92
93            StandardEvaluationContext evalContext = new StandardEvaluationContext();
94            evalContext.setVariable(ENTITY_NAME, metadata.getEntityName());
95
96            query = potentiallyQuoteExpressionsParameter(query);
97
98            Expression expr = parser.parseExpression(query, ParserContext.TEMPLATE_EXPRESSION);
99
100           String result = expr.getValue(evalContext, String.class);
101
102           if (result == null) {
103               return query;
104           }
105
106           return potentiallyUnquoteParameterExpressions(result);
107       }
108
```

图 27-8　ExpressionBasedStringQuery

（2）spring-security-data 在 @Query 中的用法

在实际工作中，我发现有些同事会用 spring-security 做鉴权，具体怎么集成，大家可以查看官方文档：https://spring.io/projects/spring-security# learn。

我想说的是，当使用 Spring Security 的时候，其实可以额外引入 jar 包 spring-security-data。如果我们使用了 JPA 和 Spring Security 的话，build.gradle 最终会变成如下代码形式。

```
// 引入 Spring Data JPA
implementation 'org.springframework.boot:spring-boot-starter-data-jpa'
// 集成 Spring Security
implementation 'org.springframework.boot:spring-boot-starter-security'
// 集成 Spring Security Data 对 JPA 的支持
implementation 'org.springframework.security:spring-security-data'
```

假设继承 Spring Security 之后，SecurityContextHolder 里面放置的 Authentication 是 UserInfo，代码如下。

```
// 应用上下文中设置登录用户信息，此时 Authentication 类型为 UserInfo
SecurityContextHolder.getContext().setAuthentication(authentication);
```

这样 JPA 里面的 @Query 就可以取到当前的 SecurityContext 信息，其用法如下所示。

```
// 根据当前用户的 email 取当前用户的信息
@Query("select u from UserInfo u where u.emailAddress = ?# {principal.email}")
List<UserInfo> findCurrentUserWithCustomQuery();
```

```
// 如果当前用户是 admin，我们就返回某业务的所有对象；如果不是 admin 角色，就只给当前用户某业务数据
@Query("select o from BusinessObject o where o.owner.emailAddress like "+
    "?# {hasRole('ROLE_ADMIN') ? '%' : principal.emailAddress}")
List<BusinessObject> findBusinessObjectsForCurrentUser();
```

通过源码会发现，spring-security-data 就帮我们做了一件事情：实现 EvaluationContext-Extension，设置了 SpEL 所需要的 rootObject 为 SecurityExpressionRoot。关键代码如图 27-9 所示。

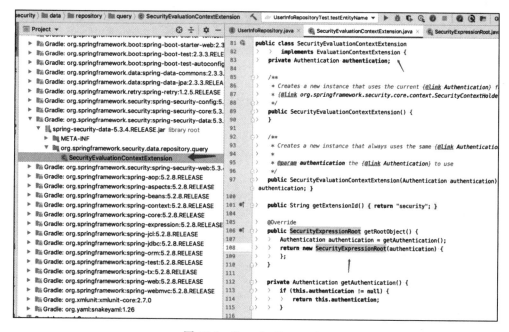

图 27-9　Security Expression

由于 SecurityExpressionRoot 是 rootObject，根据上面介绍的 SpEL 的基本用法，Security ExpressionRoot 里面的各种属性和方法都可以在 SpEL 中使用，如图 27-10 所示。

这其实也给了我们一些启发：当需要自动把 rootObject 给 @Query 使用的时候，也可以采用这种方式，这样 @Query 的灵活性会增强很多。

最后，我们再来看看 SpEL 在 @Cacheable 里面做了哪些支持。

27.2.3　@Cacheable 中的应用场景

我们在实际工作中还有一个经常用到 SpEL 的场景——Cache，也就是 Spring Cache 的相关注解里面，如 @Cacheable、@CachePut、@CacheEvict 等。我们还是通过例子来体会一下，代码如下所示。

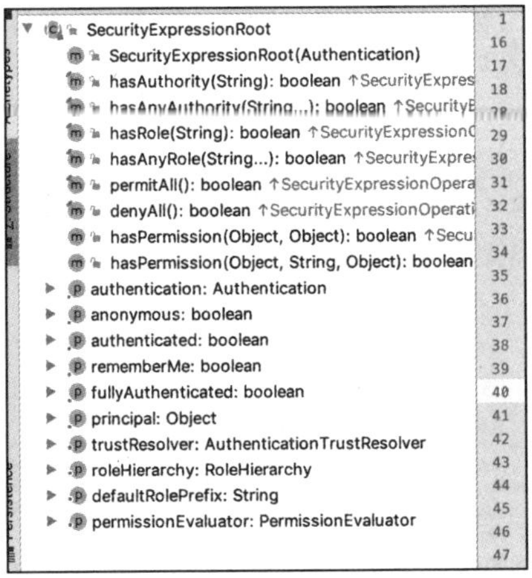

图 27-10 SecurityExpressionRoot

```
// 缓存 key 取当前方法名, 判断一下只有返回结果不为 null 或者非 empty 才进行缓存
@Cacheable(value = "APP", key = "# root.methodName", cacheManager = "redis.
    cache", unless = "# result == null || # result.isEmpty()")
@Override
public Map<String, Map<String, String>> getAppGlobalSettings() {}
// evict 策略的 key 是当前参数 customer 里面的 name 属性
@Caching(evict = {
@CacheEvict(value="directory", key="# customer.name") })
public String getAddress(Customer customer) {...}
// 在 condition 里面使用, 当参数 customer 的 name 属性的值等于字符串 Tom 时才放到缓存
@CachePut(value="addresses", condition="# customer.name=='Tom'")
public String getAddress(Customer customer) {...}
// 用在 unless 里面, 利用 SpEL 的条件表达式判断, 排除返回的结果地址长度小于 64 的请求
@CachePut(value="addresses", unless="# result.length()<64")
public String getAddress(Customer customer) {...}
```

Spring Cache 提供了一些 SpEL 上下文数据，如表 27-2 所示。

表 27-2　SpEL 语法表

支持的属性	作用域	功能描述	使用方法
methodName	root 对象	当前被调用的方法名	# root.methodName
method	root 对象	当前被调用的方法	# root.method.name
target	root 对象	当前被调用的目标对象	# root.target
targetClass	root 对象	当前被调用的目标对象类	# root.targetClass
args	root 对象	当前被调用的方法的参数列表	# root.args[0]
caches	root 对象	当前方法调用使用的缓存列表，如 @Cacheable(value={"cache1", "cache2"})，则有两个 Cache	# root.caches[0].name
argument name	执行上下文	当前被调用的方法的参数，如 findById(Long id)，我们可以通过 # id 拿到参数	# user.id 表示参数 user 里面的 id
result	执行上下文	方法执行后的返回值（仅当方法执行之后的判断有效）	# result

有兴趣的话，大家可以看一下 Spring Cache 中 SpEL 的 EvaluationContext 加载方式，关键源码如图 27-11 所示。

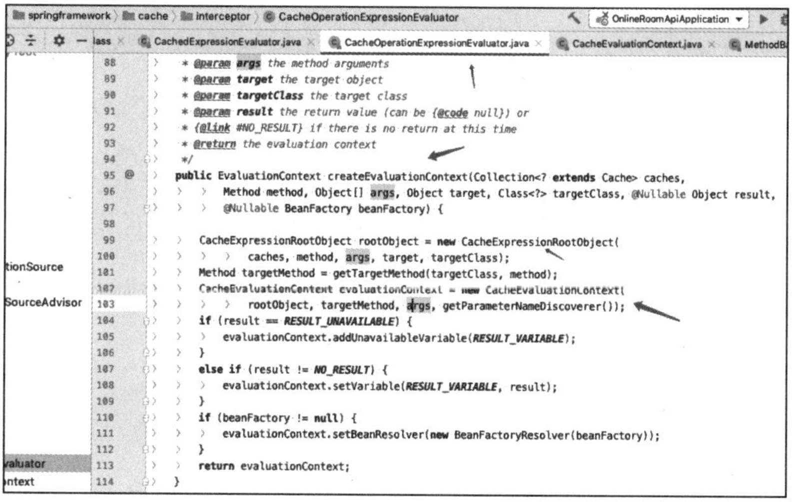

```java
 * @param args the method arguments
 * @param target the target object
 * @param targetClass the target class
 * @param result the return value (can be {@code null}) or
 * {@link #NO_RESULT} if there is no return at this time
 * @return the evaluation context
 */
public EvaluationContext createEvaluationContext(Collection<? extends Cache> caches,
        Method method, Object[] args, Object target, Class<?> targetClass, @Nullable Object result,
        @Nullable BeanFactory beanFactory) {

    CacheExpressionRootObject rootObject = new CacheExpressionRootObject(
            caches, method, args, target, targetClass);
    Method targetMethod = getTargetMethod(targetClass, method);
    CacheEvaluationContext evaluationContext = new CacheEvaluationContext(
            rootObject, targetMethod, args, getParameterNameDiscoverer());
    if (result == RESULT_UNAVAILABLE) {
        evaluationContext.addUnavailableVariable(RESULT_VARIABLE);
    }
    else if (result != NO_RESULT) {
        evaluationContext.setVariable(RESULT_VARIABLE, result);
    }
    if (beanFactory != null) {
        evaluationContext.setBeanResolver(new BeanFactoryResolver(beanFactory));
    }
    return evaluationContext;
}
```

图 27-11　CacheOperationExpressionEvaluator

27.3　本章小结

在本章我们基于 SpEL 的基本语法，分别介绍了其在 @Value、@Query、@Cache 注解里面的使用场景和方法，其中“#”和“$”是在 @Value 里面容易犯错的地方；“:”和“#”也是 @Query 中 @Param 容易犯错的地方，大家要注意。

其实任何形式的 SpEL 的变化都离不开基本的三个接口：ExpressionParser、Expression、EvaluationContext。只不过框架提供了不同形式的封装，你也可以根据实际场景自由扩展。

在下一章，我们聊聊 Hibernate 中一级缓存的概念。

QueryPlanCache 详解

如果大家已经看完了之前的章节，相信对 Hibernate 和 JPA 已经有了一些深入的了解，那么从这一章开始，我再对大家平时感到迷惑的概念做一下解释，以帮助大家更好地掌握 JPA。

在本章我们聊聊经常说的 Hibernate 中的一级缓存是什么意思、QueryPlanCache 和一级缓存又是什么关系。

28.1　一级缓存

什么是一级缓存？这个大家最容易存在疑惑，不知道你是否在工作中也遇见过这些问题：没有办法取到最新的数据，不知道一级缓存该如何释放，不知道怎样关闭一级缓存，我们又为什么要用一级缓存，等等。

28.1.1　什么是一级缓存

按照 Hibernate 和 JPA 协议里面的解释，我们经常说的 First Level Cache（一级缓存）也就是之前说过的 PersistenceContext，既然如此，那么就意味着一级缓存的载体是 Session 或者 EntityManager；而一级缓存的实体也就是数据库里面对应的实体。

在 SessionImpl 的 实 现 过 程 中，我 们 会 发 现 PersistenceContext 的 实 现 类 Stateful-PersistenceContext 是通过 HashMap 来存储实体信息的，其关键源码如下所示。

```
public class StatefulPersistenceContext implements PersistenceContext {
    // 根据 EntityUniqueKey 作为 key 来存储 Entity
```

```
        private HashMap<EntityUniqueKey, Object> entitiesByUniqueKey;
        // 根据 EntityUniqueKey 作为 key 取当前实体
        @Override
        public Object getEntity(EntityUniqueKey euk) {
            return entitiesByUniqueKey == null ? null : entitiesByUniqueKey.get( euk );
        }
        // 存储实体，如果是第一次，那么创建 HashMap<>
        @Override
        public void addEntity(EntityUniqueKey euk, Object entity) {
            if ( entitiesByUniqueKey == null ) {
            entitiesByUniqueKey = new HashMap<>( INIT_COLL_SIZE );
        }
            entitiesByUniqueKey.put( euk, entity );
        }
    ...}
```

其中，EntityUniqueKey 的核心源码如下所示。

```
public class EntityUniqueKey implements Serializable {
    private final String uniqueKeyName;
    private final String entityName;
    private final Object key;
    private final Type keyType;
    private final EntityMode entityMode;
    private final int hashCode;
    @Override
    public boolean equals(Object other) {
      EntityUniqueKey that = (EntityUniqueKey) other;
      return that != null && that.entityName.equals( entityName )
            && that.uniqueKeyName.equals( uniqueKeyName )
            && keyType.isEqual( that.key, key );
    }
    ...
}
```

通过源码可以看到，用 PersistenceContext 来判断实体是不是同一个，可以直接根据实体里面的主键进行。那么一级缓存的作用是什么呢？

28.1.2　一级缓存的作用

由于一级缓存就是 PersistenceContext，那么一级缓存的最大作用就是管理 Entity 的生命周期，详细的内容已经在第 22 章介绍过了，这里就简单稍加总结。

1）New（Transient）状态的，不在一级缓存管理之列，这是新创建的。

2）Detached（游离）状态的，不在一级缓存里面，与 New 的唯一区别是它带有主键和 Version 信息。

3）Managed、Removed 状态的实体在一级缓存管理之列，所有对这两种状态的实体进行的更新操作，都不会立即更新到数据库，只有执行了 flush 之后才会同步到数据库里面。

各种状态之间的转化如图 28-1 所示。

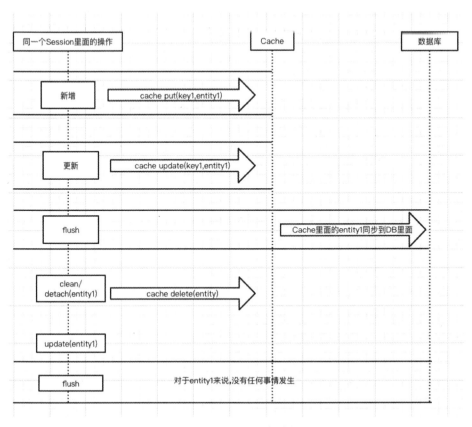

图 28-1 Entity 状态转化

在图 28-1 中，对于 entity1 来说，新增和更新操作都是先进行一级缓存，只有执行 flush 的时候才会同步到数据库里面。而当我们执行了 entityManager.clean() 或者是 entityManager.detach(entity1) 时，entity1 就会变成游离状态，这时再对 entity1 进行修改，如果再执行 flush 的话，就不会同步到 DB 里面了。我们用代码来说明一下，如下所示。

```java
public class UserInfoRepositoryTest {
    @Autowired
    private UserInfoRepository userInfoRepository;
    @PersistenceContext(properties = {@PersistenceProperty(
            name = "org.hibernate.flushMode",
            value = "MANUAL"// 手动 flush
    )})
    private EntityManager entityManager;
    @Test
    @Transactional
    public void testLife() {
```

```java
        UserInfo userInfo = UserInfo.builder().name("new name").build();
        // 新增一个对象 userInfo 交给 PersistenceContext 管理, 即一级缓存
        entityManager.persist(userInfo);
        // 此时没有 detach 和 clear 之前, 执行 flush 的时候还会产生更新 SQL
        userInfo.setName("old name");
        entityManager.flush();
        entityManager.clear();
//       entityManager.detach(userInfo);
        // entityManager 已经执行 clear, 此时已经不会对 UserInfo 进行更新了
        userInfo.setName("new name 11");
        entityManager.flush();

        // 由于有 Cache 机制, 相同的对象查询只会触发一次查询 SQL
        UserInfo u1 = userInfoRepository.findById(1L).get();
        // to do some thing
        UserInfo u2 = userInfoRepository.findById(1L).get();
    }
}
```

利用我们之前讲过的打印日志的方法, 把 SQL 打印一下, 输出到控制台的 SQL 如下所示。

```
Hibernate: insert into user_info (create_time, create_user_id, last_modified_
   time, last_modified_user_id, version, ages, email_address, last_name, name,
   telephone, id) values (?, ?, ?, ?, ?, ?, ?, ?, ?, ?, ?)
```

```
Hibernate: update user_info set create_time=?, create_user_id=?, last_modified_
   time=?, last_modified_user_id=?, version=?, ages=?, email_address=?, last_
   name=?, name=?, telephone=? where id=? and version=?
```

```
Hibernate: select userinfo0_.id as id1_2_0_, userinfo0_.create_time as
   create_t2_2_0_, userinfo0_.create_user_id as create_u3_2_0_, userinfo0_.
   last_modified_time as last_mod4_2_0_, userinfo0_.last_modified_user_
   id as last_mod5_2_0_, userinfo0_.version as version6_2_0_, userinfo0_.
   ages as ages7_2_0_, userinfo0_.email_address as email_ad8_2_0_, userinfo0_.
   last_name as last_nam9_2_0_, userinfo0_.name as name10_2_0_, userinfo0_.
   telephone as telepho11_2_0_, rooms1_.user_info_id as user_inf1_3_1_,
   room2_.id as rooms_id2_3_1_, room2_.id as id1_1_2_, room2_.create_time as
   create_t2_1_2_, room2_.create_user_id as create_u3_1_2_, room2_.last_
   modified_time as last_mod4_1_2_, room2_.last_modified_user_id as last_
   mod5_1_2_, room2_.version as version6_1_2_, room2_.title as title7_1_2_
   from user_info userinfo0_ left outer join user_info_rooms rooms1_ on
   userinfo0_.id=rooms1_.user_info_id left outer join room room2_ on rooms1_.
   rooms_id=room2_.id where userinfo0_.id=?
```

通过日志可以看到没有第二次更新。

除此之外, 关于一级缓存的其他问题, 大家应该了解一下。

它的生命周期是怎么样的? 可想而知, 肯定与 Session 一样, 这个问题大家可以回过头仔细看第 23 章。但同时, 实体在一级 Cache 里面的生命周期还受到的 entityManager.clear() 和 entityManger.detach() 这两个方法的影响。

一级缓存的大小可以设置吗？答案肯定是不能。我们从底层原理可以分析出：一级缓存依赖于 Java 内存堆的大小，所以会受到最大堆和最小堆的限制，即清除一级缓存的机制就是利用 JVM 的 GC 机制，清理掉 GC 就会清理掉一级缓存。

所以当我们请求并发量大的时候，Session 的对象就会变得很多，此时就会需要更多内存。当请求结束之后，随着 GC 的回收，就会清除一级缓存留下来的对象。

一级缓存可以关闭吗？答案肯定是不能的。除非我们不用 Hibernate 或 JPA，改用 MyBatis，因为一级缓存是 JPA 的最大优势之一。

而在实际工作中，最容易被我们忽略的是与一级缓存差不多的 QueryPlanCache，我们来了解一下。

28.2　QueryPlanCache

我们都知道 JPA 里面大部分的查询都是基于 JPQL 查询语法，从而会有一个过程把 JPQL 转化成真正的 SQL，而后到数据库里执行。而 JPQL 转化成原始的 SQL 时，就会消耗一定的性能，所以 Hibernate 设计了一个 QueryPlanCache 机制，用来存储 JPQL 或者 Criteria Query 到 Native SQL 的转化结果，也就是说，QueryPlanCache 里面存储了最终要执行的 SQL，以及参数和返回结果的类型。

28.2.1　QueryPlanCache 是什么

在 Hibernate 中，QueryPlanCache 就是指具体的某一个类。我们通过核心源码看一下它是什么，如下所示。

```
package org.hibernate.engine.query.spi;
// 存储 query plan 和 query parameter metdata
public class QueryPlanCache implements Serializable {
    // queryPlanCache 的存储结构为自定义的 HashMap 结构，用来存储 JPQL 到 SQL 的转化过程及其
    // SQL 的执行语句和参数，返回结果的 metadata
    private final BoundedConcurrentHashMap queryPlanCache;
    // 这个用来存储 @Query 的 nativeQuery = true 的 query plan
    private final BoundedConcurrentHashMap<ParameterMetadataKey,ParameterMetada
        taImpl> parameterMetadataCache;
    // QueryPlanCache 的构造方法
    public QueryPlanCache(final SessionFactoryImplementor factory,
        QueryPlanCreator queryPlanCreator) {
        this.factory = factory;
        this.queryPlanCreator = queryPlanCreator;
        // maxParameterMetadata 的个数，计算逻辑，可以自定义配置或者采用默认值
        Integer maxParameterMetadataCount = ConfigurationHelper.getInteger(
            Environment.QUERY_PLAN_CACHE_PARAMETER_METADATA_MAX_SIZE,
            factory.getProperties()
        );
```

```
        if ( maxParameterMetadataCount == null ) {
            maxParameterMetadataCount = ConfigurationHelper.getInt(
                Environment.QUERY_PLAN_CACHE_MAX_STRONG_REFERENCES,
                factory.getProperties(),
                DEFAULT_PARAMETER_METADATA_MAX_COUNT
            );
        }
        // maxQueryPlan 的个数，计算逻辑，可以自定义配置大小或者采用默认值
        Integer maxQueryPlanCount = ConfigurationHelper.getInteger(
            Environment.QUERY_PLAN_CACHE_MAX_SIZE,
            factory.getProperties()
        );
        if ( maxQueryPlanCount == null ) {
            maxQueryPlanCount = ConfigurationHelper.getInt(
                Environment.QUERY_PLAN_CACHE_MAX_SOFT_REFERENCES,
                factory.getProperties(),
                DEFAULT_QUERY_PLAN_MAX_COUNT
            );
        }
        // 新建一个 BoundedConcurrentHashMap 的 queryPlanCache，用来存储 JPQL 和 Criteria
        // Query 到 SQL 的转化过程
        queryPlanCache = new BoundedConcurrentHashMap( maxQueryPlanCount, 20,
            BoundedConcurrentHashMap.Eviction.LIRS );
        // 新建一个 BoundedConcurrentHashMap 的 parameterMetadataCache，用来存储 Native
        // SQL 的转化过程
        parameterMetadataCache = new BoundedConcurrentHashMap<>(
            maxParameterMetadataCount,
            20,
            BoundedConcurrentHashMap.Eviction.LIRS
        );
        nativeQueryInterpreter = factory.getServiceRegistry().getService(
            NativeQueryInterpreter.class );
    }
    // 默认的 parameterMetadataCache 的 HashMap 的存储空间大小，默认 128 条
    public static final int DEFAULT_PARAMETER_METADATA_MAX_COUNT = 128;
    // 默认的 queryPlanCache 的 HashMap 存储空间大小，默认 2048 条
    public static final int DEFAULT_QUERY_PLAN_MAX_COUNT = 2048;
... 不重要的代码先省略
}
```

通过源码和概念的分析就能大概知道 QueryPlanCache 是什么了，那么，我们再来看一看它具体会存储一些什么内容呢？

28.2.2　QueryPlanCache 存储的内容

我们新建一个 UserInfoRepository，测试一下。假设 UserInfoRepository 里面有如下几个方法。

```
public interface UserInfoRepository extends JpaRepository<UserInfo, Long> {
    // 没有用 @Query，直接使用 DQM
    List<UserInfo> findByNameAndCreateTimeBetween(String name, Instant begin,
```

```
                Instant endTime);

    // 演示 SpEL 根据数组下标取参数，以及根据普通的 Param 的名字取参数
    @Query("select u from UserInfo u where u.lastName like %.# {[0]} and u.name
        like %:name%")
    List<UserInfo> findContainingEscaped(@Param("name") String name);

    // SpEL 取 Param 的名字 customer 里面的属性
    @Query("select u from UserInfo u where u.name = :# {# customer.name}")
    List<UserInfo> findUsersByCustomersFirstname(@Param("customer") UserInfo
        customer);

    // 利用 SpEL 根据一个写死的 'jack' 字符串作为参数
    @Query("select u from UserInfo u where u.name = ?# {'jack'}")
    List<UserInfo> findOliverBySpELExpressionWithoutArgumentsWithQuestionmark();

    @Query(value = "select * from user_info where name=:name",nativeQuery = true)
    List<UserInfo> findByName(@Param(value = "name") String name);
}
```

当项目启动成功之后你会发现，通过 @Query 定义的 nativeQuery=false 的 JPQL，会在
启动成功之后预先放在 QueryPlanCache 里面，我们设置一个断点就可以看到如图 28-2 所示
的内容。

图 28-2　QueryPlanCache

从图 28-2 中可以发现 parameterMetadataCache 是空的，也就是没有放置 nativeQuery = true

的查询 SQL，并且可以看到在方法里面定义的其他三个 @Query 的 JPQL 解析过程。那么，我们打开第一个来详细看一看，如图 28-3 所示。

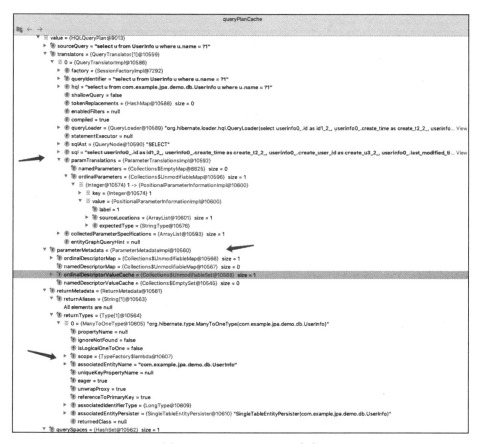

图 28-3　QueryPlanCache 内容

大家会发现，一个 QueryPlanCache 还是能存储挺多东西的：Navtive SQL、parameter、return 等各种 Metadata。也可以看出一个简单的 JPQL 查询会占用不少堆内存，所以如果是复杂一点的项目，各种 JPQL 查询多一点的话，启动所需要的最小堆内存会占用 300MB 或 400MB 空间，这是正常现象。

在 UserInfoRepository 的五个方法中，剩下的两个方法分别是 findByNameAndCreate-TimeBetween（即 name defining query）和原始 SQL（即 nativeQuery=true）。这两种情况是，当调用的时候发现 QueryPlanCache 里面没有它们，于是就会被增加进去，下次就可以直接从 QueryPlanCache 里面取了。那么，我们在 Controller 层执行这两个方法，如下所示。

```
userInfoRepository.findByNameAndCreateTimeBetween("JK", Instant.now(),Instant.
    now());
userInfoRepository.findByName("jack");
```

然后，通过断点就会发现 QueryPlanCache 里面多了两个 Cache，如图 28-4 所示。

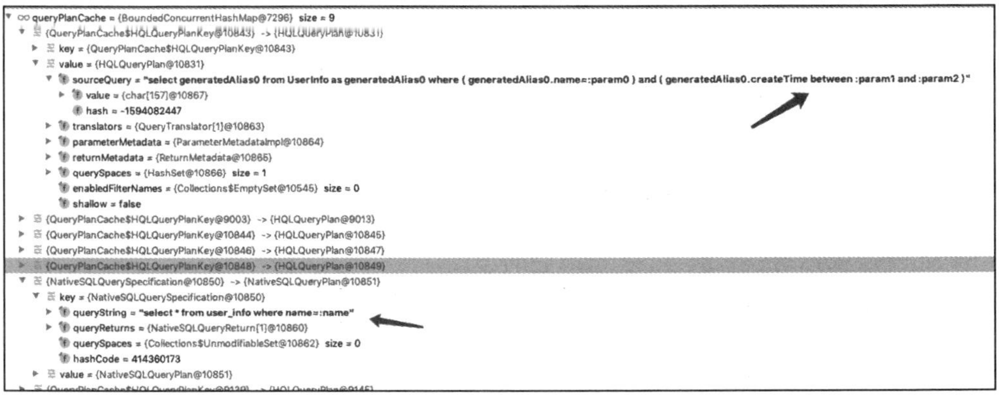

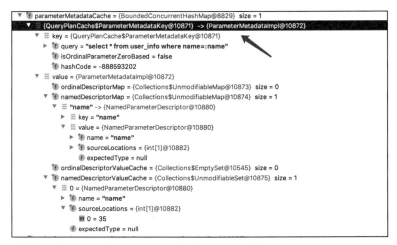

图 28-4 QueryPlanCache 多了两个 Cache

同时，parameterMetadataCache 里面就会多一条 key 和 value 的 nativeQuery=true 的解析记录，如图 28-5 所示。

图 28-5 QueryPlanCache native SQL

通过上面的案例讲解，相信大家已经清楚了 QueryPlanCache 的概念，总结就是，Query-PlanCache 用来存储 JQPL 或者 SQL 的 MetaData 信息，从而提升了 Hibernate 执行 JPQL 的性能，因为只有第一次需要把 JPQL 转化成 SQL，后面的每次操作直接从 HashMap 中找到对应的 SQL，直接执行就可以了。

那么，它和 Session 到底是什么关系，它是否在一级缓存里面？

28.2.3 QueryPlanCache 和 Session 的关系

我们通过查看源码会发现，在 SessionFactoryImpl 的构造方法里面有 new QueryPlan-

Cache(...)，关键源码如图 28-6 所示。

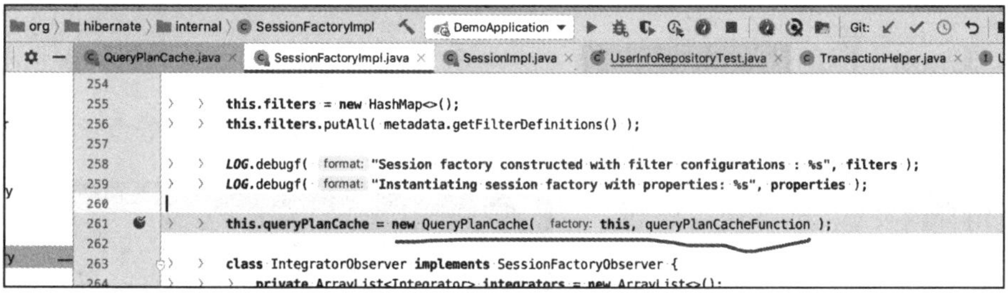

```
254
255   this.filters = new HashMap<>();
256   this.filters.putAll( metadata.getFilterDefinitions() );
257
258   LOG.debugf( format: "Session factory constructed with filter configurations : %s", filters );
259   LOG.debugf( format: "Instantiating session factory with properties: %s", properties );
260
261   this.queryPlanCache = new QueryPlanCache( factory: this, queryPlanCacheFunction );
262
263   class IntegratorObserver implements SessionFactoryObserver {
```

图 28-6 SessionFactoryImpl

说明这个 Application 只需要创建一次 QueryPlanCache，整个项目周期是单例的，也就是可以被不同的 Session 共享，那么我们可以查看 Session 的关键源码，如图 28-7 所示。

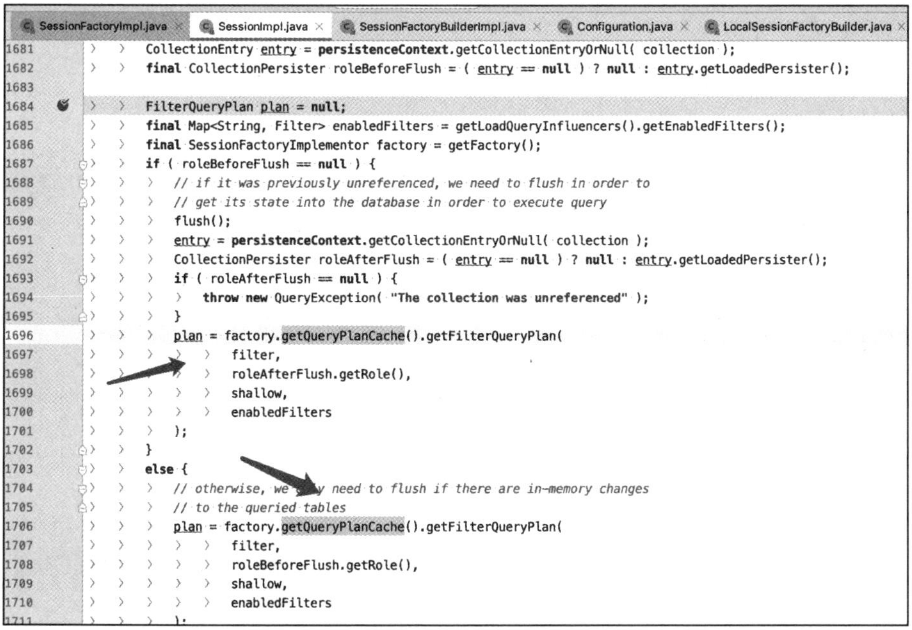

```
CollectionEntry entry = persistenceContext.getCollectionEntryOrNull( collection );
final CollectionPersister roleBeforeFlush = ( entry == null ) ? null : entry.getLoadedPersister();

FilterQueryPlan plan = null;
final Map<String, Filter> enabledFilters = getLoadQueryInfluencers().getEnabledFilters();
final SessionFactoryImplementor factory = getFactory();
if ( roleBeforeFlush == null ) {
    // if it was previously unreferenced, we need to flush in order to
    // get its state into the database in order to execute query
    flush();
    entry = persistenceContext.getCollectionEntryOrNull( collection );
    CollectionPersister roleAfterFlush = ( entry == null ) ? null : entry.getLoadedPersister();
    if ( roleAfterFlush == null ) {
        throw new QueryException( "The collection was unreferenced" );
    }
    plan = factory.getQueryPlanCache().getFilterQueryPlan(
            filter,
            roleAfterFlush.getRole(),
            shallow,
            enabledFilters
    );
}
else {
    // otherwise, we only need to flush if there are in-memory changes
    // to the queried tables
    plan = factory.getQueryPlanCache().getFilterQueryPlan(
            filter,
            roleBeforeFlush.getRole(),
            shallow,
            enabledFilters
```

图 28-7 SessionImpl

也就是说，每一个 SessionImpl 的实例在获得 Query Plan 之前，都会在同一个 QueryPlanCache 里面查询一下 JPQL 对应的执行计划。所以我们可以看出 QueryPlanCache 和 Session 的关系有如下几点。

1）QueryPlanCache 在整个 Spring Application 周期内就是一个实例。

2）不同的 Session 作用域可以代表不同的 SessionImpl 实例，共享 QueryPlanCache。

3）QueryPlanCache 与我们所说的一级缓存不是一个概念，这点一定要分清楚。

而在实际工作中大部分场景的 QueryPlanCache 都是没有问题的，只有在 In 的 SQL 查询的场景会引发内存泄漏问题，我们来看一看。

28.3　QueryPlanCache 中 In 查询条件引发的内存泄漏问题

我们在实际工作中使用 JPA 的时候，会发现其内存越来越大，而不会被垃圾回收机制给回收，现象就是随着时间的推移堆内存使用量越来越大，如图 28-8 所示，很明显是内存泄漏的问题。

而我们把堆栈拿出来分析的话会发现，其实是 Hibernate 的 Query-PlanCache 占用了大量的内存，如图 28-9 所示。

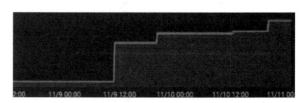

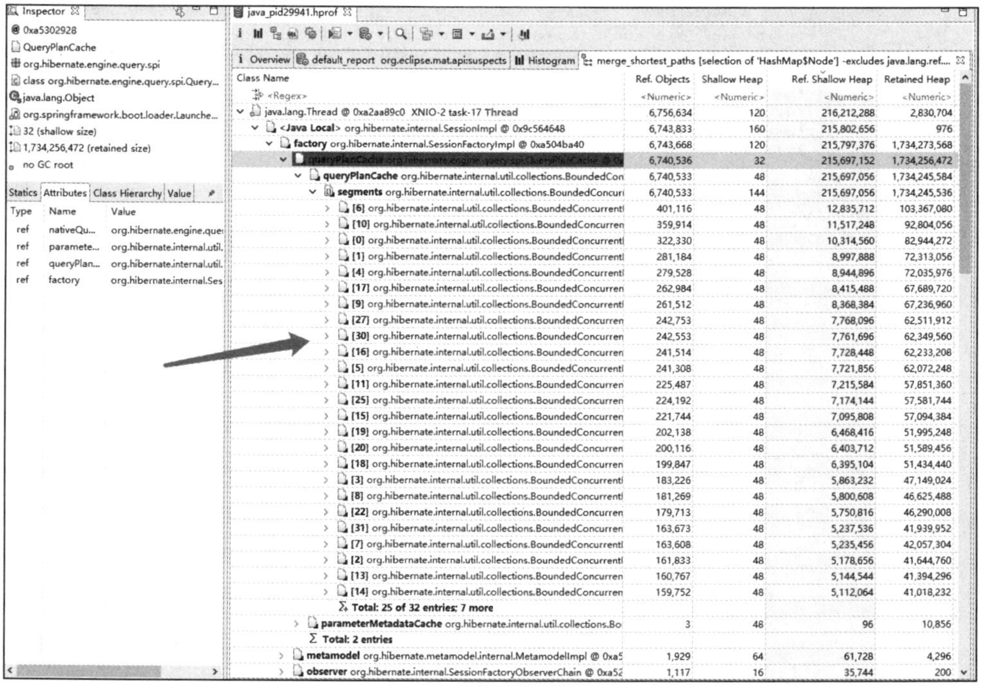

图 28-8　内存不断增长

图 28-9　QueryPlanCache 内存

我们仔细看的话，发现大部分都是某些 In 相关的 SQL 语句。这就是我们常见的 In 查询引起的内存泄漏，那么，为什么会发生这种现象呢？

28.3.1　In 查询条件引发内存泄漏的原因

我们在 UserInfoRepository 里面新增一个 In 条件的查询方法，模拟一下实际工作中 In

查询条件的场景，如下所示。

```
public interface UserInfoRepository extends JpaRepository<UserInfo, Long> {
// 测试 In 查询条件的情况
List<UserInfo> findByNameAndUrlIn(String name, Collection<String> urls);
}
```

假设有一个需求，查询拥有个人博客地址的用户有哪些？那么我们的 Controller 层就会有如下方法。

```
@GetMapping("/users")
public List<UserInfo> getUserInfos(List<String> urls) {
    // 根据 urls 批量查询，我们模拟实际工作中的批量查询情况，实际工作中可能会有大量的根据不同的
    // IDS 批量查询的场景
    return userInfoRepository.findByNameAndUrlIn("jack",urls);
}
```

我们通过 Debug 视图看一下 QueryPlanCache 里面的情况，会发现随着 In 查询条件的个数增加，会生成不同 QueryPlanCache，如图 28-10 所示，分别是 1 个参数、3 个参数、6 个参数的情况。

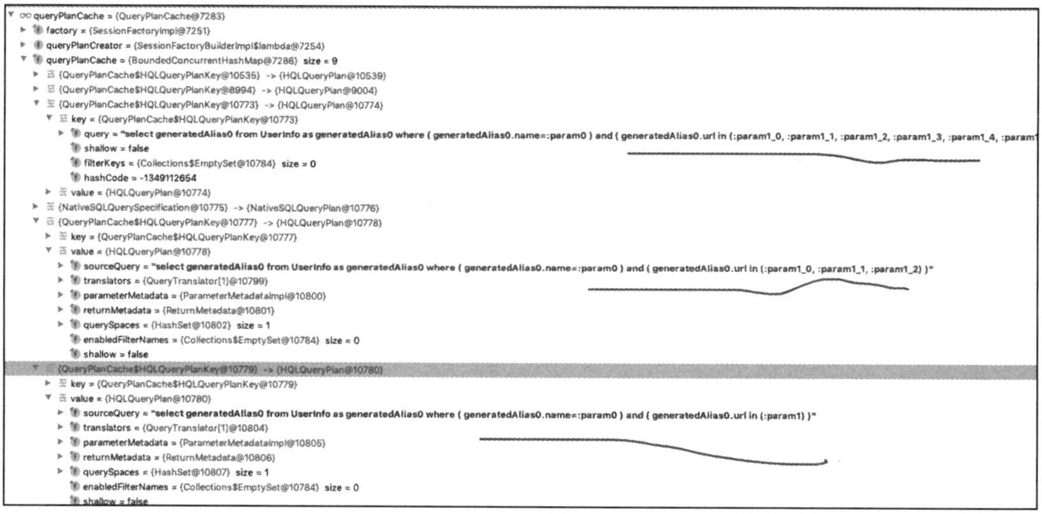

图 28-10　In 参数

从图 28-10 中我们可以想象一下，如果业务代码中有各种 In 的查询操作，不同查询条件的个数肯定在大部分场景中也是不一样的，甚至有些场景下我们能一次查询到几百个 ID 对应的数据，可想而知，那得生成多少个 In 相关的 QueryPlanCache。

而依据 QueryPlanCache 的原理，整个工程都是单例的，放进去之后肯定不会进行内存垃圾回收，那么程序运行时间久了就会发生内存泄漏，甚至在一段时间之后还会导致内存溢

出的现象发生。那么该如何解决此类问题呢？

28.3.2 解决 In 查询条件内存泄漏的方法

第一种方法：修改缓存的最大条数限制。

正如我们上面介绍的，默认 DEFAULT_QUERY_PLAN_MAX_COUNT = 2048，也就是 Query Plan 的最大条数限制是 2048。这个默认值可能有点大了，我们可以通过如下方式修改默认值，请看代码。

```
# 修改默认的 plan_cache_max_size, 太小会影响 JPQL 的执行性能, 所以根据实际情况可以自由调
  整, 不宜太小, 也不宜太大, 太大可能会引发内存溢出
spring.jpa.properties.hibernate.query.plan_cache_max_size=512
# 修改默认的 Native Query 的 Cache 大小
spring.jpa.properties.hibernate.query.plan_parameter_metadata_max_size=128
```

第二种方法：根据 QueryPlanMaxCount 的大小适当增加堆内存大小。因为 QueryPlanMaxCount 是有限制的，那么最大堆内存的使用肯定也是有封顶限制的，我们找到临界值，修改最小、最大堆内存即可。

第三种方法：减少 In 的查询 SQL 生成条数，配置如下所示。

```
# 默认情况下, 不同的 In 查询条件的个数会生成不同的 QueryPlanCache, 我们开启了 in_clause_
  parameter_padding 之后会减少 In 生成 Cache 的个数, 会根据参数的格式运用几何的算法生成
  QueryCache
spring.jpa.properties.hibernate.query.in_clause_parameter_padding=true
```

也就是说，当执行 In 的时候，参数个数会对应归并 QueryPlanCache 变成 1、2、4、8、16、32、64、128 个参数的 QueryPlanCache。那么我们再来看一看刚才参数个数分别在 1、3、4、5、6、7、8 个的时候生成 QueryPlanCache 的情况，如图 28-11 所示。

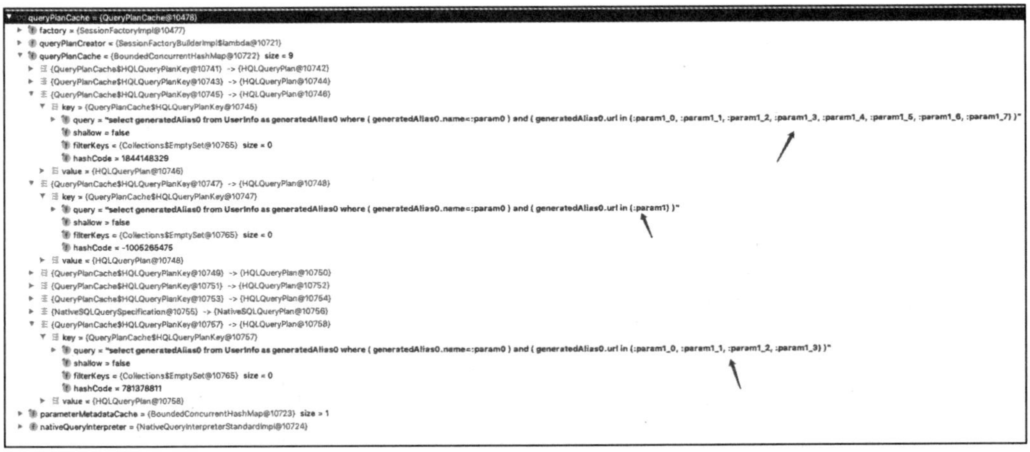

图 28-11　In 参数个数

我们会发现，当 In 产生个数是 1 的时候，它会共享参数为 1 的 QueryPlanCache ；当参数是 3、4 个的时候，它就会使用 4 个参数的 QueryPlanCache ；以此类推，当参数是 5、6、7、8 个的时候，会使用 8 个参数的 QueryPlanCache……这种算法可以大大地减少 In 的不同查询参数生成的 QueryPlanCache 个数，占用的内存自然会减少很多。

28.4　本章小结

本章主要是帮助大家理清工作中关于缓存的一些概念，其实对于一级缓存的原理我们在前面几章都做了详细介绍。其中要重点了解一下 QueryPlan Cache，因为实际工作中很多人会把它与一级缓存的概念混淆。

思路扩展

九层之台，起于累土；千里之行，
始于足下。

二级缓存的思考：Redis 与 JPA 如何结合

我们在使用 MyBatis 的时候，基本不用关心什么是二级缓存。而如果你是 Hibernate 的使用者，一定经常听说和使用过 Hibernate 的二级缓存，那么我们应该怎么看待它呢？本章一起来揭晓二级 Cache 的相关概念，以及在生产环境中的最佳实践。

29.1 二级缓存的概念

上一章介绍了一级缓存相关的内容，一级缓存的实体的生命周期和 PersistenceContext 是相同的，即载体为同一个 Session 才有效；而 Hibernate 提出了二级缓存的概念，也就是可以在不同的 Session 之间共享实体实例，也就是在单个应用内的整个 Application 生命周期之内共享实体，减少数据库查询。

由于 JPA 协议本身并没有规定二级缓存的概念，所以这是 Hibernate 独有的特性。所以在 Hibernate 中，从数据库查询实体的过程就变成了：第一步先看看一级缓存里面有没有实体，如果没有，再看看二级缓存，如果还是没有，再从数据库里面查询。那么在 Hibernate 的环境下如何开启二级缓存呢？

29.1.1 Hibernate 中二级缓存的配置方法

在 Hibernate 中，默认情况下二级缓存是关闭的，如果想开启二级缓存，需要通过如下三个步骤。

第一步：引入第三方二级缓存的实现。

Hibernate 本身并没有实现缓存功能，而是主要依赖第三方，如 EhCache、JCache、Redis 等第三方库。下面我们以 EhCache 为例，利用 Gradle 引入 Hibernate-ehcache 的依赖。代码如下所示。

```
implementation 'org.hibernate:hibernate-ehcache:5.2.2.Final'
```

如果我们想用 JCache，可以通过如下方式。

```
compile 'org.hibernate:hibernate-jcache:5.2.2.Final'
```

第二步：在配置文件里面开启二级缓存。

二级缓存默认是关闭的，所以需要我们用如下方式开启二级缓存，并且配置 cache.region.factory_class 为不同的缓存实现类。

```
hibernate.cache.use_second_level_cache=true
hibernate.cache.region.factory_class=org.hibernate.cache.ehcache.EhCacheRegionFactory
```

第三步：在用到二级缓存的地方配置 @Cacheable 和 @Cache 策略。

```
import javax.persistence.Cacheable;
import javax.persistence.Entity;
@Entity
@Cacheable
@org.hibernate.annotations.Cache(usage = CacheConcurrencyStrategy.READ_WRITE)
public class UserInfo extends BaseEntity {...}
```

通过以上三步就可以轻松实现二级缓存了，但是这时候请思考一下，这真的能应用到我们实际的生产环境中吗？会不会有副作用？

29.1.2　二级缓存的思考

二级缓存主要解决的是单应用场景下跨 Session 生命周期的实体共享问题，可是我们一定要通过 Hibernate 来做吗？答案并不是。其实我们可以通过各种 Cache 的手段来做，因为 Hibernate 里面一级缓存的复杂度相对较高，并且使用的话，实体的生命周期会有变化，查询问题的过程也较为麻烦。

同时，随着现在逐渐微服务化、分布式化，如今的应用都不是单机应用，那么缓存之间如何共享呢？分布式缓存又该如何解决？比如一个机器变了，另一个机器没变，应该如何处理？似乎 Hibernate 并没有考虑到这些问题。

此外，还有什么时间数据会变更、变化了之后如何清除缓存等，这些都是我们需要思考的，所以 Hibernate 的二级缓存使用起来绝对没有那么简单。

那么，经过这一连串的疑问，如果我们不用 Hibernate 的二级缓存，还有没有更好的解决方案呢？

29.2　利用 Redis 进行缓存

在实际工作中经常需要 Cache 的就是 Redis，那么我们通过一个例子，来看一看 Spring Cache 结合 Redis 是怎么使用的。

29.2.1　Spring Cache 和 Redis 的结合

第一步：在 Gradle 中引入 Cache 和 Redis 的依赖，代码如下所示。

```
// 原来我们只用到了 JPA
implementation 'org.springframework.boot:spring-boot-starter-data-jpa'
// 为了引入 Cache 和 Redis 机制，需要引入如下两个 jar 包
implementation 'org.springframework.boot:spring-boot-starter-data-redis'
// Redis 的依赖
implementation 'org.springframework.boot:spring-boot-starter-cache'
// Cache 的依赖
```

第二步：在 application.properties 里面增加 Redis 的相关配置，代码如下。

```
spring.redis.host=127.0.0.1
spring.redis.port=6379
spring.redis.password=sySj6vmYke
spring.redis.timeout=6000
spring.redis.pool.max-active=8
spring.redis.pool.max-idle=8
spring.redis.pool.max-wait=-1
spring.redis.pool.min-idle=0
```

第三步：通过 @EnableCaching 开启缓存，增加 Configuration 配置类，代码如下所示。

```
@EnableCaching
@Configuration
public class CacheConfiguration {
}
```

第四步：在我们需要缓存的地方添加 @Cacheable 注解即可。为了方便演示，我把 @Cacheable 注解配置在了 Controller 方法上，代码如下。

```
@GetMapping("/user/info/{id}")
@Cacheable(value = "userInfo", key = "{# root.methodName, # id}", unless = "#
    result == null")
// 利用默认 key 值的生成规则，生成一个 Redis 的 key 值，result==null 的时候不进行缓存
public UserInfo getUserInfo(@PathVariable("id") Long id) {
    // 第二次就不会再执行这里了
    return userInfoRepository.findById(id).get();
}
```

第五步：启动项目，请求一下这个 API 会发现，第一次请求过后，Redis 里面就有一条记录了，如图 29-1 所示。

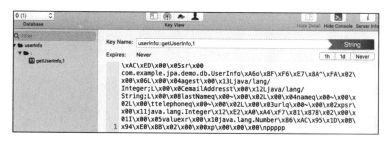

图 29-1　Redis 数据

可以看到，第二次请求之后取数据时就不会再请求数据库了。那么我们已经熟悉了 Redis，接着来看一看 Spring Cache 都做了哪些事情。

29.2.2　介绍 Spring Cache

Spring 3.1 之后引入了基于注释（Annotation）的缓存（Cache）技术，它本质上不是一个具体的缓存实现方案（如 EhCache 或者 Redis），而是一个对缓存使用的抽象概念，通过在既有代码中添加少量定义的各种 Annotation，就能够达到缓存方法返回对象的效果。

Spring 的缓存技术还具备相当的灵活性，不仅能够使用 SpEL 来定义缓存的 key 和各种 condition，还提供开箱即用的缓存临时存储方案，也支持主流的专业缓存，如 Redis、EhCache 集成。而 Spring Cache 属于 Spring framework 的一部分，在图 29-2 所示的这个包里面。

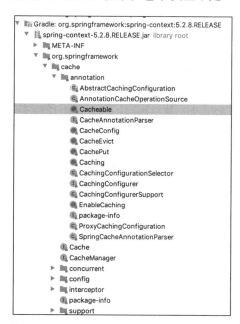

图 29-2　@Cacheable 所在源码的注解大全

29.2.3　Spring Cache 的主要注解

1. @Cacheable

应用到读取数据的方法上就是可以缓存的方法，如查找方法：先从缓存中读取，如果没有则再调用方法获取数据，然后把数据添加到缓存中。

```
public @interface Cacheable {
    @AliasFor("cacheNames")
    String[] value() default {};
// Cache 的名字。可以根据名字设置不同 Cache 的处理类。Redis 里面可以根据 Cache 名字设置不同的
// 失效时间
    @AliasFor("value")
    String[] cacheNames() default {};
// 缓存的 key 的名字，支持 SpEL
```

```
    String key() default "";
// key 的生成策略, 不指定可以用全局、默认的
    String keyGenerator() default "";
    // 客户选择不同的 CacheManager
    String cacheManager() default "";
    // 配置不同的 cache Resolver
    String cacheResolver() default "";
    // 满足什么样的条件才能被缓存, 支持 SpEL, 可以去掉方法名、参数
    String condition() default "";
// 排除哪些返回结果不加入到缓存里面, 支持 SpEL, 实际工作中常见的是 result ==null 等
    String unless() default "";
    // 是否同步读取缓存、更新缓存
    boolean sync() default false;
}
```

下面是 @Cacheable 相关的例子。

```
@Cacheable(cacheNames="book", condition="# name.length() < 32", unless="#
    result.notNeedCache")
// 利用 SpEL 表达式, 只有当 name 参数长度小于 32 的时候才进行缓存, 排除 notNeedCache 的对象
public Book findBook(String name)
```

2. @CachePut

调用方法时会自动把相应的数据放入缓存, 它与 @Cacheable 不同的是, 所有注解的方法每次都会执行, 一般配置在 Update 和 Insert 方法上。其源码里面的字段和用法与 @Cacheable 基本相同, 只是使用场景不一样, 这里就不详细介绍了。

3. @CacheEvict

删除缓存, 一般配置在删除方法上面。代码如下所示。

```
public @interface CacheEvict {
// 与 @Cacheable 相同的部分就不重复叙述了
...
    // 是否删除所有的实体对象
    boolean allEntries() default false;
    // 是否在方法执行之前执行。默认在方法调用成功之后删除
    boolean beforeInvocation() default false;
}
    @Caching 所有 Cache 注解的组合配置方法, 源码如下:
    public @interface Caching {
    Cacheable[] cacheable() default {};
    CachePut[] put() default {};
    CacheEvict[] evict() default {};
}
```

此外, 还有 @CacheConfig, 表示全局 Cache 配置; @EnableCaching, 表示是否开启 Spring Cache 的配置。

以上是 Spring Cache 中常见的注解, 下面我们再来看一看 Spring Cache Redis 里面主要的类都有哪些。

29.2.4　Spring Cache Redis 的主要类

（1）org.springframework.boot.autoconfigure.cache.CacheAutoConfiguration

Cache 的自动装配类，此类被加载的方式在 Spring Boot 的 spring.factories 文件里面，其关键源码如下所示。

```
@Configuration(proxyBeanMethods = false)
@ConditionalOnClass(CacheManager.class)
@ConditionalOnBean(CacheAspectSupport.class)
@ConditionalOnMissingBean(value = CacheManager.class, name = "cacheResolver")
@EnableConfigurationProperties(CacheProperties.class)
@AutoConfigureAfter({ CouchbaseDataAutoConfiguration.class, HazelcastAuto
    Configuration.class,
        HibernateJpaAutoConfiguration.class, RedisAutoConfiguration.class })
@Import({ CacheConfigurationImportSelector.class, CacheManagerEntityManager
    FactoryDependsOnPostProcessor.class })
public class CacheAutoConfiguration {
    /**
     * {@link ImportSelector} to add {@link CacheType} configuration classes.
     */
    static class CacheConfigurationImportSelector implements ImportSelector {
        @Override
        public String[] selectImports(AnnotationMetadata importingClassMetadata) {
            CacheType[] types = CacheType.values();
            String[] imports = new String[types.length];
            for (int i = 0; i < types.length; i++) {
                imports[i] = CacheConfigurations.getConfigurationClass(types[i]);
            }
            return imports;
        }
    }
}
```

通过源码可以看到，此类的关键作用是加载 Cache 的依赖配置，以及加载所有 CacheType 的配置文件，而 CacheConfigurations 里面定义了不同的 Cache 实现方式的配置，里面包含了 EhCache、Redis、JCache 的各种实现方式，如图 29-3 所示。

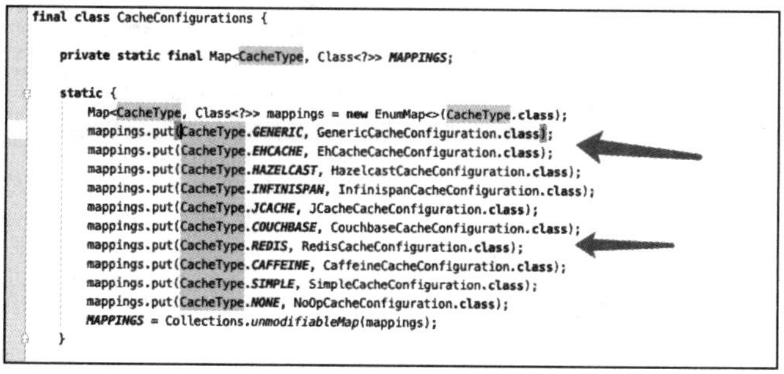

图 29-3　CachingConfigurations

（2）org.springframework.cache.annotation.CachingConfigurerSupport

通过此类可以自定义 Cache 里面的 CacheManager、CacheResolver、KeyGenerator、CacheError-Handler，代码如下所示。

```java
public class CachingConfigurerSupport implements CachingConfigurer {
    // Cache 的 manager，主要是管理不同的 Cache 的实现方式，如 Redis、EhCache 等
    @Override
    @Nullable
    public CacheManager cacheManager() {
        return null;
    }
    // Cache 的不同实现者的操作方法，用于根据实际情况来动态解析使用哪个 Cache
    @Override
    @Nullable
    public CacheResolver cacheResolver() {
        return null;
    }
    // Cache 的 key 的生成规则
    @Override
    @Nullable
    public KeyGenerator keyGenerator() {
        return null;
    }
    // Cache 发生异常的回调处理，一般情况下我会打印 warn 日志，方便知道发生了什么事情
    @Override
    @Nullable
    public CacheErrorHandler errorHandler() {
        return null;
    }
}
```

其中，所有 CacheManager 是 Spring 提供的各种缓存技术抽象接口，Spring framework 里面默认实现的 CacheManager 有不同的实现类，Redis 默认加载的是 Redis-CacheManager，如图 29-4 所示。

（3）org.springframework.boot. autoconfigure.cache.RedisCacheConfiguration

它是加载 Cache 的实现者，也是 Redis 的实现类，关键源码如图 29-5 所示。

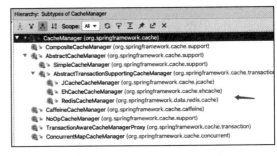

图 29-4　CacheManager

我们可以看出，它依赖本身的 Redis 连接，并且加载了 RedisCacheManager，同时可以看到关于 Cache 和 Redis 的配置有哪些。

通过 CacheProperties 里面 Redis 的配置，我们可以设置 key 的统一前缀、默认过期时间、是否缓存 Null 值、是否使用前缀这四个配置，如图 29-6 所示。

```
47    @Configuration(proxyBeanMethods = false)
48    @ConditionalOnClass(RedisConnectionFactory.class)
49    @AutoConfigureAfter(RedisAutoConfiguration.class)
50    @ConditionalOnBean(RedisConnectionFactory.class)
51    @ConditionalOnMissingBean(CacheManager.class)
52    @Conditional(CacheCondition.class)
53    class RedisCacheConfiguration {
54
55  △    @Bean
56  @    RedisCacheManager cacheManager(CacheProperties cacheProperties, CacheManagerCustomizers cacheManagerCustomizers,
57            ObjectProvider<org.springframework.data.redis.cache.RedisCacheConfiguration> redisCacheConfiguration,
58            ObjectProvider<RedisCacheManagerBuilderCustomizer> redisCacheManagerBuilderCustomizers,
59            RedisConnectionFactory redisConnectionFactory, ResourceLoader resourceLoader) {
60        RedisCacheManagerBuilder builder = RedisCacheManager.builder(redisConnectionFactory).cacheDefaults(
61                determineConfiguration(cacheProperties, redisCacheConfiguration, resourceLoader.getClassLoader()));
62        List<String> cacheNames = cacheProperties.getCacheNames();
63        if (!cacheNames.isEmpty()) {
64            builder.initialCacheNames(new LinkedHashSet<>(cacheNames));
65        }
66        redisCacheManagerBuilderCustomizers.orderedStream().forEach((customizer) -> customizer.customize(builder));
67        return cacheManagerCustomizers.customize(builder.build());
68    }
69
70  @    private org.springframework.data.redis.cache.RedisCacheConfiguration determineConfiguration(
71            CacheProperties cacheProperties,
72            ObjectProvider<org.springframework.data.redis.cache.RedisCacheConfiguration> redisCacheConfiguration,
73            ClassLoader classLoader) {
74        return redisCacheConfiguration.getIfAvailable(() -> createConfiguration(cacheProperties, classLoader));
75    }
76
77  @    private org.springframework.data.redis.cache.RedisCacheConfiguration createConfiguration(
78            CacheProperties cacheProperties, ClassLoader classLoader) {
79        Redis redisProperties = cacheProperties.getRedis();
80        org.springframework.data.redis.cache.RedisCacheConfiguration config = org.springframework.data.redis.cache.RedisCacheConfiguration
81                .defaultCacheConfig();
82        config = config.serializeValuesWith(
83                SerializationPair.fromSerializer(new JdkSerializationRedisSerializer(classLoader)));
84        if (redisProperties.getTimeToLive() != null) {
85            config = config.entryTtl(redisProperties.getTimeToLive());
86        }
87        if (redisProperties.getKeyPrefix() != null) {
88            config = config.prefixCacheNameWith(redisProperties.getKeyPrefix());
89        }
90        if (!redisProperties.isCacheNullValues()) {
91            config = config.disableCachingNullValues();
92        }
93        if (!redisProperties.isUseKeyPrefix()) {
94            config = config.disableKeyPrefix();
```

图 29-5　RedisCacheConfiguration

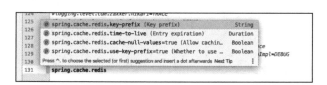

图 29-6　Redis 配置

通过这几个主要的类，相信大家已经对 Spring Cache 有了简单的了解，下面看一看在实际工作中有哪些最佳实践可以供我们参考。

29.3　Spring Cache 结合 Redis 的最佳实践

29.3.1　不同 Cache name 配置不同的过期时间

默认情况下所有 Redis 的 Cache 过期时间是一样的，实际工作中一般需要自定义不同 Cache 的 name 的过期时间，这里 Cache 的 name 就是指 @Cacheable 里面 value 属性所对应的值。主要步骤如下。

第一步：自定义一个配置文件，用来指定不同的 cacheName 对应的过期时间不一样。代码如下所示。

```
@Getter
@Setter
@ConfigurationProperties(prefix = "spring.cache.redis")
/**
 * 改善一下 cacheName 的最佳实践方法，目前主要作用是不同的 cache-name 可定义不同的过期时间，
   可以扩展
 */
public class MyCacheProperties {
    private HashMap<String, Duration> cacheNameConfig;
}
```

第二步：通过自定义类 MyRedisCacheManagerBuilderCustomizer 实现 RedisCacheManager-BuilderCustomizer 的 customize 方法，用来指定不同的 name 采用不同的 RedisCache-Configuration，从而达到设置不同过期时间的效果。代码如下所示。

```
/**
 * 这个依赖 Spring Boot 2.2 以上版本才有效
 */
public class MyRedisCacheManagerBuilderCustomizer implements RedisCacheManager
    BuilderCustomizer {
    private MyCacheProperties myCacheProperties;
    private RedisCacheConfiguration redisCacheConfiguration;

    public MyRedisCacheManagerBuilderCustomizer(MyCacheProperties
        myCacheProperties, RedisCacheConfiguration redisCacheConfiguration) {
        this.myCacheProperties = myCacheProperties;
        this.redisCacheConfiguration = redisCacheConfiguration;
    }
    /**
     * 利用默认配置的只需要在这里加载就可以了
     * spring.cache.cache-names=abc,def,userlist2,user3
     * 下面是不同的 cache-name 可以配置不同的过期时间，yaml 也支持，如果以后还有其他属性扩展，
       可以改这里
     * spring.cache.redis.cache-name-config.user2=2h
     * spring.cache.redis.cache-name-config.def=2m
     * @param builder
     */
    @Override
    public void customize(RedisCacheManager.RedisCacheManagerBuilder builder) {
        if (ObjectUtils.isEmpty(myCacheProperties.getCacheNameConfig())) {
            return;
        }

        Map<String, RedisCacheConfiguration> cacheConfigurations =
            myCacheProperties.getCacheNameConfig().entrySet().stream().
                collect(Collectors.
```

```
                    toMap(e->e.getKey(),v->builder.
                        getCacheConfigurationFor(v.getKey()).
                        orElse(RedisCacheConfiguration.defaultCacheConfig().
                            serializeValuesWith(redisCacheConfiguration.
                            getValueSerializationPair())).
                            entryTtl(v.getValue())));
            builder.withInitialCacheConfigurations(cacheConfigurations);
        }
    }
```

第三步：在 CacheConfiguration 里面把自定义的 CacheManagerCustomize 加载进去即可，代码如下。

```
@EnableCaching
@Configuration
@EnableConfigurationProperties(value = {MyCacheProperties.class,CacheProperties.
    class})
@AutoConfigureAfter({CacheAutoConfiguration.class})
public class CacheConfiguration {
    /**
     * 支持不同的 cache-name 有不同的缓存时间的配置
     *
     * @param myCacheProperties
     * @param redisCacheConfiguration
     * @return
     */
    @Bean
    @ConditionalOnMissingBean(name = "myRedisCacheManagerBuilderCustomizer")
    @ConditionalOnClass(RedisCacheManagerBuilderCustomizer.class)
    public MyRedisCacheManagerBuilderCustomizer myRedisCacheManagerBuilde
        rCustomizer(MyCacheProperties myCacheProperties, RedisCacheConfiguration
redisCacheConfiguration) {
        return new MyRedisCacheManagerBuilderCustomizer(myCacheProperties,redisC
            acheConfiguration);
    }
}
```

第四步：使用的时候非常简单，只需要在 application.properties 里面做如下配置即可。

```
# 设置默认的过期时间是 20 分钟
spring.cache.redis.time-to-live=20m
# 设置刚才的例子 @Cacheable(value="userInfo")5 分钟过期
spring.cache.redis.cache-name-config.userInfo=5m
# 设置 room 的缓存 1 小时过期
spring.cache.redis.cache-name-config.room=1h
```

29.3.2　自定义 Redis key 的拼接规则

假如我们不喜欢默认的 Cache 生成的 key 的 String 规则，那么可以自定义。我们创建

MyRedisCachingConfigurerSupport，集成 CachingConfigurerSupport 即可，代码如下。

```java
@Component
@Log4j2
public class MyRedisCachingConfigurerSupport extends CachingConfigurerSupport
{
    @Override
    public KeyGenerator keyGenerator() {
        return getKeyGenerator();
    }

    /**
     * 覆盖默认的 Redis key 的生成规则，变成 " 方法名 : 参数 : 参数 "
     * @return
     */
    public static KeyGenerator getKeyGenerator() {
        return (target, method, params) -> {
            StringBuilder key = new StringBuilder();
            key.append(ClassUtils.getQualifiedMethodName(method));
            for (Object obc : params) {
                key.append(":").append(obc);
            }
            return key.toString();
        };
    }
}
```

29.3.3 异常时不要阻碍主流程

当发生 Cache 和 Redis 的操作异常时，我们不希望阻碍主流程，而只是希望打印一个关键日志，只需要在 MyRedisCachingConfigurerSupport 里面再实现父类的 errorHandler 即可，代码变成了如下模样。

```java
@Log4j2
public class MyRedisCachingConfigurerSupport extends CachingConfigurerSupport {
    @Override
    public KeyGenerator keyGenerator() {
        return getKeyGenerator();
    }

    /**
     * 覆盖默认的 Redis key 的生成规则，变成 " 方法名 : 参数 : 参数 "
     * @return
     */
    public static KeyGenerator getKeyGenerator() {
        return (target, method, params) -> {
            StringBuilder key = new StringBuilder();
            key.append(ClassUtils.getQualifiedMethodName(method));
            for (Object obc : params) {
```

```
            key.append(":").append(obc);
        }
        return key.toString();
    };
}

/**
 * 覆盖默认异常处理方法，不抛异常，改打印 error 日志
 *
 * @return
 */
@Override
public CacheErrorHandler errorHandler() {
    return new CacheErrorHandler() {
        @Override
        public void handleCacheGetError(RuntimeException exception, Cache
            cache, Object key) {
            log.error(String.format("Spring cache GET error:cache=%s,key=%s",
                cache, key), exception);
        }

        @Override
        public void handleCachePutError(RuntimeException exception, Cache
            cache, Object key, Object value) {
            log.error(String.format("Spring cache PUT error:cache=%s,key=%s",
                cache, key), exception);
        }

        @Override
        public void handleCacheEvictError(RuntimeException exception, Cache
            cache, Object key) {
            log.error(String.format("Spring cache EVICT error:cache=%s,key=%s",
                cache, key), exception);
        }
        @Override
        public void handleCacheClearError(RuntimeException exception, Cache
            cache) {
            log.error(String.format("Spring cache CLEAR error:cache=%s", cache),
                exception);
        }
    };
}
```

29.3.4　改变默认的 Cache 中 Redis 的 value 序列化方式

默认有可能是 JDK 序列化方式，所以一般我们看不懂 Redis 里面的值，那么就可以把序列化方式改成 JSON 格式，只需要在 CacheConfiguration 里面增加默认的 RedisCache-Configuration 配置即可，完整的 CacheConfiguration 变成如下代码所示的样子。

```java
@EnableCaching
@Configuration
@EnableConfigurationProperties(value = {MyCacheProperties.class,CacheProperties.
    class})
@AutoConfigureAfter({CacheAutoConfiguration.class})
public class CacheConfiguration {
    /**
     * 支持不同的 Cache name 有不同的缓存时间的配置
     *
     * @param myCacheProperties
     * @param redisCacheConfiguration
     * @return
     */
    @Bean
    @ConditionalOnMissingBean(name = "myRedisCacheManagerBuilderCustomizer")
    @ConditionalOnClass(RedisCacheManagerBuilderCustomizer.class)
    public MyRedisCacheManagerBuilderCustomizer myRedisCacheManagerBuilde
        rCustomizer(MyCacheProperties myCacheProperties, RedisCacheConfiguration
        redisCacheConfiguration) {
        return new MyRedisCacheManagerBuilderCustomizer(myCacheProperties,redisC
            acheConfiguration);
    }
    /**
     * Cache 异常不抛异常，只打印 error 日志
     *
     * @return
     */
    @Bean
    @ConditionalOnMissingBean(name = "myRedisCachingConfigurerSupport")
    public MyRedisCachingConfigurerSupport myRedisCachingConfigurerSupport() {
        return new MyRedisCachingConfigurerSupport();
    }
    /**
     * 依赖默认的 ObjectMapper，实现普通的 JSON 序列化
     * @param defaultObjectMapper
     * @return
     */
    @Bean(name = "genericJackson2JsonRedisSerializer")
    @ConditionalOnMissingBean(name = "genericJackson2JsonRedisSerializer")
    public GenericJackson2JsonRedisSerializer genericJackson2JsonRedisSerialize
        r(ObjectMapper defaultObjectMapper) {
        ObjectMapper objectMapper = defaultObjectMapper.copy();
        objectMapper.registerModule(new Hibernate5Module().enable(REPLACE_
            PERSISTENT_COLLECTIONS)); // 支持 JPA 的实体的 JSON 的序列化
        objectMapper.configure(MapperFeature.SORT_PROPERTIES_ALPHABETICALLY, true);
        objectMapper.deactivateDefaultTyping();
        // 关闭 defaultType，不需要关心 Reids 里面是否为对象的类型
        return new GenericJackson2JsonRedisSerializer(objectMapper);
    }
    /**
```

```
 * 覆盖 RedisCacheConfiguration，只是修改 serializeValues with jackson
 *
 * @param cacheProperties
 * @return
 */
@Bean
@ConditionalOnMissingBean(name = "jacksonRedisCacheConfiguration")
public RedisCacheConfiguration jacksonRedisCacheConfiguration(CacheProperti
    es cacheProperties,GenericJackson2JsonRedisSerializer genericJackson2Jso
    nRedisSerializer) {
    CacheProperties.Redis redisProperties = cacheProperties.getRedis();
    RedisCacheConfiguration config = RedisCacheConfiguration
            .defaultCacheConfig();
    config = config.serializeValuesWith(RedisSerializationContext.
        SerializationPair.fromSerializer(genericJackson2JsonRedisSerializ
        er));// 修改的关键所在，指定 Jackson2JsonRedisSerializer 的方式
    if (redisProperties.getTimeToLive() != null) {
        config = config.entryTtl(redisProperties.getTimeToLive());
    }
    if (redisProperties.getKeyPrefix() != null) {
        config = config.prefixCacheNameWith(redisProperties.getKeyPrefix());
    }
    if (!redisProperties.isCacheNullValues()) {
        config = config.disableCachingNullValues();
    }
    if (!redisProperties.isUseKeyPrefix()) {
        config = config.disableKeyPrefix();
    }
    return config;
    }
}
```

29.4 本章小结

这一章的目的就是帮助大家打开思路，了解 Spring Data 的生态体系。由于篇幅有限，这里介绍的 Cache、Redis、JPA 只是这三个项目里的冰山一角，在工作中大家可以根据实际的应用场景，想想它们各自的职责是什么，让它们发挥各自的特长，而不是依赖于 Hibernate 功能的强大，为了用而去用，这样会让代码的复杂度提高很多，就会遇到各种各样的问题，从而觉得 Hibernate 太难，或者不可控。

其实大多数时候是我们的思路不对，世间万事万物皆有其优势和劣势，我们要抛弃其劣势，充分利用各个框架的优势，发挥各自的特长。在下一章我们来聊一聊 Spring Data Rest 的相关话题。

第 30 章

Spring Data Rest 与 JPA

通过之前章节的内容，相信大家已经对 JPA 有了深入认识，那么 JPA 还有哪些应用场景呢？在这一章，我们将通过 Spring Data Rest 来聊聊实体和 Repository 的另外一种用法。

首先通过一个 Demo 来感受一下，怎么快速创建一个 REST 风格的服务端。

30.1　Spring Data Rest Demo

我们通过以下四个步骤演示一下 Spring Data Rest 的效果。

第一步：通过 Gradle 引入相关的 jar 依赖，代码如下所示。

```
implementation 'org.springframework.boot:spring-boot-starter-data-jpa'
// Spring Data Rest 的依赖，由于我们使用的是 Spring Boot，所以只需要添加 starter 即可
implementation("org.springframework.boot:spring-boot-starter-data-rest")
// 我们添加 Swagger 以便看出生成了哪些 API 接口
implementation 'io.springfox:springfox-boot-starter:3.0.0'
// Swagger 对 Spring Data Rest 支持，需要添加 springfox-data-rest
implementation 'io.springfox:springfox-data-rest:3.0.0'
```

添加完依赖之后，我们可以通过 Gradle 的依赖视图（如图 30-1 所示）看一下都用了哪些 jar 包。

通过图 30-1 可以很清晰地看到 spring-data-rest 的 jar 包引入情况，以及我们依赖的 spring-data-jpa 和 Swagger。

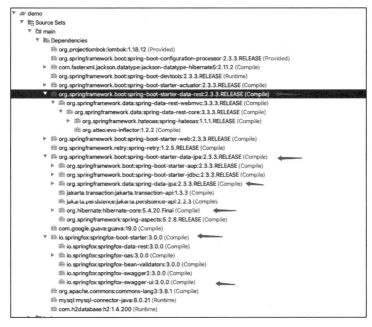

图 30-1　jar 包依赖

第二步：在项目里面添加 SpringFoxConfiguration 开启 Swagger，代码如下所示。

```
@Configuration
@EnableSwagger2
public class SpringFoxConfiguration {}
```

第三步：通过 application.properties 指定一个 base-path，以便与我们自己的 API 进行区分，代码如下所示。

```
# 我们可以通过 Spring Data Rest 里面提供的配置项指定 bast-path
spring.data.rest.base-path=api/rest/v2
```

第四步：直接启动项目，就可以看到效果了，不需要任何额外的 Controller 的配置和设置。

启动成功之后我们就会发现，里面多了很多 api/rest/v2 等 RESTful API，并且可以直接使用。如图 30-2 所示，不只有我们自己的 Controller，还有 Spring Data Rest 自己生成的 API。

这时我们打开 Swagger 看一下：http://127.0.0.1:8087/swagger-ui/，如图 30-3 所示。

我们的 Demo 项目结构如图 30-4 所示。

你会发现有几个 Repository 会帮助我们生成几个对应的 REST 协议的 API，除了基本的 CRUD，如 UserInfoRepository 自定义的方法，API 也会帮我们展示出来。而 Room 实体我们没有对应的 Repository，所以不会有对应的 RESTful API 生成。

图 30-2　IDEA Mappings

图 30-3　Swagger-Ui

　　通过这个 Demo 可以想象一下，如果要做一个 REST 风格的 Server API 项目，是不是只需要把对应的 Entity 和 Repository 建好，就可以直接拥有所有 CRUD 的 API 了？这样可以大大提高我们的开发效率。

　　下面详细看一下 Spring Data Rest 的基本用法。

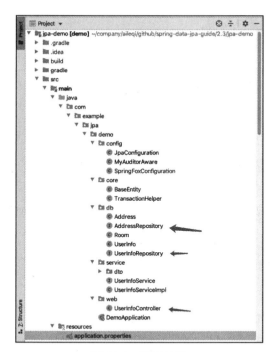

图 30-4　项目结构

30.2　Spring Data Rest 的基本用法

通过 Demo 可以看出，Spring Data Rest 的核心功能就是为 Spring Data Repositories 对外暴露的方法生成对应的 API，如上面的 AddressRepository，里面对应的实体是 Address，代码如下。

```
public interface AddressRepository extends JpaRepository<Address, Long>{
}
```

它为我们生成的 API 如图 30-5 所示。

通过 Swagger 我们可以看到 Spring Data Rest 的几点用法。

30.2.1　语义化的方法

把实体转化成复数的形式，生成基本的 PATCH、GET、PUT、POST、DELETE 等带有语义的 REST API 相应的接口，资源操作方法有如下几种。

❑ GET：返回单个实体。

❑ PUT：更新资源。

❑ PATCH：与 PUT 类似，但部分更新资源状态。

❑ DELETE：删除暴露的资源。

❑ POST：从给定的请求正文创建一个新的实体。

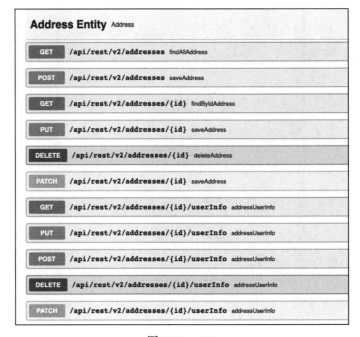

图 30-5　API

30.2.2　默认的状态码支持

默认状态码如下：

❑ 200 OK：适用于纯粹的 GET 请求。

❑ 201 Created：针对创建新资源的 POST 和 PUT 请求。

❑ 204 No Content：对于 PUT、PATCH 和 DELETE 请求。

❑ 401：没有认证。

❑ 403：没有权限，拒绝访问。

❑ 404：没有找到对应的资源。

30.2.3　分页支持

通过 Swagger，我们可以看到其完全支持分页和排序，完全兼容我们之前讲过的 Spring Data JPA 的分页和排序的参数，如图 30-6 所示。

30.2.4　通过 @RepositoryRestResource 改变资源的 metaData

代码如下所示。

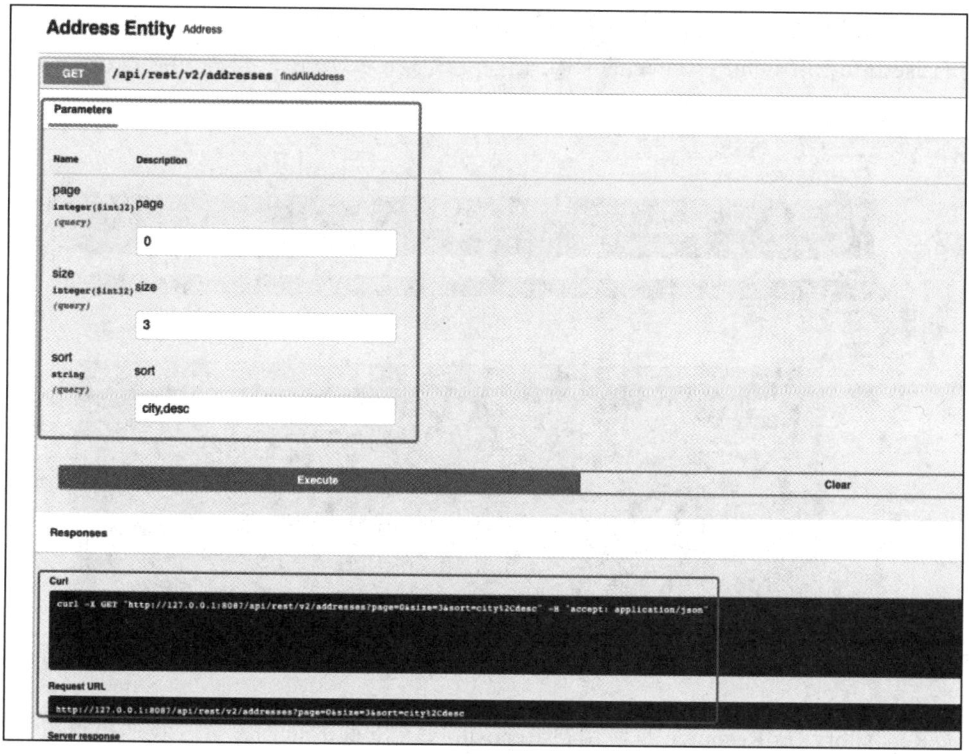

图 30-6　分页排序参数

```
@RepositoryRestResource(
    exported = true,                                  // 资源是否暴露，默认为 true
    path = "users",                                   // 资源暴露的 path 访问路径
    collectionResourceRel = "userInfo",               // 资源名字，默认实体名字
    collectionResourceDescription = @Description("用户基本信息资源"), // 资源描述
    itemResourceRel = "userDetail",                   // 取资源详情的 Item 名字
    itemResourceDescription = @Description("用户详情")
)
```

我们将其放置在 UserInfoRepository 上面测试一下，代码变更如下。

```
@RepositoryRestResource(
    exported = true,
    path = "users",
    collectionResourceRel = "userInfo",
    collectionResourceDescription = @Description("用户资源"),
    itemResourceRel = "userDetail",
    itemResourceDescription = @Description("用户详情")
)

public interface UserInfoRepository extends JpaRepository<UserInfo, Long> {}
```

这时通过 Swagger 可以看到，URL 的 Path 上面变成了 users，而 Body 里面的资源名字变成了 userInfo，取 itemResource 的 URL 描述变成了 userDetail，如图 30-7 所示。

图 30-7 改变资源名

@RepositoryRestResource 是使用在 Repository 类上面的全局设置，我们也可以针对具体的 Repository 的每个方法进行单独设置，这就是另外一个注解：@RestResource。

30.2.5 利用 @RestResource 改变 RESTful 的 SearchPath

代码如下所示。

```
@RestResource(
    exported = true,          // 是否暴露给 Search
    path = "findCities",      // Search 后面的 path 路径
    rel = "cities"            // 资源名字
)
```

可以将其用于 ***Repository 方法中和 @Entity 的实体关系上，那么我们在 Address 的 findByAddress 方法上面做一个测试，看看会变成什么样，代码如下所示。

```
public interface AddressRepository extends JpaRepository<Address, Long>{
    @RestResource(
        exported = true,          // 是否暴露给 Searc
        path = "findCities",      // Search 后面的 path 路径
        rel = "cities"            // 资源名字
    )
    Page<Address> findByAddress(@Param("address") String address, Pageable pageable);
}
```

我们打开 Swagger 看一下结果，会发现 Search 后面的 Path 路径被自定义了，如图 30-8 所示。

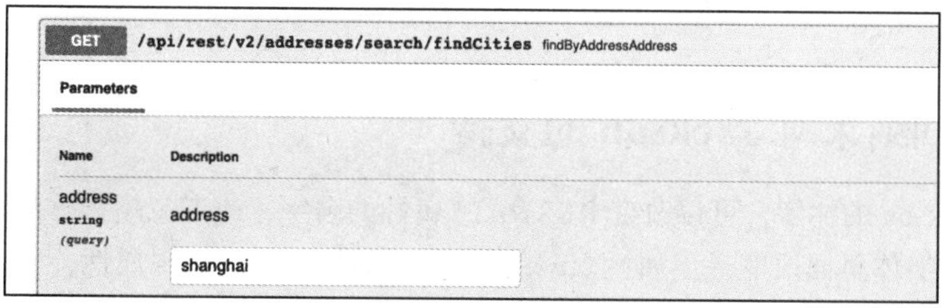

图 30-8　Path

同时这个注解也可以配置在关联关系上，如 @OneToMany 等。如果我们不想某些方法暴露成 REST API，就直接添加 @RestResource(exported = false) 这一注解即可，如一些删除方法等。

30.2.6　Spring Data Rest 的配置项支持

这个可以直接在 application.properties 里面配置，我们在 IDEA 里面输入前缀的时候，就会有如图 30-9 所示的提示。而其中的配置的详解，对应的描述如表 30-1 所示。

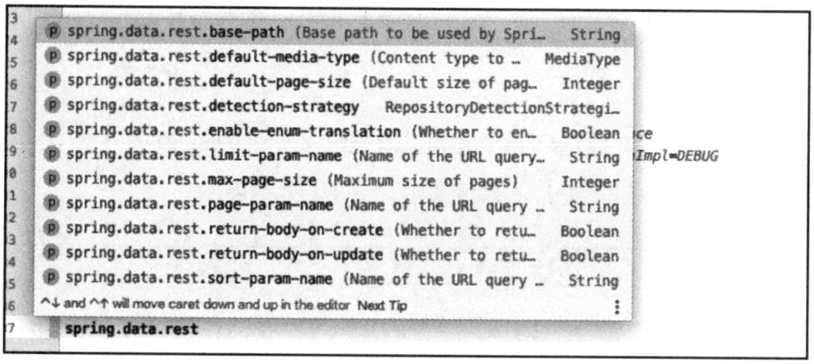

图 30-9　Spring Data Rest 配置

表 30-1　Spring Data Rest 配置项

属　性	描　述
basePath	Spring Data REST 的 API 的前缀 path
defaultPageSize	默认的 pageSize
maxPageSize	可以设置一下，每次请求的最大页码限制
pageParamName	设置分页的参数名字，默认的名字是 page
limitParamName	limit 的参数名字，默认为 limit
sortParamName	设置排序的参数名字
defaultMediaType	当不指定 mediaType 的时候，默认请求的 mediaType
returnBodyOnCreate	是否在调用 POST 创建新资源的时候，在返回的响应体里面带上当前的实体对象
returnBodyOnUpdate	是否在调用 Put、Patch 更新的时候，返回实体的响应体

关于 Spring Data Rest 的常见用法我们就介绍完了，之前还讲过 Spring Data JPA 对 Jackson 的支持，它在 Spring Data Rest 里面完全适用，下面来看一下。

30.3 返回结果对 Jackson 的支持

通过 Jackson 的注解，可以改变 REST API 属性的名字，或者忽略具体的某个属性。我们在 Address 实体里面改变一下属性 city 的名字，同时忽略 address 属性，代码会变成如下所示的样子。

```
@Entity
@Table
@Data
@SuperBuilder
@AllArgsConstructor
@NoArgsConstructor
@ToString(exclude = "userInfo")
public class Address extends BaseEntity {
    @JsonProperty("myCity")        // 改变 JSON 响应的属性名字
    private String city;
    @JsonIgnore                    // JSON 解析的时候忽略某个属性
    private String address;
}
```

我们通过 Swagger 里面的 Description 可以看到，当前的资源描述发生了变化，字段名变成了 myCity，address 属性没有了，具体如图 30-10 所示。

图 30-10　JSON

Spring Data Rest 返回 ResponseBody 的原理和接收 RequestBody 的原理都是基于 JSON 格式的，我们之前讲的 Jackson 的所有注解语法同样适用。

介绍了这么多，那么到底 Spring Data Rest 和 Spring Data JPA 是什么关系呢？我们总结一下。

30.4　Spring Data Rest 和 Spring Data JPA 的关系

大概有如下几点。

1）Spring Data JPA 基于 JPA 协议提供了一套标准的 Repository 操作统一接口，方法名和 @Query 都是有固定语法和约定规则的。

2）Spring Data Rest 利用 JPA 的约定和语法，利用 Java 反射、动态代理等机制，很容易就可以生成一套标准的 REST 风格的 API 协议操作。

3）也就是说，JPA 制定协议和标准，Spring Data Rest 基于这套协议生成 REST 风格的 Controller。

30.5　本章小结

Spring Data Rest 本身的原理和实现方式是一章介绍不完的，虽然这一章的内容不多，但其精髓都在这里了，足够表达 JPA 的应用场景了。

我想表达的重点就是，JPA 的应用领域其实有很多，本章就是想帮助大家打开思路，在写一些基于实体的框架时就可以参考 Spring Data Rest 的做法。例如 Yahoo 团队设计的 JSON API 协议（https://jsonapi.org/format/），以及 Elide 的实现（https://github.com/yahoo/elide/blob/master/translations/zh/README.md），都是基于 JPA 的实体注解实现的。

甚至 Spring 的 GraphQL 也可以基于约定的实体来做很多事情。所以当大家掌握了 JPA 后，就可以大大地提升开发效率。

在下一章，我们聊聊如何通过 Spring Boot Test 提高开发效率。

第 31 章

如何利用单元测试和集成测试让
开发效率翻倍

在实际工作中，我发现有些开发人员不喜欢写测试用例，感觉这是在浪费时间，但要知道的是，如果测试用例非常完备，是可以提升团队效率的。那么，在这一章我们就针对这一问题，看看如何使用单元测试，以及如何快速地写单元测试。

由于工作中常见的有 JUnit 4、JUnit 5 两个版本，我们使用的是 Spring Boot 2.1，里面默认集成了 JUnit 5，所以就以 JUnit 5 进行讲解。我们先从数据库层开始。

31.1 Spring Data JPA 单元测试的最佳实践

在实际工作中我们免不了要与 Repository 打交道，那么这层的测试用例应该怎么写呢？怎么才能提高开发效率呢？关于 JPA 的 Repository，下面我们分两个部分来介绍。

31.1.1 Spring Data JPA Repository 的测试用例

测试用例写法步骤如下。

第一步：引入 test 的依赖，Gradle 的语法如下所示。

```
testImplementation 'com.h2database:h2'
testImplementation 'org.springframework.boot:spring-boot-starter-test'
```

第二步：利用项目里面的实体和 Repository，假设我们项目里面有 Address 和 Address-Repository，代码如下所示。

```
@Entity
@Table
@Data
@SuperBuilder
@AllArgsConstructor
@NoArgsConstructor
public class Address extends BaseEntity {
    private String city;
    private String address;
}
// Repository 的 DAO 层
public interface AddressRepository extends JpaRepository<Address, Long>{

}
```

第三步：新建 RepositoryTest，添加 @DataJpaTest 即可，代码如下所示。

```
@DataJpaTest
public class AddressRepositoryTest {
    @Autowired
    private AddressRepository addressRepository;
    // 测试一下保存和查询
    @Test
    public  void testSave() {
        Address address = Address.builder().city("shanghai").build();
        addressRepository.save(address);
        List<Address> address1 = addressRepository.findAll();
        address1.stream().forEach(address2 -> System.out.println(address2));
    }

}
```

通过上面的测试用例可以看到，我们直接添加了 @DataJpaTest 注解，然后利用 Spring 的注解 @Autowired，引入了 Spring Context 里面管理的 AddressRepository 实例。换句话说，我们在这里面使用了集成测试，即直接连接数据库来完成操作。

第四步：直接运行上面的测试用例，可以得到如图 31-1 所示的结果。

通过测试结果，我们可以发现：

1）测试方法默认都会开启一个事务，测试完了之后就会进行回滚。

2）里面执行了 Insert 和 Select 两种操作。

3）如果开启了 Session Metrics 日志，可以观察到其发生了一次 Connection。

通过这个案例，我们知道 Repository 的测试用例写起来还是比较简单的，其中主要利用了 @DataJpaTest 的注解。下面打开 @DataJpaTest 的源码来看一看。

```
@Target(ElementType.TYPE)
@Retention(RetentionPolicy.RUNTIME)
@Documented
@Inherited
```

```
@BootstrapWith(DataJpaTestContextBootstrapper.class)  // 测试环境的启动方式
@ExtendWith(SpringExtension.class)                       // 加载了 Spring 测试环境
@OverrideAutoConfiguration(enabled = false)
@TypeExcludeFilters(DataJpaTypeExcludeFilter.class)
@Transactional
@AutoConfigureCache
@AutoConfigureDataJpa      // 加载了依赖 Spring Data JPA 的原有配置
@AutoConfigureTestDatabase       // 加载默认的测试数据库，我们这里面采用默认的 H2
@AutoConfigureTestEntityManager    // 加载测试所需要的 EntityManager，主要是事务处理机制不一样
@ImportAutoConfiguration
public @interface DataJpaTest {
    // 默认打开 SQL 的控制台输出，所以当我们什么都没有做的时候就可以看到 SQL 了
    @PropertyMapping("spring.jpa.show-sql")
    boolean showSql() default true;
...}
```

图 31-1　测试用例运行结果

通过源码会发现 @DataJpaTest 注解帮助我们做了很多事情：

1）加载 Spring Data JPA 所需要的上下文，即数据库和所有的 Repository。

2）启用默认集成数据库 H2，完成集成测试。

现在我们知道了 @DataJpaTest 所具备的能力，那么在实际工作中，哪些场景会需要写 Repository 的测试用例呢？

31.1.2　Repository 的测试场景

在工作中，有的同事可能会说没有必要写 Repository 的测试用例，因为好多方法都是框架里面提供的，况且这个东西没有什么逻辑，写的时候有点浪费时间。

其实不然，如果能把 Repository 的测试用例写好，这对提高开发效率绝对是有益的。否则当接到一个需要直接改里面代码的项目时，就会出现比较慌，甚至不敢改的情况。所以

你要知道在哪些场景下我们必须要写 Repository 的测试用例。

　　场景一：当新增一个 Entity 和实体对应的 Repository 的时候，需要写一个简单的 Save 和查询测试用例，主要目的就是检查我们的实体配置是否正确，否则写了一大堆 Repository 和 Entity 之后发现启动报错，就会傻眼了，而且并不能知道哪里的配置出现了问题，这样反而会降低我们的开发效率。

　　场景二：当实体里面有一些 POJO 逻辑，或者某些字段必须包含的时候，我们就需要写一些测试用例，假设 Address 实体里面不需要有 address 属性字段，并且有一个 @Transient 的字段和计算逻辑，如下述代码所示。

```
public class Address extends BaseEntity {
    @JsonProperty("myCity")
    private String city;
    private String address;        // 必要字段
    @Transient                     // 非数据库字段，有一些简单运算
    private String addressAndCity;
    public String getAddressAndCity() {
        return address+" 一些简单逻辑 "+city;
    }
}
```

这时我们就需要写一些测试用例去验证一下。

　　场景三：当我们有自定义方法的时候，就可能需要测试一下，看看返回结果是否满足需求，代码如下所示。

```
public interface AddressRepository extends JpaRepository<Address, Long>{
    Page<Address> findByAddress(@Param("address") String address, Pageable
        pageable);
}
```

　　场景四：当我们利用 @Query 注解写了一些 JPQL 或者 SQL 的时候，就需要写一次测试用例来验证一下，代码如下所示。

```
public interface AddressRepository extends JpaRepository<Address, Long>{
    // 通过 @Query 注解自定义的 JPQL 或 Navicat SQL
    @Query(value = "FROM Address where deleted=false ")
    Page<Address> findAll(Pageable pageable);
}
```

那么，对应的复杂一点的测试用例就要变成如下这段代码所示。

```
@TestInstance(TestInstance.Lifecycle.PER_CLASS)
@DataJpaTest
public class AddressRepositoryTest {
    @Autowired
    private AddressRepository addressRepository;

    @BeforeAll              // 利用 @BeforeAll 准备一些 Repositroy 需要的测试数据
```

```
@Rollback(false)        // 由于每个方法都是有事务回滚机制的，为了测试我们的 Repository，
                        // 可能需要模拟一些数据，所以我们改变回滚机制
@Transactional
public void init() {

    Address address = Address.builder().city("shanghaiDeleted").
deleted(true).
        build();
    addressRepository.save(address);
}

// 测试没有包含删除的记录
@Test
public  void testFindAllNoDeleted() {
    List<Address> address1 = addressRepository.findAll();
    int deleteSize = address1.stream().filter(d->d.
       equals("shanghaiDeleted")).collect(Collectors.toList()).size();
    Assertions.assertTrue(deleteSize==0); // 测试一下不包含删除的条数
}
```

场景五：当我们测试 JPA 或者 Hibernate 的一些底层特性的时候，测试用例可以很好地帮助我们。因为如果依赖项目启动来做测试，效率太低了。例如，我们之前讲的一些 @PersistenceContext 特性，就可以通过类似如下的测试用例完成测试。

```
@TestInstance(TestInstance.Lifecycle.PER_CLASS)
@DataJpaTest
@Import(TestConfiguration.class)
public class UserInfoRepositoryTest {

    @Autowired
    private UserInfoRepository userInfoRepository;
    // 测试一些手动 Flush 的机制
    @PersistenceContext
         (properties = {@PersistenceProperty(
                name = "org.hibernate.flushMode",
                value = "MANUAL"//手动 flush
         )})
    private EntityManager entityManager;
    @BeforeAll
    @Rollback(false)
    @Transactional
    public void init() {
        // 提前准备一些数据以便我们测试
        UserInfo u1 = UserInfo.builder().id(1L).lastName("jack").version(1).build();
        userInfoRepository.save(u1);
    }

    @Test
    @Transactional
    public void testLife() {
```

```
        UserInfo userInfo = UserInfo.builder().name("new name").build();
        // 新增一个对象 userInfo, 交给 PersistenceContext 管理, 即一级缓存
        entityManager.persist(userInfo);
        // 此时没有执行 detach 和 clear 之前, 执行 flush 的时候还会产生更新 SQL
        userInfo.setName("old name");
        entityManager.flush();
        entityManager.clear();
//       entityManager.detach(userInfo);
        // entityManager 已经执行 clear, 此时已经不会对 UserInfo 进行更新了
        userInfo.setName("new name 11");
        entityManager.flush();

        // 由于有 Cache 机制, 相同的对象查询只会触发一次查询 SQL
        UserInfo u1 = userInfoRepository.findById(1L).get();
        // to do some thing
        UserInfo u2 = userInfoRepository.findById(1L).get();
    }
}
```

测试场景可能远不止上面这些，总之灵活地利用测试用例来判断某些方法或者配置是否达到预期效果还是挺方便的。其中初始化数据的方法也有很多，这里只是举了一个例子，期望大家可以举一反三。

以上就是利用 @DataJpaTest 帮助我们完成数据层的集成测试，但在实际工作中，我们也会用到纯粹的单元测试，那么集成测试和单元测试的区别是什么？我们必须要弄清楚。

31.2 什么是单元测试

通俗来讲，单元测试就是不依赖本类之外的任何方法完成本类的所有方法的测试，也就是我们常说的依赖本类之外的，都通过 Mock 方式进行。那么，我们一起来看看 Service 层的单元测试应该怎么写。

31.2.1 Service 层单元测试

首先，我们模拟一个业务中的 Service 方法，代码如下所示。

```
@Component
public class UserInfoServiceImpl implements UserInfoService {
    @Autowired
    private UserInfoRepository userInfoRepository;
    // 假设有一个 findByUserId 方法, 经过一些业务逻辑计算, 返回了一个业务对象 UserInfoDto
    @Override
    public UserInfoDto findByUserId(Long userId) {
        UserInfo userInfo = userInfoRepository.findById(userId).orElse(new UserInfo());
        // 模拟一些业务计算, 改变一下 name 的返回值
        UserInfoDto userInfoDto = UserInfoDto.builder().name(userInfo.
```

```
        getName()+"_HELLO").id(userInfo.getId()).build();
        return userInfoDto;
    }
}
```

其次，Service 通过 Spring 的 @Component 注解进行加载，UserInfoRepository 通过 Spring 的 @Autowired 注入进来，我们测试一下 findByUserId，单元测试写法如下。

```
@ExtendWith(SpringExtension.class)       // 通过这个注解利用 Spring 的容器
@Import(UserInfoServiceImpl.class)        // 导入要测试的 UserInfoServiceImpl
public class UserInfoServiceTest {
    @Autowired                            // 利用 Spring 的容器，导入要测试的 UserInfoService
    private UserInfoService userInfoService;
    @MockBean
    // @MockBean 模拟我们 Service 中用到的 userInfoRepository，这样避免真实请求数据库
    private UserInfoRepository userInfoRepository;

    // 利用单元测试的思想，mock userInfoService 里面的 UserInfoRepository，这样 Service
    // 层就不用连接数据库，就可以测试自己的业务逻辑了
    @Test
    public void testGetUserInfoDto() {
// 利用 Mockito 模拟当调用 findById(1) 的时候，返回模拟数据

Mockito.when(userInfoRepository.findById(1L)).thenReturn(java.util.Optional.
    ofNullable(UserInfo.builder().name("jack").id(1L).build()));

        UserInfoDto userInfoDto = userInfoService.findByUserId(1L);
        // 经过一些 Service 里面的逻辑计算，我们验证一下返回结果是否正确
        Assertions.assertEquals("jack",userInfoDto.getName());
    }
}
```

这样就可以完成我们的 Service 层测试了。

其中，@ExtendWith(SpringExtension.class) 是 Spring Boot 与 JUnit 5 结合使用时，当利用 Spring 的 TestContext 进行 mock 测试时要使用的。有的时候如果我们做一些简单的 Util 测试，就不一定会用到 SpringExtension.class。

在 Service 层的单元测试中，主要用到的知识点有如下四个。

1）通过 @ExtendWith(SpringExtension.class) 加载 Spring 的测试框架及其 TestContext。

2）通过 @Import(UserInfoServiceImpl.class) 导入具体要测试的类，这样 SpringTest-Context 就不用加载项目里面的所有类，只需要加载 UserInfoServiceImpl.class 就可以了，这样可以大大提高测试用例的执行速度。

3）通过 @MockBean 模拟 UserInfoSerceImpl 依赖的 userInfoRepository，并且自动注入到 Spring Test Context 里面，这样 Service 里面就自动有依赖了。

4）利用 Mockito.when().thenReturn() 机制，模拟测试方法。

这样我们就可以通过 Assertions 里面的断言来测试 Service 方法里面的逻辑是否符合预

期了。那么，接下来我们看看 Controller 层的测试用例要怎么写。

31.2.2　Controller 层单元测试

我们新增一个 UserInfoController，根据 ID 获得 UserInfoDto 信息，代码如下所示。

```
@RestController
public class UserInfoController {
    @Autowired
    private UserInfoService userInfoService;

    // 根据 UserId 取用户的详细信息
    @GetMapping("/user/{userId}")
    public UserInfoDto findByUserId(@PathVariable Long userId) {
        return userInfoService.findByUserId(userId);
    }
}
```

那么我们看一下 Controller 里面完整的测试用例，代码如下所示。

```
package com.example.jpa.demo;

import com.example.jpa.demo.service.UserInfoService;
import com.example.jpa.demo.service.dto.UserInfoDto;
import com.example.jpa.demo.web.UserInfoController;
import org.junit.jupiter.api.Test;
import org.mockito.Mockito;
import org.springframework.beans.factory.annotation.Autowired;
import org.springframework.boot.test.autoconfigure.web.servlet.WebMvcTest;
import org.springframework.boot.test.mock.mockito.MockBean;
import org.springframework.http.MediaType;
import org.springframework.mock.web.MockHttpServletResponse;
import org.springframework.test.web.servlet.MockMvc;
import org.springframework.test.web.servlet.request.MockMvcRequestBuilders;
import org.springframework.test.web.servlet.result.MockMvcResultMatchers;

import static org.springframework.test.web.servlet.result.MockMvcResult
    Handlers.print;
import static org.springframework.test.web.servlet.result.MockMvcResult
    Matchers.status;

@WebMvcTest(UserInfoController.class)
public class UserInfoControllerTest {
    @Autowired
    private MockMvc mvc;
    @MockBean
    private UserInfoService userInfoService;

    // 单元测试 MVC 的 Controller 的方法
    @Test
```

```
public void testGetUserDto() throws Exception {
    // 利用 @MockBean，当调用 userInfoService 的 findByUserId(1) 的时候返回一个模拟的
    // UserInfoDto 数据

    Mockito.when(userInfoService.findByUserId(1L)).thenReturn(UserInfoDto.
        builder().name("jack").id(1L).build());

    // 利用 MVC 验证一下 Controller 的结果是否 OK
    MockHttpServletResponse response = mvc
        .perform(MockMvcRequestBuilders
            .get("/user/1/")       // 请求的 path
            .accept(MediaType.APPLICATION_JSON)
            // 请求的 mediaType，这里面可以加上各种我们需要的 Header
            )
            .andDo(print())        // 打印一下
            .andExpect(status().isOk())
            .andExpect(MockMvcResultMatchers.jsonPath("$.name").value("jack"))
            .andReturn().getResponse();
    System.out.println(response);
    }
}
```

其中，我们主要利用了 @WebMvcTest 注解，以引入我们要测试的 Controller。打开 @WebMvcTest 可以看到关键源码，如图 31-2 所示。

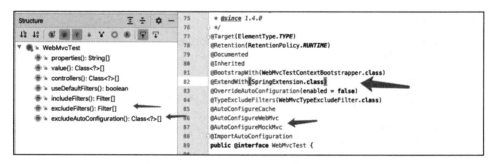

图 31-2 @WebMvcTest 可以看到关键源码

可以看出，@WebMvcTest 帮助我们加载了 @ExtendWith(SpringExtension.class)，所以不需要额外指定，就拥有了 Spring 的 Test Context，并且也自动加载了 MVC 所需要的上下文 WebMvcTestContextBootstrapper。

有 的 时 候 可 能 有 一 些 全 局 的 Filter，也 可 以 通 过 此 注 解 里 面 的 includeFilters 和 excludeFilters 加载和排除我们需要的 WebMvcFilter 以进行测试。

当 通 过 @WebMvcTest(UserInfoController.class) 导 入 我 们 需 要 测 试 的 Controller 之后，就可以再通过 MockMvc 请求到我们加载的 Controller 里面的 Path 了，并且可以通过 MockMvc 提供的一些方法发送请求，验证 Controller 的响应结果。

下面概括一下 Controller 层单元测试主要用到的三个知识点。

1）利用 @WebMvcTest 注解，加载我们要测试的 Controller，同时生成 MVC 所需要的 Test Context。

2）利用 @MockBean 默认 Controller 里面的依赖，如 Service，并通过 Mockito.when(). thenReturn() 的语法 Mock 依赖的测试数据。

3）利用 MockMvc 中提供的方法，发送 Controller 的 REST 风格的请求，并验证返回结果和状态码。

关于单元测试我们就先介绍这么多，下面看一看什么是集成测试。

31.3　什么是集成测试

集成测试，顾名思义，就是指多个模块放在一起进行测试，与单元测试正好相反，它并非采用 Mock 方式进行测试，而是通过直接调用的方式进行测试。也就是说，我们依赖 Spring 容器进行开发，所有的类之间直接调用，模拟应用真实启动时候的状态。我们先从 Service 层开始了解。

31.3.1　Service 层的集成测试用例写法

我们还用刚才的例子，看一下 UserInfoService 里面的 findByUserId 通过集成测试如何进行。测试用例的写法如下。

```
@DataJpaTest
@ComponentScan(basePackageClasses= UserInfoServiceImpl.class)
public class UserInfoServiceIntegrationTest {
    @Autowired
    private UserInfoService userInfoService;
    @Autowired
    private UserInfoRepository userInfoRepository;
    @Test
    @Rollback(false)// 如果我们将事务回滚设置成 false 的话，数据库可以真实看到这条数据
    public void testIntegtation() {
        UserInfo u1 = UserInfo.builder().name("jack-db").ages(20).id(1L).
            telephone("1233456").build();
        // 数据库真实加一条数据
        userInfoRepository.save(u1);// 数据库里面真实保存一条数据
        UserInfoDto userInfoDto =  userInfoService.findByUserId(1L);
        userInfoDto.getName();
        Assertions.assertEquals(userInfoDto.getName(),u1.getName()+"_HELLO");
    }
}
```

我们执行一下测试用例，结果如图 31-3 所示。

```
Hibernate: insert into user_info (create_time, create_user_id, deleted, last_modified_time, last_modified_user_id, version, ages, email_address, last_name, name, telephone, url, id) values (?, ?,
2020-12-27 18:02:22.590 TRACE 64163 --- [    Test worker] o.h.type.descriptor.sql.BasicBinder    : binding parameter [1] as [TIMESTAMP] - [null]
2020-12-27 18:02:22.591 TRACE 64163 --- [    Test worker] o.h.type.descriptor.sql.BasicBinder    : binding parameter [2] as [INTEGER] - [null]
2020-12-27 18:02:22.593 TRACE 64163 --- [    Test worker] o.h.type.descriptor.sql.BasicBinder    : binding parameter [3] as [BOOLEAN] - [null]
2020-12-27 18:02:22.594 TRACE 64163 --- [    Test worker] o.h.type.descriptor.sql.BasicBinder    : binding parameter [4] as [TIMESTAMP] - [null]
2020-12-27 18:02:22.595 TRACE 64163 --- [    Test worker] o.h.type.descriptor.sql.BasicBinder    : binding parameter [5] as [INTEGER] - [null]
2020-12-27 18:02:22.596 TRACE 64163 --- [    Test worker] o.h.type.descriptor.sql.BasicBinder    : binding parameter [6] as [INTEGER] - [0]
2020-12-27 18:02:22.597 TRACE 64163 --- [    Test worker] o.h.type.descriptor.sql.BasicBinder    : binding parameter [7] as [INTEGER] - [20]
2020-12-27 18:02:22.603 TRACE 64163 --- [    Test worker] o.h.type.descriptor.sql.BasicBinder    : binding parameter [8] as [VARCHAR] - [null]
2020-12-27 18:02:22.604 TRACE 64163 --- [    Test worker] o.h.type.descriptor.sql.BasicBinder    : binding parameter [9] as [VARCHAR] - [null]
2020-12-27 18:02:22.608 TRACE 64163 --- [    Test worker] o.h.type.descriptor.sql.BasicBinder    : binding parameter [10] as [VARCHAR] - [jack-db]
2020-12-27 18:02:22.610 TRACE 64163 --- [    Test worker] o.h.type.descriptor.sql.BasicBinder    : binding parameter [11] as [VARCHAR] - [1233456]
2020-12-27 18:02:22.610 TRACE 64163 --- [    Test worker] o.h.type.descriptor.sql.BasicBinder    : binding parameter [12] as [VARCHAR] - [null]
2020-12-27 18:02:22.611 TRACE 64163 --- [    Test worker] o.h.type.descriptor.sql.BasicBinder    : binding parameter [13] as [BIGINT] - [1]
2020-12-27 18:02:22.621 INFO 64163 --- [    Test worker] i.StatisticalLoggingSessionEventListener : Session Metrics {
    652349 nanoseconds spent acquiring 1 JDBC connections;
    0 nanoseconds spent releasing 0 JDBC connections;
    3028395 nanoseconds spent preparing 2 JDBC statements;
    2851007 nanoseconds spent executing 2 JDBC statements;
    0 nanoseconds spent executing 0 JDBC batches;
    0 nanoseconds spent performing 0 L2C puts;
    0 nanoseconds spent performing 0 L2C hits;
    0 nanoseconds spent performing 0 L2C misses;
    69497422 nanoseconds spent executing 1 flushes (flushing a total of 1 entities and 0 collections);
    0 nanoseconds spent executing 0 partial-flushes (flushing a total of 0 entities and 0 collections);
}
2020-12-27 18:02:22.623 INFO 64163 --- [    Test worker] o.s.t.c.transaction.TransactionContext   : Committed transaction for test: [DefaultTestContext@5f1db09 testClass = UserInfoServiceIntegrat
```

图 31-3　Service 集成测试运行结果

这时你会发现数据已经不再回滚，也会正常地执行 SQL，而不是通过 Mock 方式测试。Service 层的集成测试相对来说还比较简单，那么我们看看 Controller 层的集成测试用例应该怎么写。

31.3.2　Controller 层的集成测试用例写法

我们把刚才 UserInfoCotroller 的 user/1/ 接口测试一下，将集成测试的代码做如下改动。

```
@SpringBootTest(classes = DemoApplication.class,
        webEnvironment = SpringBootTest.WebEnvironment.RANDOM_PORT)
        // 加载 DemoApplication，指定一个随机端口
public class UserInfoControllerIntegrationTest {
    @LocalServerPort        // 获得模拟的随机端口
    private int port;

    @Autowired             // 我们利用 RestTemplate，发送一个请求
    private TestRestTemplate restTemplate;

    @Test
    public void testAllUserDtoIntegration() {
        UserInfoDto userInfoDto = this.restTemplate
            .getForObject("http://localhost:" + port + "/user/1", UserInfoDto.
                class);       // 真实请求有一个后台的 API
        Assertions.assertNotNull(userInfoDto);
    }
}
```

我们再看日志的话，会发现此次的测试用例在内部启动了一个 Tomcat 容器，然后再利用 TestRestTemplate 进行真实请求，返回测试结果进行测试。

而其中会涉及一个注解 @SpringBootTest，它用来指定 Spring 应用的类是哪个，也就是我们真实项目的 Application 启动类。然后会指定一个端口，此处必须使用随机端口，否则可能会有冲突（如果我们启动的集成测试有点多的话）。日志如图 31-4 所示。

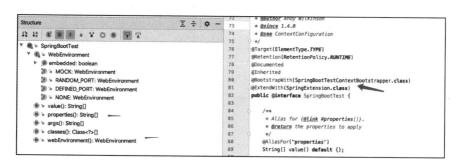

图 31-4　Controller 集成测试运行结果

如果我们看 @SpringBootTest 源码的话，会发现这个注解也是加载了 Spring 的测试环境 SpringExtension.class，并且里面有很多属性可以设置，如测试的时候的配置文件 Properties 和一些启动的环境变量 WebEnv。然后我们又利用了 Spring Boot Test 提供的 @LocalServerPort 获得启动时候的端口。源码如图 31-5 所示。

图 31-5　@SprintBootTest 关键源码

虽然集成测试用法也是比较简单的，甚至可能比 Mock 的测试环境更简单，因为集成测试可以取到 Application 启动之后加载的任何 Bean。但是在实际工作中，我们在使用集成测试的时候还是需要思考一些问题。

31.3.3　集成测试的一些思考

1. 所有的方法都需要集成测试吗？

这是我们在写集成测试用例的时候需要思考的，因为集成测试用例需要在内部启动 Tomcat 容器，所以可能启动时会慢一点。如果我们的项目加载的配置文件越来越多，势必也会导致测试变慢。假设我们测试一个简单的逻辑就需要启动整个 Application，那么显然是不妥的。

那么，我们整个 Application 就不需要集成测试吗？显然不是的。因为有些时候只有集成在一起才会发现问题，最简单的一个集成测试是我们需要测试是否能够正常启动，所以一个项目里面会有个 ApplicationTests 来测试项目是否能够正常启动。代码如下所示。

```
@SpringBootTest
class DemoApplicationTests {
// 测试项目是否能够正常启动
    @Test
    void contextLoads() {
    }
}
```

2. 一定是非集成测试就是单元测试吗？

在实际工作中并没有划分得那么清楚，有的时候我们集成了 N 个组件一起测试，可能就是不需要连接数据库。比如，我们可能会使用 Feign-Client 根据第三方的接口获取一些数据，那么我们正常的做法就是新建一个 Service，代码如下所示。

```
/**
 * 测试普通 JSON 返回结果，根据第三方接口取一个数据
 */
@FeignClient(name = "aocFeignTest", url = "http://room-api.staging.jack.net")
interface AppSettingService {
    @GetMapping("/api/v1/app/globalSettings")
    HashMap<String,Object> getAppSettings();
}
```

那么这个时候如果我们要测试，显然不需要启动整个 Application 来完成，但是需要按需加载一些 Configuration 才能测试，那么测试用例会变成如下情况。

```
@ExtendWith(SpringExtension.class)                    // 利用 Spring 上下文
@Import({FeignSimpleConfiguration.class, FeignAutoConfiguration.class, HttpMes
    sageConvertersAutoConfiguration.class, JacksonAutoConfiguration.class})
    // 导入此处 Feign-Client 测试所需要的配置文件
@EnableFeignClients(clients = AppSettingService.class)
// 通过 FeignClient 注解加载 AppSettingService 客户端
/**
 * 依赖 HTTPMessageConverter 的使用方法 (import FeignSimpleConfiguration junit)
 */
public class FeignJsonTest {
    @Autowired                                         // 利用 Spring 的上下文注入 appSettingService
    private AppSettingService appSettingService;
    @Test
    public void testJsonFeignClient() {
        HashMap<String,Object>  r = .getAppSettings();
        Assert.assertNotNull(r.get("data"));           // 测试一下接口返回的结果
    }
}
```

你会发现此时其实并没有启动这个 Application，但是我们也集成了 Feign-Client 所需要的上下文 Configuration，从而利用 SpringExtension 加载所需要依赖的类，完成一次测试。

所以你一定要理解单元测试和集成测试的本质，根据自己的实际需要选择性地加载一些类来完成测试用例，而不是在每次测试的时候都把所有类都加载一遍，这样会使测试用例的时间变长，从而降低工作效率。

由于目前的现状是 JUnit 4 和 JUnit 5 一样流行，所以你使用的时候要注意使用的是 JUnit 5 还是 JUnit 4，不要弄混了。下面我再介绍一些 JUnit 5 和 JUnit 4 的区别，以帮助你加深印象。

31.4　JUnit 4 和 JUnit 5 在 Spring Boot 中的区别

第一，Spring Boot 2.2 以上的版本默认导入的是 JUnit 5 的 jar 包依赖，以下的版本默认导入的是 JUnit 4 的 jar 包依赖，所以在使用不同版本的 Spring Boot 的时候，需要注意一下依赖的 jar 包是否齐全。

第二，org.junit.junit.Test 变成了 org.junit.jupiter.api.Test。

第三，一些注解发生了如下变化。

❑ @Before 变成了 @BeforeEach。

❑ @After 变成了 @AfterEach。

❑ @BeforeClass 变成了 @BeforeAll。

❑ @AfterClass 变成了 @AfterAll。

❑ @Ignore 变成了 @Disabled。

❑ @Category 变成了 @Tag。

❑ @Rule 和 @ClassRule 没有了，用 @ExtendWith 和 @RegisterExtension 代替。

第四，引用 Spring 的上下文 @RunWith(SpringRunner.class) 变成了 @ExtendWith(Spring-Extension.class)。

第五，org.junit.Assert 下面的断言都移到了 org.junit.jupiter.api.Assertions 下面，所以一些断言的写法会发生如下变化。

```
// JUnit4 断言的写法
Assert.assertEquals(200, result.getStatusCodeValue());
Assert.assertEquals(true, result.getBody().contains("employeeList"));
// JUnit5 断言的写法
Assertions.assertEquals(400, ex.getRawStatusCode());
Assertions.assertEquals(true, ex.getResponseBodyAsString().contains("Missing
    request header"));
```

第六，JUnit 5 提供 @DisplayName("Test MyClass")，用来标识此次单元测试的名字，代码如下所示。

```
@DisplayName("Test MyClass")
class MyClassTest {
    @Test
    @DisplayName("Verify MyClass.myMethod returns true")
    void testMyMethod() throws Exception {
        // ...
    }
}
```

常用的变化就介绍这么多，很多时候身边的开发人员在写测试用例时，通常都没有自己的知识脉络，都是从网上直接复制过来。那么，希望大家通过上面的介绍，可以认清楚测试用例的整体情况，在实际开发过程中再根据具体语法进行调整。

31.5 本章小结

在这一章，我们主要介绍了 @DataJpaTest、@ExtendWith(SpringExtension.class)、@MockBean、@WebMvcTest、@MockMvc、@SpringBootTest 等注解的用法，明白了测试用例中最关键的集成测试和单元测试的区别，知道了测试用例中如何利用 Spring 的上下文，也掌握了 JUnit 5 的一些基本语法。

这里只是带领大家入了测试用例的门，期望大家能结合自己的实际情况，将单元测试重视起来，并灵活运用 Spring Boot 给我们带来的单元测试的便利性，完成必要的单元测试，从而减少代码的错误率，提升自己的开发效率。

本章内容到这里就结束了，在下一章我们来聊聊 Spring Data 和 ES 如何结合使用。

Spring Data ElasticSearch 的用法

在本章，我会演示 Spring Data ElasticSearch 的使用方法，帮助大家打开思路，感受 Spring Data 的抽象封装。我们还是从一个案例入手。

32.1 Spring Data ElasticSearch 入门案例

Spring Data 和 ElasticSearch 结合的时候，唯一需要注意的是版本之间的兼容性问题，ElasticSearch 和 Spring Boot 是同时向前发展的，而 ElasticSearch 的大版本之间还存在一定的 API 兼容性问题，所以我们必须要知道这些版本之间的关系，如表 32-1 所示。

表 32-1　Spring Data、ElasticSearch 、Spring Boot 的版本号依赖

Spring Data	Spring Data ElasticSearch	ElasticSearch	Spring Boot
2020.0.0	4.1.x	7.9.3	2.4.x
Neumann	4.0.x	7.6.2	2.3.x
Moore	3.2.x	6.8.12	2.2.x
Lovelace	3.1.x	6.2.2	2.1.x
Kay	3.0.x	5.5.0	2.0.x
Ingalls	2.1.x	2.4.0	1.5.x

现在大家已经对这些版本之间的关联关系有了一定的印象，由于版本越新就越便利，所以一般情况下我们直接采用最新的版本。

接下来看看这个版本是怎么完成 Demo 演示的。

第一步：利用 Helm Chart 安装一个 ElasticSearch 集群 7.9.3 版本，执行命令如下。

```
helm2 repo add elastic https://helm.elastic.co
helm2 install --name myelasticsearch elastic/elasticsearch  --set imageTag=7.9.3
```

安装完成之后，我们就可以看到如图 32-1 所示信息。

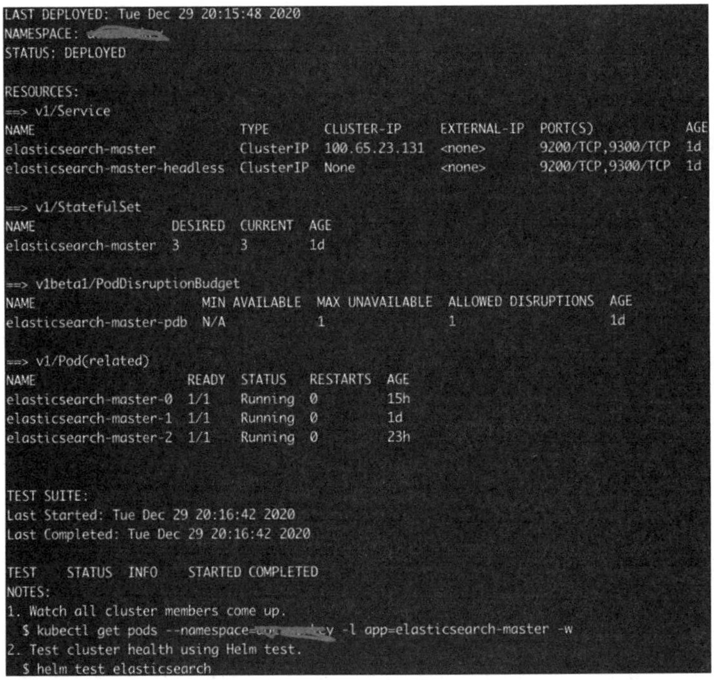

```
LAST DEPLOYED: Tue Dec 29 20:15:48 2020
NAMESPACE: [illegible]
STATUS: DEPLOYED

RESOURCES:
==> v1/Service
NAME                            TYPE       CLUSTER-IP     EXTERNAL-IP  PORT(S)            AGE
elasticsearch-master            ClusterIP  100.65.23.131  <none>       9200/TCP,9300/TCP  1d
elasticsearch-master-headless   ClusterIP  None           <none>       9200/TCP,9300/TCP  1d

==> v1/StatefulSet
NAME                  DESIRED  CURRENT  AGE
elasticsearch-master  3        3        1d

==> v1beta1/PodDisruptionBudget
NAME                      MIN AVAILABLE  MAX UNAVAILABLE  ALLOWED DISRUPTIONS  AGE
elasticsearch-master-pdb  N/A            1                1                    1d

==> v1/Pod(related)
NAME                    READY  STATUS   RESTARTS  AGE
elasticsearch-master-0  1/1    Running  0         15h
elasticsearch-master-1  1/1    Running  0         1d
elasticsearch-master-2  1/1    Running  0         23h


TEST SUITE:
Last Started: Tue Dec 29 20:16:42 2020
Last Completed: Tue Dec 29 20:16:42 2020

TEST    STATUS  INFO    STARTED COMPLETED
NOTES:
1. Watch all cluster members come up.
  $ kubectl get pods --namespace=[illegible] -l app=elasticsearch-master -w
2. Test cluster health using Helm test.
  $ helm test elasticsearch
```

图 32-1　ElasticSearch 安装

如图 32-1 所示，这代表我们成功安装。

由于 ElasticSearch 是发展变化的，所以它的安装方式可以参考官方文档：https://github.com/elastic/helm-charts/tree/master/elasticsearch。

然后我们利用 K8s 集群端口映射到本地，这样就可以开始测试了。

```
~ >>> kubectl port-forward svc/elasticsearch-master 9200:9200 -n my-namespace
Forwarding from 127.0.0.1:9200 -> 9200
Forwarding from [::1]:9200 -> 9200
```

第二步：在 gradle.build 里面配置 Spring Data ElasticSearch 依赖的 jar 包。

我们依赖 Spring Boot 2.4.1 版本，完整的 gradle.build 文件如下所示。

```
plugins {
   id 'org.springframework.boot' version '2.4.1
   id 'io.spring.dependency-management' version '1.0.10.RELEASE
```

```
    id 'java
}

group = 'com.example.data.es'
version = '0.0.1-SNAPSHOT'
sourceCompatibility = '1.8'

configurations {
    compileOnly
        extendsFrom annotationProcesso
    }
}

repositories {
    mavenCentral()
}

dependencies {
    implementation 'org.springframework.boot:spring-boot-starter-actuator
    implementation 'org.springframework.boot:spring-boot-starter-data-
        elasticsearch
    implementation 'org.springframework.boot:spring-boot-starter-web
    compileOnly 'org.projectlombok:lombok
    developmentOnly 'org.springframework.boot:spring-boot-devtools
    runtimeOnly 'io.micrometer:micrometer-registry-prometheus
    annotationProcessor 'org.projectlombok:lombok
    testImplementation 'org.springframework.boot:spring-boot-starter-test
}
test {
    useJUnitPlatform()
}
```

第三步：新建一个目录，结构如图 32-2 所示，以便我们进行测试。

第四步：在 application.properties 里面新增 ES 的连接地址，连接本地的 ElasticSearch。

```
spring.data.elasticsearch.client.
reactive.endpoints=127.0.0.1:9200
```

第五步：新增一个 ElasticSearchConfiguration 的配置文件，主要是为了开启扫描的包。

```
package com.example.data.es.demo.es;
import org.springframework.context.
    annotation.Configuration;
import org.springframework.data.
    elasticsearch.repository.config.
```

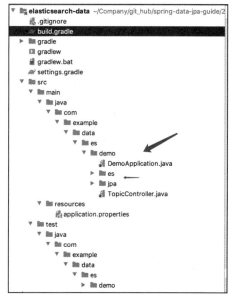

图 32-2　ElasticSearch 案例工程结构

```
EnableElastics
   earchRepositories;
```
// 利用 @EnableElasticsearchRepositories 注解指定 Elasticsearch 相关的 Repository 的包路径
```
@EnableElasticsearchRepositories(basePackages = "com.example.data.es.demo.es")
@Configuration
public class ElasticSearchConfiguration {
}
```

第六步：新增一个 Topic 的 Document，它类似于 JPA 里面的实体，用来保存和读取 Topic 的数据，代码如下所示。

```
package com.example.data.es.demo.es;


import lombok.Builder;
import lombok.Data;
import lombok.ToString;
import org.springframework.data.annotation.Id;
import org.springframework.data.elasticsearch.annotations.Document;
import org.springframework.data.elasticsearch.annotations.Field;
import org.springframework.data.elasticsearch.annotations.FieldType;


import java.util.List;


@Data
@Builder
@Document(indexName = "topic")
@ToString(callSuper = true)
// 论坛主题信息
public class Topic {
   @Id
   private Long id;
   private String title;
   @Field(type = FieldType.Nested, includeInParent = true)
   private List<Author> authors;
}
package com.example.data.es.demo.es;
import lombok.Builder;
import lombok.Data;
@Data
@Builder
// 作者信息
public class Author {
   private String name;
}
```

第七步：新建一个 ElasticSearch 的 Repository，用来对 ElasticSearch 索引进行增、删、改、查，代码如下所示。

```
package com.example.data.es.demo.es;
```

```
import org.springframework.data.elasticsearch.repository.ElasticsearchRepository;

import java.util.List;
// 像 JPA 一样直接操作 Topic 类型的索引
public interface TopicRepository extends ElasticsearchRepository<Topic,Long> {
    List<Topic> findByTitle(String title);
}
```

第八步：新建一个 Controller，对 Topic 索引进行查询和添加。

```
@RestController
public class TopicController {
    @Autowired
    private TopicRepository topicRepository;
    // 查询 Topic 的所有索引
    @GetMapping("topics")
    public List<Topic> query(@Param("title") String title) {
        return topicRepository.findByTitle(title) ;
    }
    // 保存 Topic 索引
    @PostMapping("topics")
    public Topic create(@RequestBody Topic topic) {
        return topicRepository.save(topic) ;
    }
}
```

第九步：发送一个添加和查询的请求，测试一下。

我们发送三个 POST 请求，添加三条索引，代码如下所示。

```
POST /topics HTTP/1.1
Host: 127.0.0.1:8080
Content-Type: application/json
Cache-Control: no-cache
Postman-Token: d9cc1f6c-24dd-17ff-f2e8-3063fa6b86fc

{
    "title":"jack"
    "id":2
    "authors":[
        "name":"jk1
        },
        "name":"jk2
        }
}
```

然后发送一个 GET 请求，获得标题是"jack"的索引，如以下代码所示。

```
GET http://127.0.0.1:8080/topics?title=jack
```

得到如下结果。

```
GET http://127.0.0.1:8080/topics?title=jack

HTTP/1.1 200
Content-Type: application/json
Transfer-Encoding: chunked
Date: Wed, 30 Dec 2020 15:12:16 GMT
Keep-Alive: timeout=60
Connection: keep-alive

[
    {
        "id": 1,
        "title": "jack",
        "authors": [
            {
                "name": "jk1"
            },
            {
                "name": "jk2"
            }
        ]
    },
    {
        "id": 3,
        "title": "jack",
        "authors": [
            {
                "name": "jk1"
            },
            {
                "name": "jk2"
            }
        ]
    },
    {
        "id": 2,
        "title": "jack",
        "authors": [
            {
                "name": "jk1"
            },
            {
                "name": "jk2"
            }
        ]
    }
]

Response code: 200; Time: 348ms; Content length: 199 bytes
```

```
Cannot preserve cookies, cookie storage file is included in ignored list:
  > /Users/jack/Company/git_hub/spring-data-jpa-guide/2.3/elasticsearch-
  data/.idea/httpRequests/http-client.cook
```

这时，一个完整的 Spring Data ElasticSearch 的例子就演示完了。其实不难发现，使用 Spring Data ElasticSearch 来操作 ES 相关的 API，比直接写 HTTP 的 Client 要简单很多，因为这里帮我们封装了很多基础逻辑，省去了很多重复造轮子的过程。

其实测试用例也是很简单的，我们接着来看一看写法。

第十步：ElasticSearch Repository 的测试用例写法，如下面的代码和注释所示。

```java
package com.example.data.es.demo;

import com.example.data.es.demo.es.Author;
import com.example.data.es.demo.es.Topic;
import com.example.data.es.demo.es.TopicRepository;
import org.assertj.core.util.Lists;
import org.junit.jupiter.api.BeforeEach;
import org.junit.jupiter.api.Test;
import org.springframework.beans.factory.annotation.Autowired;
import org.springframework.boot.test.context.SpringBootTest;
import org.springframework.test.context.TestPropertySource;

import java.util.List;

@SpringBootTest
@TestPropertySource(properties = {"logging.level.org.springframework.
   data.elasticsearch.core=TRACE", "logging.level.org.springframework.data.
   elasticsearch.client=trace", "logging.level.org.elasticsearch.client=
   TRACE", "logging.level.org.apache.http=TRACE"})
   // 新增一些配置，开启 Spring Data Elastic Search 的 HTTP 的调用过程，我们可以查看
   // 一下日志
public class ElasticSearchRepositoryTest {
    @Autowired
    private TopicRepository topicRepository;

    @BeforeEach
    public void init() {
//         topicRepository.deleteAll();        // 可以直接删除所有索引
         Topic topic = Topic.builder().id(11L).title("jacktest").
            authors(Lists.
            newArrayList(Author.builder().name("jk1").build())).build();
         topicRepository.save(topic);        // 集成测试保存索引
         Topic topic1 = Topic.builder().id(14L).title("jacktest").
            authors(Lists.newArrayList(Author.builder().name("jk1").
            build())).build();
         topicRepository.save(topic1) ;
         Topic topic2 = Topic.builder().id(15L).title("jacktest").
            authors(Lists.newArrayList(Author.builder().name("jk1").
            build())).build();
```

```
            topicRepository.save(topic2);       // 保存索引
        }

        @Test
        public void testTopic() {
            Iterable<Topic> topics = topicRepository.findAll();
            topics.forEach(topic1 -> {
                System.out.println(topic1);
            });
            List<Topic> topicList = topicRepository.findByTitle("jacktest");
            topicList.forEach(t -> {
                System.out.println(t);       // 获得索引的查询结果
            });

            List<Topic> topicList2 = topicRepository.findByTitle("xxx");
            topicList2.forEach(t -> {
                System.out.println(t);       // 我们也可以用上一章介绍的断言测试
            });
        }
    }
```

接着我们看一下测试用例的调用日志，从日志可以看出，调用的时候发生的 HTTP 的 PUT 请求是用来创建和修改索引的文档的，请求日志如图 32-3 所示。

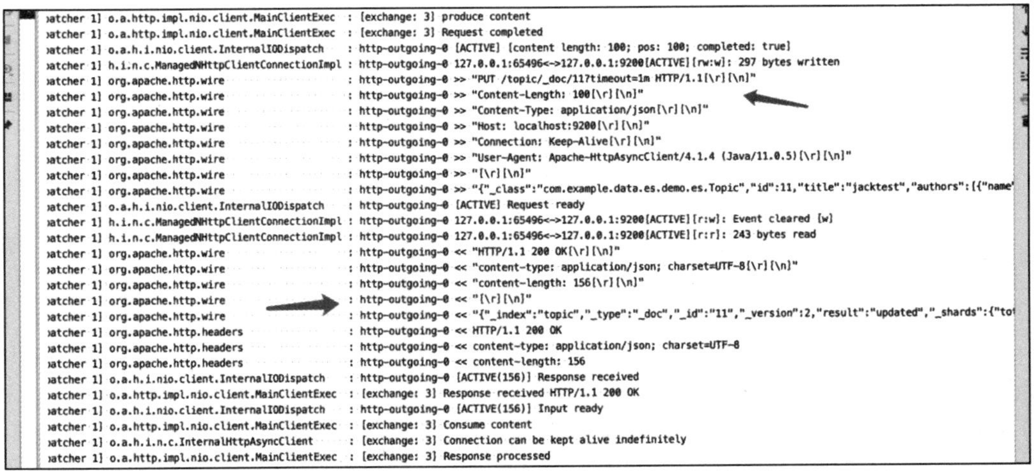

```
atcher 1] o.a.http.impl.nio.client.MainClientExec  : [exchange: 3] produce content
atcher 1] o.a.http.impl.nio.client.MainClientExec  : [exchange: 3] Request completed
atcher 1] o.a.h.i.nio.client.InternalIODispatch    : http-outgoing-0 [ACTIVE] [content length: 100; pos: 100; completed: true]
atcher 1] h.i.n.c.ManagedNHttpClientConnectionImpl : http-outgoing-0 127.0.0.1:65496<->127.0.0.1:9200[ACTIVE][rw:w]: 297 bytes written
atcher 1] org.apache.http.wire                     : http-outgoing-0 >> "PUT /topic/_doc/11?timeout=1m HTTP/1.1[\r][\n]"
atcher 1] org.apache.http.wire                     : http-outgoing-0 >> "Content-Length: 100[\r][\n]"
atcher 1] org.apache.http.wire                     : http-outgoing-0 >> "Content-Type: application/json[\r][\n]"
atcher 1] org.apache.http.wire                     : http-outgoing-0 >> "Host: localhost:9200[\r][\n]"
atcher 1] org.apache.http.wire                     : http-outgoing-0 >> "Connection: Keep-Alive[\r][\n]"
atcher 1] org.apache.http.wire                     : http-outgoing-0 >> "User-Agent: Apache-HttpAsyncClient/4.1.4 (Java/11.0.5)[\r][\n]"
atcher 1] org.apache.http.wire                     : http-outgoing-0 >> "[\r][\n]"
atcher 1] org.apache.http.wire                     : http-outgoing-0 >> "{"_class":"com.example.data.es.demo.es.Topic","id":11,"title":"jacktest","authors":[{"name"
atcher 1] o.a.h.i.nio.client.InternalIODispatch    : http-outgoing-0 [ACTIVE] Request ready
atcher 1] h.i.n.c.ManagedNHttpClientConnectionImpl : http-outgoing-0 127.0.0.1:65496<->127.0.0.1:9200[ACTIVE][r:w]: Event cleared [w]
atcher 1] h.i.n.c.ManagedNHttpClientConnectionImpl : http-outgoing-0 127.0.0.1:65496<->127.0.0.1:9200[ACTIVE][r:r]: 243 bytes read
atcher 1] org.apache.http.wire                     : http-outgoing-0 << "HTTP/1.1 200 OK[\r][\n]"
atcher 1] org.apache.http.wire                     : http-outgoing-0 << "content-type: application/json; charset=UTF-8[\r][\n]"
atcher 1] org.apache.http.wire                     : http-outgoing-0 << "content-length: 156[\r][\n]"
atcher 1] org.apache.http.wire                     : http-outgoing-0 << "[\r][\n]"
atcher 1] org.apache.http.wire                     : http-outgoing-0 << "{"_index":"topic","_type":"_doc","_id":"11","_version":2,"result":"updated","_shards":{"to
atcher 1] org.apache.http.headers                  : http-outgoing-0 << HTTP/1.1 200 OK
atcher 1] org.apache.http.headers                  : http-outgoing-0 << content-type: application/json; charset=UTF-8
atcher 1] org.apache.http.headers                  : http-outgoing-0 << content-length: 156
atcher 1] o.a.h.i.nio.client.InternalIODispatch    : http-outgoing-0 [ACTIVE(156)] Response received
atcher 1] o.a.http.impl.nio.client.MainClientExec  : [exchange: 3] Response received HTTP/1.1 200 OK
atcher 1] o.a.h.i.nio.client.InternalIODispatch    : http-outgoing-0 [ACTIVE(156)] Input ready
atcher 1] o.a.http.impl.nio.client.MainClientExec  : [exchange: 3] Consume content
atcher 1] o.a.h.i.n.c.InternalHttpAsyncClient      : [exchange: 3] Connection can be kept alive indefinitely
atcher 1] o.a.http.impl.nio.client.MainClientExec  : [exchange: 3] Response processed
```

图 32-3　PUT 请求创建索引文档

从日志中也可以看出，转化成 ES 的 API 查询语法之后，发送的 POST 请求又变成如图 32-4 显示的样子。

日志比较长，有兴趣的读者可以按照 Demo 和开启日志的方法，自己分析和体会一下。

下面说说 Spring Data ElasticSearch 中的几个关键类。

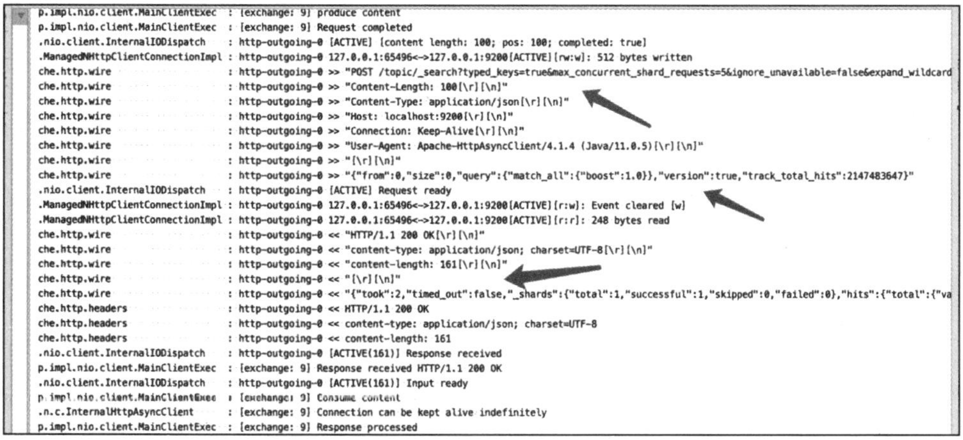

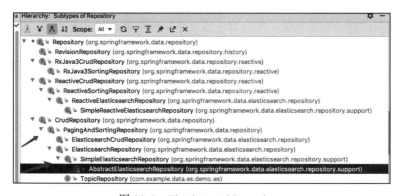

图 32-4 POST 请求

32.2 Spring Data ElasticSearch 中的关键类

通过上面的案例可以知道，Spring Data ElasticSearch 的用法其实非常简单，并且我们通过日志也可以看到，底层是基于 HTTP 请求，操作 ElasticSearch 的 Server 中的 API 实现的。

那么我们简单看一下，这一框架还提供了哪些 ElasticSearch 的操作方法。同分析 Spring Data JPA 一样，看一下 Repository 的所有子类，如图 32-5 所示。

图 32-5 ElasticsearchRepository

从图 32-5 中可以看出，ElasticsearchRepository 是默认的 Repository 的实现类，我们如果继续往下面看源码的话，就可以看到里面进行了很多 ES 的 HTTP Client 操作。

同时再看一下 Structure 视图，如图 32-6 所示。

从图 32-6 中可以知道，ElasticsearchRepository 默认给我们提供了 Search 和 Index 相关的一些操作方法，并且 Spring Data Commons 里面的一些公共方法同样适用，即我们刚才演示的 Defining Method Query 的 JPA 语法同样适用，这可以大大减轻操作 ES 的难度，提高开发效率，其中分页、排序等同样适用。

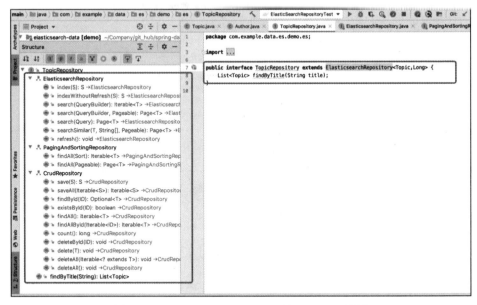

图 32-6　ElasticsearchRepository 的 Structure 视图

所以大家现在学到了一个与学习 Spring Data JPA 相同的思路，可以很快掌握 Spring Data ElasticSearch 的基本用法，及其大概的实现思路。

那么很多时候同一个工程里面既有 JPA 又有 ElasticSearch，又该怎么写呢？

32.3　ESRepository 和 JPARepository 同时存在

这个时候应该怎么区分不同的 Repository 呢？

我们假设刚才测试的样例里面，同时有关于 User 信息的 DB 操作，那么看一下我们的项目应该怎么写。

第一步：我们将 ElasticSearch 的实体、Repository 和对 JPA 操作的实体、Repository 放到不同的文件里面，如图 32-7 所示。

第二步：新增 JpaConfiguration，用来指定 JPA 相关的 Repository 目录，完整代码如下。

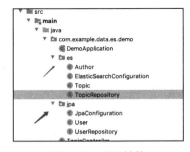

图 32-7　项目结构

```
package com.example.data.es.demo.jpa;
import org.springframework.context.annotation.Configuration;
import org.springframework.data.jpa.repository.config.EnableJpaRepositories;
```

```
// 利用 @EnableJpaRepositories 指定 JPA 的目录是 "com.example.data.es.demo.jpa"
@EnableJpaRepositories(basePackages = "com.example.data.es.demo.jpa")
@Configuration
public class JpaConfiguration {
}
```

第三步：新增 User 实体，用来操作用户基本信息。

```
@Data
@Builder
@Entity
@Table
@NoArgsConstructor
@AllArgsConstructor
@ToString
public class User {
    @Id
    @GeneratedValue(strategy= GenerationType.AUTO)
    private Long id;
    private String name;
    private String email;
}
```

第四步：新增 UserRepository，用来进行 DB 操作。

```
package com.example.data.es.demo.jpa;


import org.springframework.data.jpa.repository.JpaRepository;
// 对 User 的 DB 操作，我们直接继承 JpaRepository
public interface UserRepository extends JpaRepository<User,Long> {
}
```

第五步：写测试用例进行测试。

```
package com.example.data.es.demo;
import com.example.data.es.demo.jpa.User;
import com.example.data.es.demo.jpa.UserRepository;
import org.junit.jupiter.api.Test;
import org.springframework.beans.factory.annotation.Autowired;
import org.springframework.boot.test.autoconfigure.orm.jpa.DataJpaTest;
import java.util.List;
// 利用 @DataJpaTest 完成集成测试
@DataJpaTest
public class UserRepositoryTest {
    @Autowired
    private UserRepository userRepository;
    @Test
    public void testJpa() {
// 往数据库里面保存一条数据，并且打印一下
```

```
userRepository.save(User.builder().id(1L).name("jkdb").email("jack@
    email.com").build());
List<User> users = userRepository.findAll();
users.forEach(user -> {
    System.out.println(user);
});
}
}
```

这个时候，我们的测试用例就变成了如图 32-8 所示的结构。

那么现在我们知道了，JPA 和 ElasticSearch 同时存在时，与启动 Web 项目是一样的效果，所以这里就不写 Controller 层进行测试了。

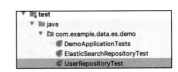

图 32-8　测试用例

我们再整体运行一下这三个测试用例，进行完整的测试，就可以看到如下结果。

1）ElasticSearchRepositoryTest 执行的时候，通过日志可以看到这是对 ES 进行的操作，如图 32-9 所示。

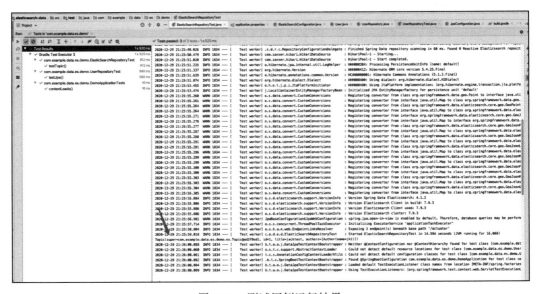

图 32-9　测试用例运行结果

2）UserRepositoryTest 执行的时候，通过日志我们可以看出这是对 DB 进行的操作，所以谁也不影响谁，如图 32-10 所示。

通过上面的例子我们可以知道，Spring Data 对 JPA 等 SQL 型的传统数据库的支持是非常好的，同时对 NoSQL 型的非关系类数据库的支持也比较友好，从而大大降低了操作不同数据源的难度，可以有效提升我们的开发效率。

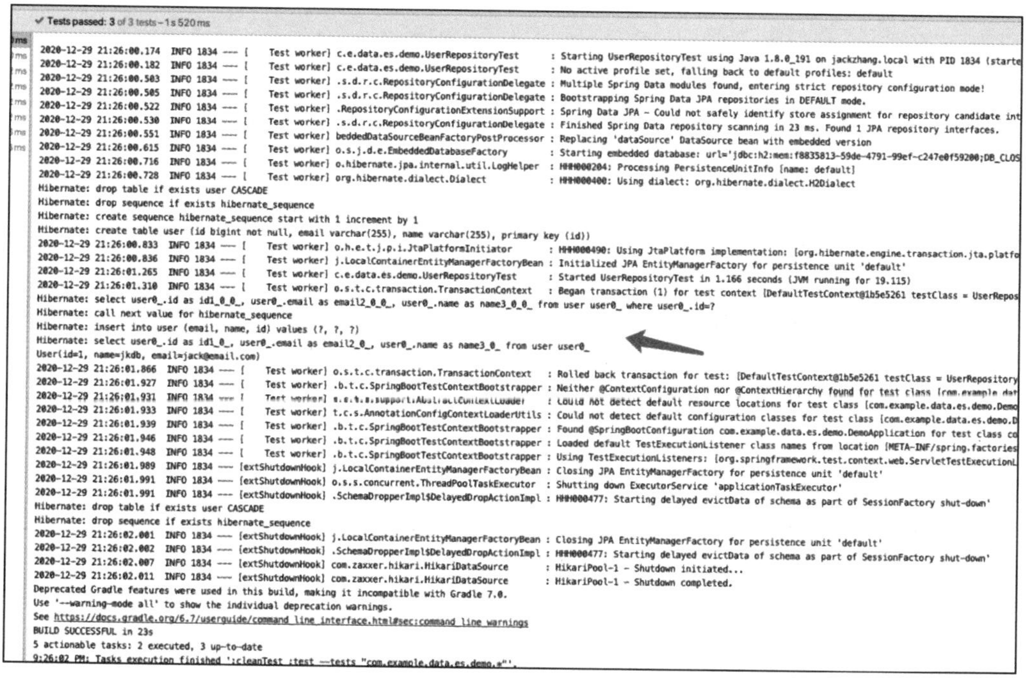

图 32-10　UserRepositoryTest 的 DB 操作日志

32.4　本章小结

　　本章通过入门型的 Spring Data ElasticSearch 样例展示，让大家体会了 Spring Data 对数据操作的抽象封装的强大之处。

　　这里我只是希望起到抛砖引玉的效果，希望大家能更好地掌握 Spring Data 的精髓，并且能深入理解 JPA。

Sharding-JDBC 与 JPA 结合使用进行分表

现在已经步入了大数据时代，肯定会遇到分库分表的情况，本章结合 ShardingSphere 提供的 Sharding-JDBC，介绍其在 Spring Data JPA 框架下的实战使用及注意事项。

33.1　Sharding-JDBC 简介

首先，本章中所说的 Sharding-JDBC 是指的 ShardingSphere(https://github.com/apache/shardingsphere) 的 sharding-jdbc-core 核心组件。ShardingSphere 的前身是 Sharding-JDBC，加入 Apache 之后改名为 ShardingSphere，而 ShardingSphere 里面有 sharding-jdbc-core、

sharding-proxy 等各种组件，本章只采用 sharding-jdbc-core 这一种组件。我们可以从其官网看到目前 sharding-jdbc-core 的 5.0 版本还在研发中，本章采用 sharding-jdbc-core:4.1.1。

我们利用官方架构图（见图 33-1）加以说明。

Java Application 就是指我们的应用服务，一般指 API 服务，而 Bussiness Code 可以抽象一点，可以代表 JPA 这一层 (Repository/Service/Controller)。而 Sharding-JDBC 就是我们要用的 sharding-jdbc-core:4.1.1:jar，即作为数据源层。图 33-1 的 Databases 就是指我们测试的 MySQL 数据库。接下来通过一个案例来看一看 Sharding-JDBC 与 Spring Data JPA 是

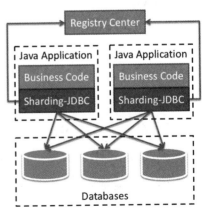

图 33-1　Sharding-JDBC 官方架构图

如何结合使用的。

33.2　在 JPA 中利用 Sharding-JDBC 拆表

假设一个订单表非常庞大，而且需要按照用户的 UUID 前两位拆分到 256 个表里面，那么，我们应该怎么做呢？

33.2.1　利用 JPA 拆分 256 个表的使用案例

第一步：利用 Gradle 引入 sharding-jdbc-core 的 4.1.1 版本依赖，完整的 Gradle 配置如下。

```
dependencies {
    implementation 'org.springframework.boot:spring-boot-starter-actuator'
    implementation 'org.springframework.boot:spring-boot-starter-data-jpa'
    implementation 'org.springframework.boot:spring-boot-starter-web'
    // 引入 sharding-jdbc-core
    implementation 'org.apache.shardingsphere:sharding-jdbc-core:4.1.1'
    compileOnly 'org.projectlombok:lombok'
    developmentOnly 'org.springframework.boot:spring-boot-devtools'
    implementation 'mysql:mysql-connector-java'
    annotationProcessor 'org.springframework.boot:spring-boot-configuration-
        processor'
    annotationProcessor 'org.projectlombok:lombok'
    testImplementation 'org.springframework.boot:spring-boot-starter-test'
}
```

第二步：新增 UserOrders 实体如下。

```
@Entity
@Data
@Builder
@NoArgsConstructor
@AllArgsConstructor
@Table(name = "user_orders",indexes = {@Index(unique = true,columnList =
    "businessCode"),@Index(columnList = "uuid")})
@org.hibernate.annotations.Table(appliesTo = "user_order", comment = "用户订单
    表")            // 为了给表添加注释
public class UserOrders {
    @Id
    @GeneratedValue(strategy = GenerationType.TABLE)
    private Long id;
    // 用户的 UUID
    @Column(columnDefinition = "varchar(255) DEFAULT NULL COMMENT '用户的 UUID'")
    private String uuid;
    @Column(columnDefinition = "int(11) DEFAULT NULL COMMENT '数量'")
    private Long amount;
```

```
@CreatedDate
@Column(name = "created_at",columnDefinition = "datetime DEFAULT NULL
    COMMENT '创建时间'")
private Instant createdAt;
@Column(columnDefinition = "varchar(255) DEFAULT NULL COMMENT '事务字符串,
    必须唯一, 可以为空'")
private String businessCode;
}
```

在实体里面,除了 JPA 注解和 Lombok 注解,并未用到其他注解,由于要创建 256 个表,所以这里面利用 JPA 的注解 @Table 和 Hibernate 的注解 @Table 的 appliesTo 为我们在创建表的时候添加表注释和添加唯一索引 businessCode,以及 user 的 uuid 的索引,这里面需要注意的是索引的名字不需要指定。

第三步:新增 SahrdingJdbcConfig,指定分表策略。

```
@Configuration
@AutoConfigureBefore(DataSourceAutoConfiguration.class)
// 优于 DataSourceAutoConfiguration 先加载, 我们自己提前准备好数据源
public class GoldJdbcConfig {
    @Bean("hikariConfig")
    @ConfigurationProperties(prefix = "spring.datasource.hikari")
    public HikariConfig hikariConfig(){
        return new HikariConfig();
    }
    /**
     * 我们使用的是 HikariDataSource, 所以我们对数据源进行一下改造
     */
    @Bean("dataSourceMap")
    public Map<String, DataSource> dataSourceMap(DataSourceProperties
        properties,HikariConfig hikariConfig) {

        hikariConfig.setDriverClassName(properties.determineDriverClassName());
        hikariConfig.setJdbcUrl(properties.getUrl());
        hikariConfig.setUsername(properties.getUsername());
        hikariConfig.setPassword(properties.getPassword());
        Map<String, DataSource> dataSourceMap = new LinkedHashMap<>();
        HikariDataSource result = new HikariDataSource(hikariConfig);
        if (StringUtils.hasText(properties.getName())) {
            result.setPoolName(properties.getName());
        }
        dataSourceMap.put("ds0",result);
// 配置真实的数据源, 由于我们只是分表, 所以只需要配置一个数据源即可
        return dataSourceMap;
    }
    /**
     * 我们把数据源给 Sharding-JDBC 使用, 并且给 DataSourcePoolMetadataProvider
     * 使用, 用来提供一些 metric 的监控指标
     */
    @Bean(name = "hikariPoolDataSourceMetadataProviderSharding")
    @Primary  // 由于数据源可能有多个, 我们以这个为准
```

```
    DataSourcePoolMetadataProvider hikariPoolDataSourceMetadataProvider(@
        Qualifier("dataSourceMap") Map<String, DataSource> dataSourceMap ) {
        return (dataSource) -> {
            HikariDataSource hikariDataSource = DataSourceUnwrapper.unwrap
                (dataSourceMap.get("ds0"), HikariConfigMXBean.class,
                    HikariDataSource.class);
            if (hikariDataSource != null) {
                return new HikariDataSourcePoolMetadata(hikariDataSource);
            }
            return null;
        };
    }
    @Bean
    @Primary // 由十数据源可能有多个，我们以这个为准
    public DataSource dataSource(@Qualifier("dataSourceMap") Map<String,
        DataSource> dataSourceMap) throws SQLException {
        // 配置 Order 表规则，利用 groovy 语法，我们把 1 ~ 256 转化成十六进制表示，这里就是
        // UUID 的前两位
        TableRuleConfiguration orderTableRuleConfig = new
            TableRuleConfiguration("user_orders","ds0.user_orders${(1..256).
            collect{e->Integer.toHexString(0x1000 | e).substring(2)}}");
        // 配置分库 + 分表策略
        orderTableRuleConfig.setDatabaseShardingStrategyConfig(new InlineShardin
            gStrategyConfiguration("uuid", "ds0"));
        orderTableRuleConfig.setTableShardingStrategyConfig(new InlineShardingSt
            rategyConfiguration("uuid", "user_orders${uuid.substring(0,2)}"));
        // 配置分片规则
        ShardingRuleConfiguration shardingRuleConfig = new
            ShardingRuleConfiguration();
        shardingRuleConfig.getTableRuleConfigs().add(orderTableRuleConfig);
        // 获取数据源对象
        DataSource dataSource = ShardingDataSourceFactory.
            createDataSource(dataSourceMap, shardingRuleConfig, new Properties());
        return dataSource;
    }
}
```

上面的配置需要注意的是，我们底层还是利用 Hikari 的数据源，只不过中间加了一层 Sharding-JDBC 的数据源代理，用来提供表名的路由策略。因为 Spring Boot 2.3.3 会出现 Metric 监控失效和无法启动的问题，所以我是通过把 Hikari 数据源重新配置一遍并且再丢入 DataSourcePoolMetadataProvider 里面来解决的。由于 Spring Boot，要求 Bean 的名字不能重复，所以上面我们会有一些相同 Bean 的 name 使用 @Primary 注解。

第四步：新建 UserOrdersCongroller，用来测试。

```
@RestController
public class UserOrdersController {
    private UserOrdersRepository userOrdersRepository;

    public UserOrdersController(UserOrdersRepository userOrdersRepository) {
```

```
        this.userOrdersRepository = userOrdersRepository;
    }
    /**
     * 新增订单
     * @param userOrders
     * @return
     */
    @PostMapping("user/order")
    public UserOrders create(@RequestBody UserOrders userOrders) {
        return userOrdersRepository.save(userOrders);
    }

    /**
     * 根据用户查询订单信息
     * @param uuid
     * @return
     */
    @GetMapping("user/{userUuid}/orders")
    public Page<UserOrders> query(@PathVariable(name = "userUuid") String uuid,
        Pageable pageable) {
        return userOrdersRepository.findAll(Example.of(UserOrders.builder().
            uuid(uuid).build()), pageable);
    }
}
```

第五步：我们新增一个 UserAddress 类，不加入表的拆分逻辑，看看会有什么效果，最终的项目结构如图 33-2 所示。

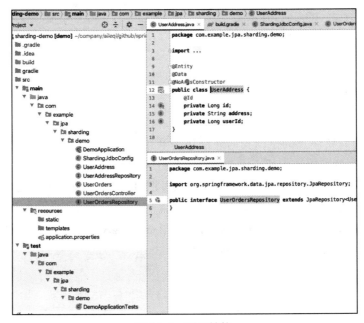

图 33-2　项目结构

第六步：配置数据源，利用 Hibernate 创建表，并且把日志打印出来，配置方法如图 33-3 所示，我们观察一下过程。

图 33-3　日志配置

第七步：项目启动，我们看一看表的创建情况，如图 33-4 所示。

通过数据库和日志都可以发现，当我们启动项目的时候，由于采用的是 spring.jpa.hibernate.ddl-auto=update 机制，所以会创建好 256 个表 user_orders**，而由于 user_address 没有使用拆表逻辑，所以只会生成一个。因为 user_orders 实体采用了 @GeneratedValue(strategy = GenerationType.TABLE) 这种机制，所以会产生 hibernate_sequences 的表来保证 256 个 user_orders 表的 ID 不重复。而我们详细看数据库也会发现注释和索引也创建好了，如图 33-5 所示。

所以，当我们熟练掌握了 JPA 之后就会发现工作效率会提高很多。

第八步：发送一个 POST 请求，如图 33-6 所示。

从图 33-6 中看到正确的响应效果，按照 uuid 的分片原则，也会正确地新增到 user_ordersfc 这个表里面，如图 33-7 所示。

图 33-4　生成的表

图 33-5　索引和注释

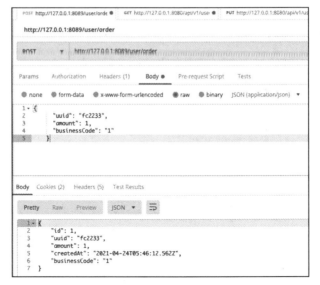

图 33-6 POST 请求

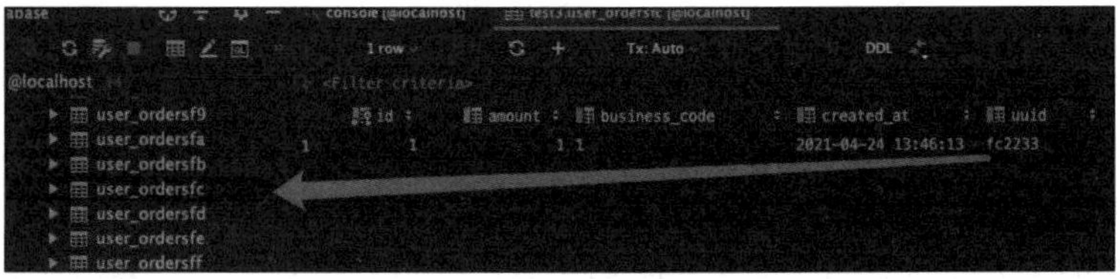

图 33-7 新增数据结果

我们来看一看控制台的日志：

```
2021-04-24 13:46:12.713 DEBUG 43502 --- [nio-8089-exec-1] org.hibernate.SQL :
    insert into user_orders (amount, business_code, created_at, uuid, id)
    values (?, ?, ?, ?, ?)
2021-04-24 13:46:12.771  INFO 43502 --- [nio-8089-exec-1] MySQL: [QUERY]
    insert into user_ordersfc (amount, business_code, created_at, uuid, id)
    values (1, '1', '2021-04-24 13:46:12.562', 'fc2233', 1) [Created on: Sat
    Apr 24 13:46:12 CST 2021, duration: 3, connection-id: 758, statement-id: 0,
    resultset-id: 0,      at com.zaxxer.hikari.pool.ProxyPreparedStatement.exec
    uteUpdate(ProxyPreparedStatement.java:61)]
```

通过日志可以发现，在 Hibernate 里面的 SQL 日志是 insert into user_orders，而经过 Sharding-JDBC 数据源之后，真正到数据库里面执行的 SQL 变成了 insert into user_ordersfc。

相应的查询也是一样的效果，因为 sharding-jdbc-core 帮我们封装了 SQL 的转化逻辑，而当 CRUD 操作 UserAddress 的时候不会利用参数执行拆表逻辑。而在实践的过程中免不了会遇到一些问题，我们看一看最常见的问题。

33.2.2　实际集成过程中可能产生的问题

1）如图 33-8 所示，Sharding-JDBC 数据源和 Hikari 数据源出现循环依赖的问题会导致项目无法启动，需要注意的是，要按照上面例子中的做法改成 Map<String, DataSource> 的配置方法，可以抽象出 DatasourceUtils 类来创建数据源，不能利用 Spring 的 Bean 的加载机制来创建数据源。

```
Description:

The dependencies of some of the beans in the application context form a cycle:

   org.springframework.boot.autoconfigure.orm.jpa.HibernateJpaConfiguration
┌─────┐
|  dataSource defined in class path resource [com/example/jpa/sharding/demo/core/GoldJdbcConfig.class]
↑     ↓
|  hikariDataSource1 defined in class path resource [com/example/jpa/sharding/demo/core/GoldJdbcConfig.class]
└─────┘
   org.springframework.boot.autoconfigure.jdbc.DataSourceInitializerInvoker
```

图 33-8　数据源循环问题

2）类似 Hikari 数据源 prometheus 监控失效，或者一些数据源的属性失效的异常，如下。

```
Caused by: java.sql.SQLFeatureNotSupportedException: isValid
    at org.apache.shardingsphere.shardingjdbc.jdbc.unsupported.AbstractUnsu
       pportedOperationConnection.isValid(AbstractUnsupportedOperationConnecti
       on.java:157) ~[sharding-jdbc-core-4.1.1.jar:4.1.1]
    at sun.reflect.NativeMethodAccessorImpl.invoke0(Native Method) ~[na:1.8.0_65]
    at sun.reflect.NativeMethodAccessorImpl.invoke(NativeMethodAccessorImpl.
       java:62) ~[na:1.8.0_65]
    at sun.reflect.DelegatingMethodAccessorImpl.invoke(DelegatingMethodAccessor
       Impl.java:43) ~[na:1.8.0_65]
    at java.lang.reflect.Method.invoke(Method.java:497) ~[na:1.8.0_65]
    at org.springframework.jdbc.core.JdbcTemplate$CloseSuppressingInvoca
       tionHandler.invoke(JdbcTemplate.java:1525) ~[spring-jdbc-5.2.8.RELEASE.
       jar:5.2.8.RELEASE]
```

一般是因为我们改变了 Hikari 数据源而采用了 Sharding-JDBC 数据源，从而导致很多 Hikari 的监控失效或者异常，所需要注意的是，类似上面的写法需要把 Sharding-JDBC 代理的数据源告诉 DataSourcePoolMetadataProvider。由于 Spring Boot 里面实现很多自动加载的逻辑，所以有些 Bean 的名字会重复加载，导致无法覆盖，需要注意利用 @Primary 来解决。

3）主键重复问题。UserOrders 采用 @GeneratedValue(strategy = GenerationType.TABLE) 策略，来保证 ID 的不重复性，因为如果 ID 一样，即使在不同的表里面，当 Spring JPA 的同一个 Session 里面有相同 ID 的实体出现时也会报错，这个需要大家注意。

33.2.3　Sharding-JDBC 简单原理分析

我们都知道 JDBC 有一套标准的操作接口，如图 33-9 所示，而各种数据源厂家如 Druid、Hikari 等都是实现了 JDBC 标准接口的协议。

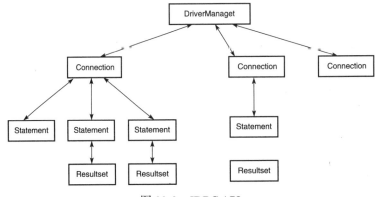

图 33-9 JDBC API

而 Sharding-JDBC 也正是利用了这种机制实现了一套自己的 DataSource 的代理，如图 33-10 所示。我们也可以看到 Sharding-JDBC 对 JDBC 的实现。所以我们按照这个脉络查看其源码即可。

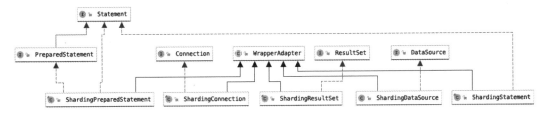

图 33-10　Sharding-JDBC 对 JDBC 的实现

Sharding-JDBC 内部如图 33-11 所示，实现了各种分片和 SQL 解析的逻辑。

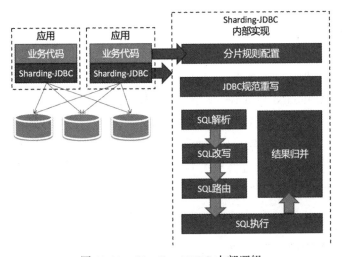

图 33-11　Sharding-JDBC 内部逻辑

关于更详细的实现细节，推荐大家关注 https://github.com/apache/shardingsphere。作为使用者和学习者，最主要的是理清楚各个框架的职责和解决的问题是什么，所用的基础知识是什么。只要摸清楚它的主脉络，就能掌握核心，剩下的就是看源码、看文档、抠细节了。

33.3 分库的思考

通过上面的介绍，我们基本明白了拆表是什么意思，那么实际工作中我们还有拆库的需求，而拆库相对于拆表来说可能更复杂，首先我们要思考以下几件事情：

1）我们是垂直拆分还是水平拆分？

2）现在都微服务了，我们是在服务级别拆分还是在数据级别拆分？

3）我们的本质是实现读写分离，还是多读多写？

4）分布式事务如何处理？

以上这些都是需要我们考虑清楚的，实现成本和复杂度可能也都是不一样的。

33.3.1 垂直拆分还是水平拆分

这是我们在分库之前要重点思考的问题。

所谓的水平拆分通常是指：单表的规模太大了，CRUD 可能比较影响 API 的性能，这个时候就是利用一些拆表的算法把一张表的不同数据拆分到不同的表里面，类似本章开篇的例子，当然了，当表大到一定程度，我们也可以考虑一些非关系型数据库如 ES、MongoDB 等，Spring Data 的支持也是相当友好的。

所谓的垂直拆分通常是指：

1）我们可以把不同领域的表按照业务划分到不同的数据库实例里面，这样一旦一个数据库有问题，至少不会影响到其他服务。

2）我们可以把一些用户下单路径、支付路径等重要的业务路径上的数据放到一个独立的数据库里面，防止因为一些其他不重要的频繁的 CRUD 操作影响到相同的数据库。

例如，ShardingSphere 官方给的垂直拆分图（见图 33-12），把 t_user 和 t_order 从原来的一个库拆分到两个数据库里面就可以认为是垂直拆分，即把不同的表放到不同的数据库里面。

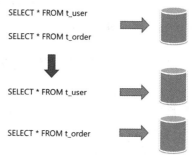

图 33-12 官方垂直拆分图

那么这个时候我们还应该思考一个问题——既然我们都拆分到不同的数据库里面了，那还有必要一个项目配置多个数据源吗？

33.3.2 微服务还是多数据库

当我们把不同的表垂直放到不同的数据库里面，这个时候我们要考虑是不是干脆拆成不同的微服务。如表 33-1 所示，大家可以比较一下。

表 33-1 拆微服务 VS 拆多数据源

	微服务	多数据库
优点	1）API 级别分开，服务更稳定 2）便于监控和告警	高内聚，编写代码方便
缺点	1）对微服务的管理有挑战 2）不能很好地高内聚；业务逻辑之间的相互调用关系需要理顺	1）时间长了代码不好维护，时间越长越难拆分 2）API 级别牵一发还是动全身，耦合严重
实现技术	直接部署不同的应用即可	需要配置多数据源； 1）Spring 的多数据源配置方法 2）Sharding-JDBC 的多数据源配置方法
挑战	分布式事务	分布式事务

这是一个权衡问题，没有对错，只需要看哪个更适应当下的场景。我个人喜欢拆成微服务，这样开发代码、发版心里有底。

33.3.3 读写分离还是多读多写

当我们垂直拆分之后，发现单个库还有问题的时候，需要考虑是否要进行读写分离，或者是多读多写。

1）读写分离相对简单，主要是解决在写少、读多的情况下，防止写有行级锁，影响数据库读的性能。这个时候配置一个主库（写）和多份副本（读），一般上云的话主库的副本同步一般都是秒级别，这个时候我们可以利用 Sharding-JDBC 的 ReadWriteSplittingDataSourceRuleConfiguration，配置主从数据库来解决读写分离；也可以通过本书多数据源章节讲的多数据源解决，还可以通过拆分读写微服务来解决。

2）多读多写的场景下就必须用水平拆分的方法来解决，即把大表拆成小表的思路。

33.3.4 分布式事务如何处理

分布式事务是一个比较复杂的话题，我们开发其实着重应该考虑的是：是强一致，还是最终一致？Sharding-JDBC 支持的分布式框架是什么？总体上 sharding-jdbc-core:4 目前支持的分布式事务有：

❏ 基于 XA 协议的两阶段事务。

❏ 基于 Seata 的柔性事务。

我就不在这里展开了，这也不是我们想表达的重点。大家可以参考一下 ShardingSphere 官方网站的介绍：https://shardingsphere.apache.org/document/current/cn/features/transaction/。

33.4　本章小结

　　本章的目的是希望大家思考 Spring Data JPA 和 Sharding-JDBC 分别解决的问题的重点。前者主要解决基于 DataSource 如何实现快速 CRUD 的目的，实现的是 Entity 的表名的映射逻辑。而 Sharding-JDBC 解决的是实现一套自定义的 DataSource 作为代理数据源，从而利用 JDBC 原始 API 的实现来解决分库分表的逻辑，实现表名到数据库中真正表名的映射逻辑。

　　本章篇幅有限，只是让大家对 Spring Data JPA 和 Sharding-JDBC 的结合有个初步认识，知道怎么使用、方向是什么、遇到复杂的业务场景知道专研的方向在哪里，更多 ShardingSphere 的用法可以参考其官方 GitHub。我只是介绍了 sharding-jdbc-core 的使用，而 ShardingSphere 目前非常成熟了，有各种 Spring Boot 版本的支持，文档相对齐全，再介绍就与官方重复了。

师傅领进门，修行靠个人

你好，至此，本书已完结，不知道这 33 章的内容对你是否有帮助，我希望各位读者可以好好回顾，更好地掌握 Spring Data JPA。这里我们回顾一下整本书的内容。

本书回顾

本书一共分为四个部分：基础知识、高阶用法与实例、原理在实战中的应用以及思路扩展。这四部分的内容完整地呈现了 Spring Data JPA 的基本用法，以及工作中的一些最佳实践，并且几乎在每一章中，我都带你利用源码剖析了核心原理。

基本用法方面

希望你能够熟练掌握。

1）JPA 的 Repository 的用法。

2）DQM 的用法，以及不同的参数和返回结果是如何实现的。

3）使用 @Query，以及 @Entity、@EntityGraph、Jackson 等方面的注解。

4）JPA 对 WebMVC 做的支持，如审计、分页、排序和参数扩展。

5）自定义 Repository。

6）多数据源的配置方法。

原理方面

希望你能掌握如下内容，并能熟练解决实际工作中的高级问题。

1）数据源、连接池、Connection、事务、Session 分别是什么，以及它们之间的关系。

2）掌握 Persistence Context、数据的 Flush 时机、Flush 对事务的影响。

3）了解 Open-in-view 是如何对 LAZY Exception 产生影响的，LAZY 的原理又是什么。

4）知道"N+1"SQL 指的是什么、如何产生的，以及解决的方法。

其实以上列举的问题都可以从本书中获得答案。同时你还可以通过思路扩展篇，感受一下 JPA 实体约定给未来的协议所带来的影响，这样你就知道了 Spring Data JPA 的强大之处。因此可以说，学好 Spring Data JPA 是非常重要的，从中我们可以学习到 Spring "大神们"强悍、抽象的封装能力，并且可以大大地提高日常开发效率。

修行靠个人

在本书中，我所总结的经验是有限的，可能无法考虑到全部场景，所以本书只是把个人所见尽可能地分享给你以作为参考。

其实 Spring 的版本是不断变化的，源码也不断在改进，所以希望通过学习，你可以掌握书中所介绍的学习方法以及阅读源码的技巧，并不断修炼、思考，找到属于自己的学习方法论。

如果你能完整地把本书看完，接下来一定要付诸行动。在工作中，不断总结遇到的疑难杂症，想想原理，同时要善于思考并且积极解决所遇到的问题，这样才能真正地成长。

我也欢迎你能把遇到的一些难题提交到 GitHub 里面对应的 issue。

关于个人修行方面，我在此给你几点建议：

1）掌握学习思路，总结出自己的一套方法论。

2）学会看源码，学会 Debug，看完本书或者是官方的文档后，要学会通过源码对应理解，这样才能验证别人说的是否合理，因为文章可能会过时，但是源码一定不会骗人。

3）学会举一反三，掌握解决问题的思路，凡事想一下最佳实践是什么，是否还有更优解。

4）如果你写出来的代码或者逻辑别人不好理解，那么肯定有改进空间。

最后，当我们万事俱备的时候，就期待一下未来的变化吧！

未来可期

我个人感觉，Spring Data JPA 的抽象和封装还是非常灵活的，它绝对被行业低估了。

如果是 Spring 项目，你会发现身边很多新的项目会逐渐采用 Spring Data 这套体系，那么当你熟悉、掌握后，就会发现自己再也不想用 MyBatis 了。同理，当你掌握了高效率的工作方式、编程方式之后，就会发现那些低效率的开发实在是太费事了。

总之，学习就是一场永无止境的修行。希望你能通过学习有一个好的发展，成为某些领域的"大神"。同时保持好心态，积极与同行交流，这样才能共同成长。也欢迎你分享 JPA 使用经验，我们一同探讨（个人微信号：A-zhangzhenhua）。

我是张振华，很高兴遇见你，后会有期。

推荐阅读